LNG・LH2のタンクシステム

―物理モデルとCFDによる熱流動解析―

古林 義弘

成山堂書店

本書の内容の一部あるいは全部を無断で電子化を含む複写複製（コピー）及び他書への転載は，法律で認められた場合を除いて著作権者及び出版社の権利の侵害となります。成山堂書店は著作権者から上記に係る権利の管理について委託を受けていますので，その場合はあらかじめ成山堂書店（03-3357-5861）に許諾を求めてください。なお，代行業者等の第三者による電子データ化及び電子書籍化は，いかなる場合も認められません。

まえがき

　最近のクリーンエネルギーとしての世界的な LNG 海上輸送の増加や各種のタンク方式の開発と実用化を眺めると、著者が最初に LNG 関連の研究、設計を始めた 1970 年当時から考えると隔世の感がある。また次世代エネルギーとして注目を浴びるようになった水素エネルギーの現状、さらに家庭向けの燃料電池の普及や一般消費者向けの燃料電池車の出現、水素発電推進の日本政府方針を見るに、同じくその可能性についての検討を命じられた 1987 年の当時から見るとようやくその時代が到来したかと感慨を覚える。我が国のようにエネルギー資源を海外に頼らざるを得ない状況において、さらに原子力発電に制約を課せられた国においては LNG は地球環境に優しい重要なエネルギー資源であり、今後もその地位は変わらないものと思われる。海洋環境からは SOx 排出の削減から LNG 燃料の船舶が出現しており、今後は IMO による ECA（Emission control area）の海域拡大と共に、船舶燃料としての LNG の利用も拡大していくものと予想され、主機に直結し最適の燃料供給を行う小型タンク内の LNG の取り扱いのノウハウなども重要になってくるであろう。

　一方の水素については、我が国は資源ゼロの現実を踏まえて革新的エネルギー資源開発先進国として、世界の先頭を行く優れた諸技術を駆使し、世界に先駆けて開発すべきエネルギー資源であろうと著者は考える。単なる資源単体としての意味のみならず、水素に関連する改質技術や水の電気分解による製造技術、液化技術、あるいは他の物質との変換技術、吸蔵合金などの貯蔵技術、輸送技術、燃焼発電技術、燃料電池による電気変換技術、蓄電技術、さらにはタンクなどの超低温材料技術、断熱技術、あるいは MRI や超電導などの超低温の利用技術、あるいは低温回収技術など、LNG では見られなかったあるいは軽視されていた非常に広いすそ野分野の技術が関連しており、よって水素の持つ新しい技術への波及効果と開発へのインセンティブは大きい。これら用途のルーツの最上流にあって、今後の大量消費に対応した超低温液化水素の安全で信頼性ある貯蔵と輸送の技術は重要な役割を担うものであると考える。

　昨年 12 月に採択された COP21 パリ協定により動き始めた、世界的な脱炭素化の潮流は LNG

や水素エネルギーへの期待を一層高めるものとなろう。

著者は企業ならびに大学さらに退職後は企業との共同研究を通して、LNG や液化 CO2 さらには CO2-ハイドレイト、メタン-ハイドレイトに関する技術開発ならびに研究に携わってきた。また水素 LH2 に関しては次世代エネルギーとして、企業の原動機部門の同僚との利用技術の研究ならびに輸送船の研究に携わり、そのクリーンさと利用のすそ野の広さに魅了されてきた。

昨今の LNG や水素の世界的な動向を見るに、また超低温液化ガスの熱的な挙動や伝熱現象を解説した適当な書籍が見当たらないことから、同じような分野で苦労をされている担当者、新しい方式を開発されようとしている研究者、これから液化ガスについて勉強を開始しようとしている初心者の方々、あるいは LNG 船の運航に携わっている方々になんらかのヒントが与えられれば良いとの思いから、これまでの研究結果を基に新たに筆を執ったものである。内容は基礎理論を説いた専門書としてではなく、さらに進めて数値解まで求め、実務者向けの書になることを心掛けたつもりである。このために基礎的な理論に多く割くよりもまず解が得られることに重点を置いている個所もある。したがって解くための条件設定をしたところもある。また既に多くの書籍にある基礎的な記述に関しては省略している事項も多い。そのような点に気付かれたら他の専門書も見て頂きたい。読者におかれては物理化学、熱力学、伝熱学、流体力学および数値計算の専門書を一冊横において本書を見られることをお勧めしたい。一層理解が進むと考える。

大部分の数式展開は微分方程式に基づいているが、実務の場においては実用的でない場合も多いと思われる。読者におかれては本書に記述した結果を参考に、現象や操作の本質を失わない範囲内で実用的な数式、すなわち時間平均値や場所平均値を使うなどの即戦的な展開を工夫されることは有意義であろう。また実務者が必要とするのはまずは個々の条件下での固有の解であることから、数値計算では無次元化によるあるいはタンク様式間の統一した解の形については言及していない。それに代わって現状における現実的な幅を持たせた、なるべく多くの条件設定での数値解を示したので実務での参照が可能と考える。

現在タンク様式はいくつもあり、それぞれで内部の挙動様式は異なるものである。そのために本書では 4 つのタンク様式ごとに支配方程式を独自に作り解いている。また BFC システムを用いているためにどのようなタンクや船体構造の形状にも対応できるようにしているので御利用頂きたい。CFD については LNG や LH2 のような超低温液体の場合、透明容器に入れて中の動きを目視観察するといった実験は不可能であり、CFD が唯一のよりどころとなっている。その場合、計算による結果が正しいのかどうかの検証方法が重要になる。本書の主体となる第 4 章以降の理論構成は一部を除いてほとんどが著者独自の発想によっており、未だ実船での確認がなされていない部分もある。それらについては今後実船データを得たものから順次検証を行っていきたい。数値計算については PC を用いているために計算速度やメモリーの点から Dimension を大きくとることが難しく、格子分割数に実用上の制限があった。よってハードウエアの制限を解いてより細密な分割ができれば、数値解の解像度を上げることが可能となろう。

まえがき

　本書を執筆するにあたり、企業における実務、大学での研究の場を通し多くの指導と励ましを受けてきた九州大学名誉教授山崎隆介先生、大学での研究の道を開いて頂いた九州大学名誉教授故・栖原二郎先生、ならびに企業において、当時は革新的技術であった水素研究着手の端緒を開いて頂いた当時三菱重工業㈱長崎造船所副所長鈴木孝雄氏の各位に深甚なる謝意を表したい。実船における多くの技術課題を提供し、問題の共有や討論を通して理論と実船との繋がりを付けてきた TI Marine Contacting AS, Managing Director Mr. Anstein Sorensen には深く感謝したい。

　I would like to express a sincere gratitude to a respected colleague Mr. Anstein Sorensen for the fruitful discussions and studies and bridging endeavour between theory and technology on the wide varieties of the engineering issues of LNG and LH2 carriers.

　複雑なグラフ作業には図書館司書上川ひろみ氏にもお手伝い頂いた。正確で忍耐強い作業に謝意を表する。出版に際して御尽力頂いた成山堂書店の小川典子社長、また遅れがちの執筆作業を根気強く励まし、読みにくい原稿や図表を好意的に処理して頂いた編集グループ板垣洋介氏、ならびに編集に尽力を頂いた田中陽平氏には深く感謝する。

　最後に研究実務から執筆作業を通し、終始温かく見守ってくれた妻・美恵にありがとうを言いたい。

2016 年 7 月 7 日
朝倉三連水車の響きを聞きながら
古林　義弘

目 次

まえがき

第1章 緒 論 *1*

第2章 LNGタンクシステムの構造 *4*

  2-1 船舶搭載タンク *4*

  2-2 陸上タンク *5*

第3章 LNG・LH2タンクシステムの伝熱、熱流動、熱物性に関する基礎式 *6*

  3-1 熱 伝 導 *6*

    3-1-1 熱伝導の基礎微分方程式 *6*

    3-1-2 境界条件および初期条件 *7*

  3-2 熱 伝 達 *8*

    3-2-1 自然対流熱伝達 *9*

    3-2-2 強制対流熱伝達 *11*

  3-3 熱 放 射 *11*

  3-4 蒸気の性質と状態変化 *12*

    3-4-1 蒸気とガス *12*

    3-4-2 飽和圧力と温度との関係、蒸気圧曲線 *13*

    3-4-3 状態変化 *14*

  3-5 気 液 平 衡 *14*

    3-5-1 状態方程式 *14*

    3-5-2 気液平衡の条件 *14*

  3-6 物 質 移 動 *15*

    3-6-1 基礎微分方程式 *15*

    3-6-2 境界条件および初期条件 *16*

  3-7 凝 縮 *16*

  3-8 熱 流 動 *17*

    3-8-1 面対称水平軸座標系(x,z)、(u,w) *18*

    3-8-2 軸対称水平軸座標系(x,z)、(u,w) *19*

    3-8-3 面対称緯度軸座標系(r,ϕ)、(u,w) *20*

    3-8-4 軸対称緯度軸座標系(r,ϕ)、(u,w) *21*

    3-8-5 直角3次元座標系(x,y,z)、(u,v,w) *22*

第4章　船体およびタンク形状に適合させた熱流動の数値計算 23

4-1　座標系と適用構造形状 23
4-2　BFC手法の導入と座標変換の一般式 23
4-2-1　物理空間から計算空間への座標変換 24
4-2-2　速度の反変速度への変換 25
4-3　タンク形状に合わせた座標系と支配方程式および物理的解釈 25
4-3-1　水平自由表面空間：無限長断面、HorCyl 29
4-3-2　水平自由表面空間：軸対称回転体、HorSph, VerCyl 35
4-3-3　緯度平面空間：無限長断面、LatHld-2 40
4-3-4　緯度平面空間：軸対称回転体、LatHld-3 45
4-3-5　3次元直角空間：SPB 50
4-3-6　球あるいは球環：SPH 52
4-4　差分式への展開と数値計算 52
4-4-1　全体流れとフローチャート 52
4-4-2　連続条件を満足する圧力のPoisson方程式の解法 54
4-4-3　時間間隔と安定条件：Neumannの安定条件 55
4-4-4　差分式への展開 56

第5章　満載・自然蒸発時のタンク内でのLNG・LH2の挙動 57

5-1　満載時の挙動概要 57
5-2　計算モデル 58
5-2-1　液層部 58
5-2-2　気層部 59
5-2-3　気液界面での熱授受 59
5-2-4　LNGタンクおよびLH2タンクの概要とLNGおよびLH2の物性値 59
5-3　熱流動の基礎式および境界条件、初期条件 61
5-3-1　球形タンク 63
5-3-2　横置き円筒タンク 65
5-3-3　縦置き円柱タンク 67
5-3-4　SPBタンク 67
5-4　LNG大型タンクおよびLH2小型タンクの数値計算 68
5-4-1　LNG球形タンク 69
5-4-2　LNG横置き円筒タンク 72
5-4-3　LNG縦置き円筒タンク 73
5-4-4　LNG SPBタンク 74

      5-4-5　LH2 球形タンク 75
      5-4-6　LH2 横置き円筒タンク 75
      5-4-7　LH2 縦置き円筒タンク 76
      5-4-8　LH2 SPB タンク 76
      5-4-9　温度分布および流れの考察 76
　5-5　自然蒸発中の LNG、LH2 内の垂直方向温度分布 77

第 6 章　部分積載・自然蒸発時のタンク内での LNG、LH2 の挙動 81

　6-1　部分積載時の挙動概要 81
　6-2　計算モデルおよび基礎式 81
　6-3　LNG 大型タンク、LH2 小型タンクの数値計算 82
      6-3-1　LNG 球形タンク 82
      6-3-2　LNG 横置き円筒タンク、縦置き円筒タンクおよび SPB タンク 83
      6-3-3　LH2 球形タンク、横置き円筒タンク、縦置き円筒タンクおよび SPB タンク 84
      6-3-4　温度分布および流れの考察 85

第 7 章　満載時の LNG・LH2 の自然蒸発率 Boil off rate の計算 87

　7-1　自然蒸発率 BOR の概要 87
　7-2　船体構造とタンクとの一体解析 87
　7-3　タンクへの伝熱要素分解とその大きさ 88
      7-3-1　タンク断熱部を通しての伝熱 88
      7-3-2　タンク支持構造を通しての伝熱 91
      7-3-3　タンク頂部での伝熱 95
      7-3-4　タンク壁から液面への放射熱 96
　7-4　タンク全体での入熱量と BOR 算定 97
　7-5　実船での数値計算例 97
      7-5-1　球形タンク 97
      7-5-2　矩形タンク 100
　7-6　大気・海水の外界条件を変えた場合：IMO 条件 105
　7-7　BOR を人為的に制御する、蒸気取り出し量の制御 106
      7-7-1　圧力と蒸発との関係 107
      7-7-2　BOV 取り出しを部分的に制限した場合：部分蓄圧 107
      7-7-3　タンク圧力を飽和温度よりも低く維持した場合：負圧蒸発 111

第8章　部分積載時の LNG の BOR 計算 113

8-1　部分積載時の概要 113
8-2　タンク様式で共通する BOV 伝熱要素分解 113
8-3　半球＋円筒複合タンクで気層部の流動を考える 114
    8-3-1　気層部とタンク壁の計算モデル 115
    8-3-2　支配方程式 116
    8-3-3　各液位での気相およびタンク壁の温度分布：非定常時 120
    8-3-4　各液位での気相およびタンク壁の温度分布：定常時 121
    8-3-5　各液位での蒸発速度：非定常時 122
    8-3-6　各液位での蒸発速度：定常時 123
8-4　半球＋円筒複合タンクの満載時のホールド内の温度分布と流速ベクトル 124
    8-4-1　上半球部 125
    8-4-2　下円筒部 126
8-5　SPB タンクの場合 126
    8-5-1　計算モデル 127
    8-5-2　LNG への入熱量と蒸発速度 128
8-6　球形タンクの場合 128
    8-6-1　計算モデル 129
    8-6-2　LNG への入熱量と蒸発速度 130

第9章　LNG タンク周囲区画の温度分布と熱流動解析 131

9-1　概　　要 131
9-2　温度分布と熱流動解析 132
9-3　球形タンクの場合 132
    9-3-1　区画の分割 132
    9-3-2　上半球の数値計算 134
    9-3-3　下半球の数値計算 139
9-4　矩形タンクの場合 143
    9-4-1　区画の分割と座標系 144
    9-4-2　支配方程式と座標系 144
    9-4-3　数値計算と解 146
9-5　各種異形のタンクおよびタンクカバーの場合 150
    9-5-1　船体構造の概略と適用座標系 150
    9-5-2　横　断　面 152
    9-5-3　縦　断　面 153

9-5-4 対角断面	154
9-6 計算結果をBOR評価へフィードバックする	154

第10章　多成分混合体としてのLNGの挙動解析 ... 156

- 10-1　多成分混合体LNGの特徴 ... 156
- 10-2　LNGを気体・液体の平衡体として考える ... 157
  - 10-2-1　気液平衡条件 ... 157
  - 10-2-2　フガシティ式および状態式 ... 158
- 10-3　気液平衡理論のLNGタンクへの応用 ... 163
  - 10-3-1　気液平衡の計算手順 ... 163
  - 10-3-2　数値計算例 ... 168
- 10-4　実成分貨物でのBOR計算方法と実測BORの検証方法 ... 172
  - 10-4-1　実成分でのBOR計算 ... 172
  - 10-4-2　実測BORの検証方法 ... 172
  - 10-4-3　数値計算例 ... 175

第11章　蓄圧時の圧力変化と蒸発現象：満載・部分積載時 ... 176

- 11-1　蓄圧現象の概要 ... 176
- 11-2　液層および気層の計算モデル ... 177
  - 11-2-1　系全体の計算モデル ... 177
  - 11-2-2　タンク全体系から見た気層部の熱平衡 ... 179
  - 11-2-3　タンク壁から液面への放射熱 ... 181
  - 11-2-4　蓄圧に伴う気液界面での蒸発・凝縮 ... 181
  - 11-2-5　気液界面での熱授受と境界条件 ... 184
  - 11-2-6　液層内での熱移動 ... 185
  - 11-2-7　LNG、LH2のタンク諸元 ... 186
- 11-3　現象を表現する支配方程式と数値解法 ... 187
  - 11-3-1　基礎式と数値計算手順 ... 187
  - 11-3-2　特殊条件-長時間蓄圧 ... 188
  - 11-3-3　特殊条件-低液位時の蓄圧 ... 188
  - 11-3-4　特殊条件-LH2超断熱タンクの蓄圧 ... 189
  - 11-3-5　数値計算のフロー ... 190
  - 11-3-6　数値計算計画表 ... 190
- 11-4　LNG・LH2、4タンク形式、大型・小型タンク、高液位・低液位の条件別数値計算 ... 191

11-4-1	LNG タンクのグラフ	193
11-4-2	LH2 タンクのグラフ	206

11-5　昇圧に伴う LNG・LH2 内の垂直方向温度分布 ………… 212

11-6　総合考察 …………………………………………………… 214
    11-6-1　高温成層破壊による圧力解消 …………………… 214
    11-6-2　蓄圧開放後の BOV とタンク状態 ………………… 215
    11-6-3　タンク閉鎖直後の初期圧力上昇 ………………… 215

第 12 章　ロールオーバー現象を紙上再現する …………… 216

12-1　ロールオーバー現象の概要 ………………………………… 216
    12-1-1　ロールオーバー発生前後の状態変化 ……………… 217
    12-1-2　ロールオーバー発生直前から消滅までの状態変化を 5 段階に分解 …… 218

12-2　計算モデル ………………………………………………… 220
    12-2-1　2 種液の拡散と混合 ………………………………… 220
    12-2-2　2 種液の一体化後の熱流動 ………………………… 221

12-3　蓄積エネルギーによる BOV ……………………………… 222

12-4　ロールオーバー全体を通しての数値計算：LNG タンク … 223
    12-4-1　球形タンク …………………………………………… 225
    12-4-2　横置き円筒タンク …………………………………… 229
    12-4-3　SPB タンク …………………………………………… 232

12-5　LH2 タンクのロールオーバーを考える …………………… 234
    12-5-1　球形タンク …………………………………………… 236
    12-5-2　水平円筒タンク ……………………………………… 238

第 13 章　負圧時の強制蒸発と過冷却液 …………………… 241

13-1　LNG・LH2 タンク内を負圧にした時の現象 ……………… 241

13-2　現象の理論考察と 3 種のモデル想定 ……………………… 241

13-3　フラッシュ蒸発層のみ考慮：モデル A …………………… 244
    13-3-1　過熱液域の形成までの非定常過程 ………………… 245
    13-3-2　各種タンクでの数値計算 …………………………… 246

13-4　バルク液蒸発とフラッシュ液蒸発を分離：モデル B …… 248
    13-4-1　球形タンクおよび矩形タンクでの数値計算 ……… 249

13-5　バルク液とフラッシュ液とが完全連成で蒸発：モデル C … 253
    13-5-1　球形タンクおよび矩形タンクでの数値計算 ……… 254

第14章 LNGタンクの断熱設計とBOR最小化 ... 259

14-1 概 要 ... 259
14-2 船体の安全上および材料としての断熱の役割と規則 ... 259
14-2-1 断熱全体へのIMO条文 ... 260
14-2-2 断熱材料へのIMO要求事項 ... 260
14-2-3 IMOの2次防壁、Secondary barrier ... 261
14-3 BOR最小化の視点で見る断熱機構 ... 263
14-4 太陽放射の影響 ... 263
14-4-1 太陽放射熱の定量化 ... 264
14-4-2 太陽放射熱の実験 ... 269
14-5 タンク断熱とタンクカバー断熱の組み合わせ ... 269
14-5-1 船殻構造材のフィン効果とタンクカバー断熱効果 ... 270
14-5-2 タンクカバー断熱有無による侵入熱量およびホールド温度比較 ... 273
14-6 タンク支持構造、スカート断熱：複合構造採用 ... 276
14-6-1 ハイブリッド構造の様式と伝熱方程式 ... 277
14-6-2 実験による検証 ... 278

第15章 BOV冷熱回収と外部冷却機によるBOR制御と部分再液化 ... 283

15-1 ベーパー断熱システムの概念とメカニズム ... 283
15-2 ベーパー断熱の簡易計算 ... 284
15-2-1 球環内の流れ解析 ... 284
15-2-2 矩形タンクでの流れ解析 ... 286
15-3 数値計算結果と評価 ... 287
15-4 実験による検証 ... 289
15-5 厳密解による取り扱い ... 289
15-5-1 球座標系での熱流動基礎式の誘導 ... 290
15-5-2 実船構造への応用 ... 294
15-6 ベーパー断熱の展開：タンクカバー断熱との組み合わせ ... 295
15-6-1 基本構造 ... 295
15-6-2 断熱効果の解析 ... 296
15-7 BOV冷熱による部分再液化でBOR制御 ... 297
15-7-1 部分再液化システムの概要 ... 297
15-7-2 再液化率と所要動力計算 ... 298
15-7-3 多段階液化とした場合の再液化率と所要動力計算 ... 301
15-8 ベーパー断熱の展開：外部冷却機によるBOR制御 ... 304

- 15-8-1 システムの概要 304
- 15-8-2 外部冷却装置 305
- 15-8-3 独立した外部冷却方式 307
- 15-8-4 外部冷却方式＋BOV 冷熱方式の直列系統 309
- 15-8-5 それぞれの単独システムをタンク上下で直列に繋ぐ 310

第 16 章 LH2 タンクシステムの概念設計 312

- 16-1 概　要 312
- 16-2 水素の特性と LH2 の特徴および技術対応 312
- 16-3 タンク断熱システム 313
- 16-4 タンク断熱の 2 次防壁構想 315
- 16-5 LH2 ハンドリングシステムおよび燃料電池発電システム 316
  - 16-5-1 自己凝縮積荷 316
  - 16-5-2 自然蒸発再液化装置 318
  - 16-5-3 タンク内蓄圧による蒸発抑制 320
  - 16-5-4 蒸発 BOV の冷熱回収と断熱機能強化 321
  - 16-5-5 加圧揚荷 325
  - 16-5-6 バラスト航時の BOV 処理 326
  - 16-5-7 燃料電池による発電と電力供給(LH2 および LNG) 329

付　録 334

- 第 10 章　付録 1：純粋成分のフガシティ式 334
- 第 10 章　付録 2：多成分のフガシティ式 336
- 第 10 章　付録 3：BWR の状態式を用いたフガシティの表示-1 337
- 第 10 章　付録 4：BWR の状態方程式を用いたフガシティの表示-2 339
- 第 11 章　付録 1：LNG、4 タンク形式、大型・小型タンク、高液位・低液位の各種別蓄圧計算 341
- 第 11 章　付録 2：蓄圧時の熱流動モデルと伝導主体モデルの特徴 353
- 第 16 章　付録 1：並流型熱交での LH2 タンクに VIS を適用した場合の BOR 低減割合 ... 354

参　考　文　献 355

欧　文　索　引 363

和　文　索　引 366

第1章 緒　　論

　世界的に拡大する電力需要、米国のシェールガス革命さらには地球温暖化対応で増加するLNG需要に伴い、LNG輸送船の建造が増えている。また主機排ガスのクリーン化から国際海運での、特にEU圏を中心としてLNG燃料船が既に就航しており、今後はECA（Emission Control Area）の拡大と共に多くの海域向けでLNGを燃料とする主機を搭載した一般商船の建造が見込まれる。

　これらのLNGタンカーやLNG燃料船の特徴は－162℃の超低温液体を搭載しているという点にある。LNGは沸点状態にあり、周囲の船体構造に熱的な影響を及ぼしながら、同時に常時沸騰しながら超低温蒸気をタンク外部に放出している。船舶の設計者や本船の運航者にとってそれらの影響と貨物の状態を正確に把握し、予測することは船体の安全性と機能設計・安全運航さらには経済性の点から重要なことになる。

　一方、地球環境保全の重要性ならびにエネルギーとしての特性から水素エネルギーの利点がクローズアップされている。燃焼時の排出物が水であるクリーンさと、地政学に依存しない生産が可能な独自性は大変魅力的であり、すでに燃料電池や自動車への応用が始まった。この大量輸送には液体水素（LH2と略称する）がひとつの有力な形と考えられていて、海外の安価なエネルギー資源を用いた水素製造と船舶輸送は次世代のエネルギー源、ならびにグローバルな輸送形態を提示するものでもある。

　一方、世界のエネルギー潮流を見れば、昨年12月に採択され、年内にも発効が予想されているCOP21パリ協定[1]によって、今後の世界は年々低炭素化社会・経済へと移行していく。それに伴って脱炭素エネルギー資源はますます重要になっていくであろう。

　本書ではLNGおよびLH2を対象として、タンク内の挙動とその結果現れる諸現象および超低温貨物のタンク周囲への熱的な影響を、4種類の代表的なタンクシステムについて境界適合座標系BFCに基づくCFDを駆使して解析する手法を解説し、具体的な代表例での数値計算を行ってその結果を提示する。また船体の保護上から要求されるタンク断熱の安全機能、および貨物の蒸発を一定値に抑えるためのタンクの断熱機能を論じ、蒸発率を低減するための方法について提言する。さらに多成分体としてのLNGの蒸発に伴う成分の変化について述べる。また、ここ数年急速な技術の進展と実用化が進んでいる機器の適用の一つとして燃料電池を取り上げてLNG，LH2蒸発ガスの有効な利用法として船内電力供給源となる燃料電池発電システムを提示した。

　これらのLNGおよびLH2独自の熱的な諸現象や挙動の解析を通して、これからLNGタンクやLNGタンカーの開発や設計業務にあたる人々や、輸送船の運航に携わる人々に技術的な示唆を与えることができることを期待する。またこれから出現が予想されるLH2についても同様にタンク設計、ならびに本船運航時の安全な貯蔵と輸送のためのなんらかの指針となれば幸いである。なお本書における全ての数値計算プログラムのCodingはFORTRANによっている。

本書の概要

第 2 章では本書で対象としている既存の LNG 船の各種タンクシステム、および主要な陸上タンクの概要を示す。

第 3 章では超低温液化ガスについての熱や物質の輸送、多成分体の気液平衡、および熱流動について基礎理論を述べた。熱流動については代表的な座標系ごとに支配方程式を示した。

第 4 章では同じく熱輸送や熱流動現象を表す支配方程式を実際のタンク様式 4 種類について、境界適合座標系 BFC システムへの変換法と変換後の具体的な式の形を全記述で提示した。同時に変換後の各項の数値解析のための離散化式とそれぞれの物理的意味を解説した。

第 5 章では代表的な 4 種類のタンク様式ごとに BFC システムを用いて、タンクに満載された LNG あるいは LH2 のタンク内での挙動（熱流動）や液全体の温度分布、および垂直断面で見たときの液表面の過冷却状態の特徴などについて CFD で解析結果を示した。

第 6 章では前章の液レベルが部分積載時の場合について、気相空間増加に伴う放射熱の扱いを含めて同じくタンク内の LNG および LH2 の挙動について 4 タンク様式ごとに CFD による解析結果を示した。

第 7 章では LNG タンクおよび LH2 タンクで満載自然蒸発時の蒸発速度・Boil off rate（BOR と略称する）の算出法を述べ、代表的な球形タンクおよび矩形タンクについて数値例を示した。より低温状態の IMO 条件を適用した場合、および蒸発蒸気（BOV と略称する）取り出し量を部分的に制限した場合の挙動などについても言及した。

第 8 章では液レベルが部分積載の場合における LNG タンクからの自然蒸発 BOR の算出法について解説し、縦型円筒タンクでの各液位における具体的な数値計算結果を示した。球形タンクおよび矩形タンクでは計算手順を示した。

第 9 章では LNG や LH2 タンクのより高精度の蒸発率算定に必要となるタンク周囲の雰囲気の温度分布の算出について球形タンクと矩形タンクについて主要断面での BFC システムによる解析法を示し、周囲雰囲気の流動状態も含めて具体的な CFD 計算結果を示した。

第 10 章では多成分体の気体・液体の平衡理論を解説し、LNG に適用して蒸発蒸気の成分算定方法と時間変化について述べ、具体的な数種類の LNG について結果を示した。成分の相違からくる物性値の違いを厳密に蒸発率 BOR 算定へ適用する場合の考え方を示した。

第 11 章では LNG や LH2 タンクを閉鎖した蓄圧時の圧力・温度変化、液層垂直方向温度分布、およびその時の蒸発・凝縮現象について解説し、4 タンク様式、タンク断熱値、満載から部分積載の液位の各種条件で CFD 解析し、数日から 10 日程度にわたる変化を示した。

第 12 章では陸上タンクでしばしば発生する LNG のロールオーバー現象を熱と運動の両面から、発生過程から消滅までを時間を追って分析した。同時にその結果生じる異常 BOV、その他の諸現象を 3 つのタンク様式ごとに CFD 解析しロールオーバー現象を紙上で再現した。同時に LH2 についても発生の可能性を指摘した。

第 13 章では一つの応用問題として、タンクを負圧にした場合、あるいは負圧になった場合の LNG の挙動を 3 種の沸騰蒸発モデルを想定して考察した。気液界面での物質移動係数値を与えて、球形および矩形タンクでの CFD 計算による数値結果を示した。

第 14 章ではタンク断熱について船体およびタンクの安全性確保から要求される 2 次防壁の概

念と具体的構造をLNGについて述べた。もう一方の機能である蒸発速度の制御をBOR低減の観点からタンクへの熱流ソースごとに考察し、タンクカバー、スカート、太陽放射について述べ、いくつかの提言を行った。

第15章ではLNGのBOVの冷熱を有効活用するために冷熱回収と、それをタンク断熱の一つの手段として利用するペーパー断熱について断熱構造単体と船体利用の2方式を解説し、効果評価のための数式を示した。CFD解析に基づく断熱効果および具体的なシステム構成を提示した。同時に、外部冷却機によるBOV冷熱の機能強化方式について述べた。一方、BOV冷熱を利用したBOVの部分再液化方式を提言し、見掛けのBOR低減機能についても解説した。

第16章ではLH2タンクシステムに焦点を当てて、真空断熱構造、それに伴う2次防壁の概念と2つの具体的構造、蒸発BOVの処理方法、ポンプに代わる揚荷手段、積み荷時の水素蒸気の処理方法、BOVによる断熱方法などについて自己完結型を旨とした多くの新しい発想に基づく手法を述べた。ここでLH2およびLNGのBOVの有効活用手段として水素およびメタンガスに適合した最新の燃料電池発電方式を提示し、具体的な出力レベルに言及した。

第 2 章　LNG タンクシステムの構造

2-1　船舶搭載タンク

　現在建造されている LNG タンクシステムは主として MOSS 型球形タンクや SPB 型の矩形タンクで代表される Type B と称される独立タンクシステムおよびメンブレンタンクシステムとがある。それぞれの概略の構造を以下の図に示す[1]。ここでは外部から見た構造図に留め、それぞれ詳細な機能については専門書によることにしたい。

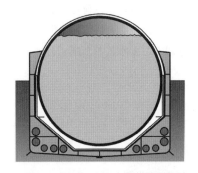

図 2-1　球形タンクの主要構造断面図

図 2-2　IHI-SPB タンクの主要構造[2]

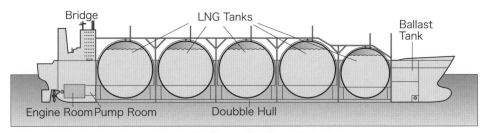

図 2-3　球形タンク方式のサイドビュー

図 2-4　メンブレンタンクの主要構造断面

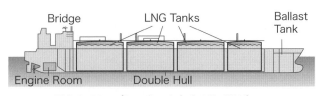

図 2-5　メンブレンタンク方式のサイドビュー

　メンブレン方式には、GTT マーク III 方式、GTT No.96 方式、GTT CS 方式がある。
　本書ではこれらを代表したタンクシステムとして、球形タンク、横置き円筒タンク、縦置き円筒タンク、矩形タンクの 4 つを取り上げる。本書では SPB は一般矩形タンクの総称として用いる。

これらの既存の方式に対して新しい様式の提案もみられる[3]。また、最近ではLNG燃料船向けの小型のタンクの出現も見られる[4]。

2-2　陸上タンク

陸上においても各種のタンク形式が建設されている。もっとも実績が多いのが平板二重殻円筒タンク（図2-6）である。その他コンクリート製の躯体、屋根、メンブレンおよび断熱層からなる地下式（図2-7）がある。

平板二重殻円筒タンクと比較して加圧性のものに適した二重殻タンク（図2-8および図2-9）があり、圧力は1～4 Bar G程度である。容量の制約があり、小容量に適している。

以上ここでは概要に留め、詳細についてはそれぞれの専門書によることにしたい。

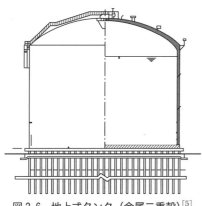

図2-6　地上式タンク（金属二重殻）[5]

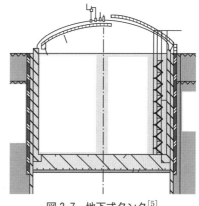

図2-7　地下式タンク[5]

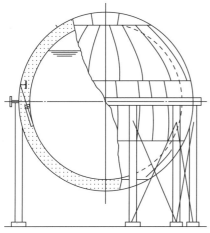

図2-8　二重殻球形タンク

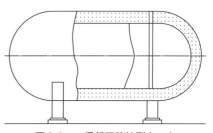

図2-9　二重殻円筒枕型タンク

第3章　LNG・LH2タンクシステムの伝熱、熱流動、熱物性に関する基礎式

本章では本書の各章において論じる伝熱、熱流動および熱物性の共通となる基礎式について述べる。

3-1　熱伝導

3-1-1　熱伝導の基礎微分方程式

いま、図3-1に示すように直交座標系 (x,y,z) を用い、熱伝導によって熱が流れつつある物体内の任意の位置 (x,y,z)、任意の時刻 t における温度が $T(x,y,z,t)$ で表されているとする。またその位置での物体内の x,y,z 方向に流れる熱量をそれらの流れにそれぞれ直角な面を通して単位面積、単位時間あたり q_x,q_y,q_z とすればFourierの法則によって次の関係が成立する。

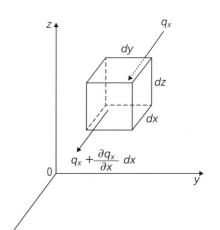

図3-1　3次元直角座標系

$$q_x = -\lambda \frac{\partial T}{\partial x}, \quad q_y = -\lambda \frac{\partial T}{\partial y}, \quad q_z = -\lambda \frac{\partial T}{\partial z} \tag{3-1}$$

ただし、λ は物体の熱伝導率である。

λ の値が位置によって変化せず、また物体内に内部発熱がない場合には物体の比熱を c、密度を ρ とすれば直角座標系で表した非定常の熱伝導の式は

$$c\rho \frac{\partial T}{\partial t} = \lambda \left[\frac{\partial^2 T}{\partial x^2} + \frac{\partial^2 T}{\partial y^2} + \frac{\partial^2 T}{\partial z^2} \right] \tag{3-2}$$

となる。あるいは

$$\frac{\partial T}{\partial t} = a \left[\frac{\partial^2 T}{\partial x^2} + \frac{\partial^2 T}{\partial y^2} + \frac{\partial^2 T}{\partial z^2} \right] \tag{3-3}$$

と書けるが、ここに $a=\lambda/c\rho$ は温度伝導率である。

定常熱伝導の場合には $\partial T/\partial t$ は0となり、上式は次のようになる。

$$\frac{\partial^2 T}{\partial x^2} + \frac{\partial^2 T}{\partial y^2} + \frac{\partial^2 T}{\partial z^2} = 0 \tag{3-4}$$

以上、直角座標系について述べたが、物体の形状によっては図3-2に示す円柱座標系 (r,ϕ,z)、あるいは図3-3に示す球座標系 (r,ϕ,ψ) が使用され、この場合には熱伝導式はそれぞれ次のようになる。

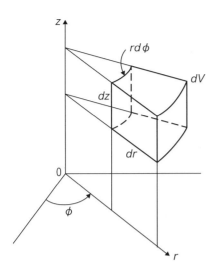
図 3-2 3次元円筒座標系

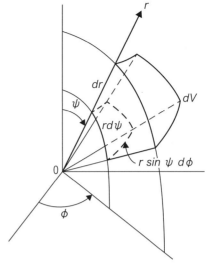
図 3-3 3次元球座標系

円柱座標：$\dfrac{\partial T}{\partial t}=a\left\{\dfrac{1}{r}\dfrac{\partial}{\partial r}\left(r\dfrac{\partial T}{\partial r}\right)+\dfrac{1}{r^2}\dfrac{\partial^2 T}{\partial \phi^2}+\dfrac{\partial^2 T}{\partial z^2}\right\}$ (3-5)

球座標：$\dfrac{\partial T}{\partial \tau}=a\left\{\dfrac{1}{r^2}\dfrac{\partial}{\partial r}\left(r^2\dfrac{\partial T}{\partial r}\right)+\dfrac{1}{r^2}\dfrac{1}{\sin^2\psi}\dfrac{\partial^2 T}{\partial \phi^2}+\dfrac{1}{r^2\sin\psi}\dfrac{\partial}{\partial \psi}\left(\sin\psi\dfrac{\partial T}{\partial \psi}\right)\right\}$ (3-6)

3-1-2 境界条件および初期条件

（1）境界条件

図 3-4 で示すように物体表面を S とし、S に対する外向き法線を n とする。

（a）表面を通る熱流束を指定する場合

表面における単位面積および単位時間あたりの熱流束 q は

$$-\lambda[\partial T/\partial n]_s = q \quad (3\text{-}7)$$

となる。なお、断熱的な表面の場合には $q=0$ である。

物体の表面で外部流体と熱伝達がある場合には、外部流体温度を T_a、物体表面の熱伝達率を h として熱流束を次式で表す。

$$q = h[(T)_s - T_a] \quad (3\text{-}8)$$

（b）表面温度を指定する場合

表面温度が Θ である場合には次のようになる。

$$[T]_s = \Theta \quad (3\text{-}9)$$

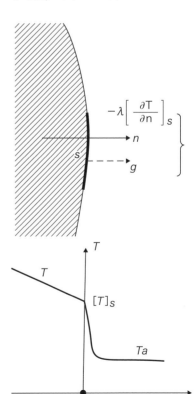
図 3-4 温度境界条件

(2) 初期条件

特定の時刻を時間の原点、すなわち $t=0$ とし、その時の物体内の温度分布が Ψ（一般に位置の関数）であるとすれば、初期条件は次のようになる。

$$[T]_{t=0} = \Psi \tag{3-10}$$

(3) 連続条件

物体が複数の材料からなる複合体である場合には、複数の材料の接続部においてエネルギー保存の法則から次のような熱流の連続条件が成立する。ただし接続部を原点として、n 個の材料のそれぞれの長さ方向に沿って $x_1, x_2, x_3 \cdots$ の座標軸をとり、温度、熱伝導率をそれぞれ $T_1, T_2, T_3 \cdots, \lambda_1, \lambda_2, \lambda_3 \cdots$ とする。

$$\sum_{i=1}^{n} \left[\lambda_i \frac{dT_i}{dx_i} \right]_{xi=0} = 0 \tag{3-11}$$

3-2 熱伝達

(1) 熱伝達率

境界層外の流体の一様温度を T_∞、物体の壁面温度を T_w、表面の熱伝達率を h として固体表面から外向き方向を正にとった熱流束 q を次式によって表す。

$$q = h(T_w - T_\infty) \tag{3-12}$$

式 (3-12) は自然対流および強制対流のいずれの場合も成り立つ。

熱伝達率は固体表面のある特定の場所に関するもの（局所熱伝達率）と、伝熱面の表面全体についてとった平均値（平均熱伝達率）とがあるが、本書では一般的に構造全体を見ているために後者で取り扱っている。この熱伝達率を定量化する場合には、流れの状態、流体の物性値、および固体と流体の境界形状を考慮しなければならない。

(2) 境界層

流体が表面に沿って流れる場合には、表面近傍には流体の粘性に基づき、流体の速度分布および温度分布が変化する速度境界層および温度境界層ができる。この境界層内の温度分布を求めることにより熱伝達の基礎諸元が得られる。

流れの状態としては層流と乱流とがあるが、自然対流の場合レイリイ数 $R_a = G_r P_r$ において $R_a > 2 \times 10^9$ のとき乱流境界層になる。一方、一定熱流束 q_w の場合には次の修正レイリイ数 $R_a^* = G_r^* P_r$ によって熱伝達の状況が判定できる。

$$10^5 < R_a^* < 10^{11} \cdots\cdots\cdots\cdots 層流境界層$$

$$10^{11} < R_a^* \cdots\cdots\cdots\cdots 乱流境界層$$

ただし、

$$G_r = g\beta(T_w - T_\infty)x^3/\nu^2 : グラスホフ数 \tag{3-13}$$

$$G_r^* = g\beta q_w x^4/(\lambda \nu^2) : 修正グラスホフ数 \tag{3-14}$$

$$P_r = c_p \mu/\lambda : プラントル数 \tag{3-15}$$

g：重力の加速度、β：流体の体積膨張率、ν：流体の動粘性係数、λ：流体の熱伝導率、c_p：流体の定圧比熱、μ：流体の粘性係数、x：流れに沿った先端からの距離

（3）ヌセルト数

温度境界層内で、固体壁面（$y=0$）においては、熱は伝導のみによって流れるからFourierの法則に従い、壁面から流体への熱流束 q は流体の熱伝導率を λ として次式によって表される。

$$q = -\lambda \left[\frac{\partial T}{\partial y}\right]_{y=0} \tag{3-16}$$

一方、熱伝達率を用いればこの伝熱量は式（3-12）によって求まり、両者を等置し、かつ若干の式の変形を行えば、ヌセルト数（Nusselt number, N_u）は

$$N_u = \frac{hL}{\lambda} = \frac{-\left[\frac{\partial T}{\partial y}\right]_{y=0}}{(T_w - T_\infty / L)} \tag{3-17}$$

となる。N_u 数が既知であれば熱伝達率 h は次式から求めることができる。

$$h = N_u \frac{\lambda}{L} \tag{3-18}$$

ただし、L は流れに沿った伝熱面の代表寸法である。

3-2-1 自然対流熱伝達

図3-5に示す自然対流境界層内の伝熱特性を定める実用的方法としては境界層内の速度分布（u）および温度分布（T）の式を適当に仮定して、これを運動量およびエネルギーの釣合い式に用いるプロフィル法（積分法）による近似解法が便利であり、実用上も十分の精度を持っている。

乱流状態の垂直平板に関してこの方法で求めたヌセルト数は次のようになる。

$$N_u = \frac{5}{6}[N_{ux}]_{x=l} = \frac{5}{6}[h_x]_{x=l}\frac{l}{\lambda}$$
$$= 0.0246\left[\frac{P_r^{1/6}}{1+0.494P_r^{2/3}}\right]^{2/5}(G_r P_r)^{2/5} \tag{3-19}$$

このように自然対流では一般的に $N_u = C(G_r P_r)^n$ の形となるが、実用式としては図3-6や図3-7を参照して次式が提示されている。図3-7には各流れの状態での N_u 数の実験値を示す[1]。

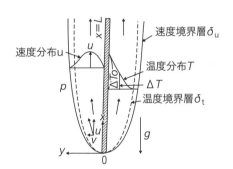

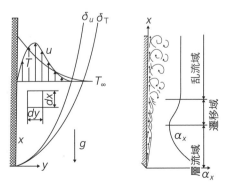

図3-5 加熱垂直板上の自然対流での温度および速度の境界層

乱流垂直面、Jakob の式　　　$N_u=0.129(G_rP_r)^{1/3}\quad 10^9<G_rP_r<10^{12}$

水平面、McAdams の式　A 面　$N_u=0.54(G_rP_r)^{1/4}\quad 10^5<G_rP_r<2\times10^7$

（図 3-6 参照）　　　　　　　$N_u=0.14(G_rP_r)^{1/3}\quad 2\times10^7<G_rP_r<3\times10^{10}$　　(3-20)

　　　　　　　　　　B 面　　$N_u=0.27(G_rP_r)^{1/4}\quad 3\times10^5<G_rP_r<3\times10^{10}$

層流垂直面、Ostrach の式　　$N_u=(4/3)f(P_r)G_r^{1/4}$

層流垂直面では Ostrach の式で $f(P_r)$ は次表による[1]。

P_r	0.01	0.72	1.00	2.00	10.0
$f(P_r)$	0.0581	0.3568	0.4010	0.5066	0.8269

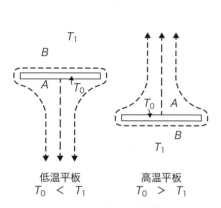

図 3-6　水平板上の自然対流

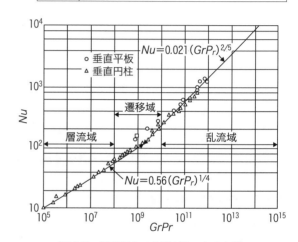

図 3-7　垂直板上の自然対流ヌセルト数

実務面においては物体の形状および表面を取り巻く流れの状態を観察した上で適切なヌセルト数式を判断して適用することになる。

垂直すき間の壁間の熱伝達

実際のタンク構造では閉鎖された比較的小さい垂直区画内の自然対流が問題となることがある。高さ L、幅 δ の 2 枚の平行板によって囲まれた閉鎖区画の対流熱伝達により近似する。この場合、ヌセルト数 N_u はグラスホフ数 G_r の大きさによって次のように表される[2]。

$$\left.\begin{array}{l}2\times10^3<G_{r\delta}<2\times10^5\cdots\cdots\text{層流}:N_{u\delta}=0.20R_a^{1/4}(L/\delta)^{-1/9}\\2\times10^5<G_{r\delta}\cdots\cdots\cdots\cdots\cdots\text{乱流}:N_{u\delta}=0.071R_a^{1/3}(L/\delta)^{-1/9}\end{array}\right\}\quad(3\text{-}21)$$

ここでは $G_{r\delta}=10^7\sim10^8$ のオーダーであり、乱流の式を使う。ただし、$G_r=\beta g\Delta T\delta^3/\nu^2$：グラスホフ数、$P_r=\nu c\rho/\lambda$：プラントル数、$R_a=G_rP_r$：レイリイ数、$\Delta T$：両壁間の温度差（℃）であり、$\beta, \nu, c, \rho, \lambda$ は両壁間の気体の平均温度に対する値を用いる。

このとき両壁間の熱伝達率 h は次のようになる。

$$h=N_{u\delta}\frac{\lambda}{\delta} \quad (3\text{-}22)$$

一応用例を図3-8に示すが、本構造を適用するにあたっては、図示のように楔状の形を高さLおよび大略同一面積を有する幅δの矩形によって代表させる。両壁間の温度差と平均距離をベースに計算したhの値を同図に示す。

3-2-2 強制対流熱伝達

強制対流の境界層方程式は、自然対流の場合に対して境界層外の流速$u_\infty \neq 0$および重力影響を無視しうることになるが、自然対流の場合と同様に、近似解法としてプロフィル法を用いると乱流平板の平均ヌセルト数N_uは次のようになる[3]。

$$N_u = \frac{hL}{\lambda} = 0.0371 P_r R_e^{4/5} \qquad (3\text{-}23)$$

経験的には乱流境界層の実用式としては、平板全体の平均値の式、すなわちColburnの式[1]も用いられる。

$$N_u = 0.036 P_r^{1/3} R_e^{4/5}, \quad R_e > 3 \times 10^5 \qquad (3\text{-}24)$$

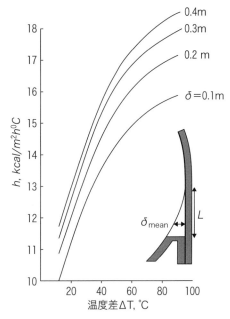

図3-8 閉鎖2面間の自然対流の例

これらの熱伝達率については自然対流および強制対流の流れおよび熱流の状態によって、より詳細な分類における種々の式が提唱されている[4][5]。個々のケースに応じて、それらの文献も参照されることをお勧めしたい。

3-3 熱 放 射[4]

単位表面積から単位時間に放射される放射熱流束Eを放射能と呼び、絶対温度Tの黒体の全放射能E_BはStefan-Boltzmannの法則により次式で表される。

$$E_B = \sigma T^4, \quad \sigma = 5.67 \times 10^{-8} \text{ W/m}^2\text{K}^4 \qquad (3\text{-}25)$$

実在している物体は全放射能が次式で表される灰色体とみなして扱うことができる。

$$E_B = \varepsilon \sigma T^4 \qquad (3\text{-}26)$$

εは放射率である。また物体間に存在するガス体は放射の完全透過体で放射には関与しないものとする。いま図3-9に示すように2つの黒体面A_i, A_jを考え、ϕ_i, ϕ_jは両面を結ぶラインと各面の法線とのなす角度とし、両者が異なった温度T_i, T_jに保たれている場合には、これらの表面間の放射伝熱量を表す一般

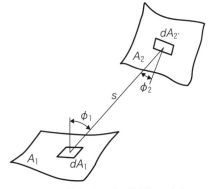

図3-9 微小2面間の放射熱の交換

式は

$$Q_{ij} = \sigma(T_i^4 - T_j^4) A_i F_{ij} \tag{3-27}$$

となる。

ここに

$$F_{ij} = \frac{1}{A_i} \int_{A_j} \int_{A_i} \frac{\cos\phi_i \cos\phi_j}{\pi r^2} dA_i dA_j \tag{3-28}$$

であり、F_{ij} は面々形態係数である。形態係数に関しては、次の様な関係式が成立する。

(1) 相互関係（互いに見ることのできる2表面間、表面積 A_i, A_j とする）

$$A_i F_{ij} = A_j F_{ji} \tag{3-29}$$

(2) 自己形態係数（平面あるいは凸面のように自分自身を見ることのできない表面）

$$F_{ii} = 0 \tag{3-30}$$

(3) 総和関係（n 個の表面で閉ざされた閉空間系）

$$F_{i1} + F_{i2} + \cdots + F_{in} = 1 \quad (i=1,2,\cdots,n) \tag{3-31}$$

温度がそれぞれ異なる n 個の黒体面によって閉ざされた閉空間系の放射伝熱に関しては、表面 A_i から他の全表面への総放射伝熱量 Q_i は次式のようになる。

$$Q_i = \sum_{j=1}^{n} Q_{ij} = \sum_{j=1}^{n} (E_{Bi} - E_{Bj}) A_i F_{ij} = \sigma \sum_{j=1}^{n} (T_i^4 - T_j^4) A_i F_{ij} \quad (i=1,2,\cdots,n) \tag{3-32}$$

灰色体系の放射伝熱に対して射度の概念を用いれば、黒体系の場合と類似の取り扱いができる。すなわち、射度 G を単位面積、単位時間あたり表面を出て行く全放射エネルギーとすれば温度がそれぞれ異なる n 個の表面によって閉ざされた灰色体閉空間系の放射伝熱を考えるとき面 i から他の全表面へ出る総放射伝熱量 Q_i は

$$Q_i = (\sigma T_i^4 - G_i) \frac{\varepsilon_i A_i}{1-\varepsilon_i} = \sum_{j=1}^{n} (G_i - G_j) A_i F_{ij} \quad (i=1,2,3,\cdots,n) \tag{3-33}$$

となる。上式が面の数だけ成立するからこれらを連立させて解き G_i を求めれば、各面の Q_i が各式から求まる。

3-4　蒸気の性質と状態変化[6]

3-4-1　蒸気とガス

本書では蒸発、液化、凝結あるいは凝縮の起こる状態に近い気体を蒸気（Vapor）と呼び、その状態から昇温し、かなり離れた気体をガスと呼んで区別する。目安として0℃近辺を境にして、常温側をガス、低温側を蒸気と呼称している。したがってLNGタンクからの蒸発気体は蒸気 Boil off vapor, BOV であり、圧縮機－ヒーターを通って常温化あるいは高温化した気体はガスBOGとする。

図3-10に示す飽和液線と飽和蒸気線上の圧力 P と比容積 v の関係を表す P-v 曲線で、臨界圧

で飽和液線と飽和蒸気線が一致する。臨界圧に相当する飽和温度は臨界温度である。

3-4-2 飽和圧力と温度との関係、蒸気圧曲線

与えられた温度で、液体あるいは固体がその蒸気とつり合いを保つときには、蒸気はその温度だけに関係した圧力を及ぼす。蒸気の飽和圧力と温度との関係を表す蒸気圧曲線を、メタン、プロパン、窒素、水、炭酸ガスなどについて図 3-11 に示す。

本書で主題とするメタンと水素については第 5 章により高精度の曲線を示す。

相変化を示す関係式としてはクラペイロンの式（Clapeyron's equation）があり、これによると飽和温度 T における蒸発潜熱 L、気体、液体の比容積の差 $v''-v'$ および蒸気圧曲線の微係数 dP/dT の間には、次の関係式が成り立つ。

$$L = (v''-v') T \frac{dP}{dT} \tag{3-34}$$

ただし L (kJ/mol)、v''、v' (m³/mol)、P (kPa)、T (K) である。

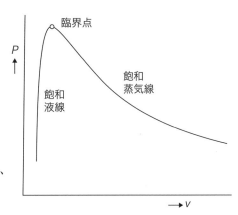

図 3-10　液体と気体の圧力-比容積の相平衡図

低圧においては蒸気を理想気体と見なしてもよいから、R をガス定数とすれば $v''=RT/P$ となり、かつ $v''\gg v'$ であるため v' を省略すれば式 (3-34) は

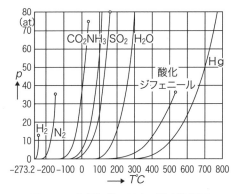

図 3-11　各種気体の圧力－温度平衡図

$$\frac{dP}{P} = \frac{L}{R} \frac{dT}{T^2} \tag{3-35}$$

となり、蒸発潜熱 L が一定であれば、上式を積分して、臨界圧 P_c および臨界温度 T_c の条件によって積分定数を定めて次の解を得る。

$$\ln \frac{Pc}{P} = \frac{L}{RT_c}\left[\frac{T_c}{T} - 1\right] \tag{3-36}$$

この式は蒸気を理想気体と考え、かつ蒸発潜熱を定数と考えて得られた蒸気圧曲線の近似式である。一方 van der Waals によって実験上から提案された次式もある。$a \approx 3$

$$\log_{10} \frac{Pc}{P} = a\left[\frac{T_c}{T} - 1\right] \tag{3-37}$$

3-4-3 状態変化

物質の状態を P-T 面上に示したものが図 3-12 である。固体、液体および蒸気が共存して互いに平衡を保つ状態点である三重点は一般の物質では大気圧より低い点にあるが、断熱材内で凍結することがある炭酸ガスの場合はこの三重点の圧力 P_r が約 5.3 atm にあり、したがって大気圧では、加熱によって固体の一部が蒸気に直接変化し、昇華現象を起こす。

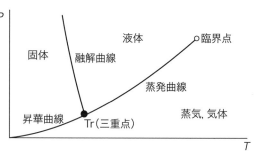

図 3-12　相平衡図

3-5　気液平衡[7]

3-5-1　状態方程式

物質の圧力 P、比容積 v、温度 T の関係を表現した状態式として、現在までに多数提案されている。例えば理想気体に対しては $Pv=RT$、$R=8.314$ (kJ/kmolK) となるが、本式は実際のガスや気体に対しては低圧・高温において適用される。メタン、エタン、プロパンなどの低級炭化水素の P-v-T 関係を高密度領域までにわたって精度よく表し、かつ低温域での精度も良い状態方程式として、Benedict-Webb-Rubin の提案による次の式がある(以下 BWR 式と略称する)。

本書においては BWR 式を用いて混合物の気液平衡を取り扱うことにする。ただし、$\rho=1/v$：モル密度、R_0：一般ガス定数である。

$$P = R_0 T \rho + \left[B_0 R_0 T - A_0 - \frac{C_0}{T^2}\right]\rho^2 + (bR_0 T - a)\rho^3 + a\alpha\rho^6 + \frac{c\rho^3}{T^2}(1+\gamma\rho^2)e^{-\gamma\rho^2} \quad (3\text{-}38)$$

本式に含まれる 8 個の定数 A_0、B_0、C_0、a、b、c、α、γ は物質固有のもので、詳細は第 10 章に記す。多成分体の場合にはこれらの定数に混合則を適用することによって、式 (3-38) をそのまま適用できる。

3-5-2　気液平衡の条件

気液平衡を論じる場合にはフガシティ (Fugacity) という新しい概念が導入され、気液平衡状態を熱力学的に表現する。平衡条件として各成分の両相における化学ポテンシャルを表すフガシティ f_i が等しいと定義する。したがって気液平衡の条件としては、気相を V、液相を L の添え字で表して次の関係式が成り立つ。

$$P^v = P^L,\ T^v = T^L\ \ f_i^v = f_i^L \quad (\text{各成分}\ i\ \text{について}) \quad (3\text{-}39)$$

ここで、フガシティ f は純粋成分および混合物で、それぞれ次式によって定義される。

$$\text{純粋成分の場合：} \ln f = \frac{1}{R_0 T}\int_v^\infty \left[P - \frac{R_0 T}{v}\right]dv - \ln\frac{v}{R_0 T} + \frac{Pv}{R_0 T} - 1 \quad (3\text{-}40)$$

$$\text{多成分の場合：} R_0 T \ln f_i = \int_v^\infty \left\{\left[\frac{\partial P}{\partial n_i}\right]_{T,v,n_{j\ne i}} - \frac{R_0 T}{v}\right\}dv - R_0 T \ln\frac{v}{n_i R_0 T} \quad (3\text{-}41)$$

ただし、n_i：成分 i のモル数で、$n=\Sigma n_i$ となる。

液相、気相の各成分のモル分率を x_i、y_i とし、本式の圧力項に多成分体の状態方程式として先のBWR式を代入すれば液相、気相における各成分のフガシティが次式によって温度と密度の関数として表される。

$$R_0 T \ln \frac{f_i}{x_i} = R_0 T \ln \rho R_0 T + \left\{(B_0 + B_{0i})R_0 T - \frac{2(C_0 C_{0i})^{\frac{1}{2}}}{T^2} - 2x_i A_{0i} - \sum_{\substack{j \\ j \neq i}} M_{ij} x_j (A_{0i} A_{0j})^{\frac{1}{2}}\right\}\rho$$
$$+ \frac{3}{2}\left[(b^2 b_i)^{\frac{1}{3}} R_0 T - (a^2 a_i)^{\frac{1}{3}}\right]\rho^2 + \frac{3}{5}\left\{a(\alpha^2 \alpha_i)^{\frac{1}{3}} + \alpha(a^2 a_i)^{\frac{1}{3}}\right\}\rho^5$$
$$+ \frac{3\rho^2}{T^2}(c^2 c_i)^{\frac{1}{3}}\left[\frac{1-e^{-\gamma\rho^2}}{\gamma\rho^2} - \frac{e^{-\gamma\rho^2}}{2}\right] - \frac{2\rho^2 c}{T^2}\left[\frac{\gamma_i}{\gamma}\right]^{\frac{1}{2}}\left[\frac{1-e^{-\gamma\rho^2}}{\gamma\rho^2} - e^{-\gamma\rho^2} - \frac{\gamma\rho^2 e^{-\gamma\rho^2}}{2}\right] \quad (3-42)$$

3-6 物質移動

3-6-1 基礎微分方程式

図3-13に示すように物体中の任意の1点における成分 A の質量濃度（密度）すなわち、単位体積あたりの質量を C_A とすれば、その点の単位面積を横切って面の法線 n 方向に単位時間に移動する質量流束 M_A はフィックの法則によって、次式で与えられる。

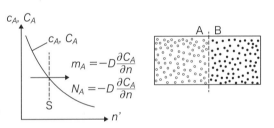

図3-13 濃度勾配とフィックの法則

$$M_A = -D \frac{dC_A}{dn} \quad (3-43)$$

ここに、D は拡散係数であり m^2/h の単位を持つ。もし成分濃度をモル濃度、すなわち単位体積あたりのモル数 $C_A{}'$ で表示する場合には、モル流束 N_A が物質流束となり、図3-13に示すようにフィックの法則は次式のようになる。

$$N_A = -D \frac{dC_A{}'}{dn} \quad (3-44)$$

理想気体の法則に従う気体の場合には分圧 p_A とモル濃度 $C_A{}'$ との間に $p_A = C_A{}' RT$ の関係が成り立つから、フィックの法則は次のように表される。

$$N_A = -\frac{D}{RT} \frac{dp_A}{dn} \quad (3-45)$$

直角座標系においては物質移動の非定常拡散方程式は次のようになる。

$$\frac{\partial C_A}{\partial t} = D\left[\frac{\partial^2 C_A}{\partial x^2} + \frac{\partial^2 C_A}{\partial y^2} + \frac{\partial^2 C_A}{\partial z^2}\right] \quad (3-46)$$

3-6-2 境界条件および初期条件

(1) 表面での物質移動量 g_M (kg/hm^2) を指定するとき

$$-D\left[\frac{\partial C}{\partial n}\right]_s = g_M \qquad (3\text{-}47)$$

表面閉塞の場合には $g_M=0$ である。物質の表面と外部流体間で濃度差がある場合には、流体中の濃度 C_a、総括物質移動係数 K_s(m/h) を用いて物質移動量 g_M は次のようになる。

$$g_M = K_s[(C)_s - C_a] \qquad (3\text{-}48)$$

(2) 表面濃度指定の場合

表面濃度が C_0 である場合には次のようになる。

$$[C]_s = C_0 \qquad (3\text{-}49)$$

初期時、すなわち $t=0$ のとき物体内の濃度分布が C (一般に位置の関数) であれば、初期条件は次のようになる。

$$[C]_{t=0} = C \qquad (3\text{-}50)$$

3-7　凝　　　縮[3]

液化ガスの飽和蒸気あるいは過熱蒸気が飽和温度より低い温度の冷却面に接すると、そこで凝縮をはじめ、気相から液相への変化が生じると同時に凝縮熱を放出する。凝縮の形態としては冷却面上を凝縮液が連続した膜状で流下する膜状凝縮と冷却面上に滴状をなして凝縮する滴状凝縮とがあるが、有機液体では膜状凝縮が主体である。また膜状凝縮の場合、凝縮液膜の流れは長い垂直冷却面の下方でみられるように凝縮液量が多くなると乱流となるが、凝縮液面が短く凝縮液量も小さい場合には層流として取り扱うことができる。

以下では壁面温度が一定の場合の垂直平板上の凝縮液膜を取り扱う。静止飽和蒸気の場合は凝縮膜表面にはせん断力は働かない。図 3-14 に示すように、凝縮の始まる点から x の位置における微小部分 dx での液膜を通しての熱伝達と凝縮熱の平衡を考えれば次式が成立する。

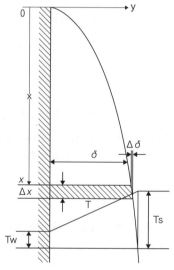

図 3-14　垂直板上の膜凝縮

$$\frac{\lambda_L}{\delta}(T_s - T_w)dx = \frac{L\rho_L^2 \delta^2}{\mu_L}d\delta \qquad (3\text{-}51)$$

ただし、λ_L：凝縮液の熱伝導率、ρ_L：凝縮液の比重量、μ_L：凝縮液の粘性係数、L：蒸発潜熱、T_s：飽和温度、T_w：壁面温度である。

これを境界条件 $x=0$：$\delta=0$ のもとに解けば、任意の位置 x における液膜厚さ δ_x を次式で表すことができる。

$$\delta_x = \left\{\frac{4\lambda_L \mu_L (T_s - T_w) x}{L \rho_L^2}\right\}^{1/4} \tag{3-52}$$

同じく熱伝達率 h_x は次式となる。

$$h_x = \frac{\lambda_L}{\delta} = \left\{\frac{\lambda_L^3 \rho_L^2 L}{4\mu_L (T_s - T_w) x}\right\}^{1/4} \tag{3-53}$$

高さ l の垂直凝縮面全体の液膜を通しての平均熱伝達率 h は

$$h = \frac{1}{l}\int_0^l h_x dx = \frac{4}{3}[h_x]_{x=l} = \frac{4}{3}\left\{\frac{\lambda_L^3 \rho_L^2 L}{4\mu_L (T_s - T_w) l}\right\}^{1/4} \tag{3-54}$$

となる。

温度 T_v、定圧比熱 c_p の過熱蒸気の場合には蒸発潜熱 L の代わりに次の L' を用いる。

$$L' = L + c_p (T_v - T_s) \tag{3-55}$$

3-8　熱　流　動 [8][9][10][11][12][13][14][15][16]

　構造物の内部にある気体なり液体の流体に着目すれば、外部との熱のやり取りで温度分布が生じた場合、それに伴う密度変化のために流体に働く重力が一様でなくなり、流体の運動が生じる。これが熱流動である。LNG や LH2 では本体が超低温のために常温の外界との温度差が大きく、たとえ断熱が施されていても流入熱は相当なものとなり、それに伴う流体運動を避けて論じることはできない。熱流動では流体内の熱伝導のような拡散現象があると同時に流体の運動、すなわち対流と共に運ばれる（一般にはこれを移流と称している）質量、運動量およびエネルギーがあらゆる場所および時刻において過不足なく平衡し、かつ保存されている保存性が重要となり、それぞれの保存則を記述する方程式が必要となる。したがって非圧縮性の低速流の熱流動を記述する支配方程式は質量保存式、運動量保存式（Navier-Stokes 方程式）およびエネルギー保存式となる。更に乱流を論じる場合には適当な乱流モデルが必要になり、本書では k-$\varepsilon 2$ 方程式モデルによっている。この場合、乱流エネルギー保存式および乱流エネルギー消散率保存式が付け加わり、これから乱流に伴う渦拡散係数が得られる。

　本書では船体とタンクの任意の形状に沿った上記諸量の拡散や流れを表記できる境界適合座標系、Boundary-Fitted Coordinate system（以下、本書では BFC システムと略称する）を用いて解析を進める。本節ではこのための基礎となる次の 5 種の座標系について記す。（　）内は座標系とそれぞれの方向の流速成分を示す。座標系の名称は〈5〉を除き、系の持つ表示機能に合わせて著者がつけたものである。これらの座標系の図示および基礎座標系から BFC システムへの転換については第 4 章にて述べる。

〈1〉　面対称水平軸直角座標系 (x, z)、(u, w)
〈2〉　軸対称水平軸座標系 (x, z)、(u, w)
〈3〉　面対称緯度軸座標系 (r, ϕ)、(u, w)
〈4〉　軸対称緯度軸座標系 (r, ϕ)、(u, w)
〈5〉　直角 3 次元座標系 (x, y, z)、(u, v, w)

それぞれの座標系ごとに流体運動と熱移動の支配方程式を記述する。記述様式は後のBFCシステムへの変換と離散化式への展開の便利さを考慮して、ベクトル表示にせずに数式の形で全表示する。なお、ここでは全てニュートン流体であり、低速であるために粘性発熱項、回転座標系における遠心力およびコリオリの力は無視し、温度変化は大きくないとして熱伝導率、比熱および粘性係数の物性値は一定としている。密度変化については体積力の項についてのみ考慮し、その他の項については一定とする。乱流解析を行うために流速は全て時間平均値である。乱流解析についてはいくつかの簡略化を図っており、まずエネルギー方程式の温度拡散係数および運動方程式の運動量拡散係数は、乱流状態では同じオーダーとなるために両者を渦拡散係数で統一して扱う。また乱流エネルギーの浮力項は省略した。乱流エネルギー消散率式に出現する諸係数に対して低速流固有のことについて特別の考慮を払わずに一般化された数値を採用している。乱流解析の由来については数多くの文献に詳述してあり、本書では省略する。読者にはそれらの文献参照をお願いしたい。乱流状態を論じることなく、物理現象そのものを見たい場合には温度拡散係数には通常の分子熱伝導率を用い、運動量拡散係数には同じく分子粘性係数を用いて解けばよい。より簡素化された手続きで現象の数値観察が可能である。

共通する記号として、温度 T、密度 ρ、比熱 c_p、粘性係数 μ、単位体積、単位時間あたりの発熱量 Q、圧力 P、重力の加速度 g（添え字で方向を表す）、乱流エネルギー k、同消散率 ε、渦拡散係数 ν_t、運動量渦拡散係数 ν_m、温度渦拡散係数 ν_e、座標系方向流速として、x 方向あるいは r 方向：u、y 方向：v、z 方向あるいは ϕ 方向：w、時間 t と定義する。

3-8-1　面対称水平軸座標系 (x, z)、(u, w)

これは座標系 (x, z) を垂直方向に x、水平方向に z に取った場合で、液体貨物を搭載した十分な長さを有する矩形タンク、水平円筒タンクや楕円形タンクなどのBFC変換に適用される。

【質量保存式】

$$\frac{\partial u}{\partial x}+\frac{\partial w}{\partial z}=0 \tag{3-56}$$

【運動量保存式】

$$\frac{\partial u}{\partial t}+\frac{\partial u^2}{\partial x}+\frac{\partial uw}{\partial z}=-\frac{1}{\rho}\frac{\partial p}{\partial x}+\frac{\partial}{\partial x}\left(\nu_m\frac{\partial u}{\partial x}\right)+\frac{\partial}{\partial z}\left(\nu_m\frac{\partial u}{\partial z}\right)+g_x \tag{3-57}$$

$$\frac{\partial w}{\partial t}+\frac{\partial wu}{\partial x}+\frac{\partial w^2}{\partial z}=-\frac{1}{\rho}\frac{\partial p}{\partial z}+\frac{\partial}{\partial x}\left(\nu_m\frac{\partial w}{\partial x}\right)+\frac{\partial}{\partial z}\left(\nu_m\frac{\partial w}{\partial z}\right)+g_z \tag{3-58}$$

【エネルギー保存式】

$$\frac{\partial T}{\partial t}+\frac{\partial uT}{\partial x}+\frac{\partial wT}{\partial z}=\frac{\partial}{\partial x}\left(\nu_e\frac{\partial T}{\partial x}\right)+\frac{\partial}{\partial z}\left(\nu_e\frac{\partial T}{\partial z}\right)+\frac{Q}{\rho c_p} \tag{3-59}$$

【乱流エネルギー保存式】

$$\frac{\partial k}{\partial t}+\frac{\partial uk}{\partial x}+\frac{\partial wk}{\partial z}=\frac{\partial}{\partial x}\left(\nu_t\frac{\partial k}{\partial x}\right)+\frac{\partial}{\partial z}\left(\nu_t\frac{\partial k}{\partial z}\right)+\nu_t\Phi-\varepsilon \tag{3-60}$$

【同消散率保存式】

$$\frac{\partial \varepsilon}{\partial t}+\frac{\partial u\varepsilon}{\partial x}+\frac{\partial w\varepsilon}{\partial z}=\frac{\partial}{\partial x}\left(\nu_t \frac{\partial \varepsilon}{\partial x}\right)+\frac{\partial}{\partial z}\left(\nu_t \frac{\partial \varepsilon}{\partial z}\right)+C_1\nu_t \frac{\varepsilon}{k}\Phi - C_2 \frac{\varepsilon^2}{k} \tag{3-61}$$

$$\Phi = 2\left(\frac{\partial u}{\partial x}\right)^2 + 2\left(\frac{\partial w}{\partial z}\right)^2 + \left(\frac{\partial w}{\partial x}+\frac{\partial u}{\partial z}\right)^2 \tag{3-62}$$

【渦拡散係数】

$$\nu_t = C_D \frac{k^2}{\varepsilon} \tag{3-63}$$

3-8-2　軸対称水平軸座標系 (x, z)、(u, w)

3-8-1 の直角座標系を基にして、それぞれの式に回転半径となる対称軸からの水平距離 z を乗じた式を作る。これは座標系 (x, z) を垂直方向に x、水平方向に z に取った場合で、液体貨物を搭載した軸対称回転体形状の、例えば球形タンクや楕円形タンクなどの BFC 式変換に適用される。

【質量保存式】

$$\frac{1}{z}\frac{\partial zu}{\partial x}+\frac{1}{z}\frac{\partial zw}{\partial z}=0 \tag{3-64}$$

【運動量保存式】

$$\frac{\partial u}{\partial t}+\frac{1}{z}\frac{\partial zu^2}{\partial x}+\frac{1}{z}\frac{\partial zuw}{\partial z}=-\frac{1}{\rho}\frac{\partial p}{\partial x}+\frac{1}{z}\frac{\partial}{\partial x}\left(\nu_m \frac{\partial zu}{\partial x}\right)+\frac{1}{z}\frac{\partial}{\partial z}\left(z\nu_m \frac{\partial u}{\partial z}\right)+g_x \tag{3-65}$$

$$\frac{\partial w}{\partial t}+\frac{1}{z}\frac{\partial zwu}{\partial x}+\frac{1}{z}\frac{\partial zw^2}{\partial z}=-\frac{1}{\rho}\frac{\partial p}{\partial z}+\frac{1}{z}\frac{\partial}{\partial x}\left(\nu_m \frac{\partial zw}{\partial x}\right)+\frac{1}{z}\frac{\partial}{\partial z}\left(z\nu_m \frac{\partial w}{\partial z}\right)+g_z \tag{3-66}$$

【エネルギー保存式】

$$\frac{\partial T}{\partial t}+\frac{1}{z}\frac{\partial zuT}{\partial x}+\frac{1}{z}\frac{\partial zwT}{\partial z}=\frac{1}{z}\frac{\partial}{\partial x}\left(\nu_e \frac{\partial zT}{\partial x}\right)+\frac{1}{z}\frac{\partial}{\partial z}\left(z\nu_e \frac{\partial T}{\partial z}\right)+\frac{Q}{\rho c_p} \tag{3-67}$$

【乱流エネルギー保存式】

$$\frac{\partial k}{\partial t}+\frac{1}{z}\frac{\partial zuk}{\partial x}+\frac{1}{z}\frac{\partial zwk}{\partial z}=\frac{1}{z}\frac{\partial}{\partial x}\left(\nu_t \frac{\partial zk}{\partial x}\right)+\frac{1}{z}\frac{\partial}{\partial z}\left(z\nu_t \frac{\partial k}{\partial z}\right)+\nu_t \Phi - \varepsilon \tag{3-68}$$

$$\Phi = 2\left(\frac{\partial u}{\partial x}\right)^2 + 2\left(\frac{\partial w}{\partial z}\right)^2 + \left(\frac{\partial w}{\partial x}+\frac{\partial u}{\partial z}\right)^2 \tag{3-69}$$

【同消散率保存式】

$$\frac{\partial \varepsilon}{\partial t}+\frac{1}{z}\frac{\partial zu\varepsilon}{\partial x}+\frac{1}{z}\frac{\partial zw\varepsilon}{\partial z}=\frac{1}{z}\frac{\partial}{\partial x}\left(\nu_t \frac{\partial z\varepsilon}{\partial x}\right)+\frac{1}{z}\frac{\partial}{\partial z}\left(z\nu_t \frac{\partial \varepsilon}{\partial z}\right)+C_1\nu_t \frac{\varepsilon}{k}\Phi - C_2 \frac{\varepsilon^2}{k} \tag{3-70}$$

【渦拡散係数】

$$\nu_t = C_D \frac{k^2}{\varepsilon} \tag{3-71}$$

3-8-3 面対称緯度軸座標系 (r, ϕ)、(u, w)

これは座標系 (r, ϕ) を半径方向に r、緯度方向に ϕ を取った場合で、気体などのように容器の形状に応じた自由な界面を持った、十分に長い形状の構造体のBFC変換に適用されるものである。座標変換に伴い出現する遠心力およびコリオリの力については削除している。

【質量保存式】

$$\frac{1}{r}\frac{\partial}{\partial r}(ru)+\frac{1}{r}\frac{\partial w}{\partial \phi}=0 \tag{3-72}$$

【運動量保存式】

$$\frac{\partial u}{\partial t}+\frac{1}{r}\frac{\partial}{\partial r}(ru^2)+\frac{1}{r}\frac{\partial uw}{\partial \phi}=-\frac{1}{\rho}\frac{1}{r}\frac{\partial pr}{\partial r}+\frac{1}{r}\frac{\partial}{\partial r}\left(r\nu_m\frac{\partial u}{\partial r}\right)+\frac{1}{r^2}\frac{\partial}{\partial \phi}\left(\nu_m\frac{\partial u}{\partial \phi}\right)+g_r \tag{3-73}$$

$$\frac{\partial w}{\partial t}+\frac{1}{r}\frac{\partial}{\partial r}(rwu)+\frac{1}{r}\frac{\partial w^2}{\partial \phi}=-\frac{1}{\rho}\frac{1}{r}\frac{\partial p}{\partial \phi}+\frac{1}{r}\frac{\partial}{\partial r}\left(r\nu_m\frac{\partial w}{\partial r}\right)+\frac{1}{r^2}\frac{\partial}{\partial \phi}\left(\nu_m\frac{\partial w}{\partial \phi}\right)+g_\phi \tag{3-74}$$

【エネルギー保存式】

$$\frac{\partial T}{\partial t}+\frac{1}{r}\frac{\partial}{\partial r}(ruT)+\frac{1}{r}\frac{\partial wT}{\partial \phi}=\frac{1}{r}\frac{\partial}{\partial r}\left(r\nu_e\frac{\partial T}{\partial r}\right)+\frac{1}{r^2}\frac{\partial}{\partial \phi}\left(\nu_e\frac{\partial T}{\partial \phi}\right)+\frac{Q}{\rho c_p} \tag{3-75}$$

【乱流エネルギー保存式】

$$\frac{\partial k}{\partial t}+\frac{1}{r}\frac{\partial}{\partial r}(ruk)+\frac{1}{r}\frac{\partial wk}{\partial \phi}=\frac{1}{r}\frac{\partial}{\partial r}\left(r\nu_t\frac{\partial k}{\partial r}\right)+\frac{1}{r^2}\frac{\partial}{\partial \phi}\left(\nu_t\frac{\partial k}{\partial \phi}\right)+\nu_t\Phi-\varepsilon \tag{3-76}$$

$$\Phi=2\left(\frac{\partial u}{\partial r}\right)^2+2\left(\frac{\partial w}{r\partial \phi}+\frac{u}{r}\right)^2+\left(\frac{1}{r}\frac{\partial u}{\partial \phi}+r\frac{\partial}{\partial r}\left(\frac{w}{r}\right)\right)^2 \tag{3-77}$$

【同消散率保存式】

$$\frac{\partial \varepsilon}{\partial t}+\frac{1}{r}\frac{\partial}{\partial r}(ru\varepsilon)+\frac{1}{r}\frac{\partial w\varepsilon}{\partial \phi}=\frac{1}{r}\frac{\partial}{\partial r}\left(r\nu_t\frac{\partial \varepsilon}{\partial r}\right)+\frac{1}{r^2}\frac{\partial}{\partial \phi}\left(\nu_t\frac{\partial \varepsilon}{\partial \phi}\right)+C_1\nu_t\frac{\varepsilon}{k}\Phi-C_2\frac{\varepsilon^2}{k} \tag{3-78}$$

【渦拡散係数】

$$\nu_t=C_D\frac{k^2}{\varepsilon} \tag{3-79}$$

3-8-4 軸対称緯度軸座標系 (r, ϕ)、(u, w)

これは 3-8-3 を 3 次元に展開し、例えば気体などのように容器の形状に応じた自由な界面を持った軸対称回転体形状の構造体の BFC 変換に適用されるものである。運動方程式中の遠心力、コリオリの力の扱いについては前項と同じである。

【質量保存式】

$$\frac{1}{r^2}\frac{\partial}{\partial r}(r^2 u)+\frac{1}{r\sin\phi}\frac{\partial}{\partial \phi}(\sin\phi\, w)=0 \tag{3-80}$$

【運動量保存式】

$$\frac{\partial u}{\partial t}+\frac{1}{r^2}\frac{\partial}{\partial r}(r^2 u^2)+\frac{1}{r\sin\phi}\frac{\partial}{\partial \phi}(\sin\phi\, u\, w)=-\frac{1}{\rho}\frac{\partial p}{\partial r}$$
$$+\frac{1}{r^2}\frac{\partial}{\partial r}\left(\nu_m\frac{\partial}{\partial r}(r^2 u)\right)+\frac{1}{r^2\sin\phi}\frac{\partial}{\partial \phi}\left(\sin\phi\, \nu_m\frac{\partial u}{\partial \phi}\right)+g_r \tag{3-81}$$

$$\frac{\partial w}{\partial t}+\frac{1}{r^2}\frac{\partial}{\partial r}(r^2 uw)+\frac{1}{r\sin\phi}\frac{\partial}{\partial \phi}(\sin\phi\, w^2)=-\frac{1}{\rho}\frac{\partial p}{r\partial \phi}$$
$$+\frac{1}{r^2}\frac{\partial}{\partial r}\left(r^2 \nu_m\frac{\partial w}{\partial r}\right)+\frac{1}{r^2}\frac{\partial}{\partial \phi}\left(\frac{\nu_m}{\sin\phi}\frac{\partial}{\partial \phi}(\sin\phi\, w)\right)+\frac{2}{r^2}\frac{\partial u}{\partial \phi}+g_\phi \tag{3-82}$$

【エネルギー保存式】

$$\frac{\partial T}{\partial t}+\frac{1}{r^2}\frac{\partial}{\partial r}(r^2 uT)+\frac{1}{r^2\sin\phi}\frac{\partial}{\partial \phi}(\sin\phi\, w\, T)$$
$$=\frac{1}{r^2}\frac{\partial}{\partial r}\left(r^2 \nu_e\frac{\partial T}{\partial r}\right)+\frac{1}{r^2\sin\phi}\frac{\partial}{\partial \phi}\left(\sin\phi\, \nu_e\frac{\partial T}{\partial \phi}\right)+\frac{Q}{\rho c_p} \tag{3-83}$$

【乱流エネルギー保存式】

$$\frac{\partial k}{\partial t}+\frac{1}{r^2}\frac{\partial}{\partial r}(r^2 uk)+\frac{1}{r\sin\phi}\frac{\partial}{\partial \phi}(\sin\phi\, w\, k)$$
$$=\frac{1}{r^2}\frac{\partial}{\partial r}\left(r^2 \nu_t\frac{\partial k}{\partial r}\right)+\frac{1}{r^2\sin\phi}\frac{\partial}{\partial \phi}\left(\sin\phi\, \nu_t\frac{\partial k}{\partial \phi}\right)+\nu_t \Phi-\varepsilon \tag{3-84}$$

$$\Phi=2\left(\frac{\partial u}{\partial r}\right)^2+2\left(\frac{\partial w}{r\partial \phi}+\frac{u}{r}\right)^2+2\left(\frac{u}{r}+\frac{w\cot\phi}{r}\right)^2+\left(\frac{\partial u}{r\partial \phi}+\frac{\partial w}{\partial r}\right)^2 \tag{3-85}$$

【同消散率保存式】

$$\frac{\partial \varepsilon}{\partial t}+\frac{1}{r^2}\frac{\partial}{\partial r}(r^2 u\varepsilon)+\frac{1}{r\sin\phi}\frac{\partial}{\partial \phi}(\sin\phi\, w\, \varepsilon)$$
$$=\frac{1}{r^2}\frac{\partial}{\partial r}\left(r^2 \nu_t\frac{\partial \varepsilon}{\partial r}\right)+\frac{1}{r^2\sin\phi}\frac{\partial}{\partial \phi}\left(\sin\phi\, \nu_t\frac{\partial \varepsilon}{\partial \phi}\right)+C_1\nu_t\frac{\varepsilon}{k}\Phi-C_2\frac{\varepsilon^2}{k} \tag{3-86}$$

【渦拡散係数】

$$\nu_t=C_D\frac{k^2}{\varepsilon} \tag{3-87}$$

3-8-5 直角3次元座標系 (x, y, t)、(u, v, w)

座標系 (x,y,z) を船体およびタンクの長さ、幅および深さ方向に取り、それぞれの方向に速度 (u,v,w) および重力 (g_x,g_y,g_z) を定義する場合である。3次元直角座標系の原形については多くの解説書があり、それらも参照されたい。本系については、例えばSPBタンクシステムのようにそのまま対象物の形状に合致する場合にはBFCシステムに変換する必要はなく、原形のまま数値計算の手続きに進めばよい。

【質量保存式】

$$\frac{\partial u}{\partial x}+\frac{\partial v}{\partial y}+\frac{\partial w}{\partial z}=0 \tag{3-88}$$

【運動量保存式】

$$\frac{\partial u}{\partial t}+\frac{\partial u^2}{\partial x}+\frac{\partial uv}{\partial y}+\frac{\partial uw}{\partial z}=-\frac{1}{\rho}\frac{\partial p}{\partial x}+\frac{\partial}{\partial x}\left(\nu_m\frac{\partial u}{\partial x}\right)+\frac{\partial}{\partial y}\left(\nu_m\frac{\partial u}{\partial y}\right)+\frac{\partial}{\partial z}\left(\nu_m\frac{\partial u}{\partial z}\right)+g_x \tag{3-89}$$

$$\frac{\partial v}{\partial t}+\frac{\partial vu}{\partial x}+\frac{\partial v^2}{\partial y}+\frac{\partial vw}{\partial z}=-\frac{1}{\rho}\frac{\partial p}{\partial y}+\frac{\partial}{\partial x}\left(\nu_m\frac{\partial v}{\partial x}\right)+\frac{\partial}{\partial y}\left(\nu_m\frac{\partial v}{\partial y}\right)+\frac{\partial}{\partial z}\left(\nu_m\frac{\partial v}{\partial z}\right)+g_y \tag{3-90}$$

$$\frac{\partial w}{\partial t}+\frac{\partial wu}{\partial x}+\frac{\partial wv}{\partial y}+\frac{\partial w^2}{\partial z}=-\frac{1}{\rho}\frac{\partial p}{\partial z}+\frac{\partial}{\partial x}\left(\nu_m\frac{\partial w}{\partial x}\right)+\frac{\partial}{\partial y}\left(\nu_m\frac{\partial w}{\partial y}\right)+\frac{\partial}{\partial z}\left(\nu_m\frac{\partial w}{\partial z}\right)+g_z \tag{3-91}$$

【エネルギー保存式】

$$\frac{\partial T}{\partial t}+\frac{\partial uT}{\partial x}+\frac{\partial vT}{\partial y}+\frac{\partial wT}{\partial z}=\frac{\partial}{\partial x}\left(\nu_e\frac{\partial T}{\partial x}\right)+\frac{\partial}{\partial y}\left(\nu_e\frac{\partial T}{\partial y}\right)+\frac{\partial}{\partial z}\left(\nu_e\frac{\partial T}{\partial z}\right)+\frac{Q}{\rho c_p} \tag{3-92}$$

【乱流エネルギー保存式】

$$\frac{\partial k}{\partial t}+\frac{\partial uk}{\partial x}+\frac{\partial vk}{\partial y}+\frac{\partial wk}{\partial z}=\frac{\partial}{\partial x}\left(\nu_t\frac{\partial k}{\partial x}\right)+\frac{\partial}{\partial y}\left(\nu_t\frac{\partial k}{\partial y}\right)+\frac{\partial}{\partial z}\left(\nu_t\frac{\partial k}{\partial z}\right)+\nu_t\Phi-\varepsilon \tag{3-93}$$

【同消散率保存式】

$$\frac{\partial \varepsilon}{\partial t}+\frac{\partial u\varepsilon}{\partial x}+\frac{\partial v\varepsilon}{\partial y}+\frac{\partial w\varepsilon}{\partial z}=\frac{\partial}{\partial x}\left(\nu_t\frac{\partial \varepsilon}{\partial x}\right)+\frac{\partial}{\partial y}\left(\nu_t\frac{\partial \varepsilon}{\partial y}\right)+\frac{\partial}{\partial z}\left(\nu_t\frac{\partial \varepsilon}{\partial z}\right)+C_1\nu_t\frac{\varepsilon}{k}\Phi-C_2\frac{\varepsilon^2}{k} \tag{3-94}$$

$$\Phi=2\left(\frac{\partial u}{\partial x}\right)^2+2\left(\frac{\partial v}{\partial y}\right)^2+2\left(\frac{\partial w}{\partial z}\right)^2+\left(\frac{\partial u}{\partial y}+\frac{\partial v}{\partial x}\right)^2+\left(\frac{\partial v}{\partial z}+\frac{\partial w}{\partial y}\right)^2+\left(\frac{\partial w}{\partial x}+\frac{\partial u}{\partial z}\right)^2 \tag{3-95}$$

【渦拡散係数】

$$\nu_t=C_D\frac{k^2}{\varepsilon} \tag{3-96}$$

第 4 章　船体およびタンク形状に適合させた熱流動の数値計算

4-1　座標系と適用構造形状

　LNG 船の貨物タンクは設計思想から各種の様式が開発され、実用に供されている。それらの小型版として今後一般船にも搭載が予想される LNG 燃料船の小型タンクについても同様である。また今後出現が予想される船内搭載の LH2 タンクについては、断熱様式や断熱効率から形状は限られるがいくつかの様式がある。いずれも船体構造も含めた形状が複雑で、厳密な展開には汎用の基礎座標系では表現できない。それぞれの境界に適合した座標系が必要になってくる。そこで本章では第 3 章で述べた基礎式を、各種の形状を持ったタンクを対象として船体を含めた境界形状に適合した BFC システムへの変換と誘導法を述べ、それを用いた熱流動および熱伝導に関する数値計算について述べる。各種の船体およびタンク構造と形状について、まず内部流体の形態、すなわち液体の水平自由表面の有無、あるいはガス体のように表面形状によらないものかを見た上で座標系を選択し、次に対称性から 2 次元か 3 次元かを見極めた上でそれぞれに適合した BFC システムを選択して適用が可能となる。本章で取り扱う流体についての一般的な事項および共通記号は 3-8 節で述べた通りである。

　表 4-1 に元の座標系と BFC システム座標系での船体・タンクの適合形状例および略号を示す。

表 4-1　座標系と適用構造形状

No	元の座標系	適用する BFC システムおよび形状	適用流体	略記
I	面対称水平軸座標系 (x,z)	水平円筒タンク 任意形状水平置きタンク	自由表面液体	HorCyl
II	軸対称水平軸座標系 (x,z)	球形タンク 縦置き円筒タンク 任意形状回転体形状タンク	自由表面液体 縦置き円筒タンクは直接数値計算も可能	HorSph VerCyl
III	面対称緯度軸座標系 (ϕ,r)	ホールド 任意形状水平置き容器	境界形状任意の気体	LatHld-2
IV	軸対称緯度軸座標系 (ϕ,r)	球形タンク周囲ホールド 任意形状回転体	境界形状任意の気体	LatHld-3
V	直角 3 次元座標系 (x,y,z)	矩形タンク (BFC への変換不要)	気体、液体 直接数値計算へ	SPB
VI	球形 3 次元座標系 (r,ϕ,ψ)	球形、球環 (BFC への変換不要)	気体、液体 直接数値計算へ	SPH

4-2　BFC 手法の導入と座標変換の一般式

　実際の船体およびタンク形状を考えるときに、船体とタンクの両者の組み合わせで形成される

空間はいずれも単純な矩形、円形、あるいは球形ではない。またタンク単体を見ても球形タンクや水平円筒タンクのようにタンク自体は単純な幾何的な形状をしていても、内部に LNG などの積載があって、自由表面を持つ場合にはそのままの球座標系や円座標系では扱えなくなる。また最近の実船タンクでは球形と円筒形あるいは球形と楕円体とを組み合わせた複合タンク形状も出現し、これらを一つの共通座標系でどう表現するかの問題もある。これらの空間での流体の流れや熱伝導の状態を取り扱うには実際の形状に適合した座標系が必要になってくる。

本書では境界適合座標系、Boundary-fitted coordinate system を適用してこの課題に取り組むことにする。以下、本書ではこれを略して BFC システムと称する。本システムは単純形状の座標系で表される支配方程式を実際の複雑形状の座標系 BFC システムでの方程式に変換して、境界の形状に沿って空間を格子分割し、実際の境界での境界条件および初期条件の元に数値計算を行い、分割格子に沿った流れや温度の解を求めるものである。理論上は境界の形状を適切に数式表現できればあらゆる複雑な構造体に適用できる。

厳密な BFC の数学的な理論は専門書に詳述されているが、実際にこれを紐解き、問題としている形状へ展開する場合において、展開の具体的な手法、さらにはまた展開された BFC 式が物語る物理的な意味についての記述はほとんどなく、実務者には迷うことが多い。そこで本書では実際の式変換方法、式の FDM（差分法）に基づいた離散化展開方法、離散化式の物理的な解釈、数値計算手順、解の見方とまとめ方についてタンクの形状ごとに述べる。

4-2-1　物理空間から計算空間への座標変換

まず一般的に 3 次元の物理空間 (x,y,z) を計算空間 (ξ,η,ζ) に変換する場合の諸定義について述べた後に、これを 4-3 節において実際の諸形状座標系に適用することを考える。

物理空間の一般的な座標系で表される偏微分式を計算空間の BFC システム座標系の偏微分式に変換する場合は metrics（測度）および座標変換の Jacobian"J"（関数行列式）を用いて行われる。

Jacobian J および metrics はそれぞれ次式で定義される[1][2][3]。

物理空間での測度を次のように 1 階偏微分で定義する。

$$x_\xi = \frac{\partial x}{\partial \xi},\ x_\eta = \frac{\partial x}{\partial \eta},\ x_\zeta = \frac{\partial x}{\partial \zeta},\ y_\xi = \frac{\partial y}{\partial \xi},\ y_\eta = \frac{\partial y}{\partial \eta},\ y_\zeta = \frac{\partial y}{\partial \zeta},\ z_\xi = \frac{\partial z}{\partial \xi},\ z_\eta = \frac{\partial z}{\partial \eta},\ z_\zeta = \frac{\partial z}{\partial \zeta} \quad (4\text{-}1)$$

同様に計算空間での測度を定義する。

$$\xi_x = \frac{\partial \xi}{\partial x},\ \xi_y = \frac{\partial \xi}{\partial y},\ \xi_z = \frac{\partial \xi}{\partial z},\ \eta_x = \frac{\partial \eta}{\partial x},\ \eta_y = \frac{\partial \eta}{\partial y},\ \eta_z = \frac{\partial \eta}{\partial z},\ \zeta_x = \frac{\partial \zeta}{\partial x},\ \zeta_y = \frac{\partial \zeta}{\partial y},\ \zeta_z = \frac{\partial \zeta}{\partial z} \quad (4\text{-}2)$$

Jacobian は次のようになる。

$$J = \begin{vmatrix} x_\xi & y_\xi & z_\xi \\ x_\eta & y_\eta & z_\eta \\ x_\zeta & y_\zeta & z_\zeta \end{vmatrix} \quad (4\text{-}3)$$

1 次微分の座標変換は測度を使った多変数関数の偏微分の関係を用いて次のように表される[1][2]。ここで下付の添え字は親字を添え字で偏微分することを意味する。

$$\frac{\partial f}{\partial x} = \xi_x \frac{\partial f}{\partial \xi} + \eta_x \frac{\partial f}{\partial \eta} + \zeta_x \frac{\partial f}{\partial \zeta}$$

$$\frac{\partial f}{\partial y} = \xi_y \frac{\partial f}{\partial \xi} + \eta_y \frac{\partial f}{\partial \eta} + \zeta_y \frac{\partial f}{\partial \zeta} \qquad (4\text{-}4)$$

$$\frac{\partial f}{\partial z} = \xi_z \frac{\partial f}{\partial \xi} + \eta_z \frac{\partial f}{\partial \eta} + \zeta_z \frac{\partial f}{\partial \zeta}$$

厳密な保存則が維持されることが必要な質量保存式や各式における移流項についてはさらにJacobianとmetricsを用いて次のように変換される[2]。

$$\frac{\partial f}{\partial x} = \frac{1}{J}\left[\frac{\partial J\xi_x f}{\partial \xi} + \frac{\partial J\eta_x f}{\partial \eta} + \frac{\partial J\zeta_x f}{\partial \zeta}\right]$$

$$\frac{\partial f}{\partial y} = \frac{1}{J}\left[\frac{\partial J\xi_y f}{\partial \xi} + \frac{\partial J\eta_y f}{\partial \eta} + \frac{\partial J\zeta_y f}{\partial \zeta}\right] \qquad (4\text{-}5)$$

$$\frac{\partial f}{\partial z} = \frac{1}{J}\left[\frac{\partial J\xi_z f}{\partial \xi} + \frac{\partial J\eta_z f}{\partial \eta} + \frac{\partial J\zeta_z f}{\partial \zeta}\right]$$

各式の拡散項として出てくる2次微分[3]の場合にはやや複雑になるが、1次微分の応用として丹念に実行すれば得られる。以下に2次元の場合の著者による展開結果を本節と次節に分けて記す。

$$\frac{\partial}{\partial x}\left(Y\frac{\partial f}{\partial x}\right) = \frac{1}{J}\left[\frac{\partial \xi_x}{\partial \xi}Y\left(\frac{\partial J\xi_x f}{\partial \xi} + \frac{\partial J\zeta_x f}{\partial \zeta}\right) + \frac{\partial \zeta_x}{\partial \zeta}Y\left(\frac{\partial J\xi_x f}{\partial \xi} + \frac{\partial J\zeta_x f}{\partial \zeta}\right)\right]$$

$$\frac{\partial}{\partial z}\left(Y\frac{\partial f}{\partial z}\right) = \frac{1}{J}\left[\frac{\partial \xi_z}{\partial \xi}Y\left(\frac{\partial J\xi_z f}{\partial \xi} + \frac{\partial J\zeta_z f}{\partial \zeta}\right) + \frac{\partial \zeta_z}{\partial \zeta}Y\left(\frac{\partial J\xi_z f}{\partial \xi} + \frac{\partial J\zeta_z f}{\partial \zeta}\right)\right] \qquad (4\text{-}6)$$

4-2-2　速度の反変速度への変換

次に物理空間 (x, y, z) における速度 (u, v, w) は座標変換後の計算空間 (ξ, η, ζ) においては、それぞれの座標系方向に次の (U, V, W) で変換されて反変速度 contravarient velocity と呼ばれる[2][3]。

$$U = \xi_x u + \xi_y v + \xi_z w$$

$$V = \eta_x u + \eta_y v + \eta_z w \qquad (4\text{-}7)$$

$$W = \zeta_x u + \zeta_y v + \zeta_z w$$

これらは傾斜した境界に出現する3方向（2次元の場合2方向）の速度を、隣接する領域からの情報を移送する実質的な速度に変換した（書き直した）総合的な速度である。それぞれの物理的意味については次節にて解説する。なお直角座標系においては反変速度は出てこない。

4-3　タンク形状に合わせた座標系と支配方程式および物理的解釈

形状については、まず①LNGやLH2を積載しているように水平の自由表面を持つタンクの場合と、②空気やBOV（Boil off vapor）の気体を内包した自由空間を有する、例えば船体とタンク間で形成されるホールド空間の構造体の場合に大別する。本書ではこれらをそれぞれ水平面体

(Horizontal：Hor）および緯度面体（Latitude：Lat）と称して分類する。

次に例えば長いタンクのように一様断面と考えられるもの、および回転体のように軸対称と考えられるものとに2分する。以上のように分類したうえでタンクについては表4-1に示したように次の基本的な4つの形状を考え、それぞれに略記記号を付ける。

【水平球形-HorSph、水平円筒-HorCyl、垂直円筒-VerCyl、矩形-SPB】

一方、タンクとタンクを取り囲む船体構造を境界面として形成されるホールドの内部流体は一般に空気であり、上記のいずれでも表せない、かつ水平面の制限はない任意の形状をしている。したがって、これを緯度面で境界を形成する任意形状として次の略記記号を付す。

【2次元体-LatHld-2、 3次元体-LatHld-3】

以上について3-8節に述べた基本的な座標系に基づいて質量、運動量、内部エネルギー（温度）、およびk-ε2方程式モデルで乱流エネルギー、同消散率のそれぞれの保存式のBFCシステムへの展開手順と得られる方程式、ならびに数値計算のための離散化式、解法の途中で出てくる圧力のPoisson方程式、および格子分割について述べる。初期条件ならびに境界条件についてはそれぞれの適用課題での条件に応じて各章で述べる。

本章で新たに定義するBFCシステム区分に従えば、3-8節で記した式はそれぞれ次のシステムと対応している。

【3-8-1：HorCyl、3-8-2：HorSphおよびVerCyl、3-8-3：LatHld-2、3-8-4：LatHld-3】

基本的な3次元直角座標系で表されるSPBタンクの場合にはBFCシステムへの転換は不要で、そのままの数値解法展開が可能である。固体内の熱伝導あるいは流体運動の関与しないに問題に関しては上記保存式のうちエネルギー保存式のみとなり、更に移流項を除いた熱拡散の伝導項のみに着目すればよい。したがってまず対象とする事象が熱伝導問題か、熱流体問題かを見た上で、物体ないしは空間が以下に掲げる表にて述べる形状のどれに相当するかを判断し、流体の場合は界面が水平面か自由面（緯度面）かを見極めたうえで適用されるBFCシステムを選定すればよい。

BFCシステムに変換した式の各項の物理的意味の解釈については、差分形式に変換した上で連続項、移流項、拡散項、圧力項、および外力項の各項について後述する。数値計算において特に重要となる物理量の保存則等については図解も含めて解説する。圧力のポアソン方程式については4-4節で述べる。

以下において、それぞれの保存式の各項についてBFC変換を行う。

(1) 水平自由表面を持つ座標系の場合

直角座標系の垂直上方向に座標軸xを、水平横方向に座標軸zをとる。x方向は境界値Rを基準値とする。水平方向の境界位置を次式で表す。

$$z = h(x) \tag{4-8}$$

これらを基に次の計算空間(ξ, ζ)への座標変換を行う。

$$\xi = \frac{x}{R}$$

$$\zeta = \frac{z}{h(x)} \tag{4-9}$$

（2）緯度面を持つ自由空間の場合

緯度座標 ϕ をとり、中心点からの半径座標系 r が境界の方向と位置を表し、ϕ と共に変化するとしてこれを

$$r = h(\phi) \tag{4-10}$$

と表すことにして、次のように計算空間 (ξ, ζ) への座標変換を行う。

$$\xi = \phi$$
$$\zeta = \frac{r}{h(\phi)} \tag{4-11}$$

これを表4-1に対応して、空間の形状ごとにまとめると表4-2のようになる。

表4-2　座標変換

No	一般的な座標系：物理空間	BFCシステム座標系：計算空間	計算空間への座標変換式	流体界面（水平面、緯度面）	略記記号
I	2次元直角座標系 (x,z)	(ξ,ζ)	$\xi=x$, $\zeta=z/h(x)$	水平自由表面あり	HorCyl
II	軸対称3次元直角座標系 (x,z)	(ξ,ζ)	$\xi=x$, $\zeta=z/h(x)$	水平自由表面あり	HorSph VerCyl
III	2次元円筒座標系 (ϕ,r)	(ξ,ζ)	$\xi=\phi$, $\zeta=r/h(\phi)$	自由緯度面	LatHld-2
IV	軸対称3次元円筒座標系 (ϕ,r)	(ξ,ζ)	$\xi=\phi$, $\zeta=r/h(\phi)$	自由緯度面	LatHld-3
V	3次元直角座標系 (x,y,z)	座標変換不要	-	水平自由表面あり	SPB
VI	球形3次元座標系 (r,ϕ,ϕ)	座標変換不要	-	自由緯度面	SPH

さらに実際の形状と座標変換の関係を図も含めて表4-3に示す。全ケースについて座標軸 z、ζ あるいは r、ζ 方向に途中に空間がある場合についても対応できる。

実際の物理形状に対応したBFCシステム変換の応用の一つとして、海洋の海底空間における複雑な3次元地形での特定物質の拡散現象への適用例もある[4]。VIの球形3次元座標系 (r,ϕ,ϕ) を自由表面での処理に工夫をして液体タンクに適用した例[5]もあるが、単純な球座標系による水平面の処理には精度落ちも伴うために、液体タンクではBFCシステムの適用がより適切である。

表 4-3 座標変換と形状の関係

水平自由表面有無	境界形状を規定の座標系で展開 座標系に合わせた空間分割 境界形状は空間分割に反映されない	BFC 座標系で展開 境界形状に合わせた空間分割 具体的物体例を記す	BFC 座標変換略記記号
I 有り	2次元直角座標系 (x,z) 境界線の座標表示 $x=R, z=h(x)$	任意形状の2次元座標系 (ξ,ζ) 例:水平円筒タンク	$\xi=x/R$ $\zeta=z/h(x)$ HorCyl
II 有り	軸対称円柱座標系 (r,z) 境界線の座標表示 $x=R, z=h(x)$	任意形状の軸対称座標系 (ξ,ζ) 例:水平球タンク、垂直円筒タンク	$\xi=x/R$ $\zeta=z/h(x)$ HorSph VerCyl
III 無し	2次元円筒座標系 (ϕ,r) 境界線の座標表示 $r=h(\phi)$	任意形状の2次元座標系 (ξ,ζ) 例:ホールド、タンク	$\xi=\phi$ $\zeta=r/h(\phi)$ LatHld-2
IV 無し	軸対称球座標系 (ϕ,r) 境界線の座標表示 $r=h(\phi)$	任意形状の軸対称座標系 (ξ,ζ) 例:ホールド、タンク	$\xi=\phi$ $\zeta=r/h(\phi)$ LatHld-3
V 有り	3次元直角座標系 (x,y,z)	3次元矩形 (x,y,z)	変換なし SPB
VI 無し	3次元球座標系 (r,ϕ,ψ)、軸対称時は (r,ϕ)	3次元球座標系 (r,ϕ,ψ)、軸対称時は (r,ϕ)	変換なし SPH

次に 4-1 節に述べた一般的な座標変換の数式展開を実際に、表 4-2 あるいは表 4-3 の Ⅰ、Ⅱ、Ⅲ および Ⅳ の 4 種類の座標系の支配方程式に適用し、各項の BFC 座標系式を作る。Ⅴ の 3 次元直角座標系および Ⅵ の球座標系が適合している場合には変換の必要はなく、そのまま離散化が可能である。

まず (1) 基準となる変換式、(2) それぞれの空間での metrics、(3) Jacobian、(4) 反変速度について述べ、次にこれらを用いた支配方程式の各項 (1) 質量保存項、(2) 移流項、(3) 圧力項、(4) 拡散項、(5) 発生項の順で述べる。

最後に、以上を総合して各空間での BFC システムにおける支配方程式を記す。本式では全ての座標系に共通した事項として、積分の中に表れる行列記号 [ ] で示した各要素はそれぞれ内部の項に乗ぜられた形で被積分項になることを意味していて、上から順に x 方向の運動量保存式、同 z 方向の保存式、エネルギー保存式、乱流エネルギー保存式、同消散率保存式の変数を表す。

各式の左辺は順に非定常項、x 方向移流項、z 方向移流項、右辺は圧力による面積力、x 方向拡散項、z 方向拡散項、x-z 交差方向拡散項を表し、右辺最後の項は上から順に体積力、発熱、乱流エネルギー発生、同消散率発生の項を表している。

4-3-1　水平自由表面空間：無限長断面、HorCyl

表 4-2 および表 4-3 の Ⅰ、HorCyl に相当する。

【変換式】

$$\xi = x/R$$
$$\zeta = z/h(x) \tag{4-12}$$

【測度】

$$x_\xi = \frac{\partial x}{\partial \xi} = R$$
$$x_\zeta = 0$$
$$z_\xi = \frac{\partial z}{\partial \xi} = \frac{\partial x}{\partial \xi}\frac{\partial z}{\partial x} = R\zeta h_x, \quad \text{ただし} \quad h_x = \frac{\partial h(x)}{\partial x}$$
$$z_\zeta = h(x)$$
$$\xi_x = \frac{1}{R}$$
$$\xi_z = 0$$
$$\zeta_x = \frac{\partial}{\partial x}\left(\frac{z}{h(x)}\right) = -\frac{\zeta h_x}{h(x)}$$
$$\zeta_z = \frac{1}{h(x)} \tag{4-13}$$

【Jacobian】

$$|J| = \begin{vmatrix} x_\xi & x_\zeta \\ z_\xi & z_\zeta \end{vmatrix} = \begin{vmatrix} R & O \\ R\zeta h_x & h(x) \end{vmatrix} = Rh(x) \tag{4-14}$$

【反変速度】

$$U = \xi_x u + \xi_z w = \frac{u}{R}$$

$$W = \zeta_x u + \zeta_z w = \frac{1}{h}(w - \zeta h_x u) \tag{4-15}$$

質量保存式の各項：1次微分の変換式を用いる。

$$\frac{\partial u}{\partial x} = \frac{1}{J}\left[\frac{\partial J\xi_x u}{\partial \xi} + \frac{\partial J\zeta_x u}{\partial \zeta}\right] = \frac{1}{Rh}\left[\frac{\partial Rhu/R}{\partial \xi} + \frac{\partial Rh(-\zeta h_x u)/h}{\partial \zeta}\right] = \frac{1}{Rh}\frac{\partial hu}{\partial \xi} - \frac{1}{h}\frac{\partial \zeta h_x u}{\partial \zeta}$$

$$\frac{\partial w}{\partial z} = \frac{1}{J}\left[\frac{\partial J\xi_z w}{\partial \xi} + \frac{\partial J\zeta_z w}{\partial \zeta}\right] = \frac{1}{Rh}\left[\frac{\partial Rh \cdot o \cdot w}{\partial \xi} + \frac{\partial Rhw/h}{\partial \zeta}\right] = \frac{1}{h}\frac{\partial w}{\partial \zeta}$$

ゆえに

$$\frac{\partial u}{\partial x} + \frac{\partial w}{\partial z} = \frac{1}{Rh}\frac{\partial hu}{\partial \xi} - \frac{1}{h}\frac{\partial \zeta h_x u}{\partial \zeta} + \frac{1}{h}\frac{\partial w}{\partial \zeta} = \frac{1}{Rh}\frac{\partial hu}{\partial \xi} + \frac{1}{h}\frac{\partial}{\partial \zeta}(w - \zeta h_x u) = \frac{1}{Rh}\frac{\partial hU}{\partial \xi} + \frac{1}{h}\frac{\partial W}{\partial \zeta} = 0 \tag{4-16}$$

ここで $U = u$、$W = w - \zeta h_x u$ は先に求めた反変速度の別の形での表現である。

本式の意味するところは式の両辺に Control volume の体積 $R\Delta\xi \cdot h \cdot \Delta\zeta$ を乗じて変形すると

$$\Delta(hu)\Delta\zeta + R\Delta\xi\Delta(w - \zeta h_x u)$$
$$= (h_1 u_1 - h_2 u_2)\Delta\zeta + (w_1 - w_2)R\Delta\xi - (\zeta_1 h_x u_3 - \zeta_2 h_x u_4)R\Delta\xi = 0 \tag{4-17}$$

となり、下図に表されるようにすべての物理量が保存されていることが分かる。

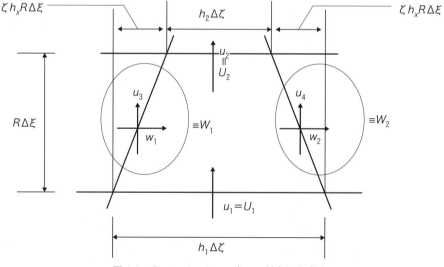

図 4-1 Control volume 内での保存則を表す

式（4-17）を Control volume の体積で除すれば、質量保存の式の差分形式が得られる。

移流項：質量保存の式において、反変速度によって移送される同速度から見て風上側の情報を各項に乗ずることによって得られる。

$$\frac{1}{Rh}\frac{\partial hU[\ ]}{\partial \xi}+\frac{1}{h}\frac{\partial W[\ ]}{\partial \zeta} \tag{4-18}$$

被微分項にあるベクトルには次の各項が入る。

$$[\ ]=\begin{bmatrix}1\\u\\w\\T\\k\\\varepsilon\end{bmatrix}\begin{matrix}\cdots 質量\\\cdots x方向流速\\\cdots z方向流速\\\cdots エネルギー\\\cdots 乱流エネルギー\\\cdots 同消散率\end{matrix} \tag{4-19}$$

一例として温度 T をとり式 (4-18) の風上差分形式は次のようになる。ここで U：物理速度、W：反変速度、h_m：境界の z 座標、h：格子位置の z 座標、i, k：ξ, ζ 方向の格子座標とする。

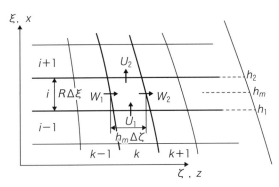

図 4-2 移流項の保存則を表す

$$\frac{1}{h_m R \Delta \xi}[h_1(U_1+|U_1|)T_{i-1}-h_2(U_2-|U_2|)T_{i+1}+\{h_1(U_1-|U_1|)-h_2(U_2+|U_2|)\}T_i]$$
$$+\frac{1}{h_m \Delta \zeta}[(W_1+|W_1|)T_{k-1}-(W_2-|W_2|)T_{k+1}+\{(W_1-|W_1|)-(W_2+|W_2|)\}T_k] \tag{4-20}$$

圧力項：各方向の測度を用いて次のように変換される。

$$u:\frac{\partial p}{\partial x}=\xi_x\frac{\partial p}{\partial \xi}+\zeta_x\frac{\partial p}{\partial \zeta}=\frac{1}{R}\frac{\partial p}{\partial \xi}-\frac{\zeta h_x}{h}\frac{\partial p}{\partial \zeta}$$
$$w:\frac{\partial p}{\partial z}=\xi_z\frac{\partial p}{\partial \xi}+\zeta_z\frac{\partial p}{\partial \zeta}=\frac{1}{h}\frac{\partial p}{\partial \zeta} \tag{4-21}$$

差分式と格子図との関係を次頁に示す。

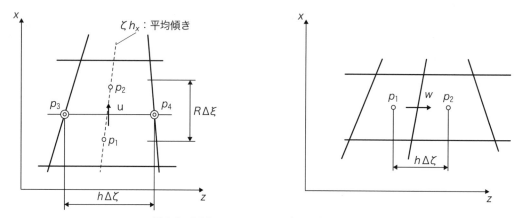

図 4-3　BFC システムでの圧力項の物理的意味

$$\frac{1}{R}\frac{\partial p}{\partial \xi}-\frac{\zeta h_x}{h}\frac{\partial p}{\partial \zeta}=\frac{p_2-p_1}{R\Delta\xi}-\zeta h_x\frac{p_4-p_3}{h\Delta\zeta}$$

$$\frac{1}{h}\frac{\partial p}{\partial \zeta}=\frac{p_2-p_1}{h\Delta\zeta} \qquad (4\text{-}22)$$

図 4-3 において左図は u 方向の圧力勾配を表し、右図は w 方向の圧力勾配を表していることが分かる。

拡散項：代表的な拡散項の BFC 展開を以下に記して Control volume 上でその意味を考える。特徴としては 2 座標系 (ξ,ζ) に跨る交差微分項が出てくることである。

【運動方程式】

$$\frac{\partial}{\partial x}\left(\nu_m\frac{\partial u}{\partial x}\right)=\frac{1}{Rh}\left[\frac{\partial}{\partial \xi}\frac{\nu_m}{R}\left(\frac{\partial Rh/Ru}{\partial \xi}-\frac{\partial Rh\zeta h_x/hu}{\partial \zeta}\right)-\frac{\partial \zeta h_x/h}{\partial \zeta}\nu_m\left(\frac{\partial Rhu/R}{\partial \xi}-\frac{\partial Rh\zeta h_x/hu}{\partial \zeta}\right)\right]$$

$$=\frac{1}{R^2h}\frac{\partial}{\partial \xi}\left(\nu_m\frac{\partial hu}{\partial \xi}\right)-\frac{1}{Rh}\frac{\partial}{\partial \xi}\left(\nu_m h_x\frac{\partial \zeta u}{\partial \zeta}\right)-\frac{h_x}{Rh^2}\frac{\partial}{\partial \zeta}\left(\nu_m\zeta\frac{\partial hu}{\partial \xi}\right)+\left(\frac{h_x}{h}\right)^2\frac{\partial}{\partial \zeta}\left(\nu_m\zeta\frac{\partial \zeta u}{\partial \zeta}\right) \quad (4\text{-}23)$$

$$\frac{\partial}{\partial z}\left(\nu_m\frac{\partial u}{\partial z}\right)=\frac{1}{h^2}\frac{\partial}{\partial \zeta}\left(\nu_m\frac{\partial u}{\partial \zeta}\right) \qquad (4\text{-}24)$$

$$\frac{\partial}{\partial z}\left(\nu_m\frac{\partial w}{\partial z}\right)=\frac{1}{h^2}\frac{\partial}{\partial \zeta}\left(\nu_m\frac{\partial w}{\partial \zeta}\right) \qquad (4\text{-}25)$$

【エネルギー方程式】

$$\frac{\partial}{\partial x}\left(\nu_e\frac{\partial T}{\partial x}\right)=\frac{1}{R^2h}\frac{\partial}{\partial \xi}\left(\nu_e\frac{\partial hT}{\partial \xi}\right)^{①}-\frac{1}{Rh}\frac{\partial}{\partial \xi}\left(\nu_e h_x\frac{\partial \zeta T}{\partial \zeta}\right)^{②}$$

$$-\frac{h_x}{Rh^2}\frac{\partial}{\partial \zeta}\left(\nu_e\zeta\frac{\partial hT}{\partial \xi}\right)^{③}+\left(\frac{h_x}{h}\right)^2\frac{\partial}{\partial \zeta}\left(\nu_e\zeta\frac{\partial \zeta T}{\partial \zeta}\right)^{④} \quad (4\text{-}26)$$

$$\frac{\partial}{\partial z}\left(\nu_e\frac{\partial T}{\partial z}\right)=\frac{1}{h^2}\frac{\partial}{\partial \zeta}\left(\nu_e\frac{\partial T}{\partial \zeta}\right)^{⑤} \qquad (4\text{-}27)$$

例えばエネルギー拡散項の座標変換で出てくる右辺の各項に左から順に付番①、②、③、④および⑤をして各項を Control volume 上に図示する。図に示される諸要素を基に各方向の拡散量

を記すと先に記す変換式に一致することが分かる。

$$\frac{1}{R^2 h}\frac{\partial}{\partial \xi}\left(\nu_e \frac{\partial hT}{\partial \xi}\right)$$
$$=\frac{1}{R^2 h_2}\frac{1}{\Delta\xi}\left(\nu_{e2}\frac{h_3 T_3 - h_2 T_2}{\Delta\xi} - \nu_{e1}\frac{h_2 T_2 - h_1 T_1}{\Delta\xi}\right)$$
(4-28)

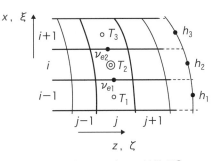

図4-4 BFCシステムでの拡散項①の物理的意味

$$-\frac{1}{Rh}\frac{\partial}{\partial \xi}\left(\nu_e h_x \frac{\partial \zeta T}{\partial \zeta}\right)$$
$$=-\frac{1}{Rh}\frac{1}{\Delta\xi}\left(\nu_{e2}h_{x2}\frac{\zeta_2 T_4 - \zeta_1 T_3}{\Delta\zeta} - \nu_{e1}h_{x1}\frac{\zeta_2 T_2 - \zeta_1 T_1}{\Delta\zeta}\right)$$
(4-29)

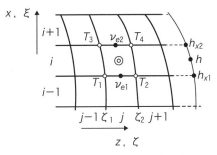

図4-5 BFCシステムでの拡散項②の物理的意味

$$-\frac{h_x}{Rh^2}\frac{\partial}{\partial \zeta}\left(\nu_e \zeta\frac{\partial hT}{\partial \xi}\right)$$
$$=-\frac{h_x}{Rh^2}\frac{1}{\Delta\zeta}\left(\nu_{e2}\zeta_2\frac{h_2 T_4 - h_1 T_2}{\Delta\xi} - \nu_{e1}\zeta_1\frac{h_2 T_3 - h_1 T_1}{\Delta\xi}\right)$$
(4-30)

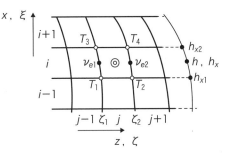

図4-6 BFCシステムでの拡散項③の物理的意味

$$\left(\frac{h_x}{h}\right)^2\frac{\partial}{\partial \zeta}\left(\nu_e \zeta\frac{\partial \zeta T}{\partial \zeta}\right)$$
$$=\left(\frac{h_x}{h}\right)^2\frac{1}{\Delta\zeta}\left(\nu_{e5}\zeta_5\frac{\zeta_3 T_3 - \zeta_2 T_2}{\Delta\zeta} - \nu_{e4}\zeta_4\frac{\zeta_2 T_2 - \zeta_1 T_1}{\Delta\zeta}\right)$$
(4-31)

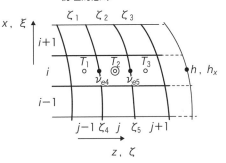

図4-7 BFCシステムでの拡散項④の物理的意味

$$\frac{1}{h^2}\frac{\partial}{\partial \zeta}\left(\nu_e \frac{\partial T}{\partial \zeta}\right)$$
$$=\frac{1}{h^2}\frac{1}{\Delta \zeta}\left(\nu_{e_2}\frac{T_3-T_2}{\Delta \zeta}-\nu_{e_1}\frac{T_2-T_1}{\Delta \zeta}\right) \quad (4\text{-}32)$$

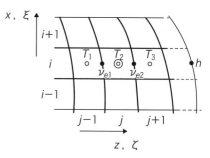

図 4-8 BFC システムでの拡散項⑤の物理的意味

発生項：乱流エネルギーの粘性消散項に表れる各項は次のようになる。

$$\frac{\partial u}{\partial x}=\frac{\partial \xi}{\partial x}\frac{\partial u}{\partial \xi}+\frac{\partial \zeta}{\partial x}\frac{\partial u}{\partial \zeta}=\frac{1}{R}\frac{\partial u}{\partial \xi}-\frac{\zeta h_x}{h}\frac{\partial u}{\partial \zeta}$$

$$\frac{\partial u}{\partial z}=\frac{\partial \xi}{\partial z}\frac{\partial u}{\partial \xi}+\frac{\partial \zeta}{\partial x}\frac{\partial w}{\partial \zeta}=\frac{1}{h}\frac{\partial u}{\partial \zeta}$$

$$\frac{\partial w}{\partial x}=\frac{\partial \xi}{\partial x}\frac{\partial w}{\partial \xi}+\frac{\partial \zeta}{\partial x}\frac{\partial w}{\partial \zeta}=\frac{1}{R}\frac{\partial w}{\partial \xi}-\frac{\zeta h_x}{h}\frac{\partial w}{\partial \zeta}$$

$$\frac{\partial w}{\partial z}=\frac{\partial \xi}{\partial z}\frac{\partial w}{\partial \xi}+\frac{\partial \zeta}{\partial z}\frac{\partial w}{\partial \zeta}=\frac{1}{h}\frac{\partial w}{\partial \zeta} \quad (4\text{-}33)$$

以上を総合して無限長を持った水平自由面空間、すなわち横置き円筒の BFC システムにおける支配方程式が次のように記述される。以下各座標系で上から順に下記式を表している。

【質量保存式】
【運動量保存式】
【エネルギー保存式】
【乱流エネルギー保存式】
【同消散率保存式】

$$\frac{1}{Rh}\frac{\partial hU}{\partial \xi}+\frac{1}{h}\frac{\partial W}{\partial \zeta}=0 \quad (4\text{-}34)$$

$$\frac{\partial}{\partial t}\begin{bmatrix}u\\w\\T\\k\\\varepsilon\end{bmatrix}+\frac{1}{Rh}\frac{\partial}{\partial \xi}\left(hU\begin{bmatrix}u\\w\\T\\k\\\varepsilon\end{bmatrix}\right)+\frac{1}{h}\frac{\partial}{\partial \zeta}\left(W\begin{bmatrix}u\\w\\T\\k\\\varepsilon\end{bmatrix}\right)=\begin{bmatrix}-\frac{1}{\rho}\left(\frac{1}{R}\frac{\partial p}{\partial \xi}-\frac{\zeta h_x}{h}\frac{\partial p}{\partial \zeta}\right)\\-\frac{1}{\rho h}\frac{\partial p}{\partial \zeta}\\0\\0\\0\end{bmatrix}$$

$$+\frac{1}{R^2 h}\frac{\partial}{\partial \xi}\left\{\nu \frac{\partial}{\partial \xi}\left(h\begin{bmatrix}u\\w\\T\\k\\\varepsilon\end{bmatrix}\right)\right\}-\frac{1}{Rh}\frac{\partial}{\partial \xi}\left\{\nu h_x \frac{\partial}{\partial \zeta}\left(\zeta\begin{bmatrix}u\\w\\T\\k\\\varepsilon\end{bmatrix}\right)\right\}$$

$$-\frac{h_x}{Rh^2}\frac{\partial}{\partial \zeta}\left\{\nu\zeta\frac{\partial}{\partial \xi}\left(h\begin{bmatrix}u\\w\\T\\k\\\varepsilon\end{bmatrix}\right)\right\}+\left(\frac{h_x}{h}\right)^2\frac{\partial}{\partial \zeta}\left\{\nu\zeta\frac{\partial}{\partial \zeta}\left(\zeta\begin{bmatrix}u\\w\\T\\k\\\varepsilon\end{bmatrix}\right)\right\}+\frac{1}{h^2}\frac{\partial}{\partial \zeta}\left(\nu\frac{\partial}{\partial \zeta}\begin{bmatrix}u\\w\\T\\k\\\varepsilon\end{bmatrix}\right)+\begin{bmatrix}g\\o\\Q\\K_p\\E_p\end{bmatrix} \quad (4\text{-}35)$$

$$\nu=\begin{bmatrix}\nu_m\\\nu_m\\\nu_e\\\nu_t\\\nu_t\end{bmatrix} \quad (4\text{-}36)$$

$$K_p=\nu_t\varPhi-\varepsilon \quad (4\text{-}37)$$

$$E_p=C_1\nu_t\frac{\varepsilon}{k}\varPhi-C_2\frac{\varepsilon^2}{k} \quad (4\text{-}38)$$

$$\varPhi=2\left(\frac{1}{R}\frac{\partial u}{\partial \xi}-\frac{\zeta h_x}{h}\frac{\partial u}{\partial \zeta}\right)^2+2\left(\frac{1}{h}\frac{\partial w}{\partial \zeta}\right)^2+\left(\frac{1}{h}\frac{\partial u}{\partial \zeta}+\frac{1}{R}\frac{\partial w}{\partial \xi}-\frac{\zeta h_x}{h}\frac{\partial w}{\partial \zeta}\right)^2 \quad (4\text{-}39)$$

$$\nu_t=C_D\frac{k^2}{\varepsilon} \quad (4\text{-}40)$$

4-3-2　水平自由表面空間：軸対称回転体、HorSph、VerCyl

表4-3のⅡ：HorSph、VerCylに相当する。

変換式、測度、Jacobianおよび反変速度に関しては前項の4-3-1に同じである。結果のみを記す。

【変換式】

$$\xi=x/R$$
$$\zeta=z/h(x) \quad (4\text{-}41)$$

【測度】

$$\begin{aligned}x_\xi&=R\\x_\zeta&=0\\z_\xi&=R\zeta h_x\\z_\zeta&=h(x)\\\xi_x&=1/R\\\zeta_x&=-\zeta h_x/h(x)\\\xi_z&=0\\\zeta_z&=1/h(x)\end{aligned} \quad (4\text{-}42)$$

【Jacobian】

$$J=Rh(x) \quad (4\text{-}43)$$

【反変速度】

$$U = u/R$$
$$W = (w - \zeta h_x u)/h \tag{4-44}$$

質量保存式の各項：1次微分の変換式を用いる。

$$\frac{\partial zu}{\partial x} = \frac{1}{J}\left[\frac{\partial J\xi_x zu}{\partial \xi} + \frac{\partial J\zeta_x zu}{\partial \zeta}\right] = \frac{1}{Rh}\left[\frac{\partial Rhz/Ru}{\partial \xi} + \frac{\partial Rh \cdot (-\zeta h_x z)/hu}{\partial \zeta}\right]$$
$$= \frac{1}{Rh}\frac{\partial hzu}{\partial \xi} - \frac{1}{h}\frac{\partial \zeta h_x zu}{\partial \zeta} \tag{4-45}$$

$$\frac{\partial zw}{\partial z} = \frac{1}{J}\left[\frac{\partial J\xi_z zw}{\partial \xi} + \frac{\partial J\zeta_z zw}{\partial \zeta}\right] = \frac{1}{Rh}\left[\frac{\partial \cdot Rh \cdot 0 \cdot zw}{\partial \xi} + \frac{\partial Rh/hzw}{\partial \zeta}\right]$$
$$= \frac{1}{Rh}\frac{\partial Rzw}{\partial \zeta} = \frac{1}{h}\frac{\partial zw}{\partial \zeta} \tag{4-46}$$

ゆえに

$$\frac{1}{z}\frac{\partial zu}{\partial x} + \frac{1}{z}\frac{\partial zw}{\partial z} = \frac{1}{Rhz}\frac{\partial hzu}{\partial \xi} - \frac{1}{hz}\frac{\partial \zeta h_x zu}{\partial \zeta} + \frac{1}{hz}\frac{\partial zw}{\partial \zeta} = \frac{1}{Rhz}\frac{\partial hzu}{\partial \xi} + \frac{1}{hz}\frac{\partial}{\partial \zeta}[z(w - \zeta h_x u)]$$
$$= \frac{1}{Rhz}\frac{\partial hzU}{\partial \xi} + \frac{1}{hz}\frac{\partial zW}{\partial \zeta} = 0 \tag{4-47}$$

変形された反変速度は次のようになる。

$$U = u/R, \ W = (w - \zeta h_x u)/h \tag{4-48}$$

次に Control volume の体積 $\Delta V = R\Delta\xi h_m \Delta\zeta_m$（$z_m$ は中心軸からの水平距離で円周を表す）を乗じて変形すると

$$\Delta(uh\Delta\zeta) + \Delta(wR\Delta\xi z) - \Delta(u\zeta h_x r\Delta\xi z)$$
$$= u_1 h_1 \Delta\zeta_1 - u_2 h_2 \Delta\zeta_2 + w_1 R\Delta\xi z_{m1} - w_2 R\Delta\xi z_{m2} - (u_3 \zeta_3 h_{xm} \cdot R\Delta\xi z_{m1} - u_4 \zeta_4 h_{xm} R\Delta\xi z_{m2}) = 0 \tag{4-49}$$

となり、質量が保存されていることが分かる。本式を再度 Control volume の体積 ΔV で除して整理すれば、質量保存式の差分式が得られる。

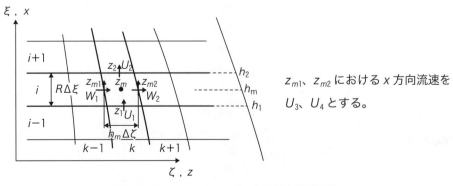

図 4-9　Control volume 内での流速と流路面積

4-3 タンク形状に合わせた座標系と支配方程式および物理的解釈

移流項：各式内で次のようになる。ベクトル [ ] 内には反変速度によって移送される同速度から見て風上側の情報が積の形で入る。

$$\frac{1}{Rhz}\frac{\partial hzU[\ ]}{\partial \xi}+\frac{1}{hz}\frac{\partial zW[\ ]}{\partial \zeta}$$

$$[\ ]=\begin{bmatrix}1\\u\\w\\T\\k\\\varepsilon\end{bmatrix} \tag{4-50}$$

温度を例にとり、図 4-9 を参照して式（4-50）の差分形式を作ると次のようになる。

$$\frac{1}{h_m z_m}\frac{1}{R\Delta\xi}[h_1 z_1(U_1+|U_1|)T_{i-1}-h_2 z_2(U_2-|U_2|)T_{i+1}+\{h_1 z_1(U_1-|U_1|)-h_2 z_2(U_2+|U_2|)\}T_i]$$

$$+\frac{1}{h_m z_m}\frac{1}{\Delta\zeta}[z_{m1}(W_1+|W_1|)T_{k-1}-z_{m2}(W_2-|W_2|)T_{k+1}+\{z_{m1}(W_1-|W_1|)-z_{m2}(W_2+|W_2|)\}T_k]$$

$$\tag{4-51}$$

圧力項：4-3-1 項と同じく下記となる。

$$u:\frac{\partial p}{\partial x}=\frac{1}{R}\frac{\partial p}{\partial \xi}-\frac{\zeta h_x}{h}\frac{\partial p}{\partial \zeta}$$

$$w:\frac{\partial p}{\partial z}=\frac{1}{h}\frac{\partial p}{\partial \zeta} \tag{4-52}$$

拡散項：代表的な拡散項の BFC 展開を以下に記して、Control volume 上でその意味を考える。

【運動方程式】

$$\frac{1}{z}\frac{\partial}{\partial x}\left(\nu_m\frac{\partial zu}{\partial x}\right)=\frac{1}{Rhz}\left[\frac{\partial}{\partial \xi}\frac{\nu_m}{R}\left(\frac{\partial Rh/R\cdot zu}{\partial \xi}-\frac{\partial Rh\zeta h_x/h\cdot zu}{\partial \zeta}\right)-\frac{\partial \zeta h_x/h}{\partial \zeta}\nu_m\left(\frac{\partial Rh/R\cdot zu}{\partial \xi}-\frac{\partial Rh\zeta h_x/h\cdot zu}{\partial \zeta}\right)\right]$$

$$=\frac{1}{R^2 hz}\frac{\partial}{\partial \xi}\left(\nu_m\frac{\partial hzu}{\partial \xi}\right)-\frac{1}{Rhz}\frac{\partial}{\partial \xi}\left(\nu_m h_x\frac{\partial \zeta zu}{\partial \zeta}\right)-\frac{h_x}{Rh^2 z}\frac{\partial}{\partial \zeta}\left(\nu_m\zeta\frac{\partial hzu}{\partial \xi}\right)+\frac{1}{z}\left(\frac{h_x}{h}\right)^2\frac{\partial}{\partial \zeta}\left(\nu_m\zeta\frac{\partial \zeta zu}{\partial \zeta}\right)$$

$$\tag{4-53}$$

$$\frac{1}{z}\frac{\partial}{\partial z}\left(z\nu_m\frac{\partial u}{\partial z}\right)=\frac{1}{h^2 z}\frac{\partial}{\partial \zeta}\left(z\nu_m\frac{\partial u}{\partial \zeta}\right)$$

$$\frac{1}{z}\frac{\partial}{\partial z}\left(z\nu_m\frac{\partial w}{\partial z}\right)=\frac{1}{h^2 z}\frac{\partial}{\partial \zeta}\left(z\nu_m\frac{\partial w}{\partial \zeta}\right) \tag{4-54}$$

【エネルギー方程式】

$$\frac{1}{z}\frac{\partial}{\partial x}\left(\nu_e\frac{\partial zT}{\partial x}\right)=\frac{1}{R^2 hz}\frac{\partial}{\partial \xi}\left(\nu_e\frac{\partial hzT}{\partial \xi}\right)^{①}-\frac{1}{Rhz}\frac{\partial}{\partial \xi}\left(\nu_e h_x\frac{\partial \zeta zT}{\partial \zeta}\right)^{②}$$

$$-\frac{h_x}{Rh^2 z}\frac{\partial}{\partial \zeta}\left(\nu_e\zeta\frac{\partial hzT}{\partial \xi}\right)^{③}+\frac{1}{z}\left(\frac{h_x}{h}\right)^2\frac{\partial}{\partial \zeta}\left(\nu_e\zeta\frac{\partial \zeta zT}{\partial \zeta}\right)^{④} \tag{4-55}$$

$$\frac{1}{z}\frac{\partial}{\partial z}\left(z\nu_e\frac{\partial T}{\partial z}\right)=\frac{1}{h^2 z}\frac{\partial}{\partial \zeta}\left(z\nu_e\frac{\partial T}{\partial \zeta}\right)^{⑤} \tag{4-56}$$

例えばエネルギー拡散項の座標変換で出てくる各項に上記のように付番①、②、③、④および⑤をして各項を Control volume 上に図示する。図に示される諸要素を基に各方向の拡散量を記すと先に記す変換式に一致することが分かる。軸対称回転体としての面積を中心軸からの距離 z、あるいは水平長さの z で表す項が付加されている。

$$\frac{1}{R^2 hz}\frac{\partial}{\partial \xi}\left(\nu_e\frac{\partial hzT}{\partial \xi}\right)$$
$$=\frac{1}{R^2 h_2 z_2}\frac{1}{\Delta\xi}\left(\nu_{e_2}\frac{h_3 z_3 T_3 - h_2 z_2 T_2}{\Delta\xi}\right.$$
$$\left. -\nu_{e_1}\frac{h_2 z_2 T_2 - h_1 z_1 T_1}{\Delta\xi}\right) \tag{4-57}$$

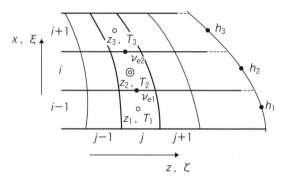

図 4-10　BFC システムでの拡散項①の物理的意味

$$-\frac{1}{Rhz}\frac{\partial}{\partial \xi}\left(\nu_e h_x \frac{\partial \zeta zT}{\partial \zeta}\right)$$
$$=-\frac{1}{Rhz}\frac{1}{\Delta\xi}\left(\nu_{e_2}h_{x_2}\frac{\zeta_2 z_4 T_4 - \zeta_1 z_3 T_3}{\Delta\zeta}\right.$$
$$\left. -\nu_{e_1}h_{x_1}\frac{\zeta_2 z_2 T_2 - \zeta_1 z_1 T_1}{\Delta\zeta}\right) \tag{4-58}$$

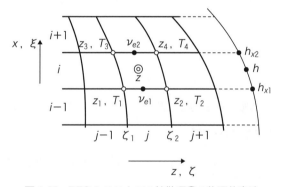

図 4-11　BFC システムでの拡散項②の物理的意味

$$-\frac{h_x}{Rh^2 z}\frac{\partial}{\partial \zeta}\left(\nu_e \zeta \frac{\partial hzT}{\partial \xi}\right)$$
$$=-\frac{h_x}{R^2 h^2 z}\frac{1}{\Delta\zeta}\left(\nu_{e_2}\zeta_2\frac{h_2 z_4 T_4 - h_1 z_2 T_2}{\Delta\xi}\right.$$
$$\left. -\nu_{e_1}\zeta_1\frac{h_2 z_3 T_3 - h_1 z_1 T_1}{\Delta\xi}\right) \tag{4-59}$$

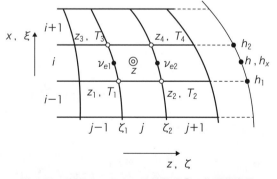

図 4-12　BFC システムでの拡散項③の物理的意味

$$\frac{1}{z}\left(\frac{h_x}{h}\right)^2 \frac{1}{\Delta\zeta}\left(\nu_e \zeta \frac{\partial \zeta z T}{\partial \zeta}\right)$$

$$=\frac{1}{z}\left(\frac{h_x}{h}\right)^2 \frac{1}{\Delta\zeta}\left(\nu_{e_5}\zeta_5 \frac{\zeta_3 z_3 T_3 - \zeta_2 z_2 T_2}{\Delta\zeta}\right.$$

$$\left.-\nu_{e_4}\zeta_4 \frac{\zeta_2 z_2 T_2 - \zeta_1 z_1 T_1}{\Delta\zeta}\right) \quad (4\text{-}60)$$

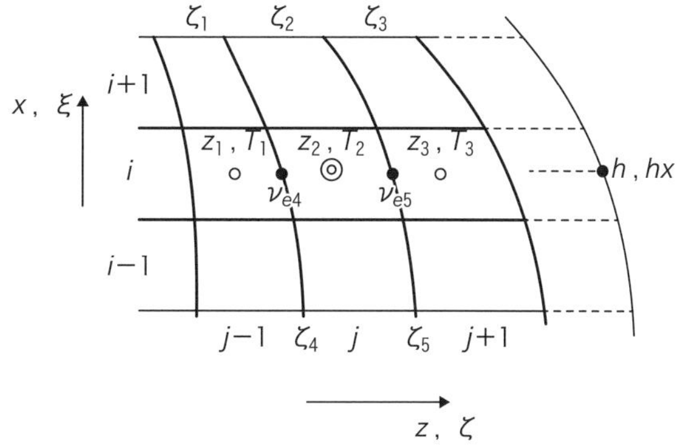

図 4-13　BFC システムでの拡散項④の物理的意味

$$\frac{1}{h^2 z}\frac{\partial}{\partial \zeta}\left(z\nu_e \frac{\partial T}{\partial \zeta}\right)$$

$$=\frac{1}{h^2 z_3}\frac{1}{\Delta\zeta}\left(z_2 \nu_{e_2}\frac{T_3 - T_2}{\Delta\zeta}\right.$$

$$\left.-z_1 \nu_{e_1}\frac{T_2 - T_1}{\Delta\zeta}\right) \quad (4\text{-}61)$$

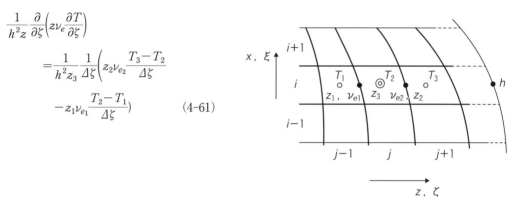

図 4-14　BFC システムでの拡散項⑤の物理的意味

以上を総合して、水平自由面を持った軸対称回転体（水平球体、HorSph）の BFC システムにおける支配方程式が次のように記述される。

縦置き円筒タンク VerCyl の場合には

$$h(x) = 円筒半径 R = \text{constant}、h_x = 0、\partial hz[\ ]/\partial\xi = hz\partial[\ ]/\partial\xi$$

と置いて整理すれば全式が得られる。

$$\frac{1}{Rhz}\frac{\partial hzU}{\partial \xi}+\frac{1}{hz}\frac{\partial zW}{\partial \zeta}=0 \qquad (4\text{-}62)$$

$$\frac{\partial}{\partial t}\begin{bmatrix}u\\w\\T\\k\\\varepsilon\end{bmatrix}+\frac{1}{Rhz}\frac{\partial}{\partial \xi}\left(hzU\begin{bmatrix}u\\w\\T\\k\\\varepsilon\end{bmatrix}\right)+\frac{1}{hz}\frac{\partial}{\partial \zeta}\left(zW\begin{bmatrix}u\\w\\T\\k\\\varepsilon\end{bmatrix}\right)=\begin{bmatrix}-\frac{1}{\rho}\left(\frac{1}{R}\frac{\partial p}{\partial \xi}-\frac{\zeta h_x}{h}\frac{\partial p}{\partial \zeta}\right)\\-\frac{1}{\rho h}\frac{\partial p}{\partial \zeta}\\0\\0\\0\end{bmatrix}$$

$$+\frac{1}{R^2 hz}\frac{\partial}{\partial \xi}\left\{\nu\frac{\partial}{\partial \xi}\left(hz\begin{bmatrix}u\\w\\T\\k\\\varepsilon\end{bmatrix}\right)\right\}-\frac{1}{Rhz}\frac{\partial}{\partial \xi}\left\{\nu h_x\frac{\partial}{\partial \zeta}\left(\zeta z\begin{bmatrix}u\\w\\T\\k\\\varepsilon\end{bmatrix}\right)\right\}-\frac{h_x}{Rh^2 z}\frac{\partial}{\partial \zeta}\left\{\nu\zeta\frac{\partial}{\partial \xi}\left(hz\begin{bmatrix}u\\w\\T\\k\\\varepsilon\end{bmatrix}\right)\right\}$$

$$+\frac{1}{z}\left(\frac{h_x}{h}\right)^2\frac{\partial}{\partial \zeta}\left\{\nu\zeta\frac{\partial}{\partial \zeta}\left(\zeta z\begin{bmatrix}u\\w\\T\\k\\\varepsilon\end{bmatrix}\right)\right\}+\frac{1}{h^2 z}\frac{\partial}{\partial \zeta}\left(\nu z\frac{\partial}{\partial \zeta}\begin{bmatrix}u\\w\\T\\k\\\varepsilon\end{bmatrix}\right)+\begin{bmatrix}g\\o\\Q\\K_p\\E_p\end{bmatrix} \qquad (4\text{-}63)$$

$$\nu=\begin{bmatrix}\nu_m\\\nu_m\\\nu_e\\\nu_t\\\nu_t\end{bmatrix} \qquad (4\text{-}64)$$

$$K_p=\nu_t\Phi-\varepsilon \qquad (4\text{-}65)$$

$$E_p=C_1\nu_t\frac{\varepsilon}{k}\Phi-C_2\frac{\varepsilon^2}{k} \qquad (4\text{-}66)$$

$$\Phi=2\left(\frac{1}{R}\frac{\partial u}{\partial \xi}-\frac{\zeta h_x}{h}\frac{\partial u}{\partial \zeta}\right)^2+2\left(\frac{1}{h}\frac{\partial w}{\partial \zeta}\right)^2+\left(\frac{1}{h}\frac{\partial u}{\partial \zeta}+\frac{1}{R}\frac{\partial w}{\partial \xi}-\frac{\zeta h_x}{h}\frac{\partial w}{\partial \zeta}\right)^2 \qquad (4\text{-}67)$$

$$\nu_t=C_D\frac{k^2}{\varepsilon} \qquad (4\text{-}68)$$

4-3-3 緯度平面空間：無限長断面、LatHld-2

表4-2および表4-3のⅢ：LatHld-2に相当する。

この座標系の場合は次項のLatHld-3の各項において、$\sin\phi=1$と置いても得られる。

【変換式】

$$\xi=\phi$$
$$\zeta=r/h(\phi) \qquad (4\text{-}69)$$

4-3 タンク形状に合わせた座標系と支配方程式および物理的解釈

【測度】

$$\phi_\xi = 1$$
$$\phi_\zeta = 0$$
$$r_\xi = 0$$
$$r_\zeta = h$$
$$\xi_\phi = 1$$
$$\zeta_\phi = -\zeta h_\phi / h, \quad h_\phi = \partial h / \partial \phi$$
$$\xi_r = 0$$
$$\zeta_r = 1/h \tag{4-70}$$

【Jacobian】

$$J = \begin{vmatrix} \phi_\xi & \phi_\zeta \\ r_\xi & r_\zeta \end{vmatrix} = \begin{vmatrix} 1 & 0 \\ 0 & h \end{vmatrix} = h \tag{4-71}$$

【反変速度】

$$U = \zeta_r u + \zeta_\phi w = \frac{u}{h} - \frac{\zeta h_\phi}{h} w$$
$$W = \xi_r u + \xi_\phi w = w \tag{4-72}$$

質量保存式の各項：1次微分の変換式を用いる。

$$\frac{\partial ru}{\partial r} = \frac{1}{J}\left[\frac{\partial J\zeta_r ru}{\partial \zeta} + \frac{\partial J\xi_r ru}{\partial \xi}\right] = \frac{1}{h}\left[\frac{\partial h/h \cdot ru}{\partial \zeta} + \frac{\partial h \cdot 0}{\partial \xi}\right] = \frac{1}{h}\frac{\partial ru}{\partial \zeta}$$

$$\frac{\partial w}{\partial \phi} = \frac{1}{J}\left[\frac{\partial J\zeta_\phi w}{\partial \zeta} + \frac{\partial J\xi_\phi w}{\partial \xi}\right] = \frac{1}{h}\left[\frac{\partial h(-\zeta h_\phi/h)w}{\partial \zeta} + \frac{\partial hw}{\partial \xi}\right] = \frac{1}{h}\left[-\frac{\partial \zeta h_\phi w}{\partial \zeta} + \frac{\partial hw}{\partial \xi}\right] \tag{4-73}$$

【質量保存式】

$$\frac{1}{r}\frac{\partial ru}{\partial r} + \frac{1}{r}\frac{\partial w}{\partial \phi} = \frac{1}{rh}\frac{\partial}{\partial \zeta}\left[r\left(u - \frac{\zeta h_\phi}{r}\right)w\right] + \frac{1}{rh}\frac{\partial hw}{\partial \xi} = \frac{1}{rh}\frac{\partial rU}{\partial \zeta} + \frac{1}{rh}\frac{\partial hW}{\partial \xi} = 0 \tag{4-74}$$

【変形された反変速度】

$$U = u - \frac{\zeta h_\phi}{r} w$$
$$W = w \tag{4-75}$$

となる。

質量保存式に Control volume の体積 $\Delta V = h_m \Delta \zeta r_m \Delta \xi$ を乗じて変形すれば

$$\Delta(ru)\cdot\Delta\phi + \Delta w \cdot \Delta r = r_1\Delta\phi u_1 - r_2\Delta\phi u_2 + h_1\Delta\zeta w_1 - h_2\Delta\zeta w_2 - (\zeta_1 h_{\phi m}\Delta\phi w_3 - \zeta_2 h_{\phi m}\Delta\phi w_4)$$
$$= \Delta(ru)\Delta\phi + \Delta(hw)\Delta\zeta - \Delta(\zeta w)h_{\phi m}\Delta\phi = 0 \tag{4-76}$$

となり質量が保存されていることが分かる。本式を Control volume の体積で除して整理すれば質量保存式の差分形が得られる。

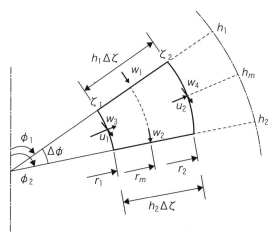

図 4-15　Control volume 内での流速と流路面積

移流項：[ ] 内には風上差分の考え方に基づいて反変速度によって移送される反変速度から見て風上側の情報が積の形で入る。

$$\frac{1}{hr}\frac{\partial rU[\ ]}{\partial \zeta} + \frac{1}{hr}\frac{\partial hW[\ ]}{\partial \zeta} \tag{4-77}$$

$$[\ ] = \begin{bmatrix} 1 \\ u \\ w \\ T \\ k \\ \varepsilon \end{bmatrix}$$

温度を例にとり、差分変換式を記すと次のようになる。

$$\frac{1}{h_m r_m}\frac{1}{\Delta\zeta}[r_1(U_1+|U_1|)T_{i-1} - r_2(U_2-|U_2|)T_{i+1} + \{r_1(U_1-|U_1|) - r_2(U_2+|U_2|)\}T_i]$$
$$+ \frac{1}{h_m r_m}\frac{1}{\Delta\xi}[h_1(W_1+|W_1|)T_{k-1} - h_2(W_2-|W_2|)T_{k+1} + \{h_1(W_1-|W_1|) - h_2(W_2+|W_2|)\}T_k]$$
$$\tag{4-78}$$

圧力項：

$$w: \frac{1}{r}\frac{\partial p}{\partial \phi} = \frac{1}{r}\xi_\phi \frac{\partial p}{\partial \xi} + \frac{1}{r}\xi_\phi \frac{\partial p}{\partial \zeta} = \frac{1}{r}\frac{\partial p}{\partial \xi} - \frac{\zeta h_\phi}{rh}\frac{\partial p}{\partial \zeta} = \frac{\Delta p}{r\Delta \xi} - \frac{\zeta \Delta h}{r\Delta \phi}\frac{\Delta p}{h\Delta \zeta} = \frac{p_2 - p_1}{r\Delta \xi} - \frac{\zeta \Delta h}{r\Delta \phi}\frac{p_4 - p_3}{h\Delta \zeta} \quad (4\text{-}79)$$

$$u: \frac{1}{r}\frac{\partial pr}{\partial r} = \frac{1}{r}\xi_r \frac{\partial pr}{\partial \xi} + \frac{1}{r}\zeta_r \frac{\partial pr}{\partial \zeta} = \frac{1}{rh}\frac{\partial pr}{\partial \zeta} = \frac{1}{h}\frac{\partial p}{\partial \zeta} = \frac{\Delta p}{h\Delta \zeta} = \frac{p_2 - p_1}{h\Delta \zeta} \quad (4\text{-}80)$$

各項の表す物理的意味は図示のとおりである。

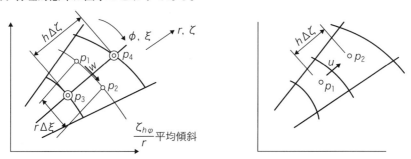

図4-16　BFCシステムでの圧力項の物理的意味

拡散項：4-3-1および4-3-2と同様の操作によって代表例としてエネルギー方程式について記すと次のようになる。

$$\begin{aligned}
\frac{1}{r^2}\frac{\partial}{\partial \phi}\left(\nu_e \frac{\partial T}{\partial \phi}\right) &= \frac{1}{r^2 h}\left[\frac{\partial \xi_\phi}{\partial \xi}\nu_e\left(\frac{\partial h\xi_\phi T}{\partial \xi} + \frac{\partial h\zeta_\phi T}{\partial \zeta}\right) + \frac{\partial \zeta_\phi}{\partial \zeta}\nu_e\left(\frac{\partial h\xi_\phi T}{\partial \xi} + \frac{\partial h\zeta_\phi T}{\partial \zeta}\right)\right] \\
&= \frac{1}{r^2 h}\left[\frac{\partial}{\partial \xi}\nu_e\left(\frac{\partial hT}{\partial \xi} - \frac{\partial h\zeta h_\phi/hT}{\partial \zeta}\right) - \frac{\partial \zeta h_\phi/h}{\partial \zeta}\nu_e\left(\frac{\partial hT}{\partial \xi} - \frac{\partial h\zeta h_\phi/hT}{\partial \zeta}\right)\right] \\
&= \frac{1}{r^2 h}\left[\frac{\partial}{\partial \xi}\nu_e\left(\frac{\partial hT}{\partial \xi} - h_\phi \frac{\partial \zeta T}{\partial \zeta}\right) - \frac{h_\phi}{h}\frac{\partial}{\partial \zeta}\nu_e\left(\frac{\partial hT}{\partial \xi} - h_\phi \frac{\partial \zeta T}{\partial \zeta}\right)\right] \\
&= \frac{1}{r^2 h}\frac{\partial}{\partial \xi}\left(\nu_e \frac{\partial hT}{\partial \xi}\right) - \frac{1}{r^2 h}\frac{\partial}{\partial \xi}\left(h_\phi \nu_e \frac{\partial \zeta T}{\partial \zeta}\right) - \frac{h_\phi}{r^2 h^2}\frac{\partial}{\partial \zeta}\left(\zeta \nu_e \frac{\partial hT}{\partial \xi}\right) + \frac{h_\phi^2}{r^2 h^2}\frac{\partial}{\partial \zeta}\left(\zeta \nu_e \frac{\partial \zeta T}{\partial \zeta}\right)
\end{aligned}$$
$$\qquad (4\text{-}81)$$

$$\begin{aligned}
\frac{1}{r}\frac{\partial}{\partial r}\left(r\nu_e \frac{\partial T}{\partial r}\right) &= \frac{1}{rh}\left[\frac{\partial \xi_r}{\partial \xi}r\nu_e\left(\frac{\partial h\xi_r T}{\partial \xi} + \frac{\partial h\zeta_r T}{\partial \zeta}\right) + \frac{\partial \zeta_r}{\partial \zeta}r\nu_e\left(\frac{\partial h\xi_r T}{\partial \xi} + \frac{\partial h\zeta_r T}{\partial \zeta}\right)\right] \\
&= \frac{1}{rh}\left[\frac{\partial}{\partial \zeta}\frac{r\nu_e}{h}\frac{\partial h/hT}{\partial \zeta}\right] = \frac{1}{rh}\frac{\partial}{\partial \zeta}\left(\zeta \nu_e \frac{\partial T}{\partial \zeta}\right)
\end{aligned} \quad (4\text{-}82)$$

発生項：乱流エネルギーの粘性消散項に表れる各項は次のようになる。

$$\frac{\partial u}{\partial r} = \frac{\partial \zeta}{\partial r}\frac{\partial u}{\partial \zeta} + \frac{\partial \xi}{\partial r}\frac{\partial u}{\partial \xi} = \frac{1}{h}\frac{\partial u}{\partial \zeta}$$

$$\frac{1}{r}\frac{\partial w}{\partial \phi} = \frac{1}{r}\left(\frac{\partial \xi}{\partial \phi}\frac{\partial w}{\partial \xi} + \frac{\partial \zeta}{\partial \phi}\frac{\partial w}{\partial \zeta}\right) = \frac{1}{h\zeta}\left(\frac{\partial w}{\partial \xi} - \frac{\zeta h_\phi}{h}\frac{\partial w}{\partial \zeta}\right)$$

$$\frac{1}{r}\frac{\partial u}{\partial \phi} = \frac{1}{r}\left(\frac{\partial \xi}{\partial \phi}\frac{\partial u}{\partial \xi} + \frac{\partial \zeta}{\partial \phi}\frac{\partial u}{\partial \zeta}\right) = \frac{1}{h\zeta}\left(\frac{\partial u}{\partial \xi} - \frac{\zeta h_\phi}{h}\frac{\partial u}{\partial \zeta}\right)$$

$$r\frac{\partial}{\partial r}\left(\frac{w}{r}\right)=r\left[\frac{\partial \zeta}{\partial r}\frac{\partial}{\partial \zeta}\left(\frac{w}{r}\right)+\frac{\partial \xi}{\partial r}\frac{\partial}{\partial \xi}\left(\frac{w}{r}\right)\right]=\frac{1}{h}\frac{\partial w}{\partial \zeta}$$

$$\frac{u}{r}=\frac{u}{h\zeta} \tag{4-83}$$

外力項：重力

$$g_r=-g\cos\phi=-g\cos\xi \, , \, g_\phi=g\sin\phi=g\sin\xi \tag{4-84}$$

以上を総合して無限長の緯度面空間における BFC システムにおける支配方程式が次のように記述される。

$$\frac{1}{rh}\frac{\partial rU}{\partial \zeta}+\frac{1}{rh}\frac{\partial hW}{\partial \xi}=0 \tag{4-85}$$

$$\frac{\partial}{\partial t}\begin{bmatrix}u\\w\\T\\k\\\varepsilon\end{bmatrix}+\frac{1}{rh}\frac{\partial}{\partial \zeta}\left(rU\begin{bmatrix}u\\w\\T\\k\\\varepsilon\end{bmatrix}\right)+\frac{1}{rh}\frac{\partial}{\partial \xi}\left(hW\begin{bmatrix}u\\w\\T\\k\\\varepsilon\end{bmatrix}\right)=\begin{bmatrix}-\frac{1}{\rho}\frac{1}{h}\frac{\partial p}{\partial \zeta}\\-\frac{1}{\rho}\frac{1}{r}\left(\frac{\partial p}{\partial \xi}-\frac{\zeta h_\phi}{h}\frac{\partial p}{\partial \zeta}\right)\\0\\0\\0\end{bmatrix}$$

$$+\frac{1}{r^2h}\frac{\partial}{\partial \xi}\left\{\nu\frac{\partial}{\partial \xi}\left(h\begin{bmatrix}u\\w\\T\\k\\\varepsilon\end{bmatrix}\right)\right\}-\frac{1}{r^2h}\frac{\partial}{\partial \xi}\left\{\nu h_\phi\frac{\partial}{\partial \zeta}\left(\zeta\begin{bmatrix}u\\w\\T\\k\\\varepsilon\end{bmatrix}\right)\right\}-\frac{h_\phi}{r^2h^2}\frac{\partial}{\partial \zeta}\left\{\nu\zeta\frac{\partial}{\partial \xi}\left(h\begin{bmatrix}u\\w\\T\\k\\\varepsilon\end{bmatrix}\right)\right\}$$

$$+\left(\frac{h_\phi}{rh}\right)^2\frac{\partial}{\partial \zeta}\left\{\nu\zeta\frac{\partial}{\partial \zeta}\left(\zeta\begin{bmatrix}u\\w\\T\\k\\\varepsilon\end{bmatrix}\right)\right\}+\frac{1}{rh}\frac{\partial}{\partial \zeta}\left(\nu\zeta\frac{\partial}{\partial \zeta}\begin{bmatrix}u\\w\\T\\k\\\varepsilon\end{bmatrix}\right)+\begin{bmatrix}g\cos\phi\\g\sin\phi\\Q\\K_p\\E_p\end{bmatrix} \tag{4-86}$$

$$\nu=\begin{bmatrix}\nu_m\\\nu_m\\\nu_e\\\nu_t\\\nu_t\end{bmatrix} \tag{4-87}$$

$$K_p=\nu_t\varPhi-\varepsilon \tag{4-88}$$

$$E_p=C_1\nu_t\frac{\varepsilon}{k}\varPhi-C_2\frac{\varepsilon^2}{k} \tag{4-89}$$

$$\varPhi=2\left(\frac{1}{h}\frac{\partial u}{\partial \zeta}\right)^2+2\left\{\frac{1}{\zeta h}\left(\frac{\partial w}{\partial \xi}-\frac{\zeta h_\phi}{h}\frac{\partial w}{\partial \zeta}\right)+\frac{u}{\zeta h}\right\}^2+\left\{\frac{1}{\zeta h}\left(\frac{\partial u}{\partial \xi}-\frac{\zeta h_\phi}{h}\frac{\partial u}{\partial \zeta}\right)+\frac{1}{h}\frac{\partial w}{\partial \zeta}\right\}^2 \tag{4-90}$$

$$\nu_t=C_D\frac{k^2}{\varepsilon} \tag{4-91}$$

4-3-4　緯度平面空間：軸対称回転体、LatHld-3

表 4-2 および表 4-3 の Ⅳ：LatHld-3 に相当する。

【変換式】

$$\xi = \phi$$
$$\zeta = r/h(\phi) \tag{4-92}$$

【測度】

$$\begin{aligned}
\phi_\xi &= 1 \\
\phi_\zeta &= 0 \\
r_\xi &= 0 \\
r_\zeta &= h \\
\xi_\phi &= 1 \\
\zeta_\phi &= -\zeta h_\phi/h \\
\xi_r &= 0 \\
\zeta_r &= 1/h
\end{aligned} \tag{4-93}$$

【Jacobian】

$$J = h \tag{4-94}$$

【反変速度】

$$U = \zeta_r u + \zeta_\phi w = \frac{u}{h} - \frac{\zeta h_\phi}{h} w$$
$$W = \xi_r u + \xi_\phi w = w \tag{4-95}$$

質量保存項：各項は次のように変換される。

$$\frac{\partial r^2 u}{\partial r} = \frac{1}{J}\left[\frac{\partial J\zeta_r r^2 u}{\partial \zeta} + \frac{\partial J\xi_r r^2 u}{\partial \xi}\right] = \frac{1}{h}\left[\frac{\partial h/h \cdot r^2 u}{\partial \zeta} + \frac{\partial h \cdot 0 \cdot r^2 u}{\partial \xi}\right] = \frac{1}{h}\frac{\partial r^2 u}{\partial \zeta} \tag{4-96}$$

$$\frac{\partial \sin\phi w}{\partial \phi} = \frac{1}{J}\left[\frac{\partial J\zeta_\phi \sin\phi w}{\partial \zeta} + \frac{\partial J\xi_\phi \sin\phi w}{\partial \xi}\right] = \frac{1}{h}\left[\frac{\partial h \cdot -\zeta h_\phi/h \cdot \sin\phi w}{\partial \zeta} + \frac{\partial h/\sin\phi w}{\partial \xi}\right]$$
$$= \frac{1}{h}\left[-\frac{\partial \zeta h_\phi \sin\phi w}{\partial \zeta} + \frac{\partial h\sin\phi w}{\partial \xi}\right] \tag{4-97}$$

ゆえに質量保存式は次のようになる。

$$\frac{1}{r^2}\frac{\partial r^2 u}{\partial r} + \frac{1}{r\sin\phi}\frac{\partial \sin\phi w}{\partial \phi} = \frac{1}{r^2 h}\frac{\partial r^2 u}{\partial \zeta} + \frac{1}{r\sin\phi \cdot h}\left[-\frac{\partial \zeta h_\phi \sin\phi w}{\partial \zeta} + \frac{\partial h\sin\phi w}{\partial \xi}\right]$$
$$= \frac{1}{r^2 h}\frac{\partial r^2 u}{\partial \zeta} - \frac{1}{r^2 h}\frac{\partial r\zeta h_\phi w}{\partial \zeta} + \frac{1}{r^2 \sin\phi}\frac{\partial hr\sin\phi w}{\partial \xi}$$
$$= \frac{1}{hr^2}\frac{\partial}{\partial \zeta}\left[r^2\left(u - \frac{\zeta h_\phi}{r}w\right)\right] + \frac{1}{hr^2 \sin\phi}\frac{\partial hr\sin\phi w}{\partial \xi}$$
$$= \frac{1}{hr^2}\frac{\partial}{\partial \zeta}(r^2 U) + \frac{1}{hr^2 \sin\phi}\frac{\partial}{\partial \xi}(hr\sin\phi W) = 0 \tag{4-98}$$

よって変形された反変速度は次のように表される。

$$U = u - \frac{\zeta h_\phi}{r} w, \quad W = w \tag{4-99}$$

質量保存式（4-98）に Control volume の体積 $\Delta V = h_m r_m^2 \sin\phi_m \Delta\zeta\Delta\xi$ を乗じて変形すると次のようになる。ただし $r\sin\phi$ は中心軸からの水平距離であり円周を表し、添え字 m は volume の中心位置を示す。

$$\Delta(r^2 u)\sin\phi_{om}\Delta\xi + \Delta(hr\sin\phi w)\Delta\zeta - \Delta(\zeta h_\phi r\sin\phi w)\Delta\xi$$
$$= r_3\sin\phi_m r_3\Delta\xi u_1 + r_1\sin\phi_1 h_1\Delta\zeta w_1 - \zeta_3 h_{\phi m}\Delta\xi r_3\sin\phi_m w_3$$
$$- r_4\sin\phi_m r_4\Delta\xi u_2 - r_2\sin\phi_2 h_2\Delta\zeta w_2 + \zeta_4 h_{\phi m}\Delta\xi r_4\sin\phi_m w_4 = 0 \tag{4-100}$$

となり質量が保存されていることが分かる。

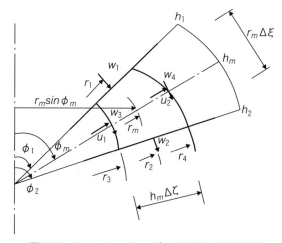

図 4-17　Control volume 内での流速と流路面積

移流項：前項と同様に [　] 内には風上差分の考え方に基づいて反変速度によって移送される同速度から見て風上側の情報が入り次式で表される。図 4-17 に風上情報を入れることで情報量の保存則が成立していることが分かる。よって

$$\frac{1}{hr^2}\frac{\partial r^2 U[\ ]}{\partial \zeta} + \frac{1}{hr^2\sin\phi}\frac{\partial rh\sin\phi W[\ ]}{\partial \xi} \tag{4-101}$$

ただし、[　] は次のようになる。

$$[\ ] = \begin{bmatrix} 1 \\ u \\ w \\ T \\ k \\ \varepsilon \end{bmatrix}$$

これを温度 T を例にとって風上差分で表すと次のようになる。

$$\frac{1}{h_m r_m^2}\frac{1}{\Delta\zeta}[r_3^2(U_1+|U_1|)T_{i-1}-r_4^2(U_2-|U_2|)T_{i+1}+\{r_3^2(U_1-|U_1|)-r_4^2(U_2+|U_2|)\}T_i]$$

$$+\frac{1}{h_m r_m^2}\frac{1}{\sin\phi_m}\frac{1}{\Delta\xi}[r_1 h_1\sin\phi_1(W_1+|W_1|)T_{k-1}-r_2 h_2\sin\phi_2(W_2-|W_2|)T_{k+1}$$

$$+\{r_1 h_1\sin\phi_1(W_1-|W_1|)-r_2 h_2\sin\phi_2(W_2+|W_2|)\}T_k] \tag{4-102}$$

圧力項：前項 4-3-3 と同形で次のようになる。

$$w:\frac{1}{r}\frac{\partial p}{\partial\phi}=\frac{1}{r}\frac{\partial p}{\partial\xi}-\frac{\zeta h_\phi}{rh}\frac{\partial p}{\partial\zeta}$$

$$u:\frac{1}{r}\frac{\partial pr}{\partial r}=\frac{1}{rh}\frac{\partial pr}{\partial\zeta}=\frac{1}{h}\frac{\partial p}{\partial\zeta} \tag{4-103}$$

拡散項：同様の操作によって代表例としてエネルギー方程式を記すと次のようになり、各項の物理的意味は 4-3-1 および 4-3-2 を参照されたい。

$$\frac{1}{r^2\sin\phi}\frac{\partial}{\partial\phi}\left(\sin\phi\nu_e\frac{\partial T}{\partial\phi}\right)=\frac{1}{r^2\sin\phi}\left[\frac{1}{h}\frac{\partial}{\partial\xi}\left(\sin\phi\nu_e\frac{\partial hT}{\partial\xi}\right)-\frac{1}{h}\frac{\partial}{\partial\xi}\left(h_\phi\sin\phi\nu_e\frac{\partial\zeta T}{\partial\zeta}\right)\right.$$

$$\left.-\frac{h_\phi}{h^2}\frac{\partial}{\partial\zeta}\left(\zeta\sin\phi\nu_e\frac{\partial hT}{\partial\xi}\right)+\frac{h_\phi^2}{h^2}\frac{\partial}{\partial\zeta}\left(\zeta\sin\phi\nu_e\frac{\partial\zeta T}{\partial\zeta}\right)\right] \tag{4-104}$$

$$\frac{1}{r^2}\frac{\partial}{\partial r}\left(r^2\nu_e\frac{\partial T}{\partial r}\right)=\frac{1}{r^2 h}\left[\frac{\partial}{\partial\zeta}\frac{r^2\nu_e}{h}\frac{\partial h/hT}{\partial\zeta}\right]=\frac{1}{r^2}\frac{\partial}{\partial\zeta}\left(\zeta^2\nu_e\frac{\partial T}{\partial\zeta}\right) \tag{4-105}$$

発生項：粘性消散項に新たに表れる項

$$\frac{1}{r}w\cot\phi=\frac{w\cot\xi}{h\zeta} \tag{4-106}$$

拡散項の差分形は次のようになる。

$$\frac{1}{r^2\sin\phi}\frac{1}{h}\frac{\partial}{\partial\xi}\left(\sin\phi\nu_e\frac{\partial hT}{\partial\xi}\right)$$

$$=\frac{1}{r_{ij}^2\sin\phi_j\cdot h_2}\frac{1}{\Delta\xi}\left(\sin\phi_2\nu_{e2}\frac{h_3 T_3-h_2 T_2}{\Delta\xi}\right.$$

$$\left.-\sin\phi_1\nu_{e1}\frac{h_2 T_2-h_1 T_1}{\Delta\xi}\right) \tag{4-107}$$

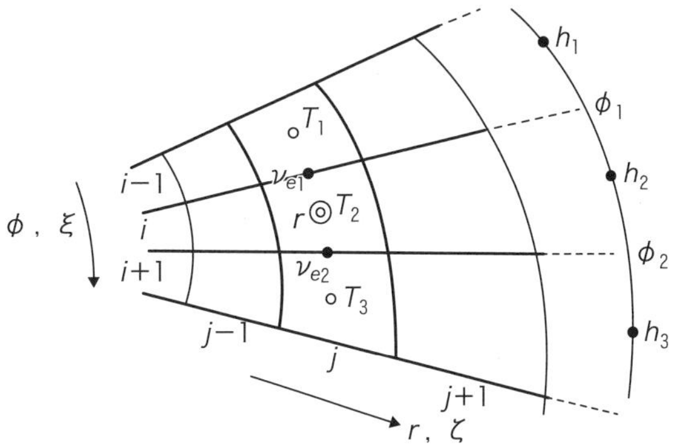

図 4-18 BFC システムでの拡散項①の物理的意味

$$
\begin{aligned}
&-\frac{1}{r^2\sin\phi}\frac{1}{h}\frac{\partial}{\partial\xi}\left(\nu_\phi\sin\phi\nu\frac{\partial\zeta T}{\partial\zeta}\right)\\
&=\frac{1}{r_{ij}^2\sin\phi_i}\frac{1}{h_i}\frac{1}{\Delta\xi}\left(h_{\phi 2}\sin\phi_2\nu_{e2}\frac{\zeta_2 T_4-\zeta_1 T_3}{\Delta\zeta}\right.\\
&\qquad\left.-h_{\phi 1}\sin\phi_1\nu_{e1}\frac{\zeta_2 T_2-\zeta_1 T_1}{\Delta\zeta}\right)\\
&\hspace{15em}(4\text{-}108)
\end{aligned}
$$

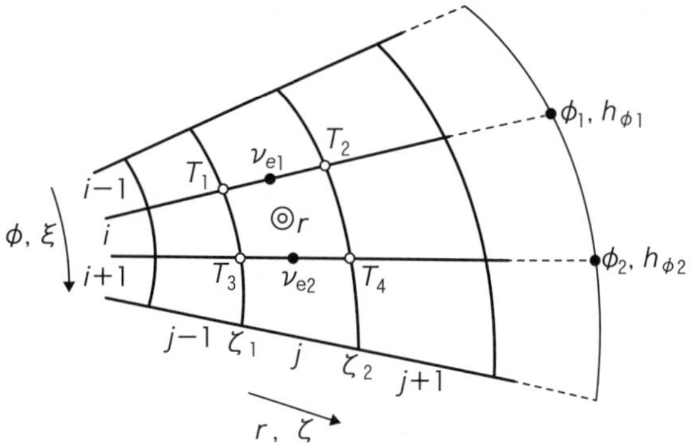

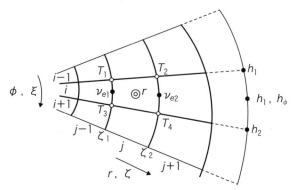

図 4-19 BFC システムでの拡散項②の物理的意味

$$
\begin{aligned}
&-\frac{1}{r^2\sin\phi}\frac{h_\phi}{h^2}\frac{\partial}{\partial\zeta}\left(\zeta\sin\phi\cdot\nu\frac{\partial hT}{\partial\xi}\right)\\
&=-\frac{1}{r^2}\frac{h_\phi}{h^2}\frac{1}{\Delta\zeta}\left(\zeta\nu\frac{\partial hT}{\partial\xi}\right)\\
&=-\frac{1}{r_{ij}^2}\frac{h_{\phi i}}{h_i^2}\frac{1}{\Delta\zeta}\left(\zeta_2\nu_{e2}\frac{h_2 T_4-h_1 T_2}{\Delta\xi}\right.\\
&\qquad\left.-\zeta_1\nu_{e1}\frac{h_2 T_3-h_1 T_1}{\Delta\xi}\right)\quad (4\text{-}109)
\end{aligned}
$$

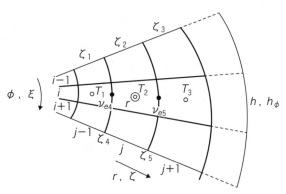

図 4-20 BFC システムでの拡散項③の物理的意味

$$
\begin{aligned}
&\frac{1}{r^2\sin\phi}\frac{h_\phi^2}{h^2}\frac{\partial}{\partial\zeta}\left(\zeta\sin\phi\nu_e\frac{\partial\zeta T}{\partial\zeta}\right)\\
&=\frac{1}{r^2}\frac{h_\phi^2}{h^2}\frac{\partial}{\partial\zeta}\left(\zeta\nu_e\frac{\partial\zeta T}{\partial\zeta}\right)\\
&=\frac{1}{r_{ij}^2}\frac{h_{\phi i}^2}{h_i^2}\frac{1}{\Delta\zeta}\left(\zeta_5\nu_{e5}\frac{\zeta_3 T_3-\zeta_2 T_2}{\Delta\zeta}\right.\\
&\qquad\left.-\zeta_4\nu_{e4}\frac{\zeta_2 T_2-\zeta_1 T_1}{\Delta\zeta}\right)\quad (4\text{-}110)
\end{aligned}
$$

図 4-21 BFC システムでの拡散項④の物理的意味

4-3 タンク形状に合わせた座標系と支配方程式および物理的解釈

$$\frac{1}{r^2}\frac{\partial}{\partial \zeta}\left(\zeta^2 \nu_e \frac{\partial T}{\partial \zeta}\right)$$

$$=\frac{1}{r_{ij}^2}\frac{1}{\varDelta \zeta}\left(\zeta_2^{\;2}\nu_{e2}\frac{T_3-T_2}{\varDelta \zeta}-\zeta_1^{\;2}\nu_{e1}\frac{T_2-T_1}{\varDelta \zeta}\right)$$

(4-111)

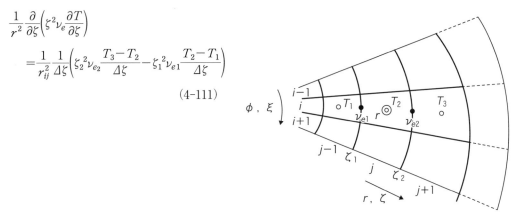

図4-22 BFCシステムでの拡散項⑤の物理的意味

以上を総合して、緯度面を持つ軸対称回転体におけるBFCシステムにおける支配方程式が次のように記述される。

$$\frac{1}{r^2 h}\frac{\partial r^2 U}{\partial \zeta}+\frac{1}{r^2 h\sin\phi}\frac{\partial rh\sin\phi W}{\partial \xi}=0 \tag{4-112}$$

$$\frac{\partial}{\partial t}\begin{bmatrix}u\\w\\T\\k\\\varepsilon\end{bmatrix}+\frac{1}{r^2 h}\frac{\partial}{\partial \zeta}\left(r^2 U\begin{bmatrix}u\\w\\T\\k\\\varepsilon\end{bmatrix}\right)+\frac{1}{r^2 h\sin\phi}\frac{\partial}{\partial \xi}\left(rh\sin\phi W\begin{bmatrix}u\\w\\T\\k\\\varepsilon\end{bmatrix}\right)=\begin{bmatrix}-\frac{1}{\rho}\frac{1}{h}\frac{\partial p}{\partial \zeta}\\-\frac{1}{\rho}\frac{1}{r}\left(\frac{\partial p}{\partial \xi}-\frac{\zeta h_\phi}{h}\frac{\partial p}{\partial \zeta}\right)\\0\\0\\0\end{bmatrix}$$

$$+\frac{1}{r^2 h\sin\phi}\frac{\partial}{\partial \xi}\left\{\nu\sin\phi\frac{\partial}{\partial \xi}\left(h\begin{bmatrix}u\\w\\T\\k\\\varepsilon\end{bmatrix}\right)\right\}-\frac{1}{r^2 h\sin\phi}\frac{\partial}{\partial \xi}\left\{\nu h_\phi\sin\phi\frac{\partial}{\partial \zeta}\left(\zeta\begin{bmatrix}u\\w\\T\\k\\\varepsilon\end{bmatrix}\right)\right\}-\frac{h_\phi}{r^2 h^2}\frac{\partial}{\partial \zeta}\left\{\nu\zeta\frac{\partial}{\partial \xi}\left(h\begin{bmatrix}u\\w\\T\\k\\\varepsilon\end{bmatrix}\right)\right\}$$

$$+\left(\frac{h_\phi}{rh}\right)^2\frac{\partial}{\partial \zeta}\left\{\nu\zeta\frac{\partial}{\partial \zeta}\left(\zeta\begin{bmatrix}u\\w\\T\\k\\\varepsilon\end{bmatrix}\right)\right\}+\frac{1}{r^2}\frac{\partial}{\partial \zeta}\left(\nu\zeta^2\frac{\partial}{\partial \zeta}\begin{bmatrix}u\\w\\T\\k\\\varepsilon\end{bmatrix}\right)+\begin{bmatrix}g\cos\phi\\g\sin\phi\\Q\\K_p\\E_p\end{bmatrix} \tag{4-113}$$

$$\nu = \begin{bmatrix} \nu_m \\ \nu_m \\ \nu_e \\ \nu_t \\ \nu_t \end{bmatrix} \quad (4\text{-}114)$$

$$K_p = \nu_t \Phi - \varepsilon \quad (4\text{-}115)$$

$$E_p = C_1 \nu_t \frac{\varepsilon}{k} \Phi - C_2 \frac{\varepsilon^2}{k} \quad (4\text{-}116)$$

$$\Phi = 2\left(\frac{1}{h}\frac{\partial u}{\partial \zeta}\right)^2 + 2\left\{\frac{1}{\zeta h}\left(\frac{\partial w}{\partial \xi} - \frac{\zeta h_\phi}{h}\frac{\partial w}{\partial \zeta}\right) + \frac{u}{\zeta h}\right\}^2 + 2\left(\frac{u}{\zeta h} + \frac{w\cot\phi}{\zeta h}\right)^2 + \left\{\frac{1}{\zeta h}\left(\frac{\partial u}{\partial \xi} - \frac{\zeta h_\phi}{h}\frac{\partial u}{\partial \zeta}\right) + \frac{1}{h}\frac{\partial w}{\partial \zeta}\right\}^2$$

$$(4\text{-}117)$$

$$\nu_t = C_D \frac{k^2}{\varepsilon} \quad (4\text{-}118)$$

4-3-5　3次元直角空間：SPB

　表4-3のⅤ：SPBに相当する。この場合は座標変換は不要で、直角座標系の支配方程式を直接離散化ができるために比較的楽である。他の座標系と同様に変数を全式行列表示すると下記となる。例えばSPBタンクのような場合、船体構造およびタンク共に船体の長手方向および幅方向に対称条件があるために全体の1/4を取り上げて考えることができる。実際のタンクでは、長さおよび幅方向が同じオーダーの寸法であるために適当な断面で切った2次元で考えることは無理がある。したがって必然的に3次元となる。一方タンク周囲の狭いホールド空間を対象とする場合には深さ、あるいは幅と長さの比が大きく適当な断面の2次元空間で近似できる。すなわち、単純に下記3次元式 (x,y,z)、(u,v,w) のいずれかの方向の次元を一つ落とした2次元化 (x,z)、(u,w) が可能である。

　本表示様式で記述すると、今までの座標系では見えにくかったが、3次元空間での6個のそれぞれの支配方程式が一つの規則性の上に構成されていること、またそれぞれの変数間の相互の関係が理解しやすくなる。矩形タンクの代表例としてはメンブレンタンクやSPBタンクがあるが、これらは全面が直線構造であり、底部と頂部の傾斜部を含めて水平・垂直構造とみなせば典型的な3次元箱型構造として取り扱うことができ、支配方程式の原形をそのまま使えるので、BFC変換の手間は省くことができる。初心者にはまずこれから取り組まれることを薦めたい。行列変数の上から順次、質量保存式、x、y、z方向運動量保存式、エネルギー保存式、乱流エネルギー保存式および同消散率保存式を表している。

　直角座標系の2次元、3次元式の差分変換については多くの解説書があり、一部を第3章の参考文献に挙げている。それらも参照されたい。

4-3 タンク形状に合わせた座標系と支配方程式および物理的解釈

$$\frac{\partial u}{\partial x}+\frac{\partial v}{\partial y}+\frac{\partial w}{\partial z}=0 \tag{4-119}$$

$$\frac{\partial}{\partial t}\begin{bmatrix}u\\v\\w\\T\\k\\\varepsilon\end{bmatrix}+\frac{\partial}{\partial x}\left(u\begin{bmatrix}u\\v\\w\\T\\k\\\varepsilon\end{bmatrix}\right)+\frac{\partial}{\partial y}\left(v\begin{bmatrix}u\\v\\w\\T\\k\\\varepsilon\end{bmatrix}\right)+\frac{\partial}{\partial z}w\left(\begin{bmatrix}u\\v\\w\\T\\k\\\varepsilon\end{bmatrix}\right)=\begin{bmatrix}-\frac{1}{\rho}\frac{\partial p}{\partial x}\\-\frac{1}{\rho}\frac{\partial p}{\partial y}\\-\frac{1}{\rho}\frac{\partial p}{\partial z}\\0\\0\\0\end{bmatrix}$$

$$+\frac{\partial}{\partial x}\left(\nu\frac{\partial}{\partial x}\begin{bmatrix}u\\v\\w\\T\\k\\\varepsilon\end{bmatrix}\right)+\frac{\partial}{\partial y}\left(\nu\frac{\partial}{\partial y}\begin{bmatrix}u\\v\\w\\T\\k\\\varepsilon\end{bmatrix}\right)+\frac{\partial}{\partial z}\left(\nu\frac{\partial}{\partial z}\begin{bmatrix}u\\v\\w\\T\\k\\\varepsilon\end{bmatrix}\right)+\begin{bmatrix}g_x\\g_y\\g_z\\Q\\K_p\\E_p\end{bmatrix} \tag{4-120}$$

$$\nu=\begin{bmatrix}\nu_m\\\nu_m\\\nu_m\\\nu_e\\\nu_t\\\nu_t\end{bmatrix} \tag{4-121}$$

$$K_p=\nu_t\Phi-\varepsilon \tag{4-122}$$

$$E_p=C_1\nu_t\frac{\varepsilon}{k}\Phi-C_2\frac{\varepsilon^2}{k} \tag{4-123}$$

$$\Phi=2\left(\frac{\partial u}{\partial x}\right)^2+2\left(\frac{\partial v}{\partial y}\right)^2+2\left(\frac{\partial w}{\partial z}\right)^2+\left(\frac{\partial u}{\partial y}+\frac{\partial v}{\partial x}\right)^2+\left(\frac{\partial v}{\partial z}+\frac{\partial w}{\partial y}\right)^2+\left(\frac{\partial w}{\partial x}+\frac{\partial u}{\partial z}\right)^2 \tag{4-124}$$

$$\nu_t=C_D\frac{k^2}{\varepsilon} \tag{4-125}$$

4-3-6 球あるいは球環：SPH

球形タンク内や球環内の気体の流動のような場合は、完全な球体として扱えるので、すでに知られている球座標系 (r, ϕ, ψ)、あるいは経度方向に一様な場合には軸対称系 (r, ϕ) の式がそのまま使えて、前項と同じく BFC システムへの変換は必要ない。これらについても詳細はそれぞれの解説書に譲りたい。

4-4 差分式への展開と数値計算

4-4-1 全体流れとフローチャート

BFC システムに変換された式を差分法によって離散化し、計算領域を適当な数で分割し、境界条件と初期条件を与えて時間積分による数値計算を行うことになる。本書では空間分割は等分割としているが、変化の大きい部分の解像度を上げたい場合にはその部分の分割を密にする不等間隔法も可能である。

離散化式は時間に関する非定常項については1次前進差分による Euler の陽解法を採用し、移流項は2次精度風上差分、拡散項は2次中心差分、圧力項は1次差分、発生項は中心差分によっている。離散化した連続の式に流速を当てはめて、系全体の Control volume 間の質量保存（質量平衡）の式を作ると、全 Control volume 間の圧力平衡に関する Poisson 方程式が導かれる。これを例えば過緩和法 Successive over relaxation method、SOR 法による漸近解として全領域での圧力値の変化率の幅を $10^{-6} \sim 10^{-7}$ 以下まで収束させて解くことによって、その時間ステップにおける全領域にわたっての圧力分布の平衡値を求める。得られた圧力分布を基に運動方程式から全領域にわたっての Control volume の境界流速を算出して、以下エネルギー方程式から温度分布を求め、同様に乱流エネルギー、同消散率、さらに渦拡散係数を求める。

以上を Neumann の安定条件から求めた時間間隔を用いて、順次ステップごとに時間積分をしながら必要な時間までの計算を行う。差分法での SOR 法、Neumann の安定条件および、より具体的な展開については次節にて述べる。

直交座標系における比較的単純な形と異なり、BFC システムにおける離散化式は複雑になり、座標系が錯綜しているために、慎重な展開が要求される。同時に変数が多くなるために計算時間が長くなる。特に各時間ステップでの圧力の平衡値を求める Poisson 方程式を解く計算においては格子分割を多くとり計算の解像度を上げたいところであるが、その結果、計算時間は指数関数的に長くなる。利害が相反し実務者にとっては悩むところであるが、最近の MPU の高速化はこれらをかなり解決してくれる。有効に活用したい。

以上をまとめて、数値計算までの具体的な手順を次のフローチャートにして示す。

4-4 差分式への展開と数値計算

対象となるタンクや船体形状の選定
↓
適合した座標系の選定と対応した支配方程式を作る
↓
座標に沿った格子分割数の選定と格子分割図の描画（具体的な計算場のイメージアップのため）
↓
支配方程式の離散化式を作る
↓
全変数の境界条件および初期条件を作り離散化式で表す
↓
運動量保存式から流速要素を表す式を導く（u, v, w）
↓
流速要素を質量保存式の速度項に代入して、圧力に関して整理し圧力の Poisson 方程式を作る
↓
流速の境界条件を基にして圧力の境界条件を導く
↓
上記境界条件を基に、圧力の Poisson 方程式を SOR 法等の収斂法によって解く
↓
適当な収斂度 $10^{-6} \sim 10^{-7}$ が得られるまで繰り返し計算を行い、全 Control volume 間の連続条件を満足する圧力分布が定まる（実質の CPU 時間は大部分ここで消費される）
↓
得られた圧力分布を基に、運動量保存の式から各境界線上の流速を定める
↓
反変速度を求める
↓
エネルギー方程式において反変速度分布による移流項、渦拡散係数による拡散項
および生産項を計算し温度分布を求める
↓
同様に乱流エネルギー方程式から乱流エネルギー分布を求める
↓
同様に乱流エネルギー消散率方程式から同消散率分布を求める
↓
乱流エネルギーおよび同消散率から渦拡散値を求める
↓
全ての支配方程式および境界条件式から Neumann の安定条件を満たす
時間積分の最大時間幅を求める。
↓
最大時間幅に適当な余裕を取って、最初の作業に戻り時間積分を所要の時間まで実行する

4-4-2 連続条件を満足する圧力のPoisson方程式の解法

BFC変換式を非定常の差分式に変換し、Neumannの安定条件を満たす時間ステップの大きさで陽解法による時間積分をしながら各時刻における数値解を求める。

それぞれの変数をXで表すとXは$X=[M,T,u,v,w,k,ε]$であり、それぞれM：質量、T：エネルギー（低速流および比熱一定とする場合には温度）、u、v、w：それぞれ座標軸方向の流速、k：乱流エネルギー、$ε$：同消散率を表している。各変数の支配方程式を差分形に変換した後、各位置(i,j,k)における1時間ステップ進んだ解を一般形で記すと次式で表される。

$$X^{t+1}=X^t+[圧力項^t+ 移流項^t+ 拡散項^t+ 生産項^t+ 外力項^t]Δτ \quad (4\text{-}126)$$

但し、X^t：最初の値、X^{t+1}：時間刻みが$Δτ$だけ進んだ後の値、$Δτ$：時間刻みである。

［　］内はそれぞれ、圧力項：圧力勾配による変化速度、移流項：熱流動の対流に基づく変化速度、拡散項：拡散に基づく変化速度、生産項：系内で変数が生産あるいは消費される速度、外力項：同じく系に働く外部からの力によって変数が変化する速度を表しており、対象とする変数に応じて含まれる項が決まる。

一方運動方程式については、一旦次に述べる圧力に関するPoisson方程式に直し、これを周辺境界における速度の境界条件のもとに圧力の境界条件に変換して解く。これはそれぞれ一つのControl volumeに関する全辺の流速に伴う質量移動量が、質量の保存則を表す連続の式を満足させるという重要な条件を表すものである。

3次元直角座標系(x,y,z)の典型的な形の場合で述べると、まず3次元方向の各流速をu、vおよびwとして、それぞれの1時間ステップ進んだ値は運動方程式から次の式で表される。

$$u^{t+1}=u^t+[圧力項^t+ 移流項^t+ 拡散項^t+ 外力項^t]Δτ$$
$$v^{t+1}=v^t+[圧力項^t+ 移流項^t+ 拡散項^t+ 外力項^t]Δτ$$
$$w^{t+1}=w^t+[圧力項^t+ 移流項^t+ 拡散項^t+ 外力項^t]Δτ \quad (4\text{-}127)$$

これから一つのControl volumeのそれぞれの格子辺$[i,i+1]$、$[j,j+1]$、$[k,k+1]$について、辺の両側の圧力を基にした流速式が得られる。2次元の場合には4個の流速、3次元の場合には6個の流速である。一方、非圧縮性流体の場合、連続条件から次式が成立しなければならない。

$$[u^{t+1}_{i+1}-u^{t+1}_i]/Δx+[v^{t+1}_{j+1}-v^{t+1}_j]/Δy+[w^{t+1}_{k+1}-w^{t+1}_k]/Δz=0 \quad (4\text{-}128)$$

流速に関する先の6個の式を連続の式に代入して整理すれば、時刻$t+1$における条件が時刻tにおける流速条件と圧力に関する2次差分式の形で表される。

一方、計算領域の境界線上では、辺の両側の圧力は辺における流速（例えば閉鎖境界ではゼロ流速）を基に関連付けられるから、境界の外部の圧力が内部の圧力によって表されて、結局計算領域のControl volumeの数だけの圧力に関する2次差分式の連立方程式が得られる。この式を何らかの方法で解けば、連続の式を満たす全volumeの圧力分布が得られる。

更に具体的には、式の展開の途中で出現する時刻tにおける項は既に計算を終了した値であるから既知項として扱い、例えば右辺にまとめておく。最終的に1つの格子についての質量保存則を満足する圧力の2次差分式による方程式が得られる。これをSuccessive over relaxation method 過緩和法の繰り返し計算によって解き、必要なレベルまで収斂させれば領域の全格子におけ

る圧力分布 p_{ijk} が得られる。数値計算においては実質の最大の CPU 時間を占有するのはこの Poisson 方程式の求解における過程である。

　圧力分布が得られたら元の運動方程式に戻って、圧力項が定まるから [ ] 内の全項が求まり、1 時間ステップ前進した $t+1$ における速度の値が得られることになる。本書では全編にわたり過緩和法を用いて収斂度は 10^{-6} として圧力の Poisson 方程式を解いている。

　流速分布が求まればスカラー量に関するエネルギー方程式、乱流エネルギー方程式、同消散率方程式について新しい移流項が定まり、同じく 1 時間ステップ前進した $t+1$ における値が得られる。これを繰り返すことによって時間を追って全変数の数値解を求めることができる。

　拡散項についてはそれぞれの座標軸方向の濃度勾配係数 = 渦拡散率（熱伝導率、粘性係数）と格子間のそれぞれの変数の勾配の積で表される移動量として求まる。正味の増減量は一つの格子の両隣との移動量の差であるために 2 次差分式で表される。

　BFC システムの場合には 4-3 節で述べたように拡散項は交差微分となり複雑化するが、丁寧に追っていけば全項共に変数の勾配×拡散率×断面積で表されていることが分かる。

　以上の一般的な差分式による一連の解法については、陰解法や高精度法を含めて多くの専門書や解説書があり、さらに詳細については読者にはそれらの参照をお勧めしたい。

　差分式への展開については直角座標系においては直感的に理解しやすく、例題も多くあり間違いも少ないと思われるが、一方 BFC 式になると、いきなり複雑になり、直感的な理解も難しくなる。著者の知る限り詳述した適切な例題も見当たらない。式の一つ一つの項目についてどんな物理的意味を持つのかを考えながらの慎重な展開が必要である。これについては代表的な項について 4-3 節において解説した。

4-4-3　時間間隔と安定条件：Neumann の安定条件

　差分式で陽解法を取る場合には上述の様に流れが直線的で直感的にも分かりやすいが、一方時間刻み幅の制限を受ける。時間積分の進行を速くするためには時間刻みを大きく取りたいところであるが、解が発散しないための最大時間幅に制限を受ける。これを Neumann の安定条件と言い、最大時間幅 $\Delta\tau$ は一般には次の式を満足する必要がある。これを一般的な直角 3 次元の差分方程式の場合で示すことにする。X は変数を表し、係数の A、B、C、D、E、F および G は実定数係数、i、j、k は格子の番号、$t+1$、t は時間ステップ番号を表している。

$$X^{t+1} = X^t + [AX_{i+1,j,k}^t + BX_{i-1,j,k}^t + CX_{i,j+1,k}^t + DX_{i,j-1,k}^t$$
$$+ EX_{i,j,k+1}^t + FX_{i,j,k-1}^t + GX_{i,j,k}^t]\Delta\tau \tag{4-129}$$

この場合の最大時間幅 $\Delta\tau_{\max}$ は次式を満足するようにとる必要がある。

$$\Delta\tau_{\max} \leq 2/[A+B+C+D+E+F-G] \tag{4-130}$$

BFC 座標系においては実係数の形が複雑になるが、考え方は共通で丁寧にやれば間違うことはないだろう。実際の計算においてはこの関係式が境界条件式も含めて変数の数（= 方程式の数、volume 数）だけできるから、全方程式でこの関係式を作り、その中の最小値を取ってかつ若干の余裕、例えば 0.9 を乗じた数字を使うことになる。2 次元、1 次元の場合は次数を落とす（2 次元のときは $E=F=0$）ことによって同様の展開となる。

4-4-4 差分式への展開

微分方程式で与えられた BFC システムでの支配方程式を、陽解法による差分法によって離散化した形について述べる。ここで差分スキームは最も基本的な形として、非定常項は1次前進差分、移流項は2次精度風上差分、拡散項は2次中心差分である。ここでは一般的な1次元で代表させて、変数を X、座標軸を x、時間を τ、座標軸方向の流速を u、拡散係数を k、面積を a、時間刻みを t、位置刻みを i（格子中心と境界線番号を下線（_）の有無で区別して表す）として差分変換式を記すと次のようになる。必要に応じて差分変換のより高次化によって高精度化も可能である。BFC システムではこれらに座標変換に伴うメトリックス、反変速度および Jacobian が出てきて形が複雑になるが、本質的には直角座標系と異なるものではなく Control volume 内での平衡条件および全体系での保存則を念頭に置き丁寧な手続きによって導くことができる。

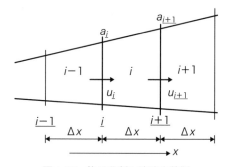

図 4-23 格子分割と流速定義例

非定常項
$$\frac{\partial x}{\partial \tau} = \frac{X_i^{t+1} - X_i^t}{\Delta \tau} \tag{4-131}$$

移流項
$$\frac{\partial aux}{\partial x} = \frac{1}{2\Delta x} \left[a_{\underline{i}} (u_{\underline{i}} + |u_{\underline{i}}|) X_{i-1} - a_{\underline{i+1}} (u_{\underline{i+1}} - |u_{\underline{i+1}}|) X_{i+1} \right. $$
$$\left. + \{ a_{\underline{i}} (u_{\underline{i}} - |u_{\underline{i}}|) - a_{\underline{i+1}} (u_{\underline{i+1}} + |u_{\underline{i+1}}|) \} X_i \right] \tag{4-132}$$

拡散項
$$\frac{\partial}{\partial x} k \left(a \frac{\partial x}{\partial x} \right) = \frac{1}{\Delta x} \left(k_{\underline{i+1}} a_{\underline{i+1}} \frac{X_{i+1} - X_i}{\Delta x} - k_{\underline{i}} a_{\underline{i}} \frac{X_i - X_{i-1}}{\Delta x} \right) \tag{4-133}$$

圧力項
$$\frac{\partial p}{\partial x} = \frac{p_{i+1} - p_i}{\Delta x} \tag{4-134}$$

生産項
$$\frac{\partial u}{\partial x} = \frac{u_{i+1} - 2u_{\underline{i}} + u_{i-1}}{2\Delta x} \tag{4-135}$$

以上述べた HorSph、HorCyl、VerCyl、LatHld-2 および LatHld-3 のそれぞれのタンク形状の BFC 座標系における全支配方程式の差分形表示は、紙面の制約上省略するが 4-3 節に記した代表的な項での表現を参考に読者において試みられたい。HorCyl、VerCyl および LatHld-2 の BFC システムへの変換については、それぞれを独自に導くことで BFC システムについての本質的な理解を得ることを読者には推奨したいが、最終結果のみを早く得たい向きには、まず HorSph および LatHld-3 を導いた上でそれぞれの座標系の関係を利用した次の展開手法も一つの方法である。

　　HorCyl=HorSph において [z=1] とおく
　　VerCyl=HorSph において [h(x)=constant, h_x=0] とおく
　　LatHld-2=LatHld-3 において [sinφ=1] とおく

一般的な微分方程式の数値解法については多くの解説書があり、第3章の参考文献に一部を挙げた。上に述べた圧力の Poisson 方程式、SOR 法による解法、あるいは Neumann の安定条件などのより詳しい解説についてはそれらも参照されたい。

第5章　満載・自然蒸発時のタンク内での LNG・LH2 の挙動

5-1　満載時の挙動概要

　LNG や LH2 に関連する諸現象を論じる場合にまず取り上げるべきと思われるのは、超低温の沸騰状態にある LNG や LH2 が積載されたタンク内でどのような挙動をしているかであろう。水や一般の常温の液体と違って通常は外から見ることはできない。見るとしたら容器の頂上部にある開口部から覗き見る以外にないが、超低温の蒸発蒸気のために大気中の水蒸気による白濁で観察できない。せいぜいできて霧が晴れた瞬間に表面がぶくぶくと泡立っているのがたまたま見える程度である。内部に入って観察など勿論できない。つまり外界からの直視覚による認識の術を絶たれた一種の魔境と言えば過言であろうが、それが実体である。

　したがってこれら超低温の液化ガスの流体現象は CFD で科学的に解析して、目に見える形に表現し直してそれを信じる以外にないと言える。

　本章では自然蒸発状態に置かれた LNG および LH2 についてタンクの形式、断熱の程度、および積載状態の液位レベルに応じてタンク内の超低温流体の挙動を解析する。LNG や LH2 を一つの熱流体としてとらえれば、その動きは熱流動であり、今回のテーマの場合は外部からの熱侵入による流体の昇温と膨張と、気液界面での蒸発に伴う冷却による収縮、この二つの物性変化による浮力と重力に伴う垂直方向外力の不均衡によって引き起こされる。この場合にタンク、ならびに LNG や LH2 に作用する熱流は図 5-1 に示すようなものがある。これをタンク様式および内部流体に共通な物理現象としての設定、あるいは解析にあたり設定される事項は下記である。

（1）　まず、観察のスタートポイントはタンク系全体が熱的に平衡状態にあるとする。すなわちなんらの熱的あるいは圧力的な抑制や促進の制約なしに大気圧状態に置かれている。

（2）　液層部についてはタンク断熱を通して外部からの入熱は全て LNG および LH2 に伝達され、これによってタンク壁近傍の流体が熱せられて温度上昇をきたす。

（3）　昇温して熱膨張し、密度が小さくなった流体は壁面に沿って上昇する境界層流を引き起こ

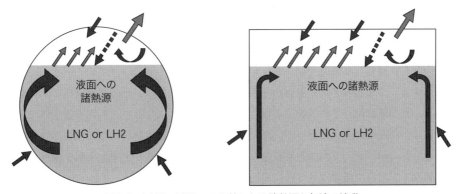

図 5-1　LNG・LH2 への入熱となる諸熱源と気液の流動

し、更には発展してタンク内流体全体の流動を誘起する。
（4）　液の最上層まで上昇した液は圧縮液の状態になっており気層の大気圧状態に遭遇すれば蒸発を起こし、蒸発潜熱によって冷却されて密度を増して下方向力が動き、この2つの力を原動力とした全体の熱流動が生じる。
（5）　この間タンクは一定気圧（通常1気圧 $+\alpha$）に維持されており入熱分は全てLNGの蒸発に消費される。すなわち部分的な不均衡を除きタンク全体で見ると内部エネルギーの蓄積はない。この間にタンク系から外部に向けていわゆるボイルオフBOVが生じる。
（6）　液層と気層との間では気液界面での温度差に基づいた熱伝達がなされる。
（7）　タンクのドライ壁面と液面との間では放射熱の交換がある。
（8）　満載時において気層部に関しては温度分布が2次的な問題であるために、質量集中系として全体一様温度とみなしてよい。外部からの入熱は断熱材およびタンク壁を通して気層に入り、同時に気液界面における表面熱伝達で液層部に伝達される。

　以上が時間的に連続した現象として継続され、タンク全体で流体の熱流動が生じ数時間後には定常状態に到達する。これらを以降の諸解析にあたり設定する計算モデルのベースとする。

5-2　計算モデル

　タンク圧力がほぼ1気圧に維持されている通常のNBO（Normal boil off）状態においては、系全体としての熱のやり取りは図5-1に示すように①タンク外部からの断熱を介する伝導熱、②気層部のドライタンク壁面から液面への放射熱、③同タンク面から気相への対流熱、④気相から液表面への対流熱、⑤LNG・LH2の流動にともなう移流熱、⑥気液界面での蒸発に伴う潜熱である。

5-2-1　液層部

　液層についてはタンク壁面に接する部分からの断熱を介して伝導熱の流入、液面における気層部からの対流熱流入、タンクドライ壁面からの放射熱、同時に液面では蒸発潜熱による熱の奪取の4要素によって構成される一つの系として考えることができる。このうち液表面と直接熱のやり取りをする対流熱および放射熱はいずれも直接に蒸発に関与しBOR計算には算入されるが、同一面上で蒸発潜熱として奪われる逆方向熱流のためには差引打ち消されて熱流動要素としては働かないことになる。

　一方液層部のタンク壁面から断熱を経由した液層への入熱は、一旦内部エネルギーとして液体内に蓄えられるが、上昇流として気液界面に運ばれ、液自体の温度に相当する飽和圧力よりも低位のほぼ大気圧に遭遇して蒸発を起こし、全て蒸発潜熱として消費されて差し引きゼロとなり下方へと流下する。すなわちタンク壁面からバルク液への入熱分は、そのまま液面で蒸発潜熱として消費され、界面液は冷却されて密度を増し熱流動の原動力になる。この間を液全体でマクロに見た場合には平均温度の変化はないが、蒸発に伴う液表面の過冷却に対して液の深層部においては一旦蓄えられた熱によって温度上昇が起こり、わずかではあるが上層と下層で温度の差が生じる。最上層液と下層液の関係は5-5節にて述べる。

5-2-2 気層部

貨物が満載の状態においては容積は小さいが、気層部への熱の流れとして
① 外気→タンク断熱→タンク壁表面→気層部→液面（対流熱）
② 外気→タンク断熱→タンク壁表面→液面（放射熱）
③ 外気→タンク断熱→タンク壁表面→タンク壁板厚断面→液面（伝導熱）

の3経路がある。これらは蒸発量を求めるBOR計算においては考慮すべきであるが、前項で述べたようにNBO状態においてはともに最終的に、蒸発潜熱として液表面から取り去られる収支ゼロの局所平衡が成り立っているために熱流動には関与しないことになる。なお気層部の扱いは一つにまとまった質量集中系として扱い、上記3項目の平衡から決まる平均温度で考える。

5-2-3 気液界面での熱授受

タンク壁と接する部分で昇温した高温流体（ここで言う高温は沸点に対して相対的に高いの意味）は、自由表面においてタンク壁周辺からタンク中心部に向かって蒸発を伴って流れ、蓄えた内部エネルギーを蒸発潜熱の形で放出していく。それに伴って液面から熱を奪いながら最終的には全て開放する。奪われる熱量は流れを伴うために液表面の場所によって異なるが、本書においては奪われる熱量は表面に均一に分布しているとして次の平均値 q で表す。

$$q = Q_t/A_L \quad (5-1)$$

$Q_t = \sum kA(T_a - T_L) + Q_s$：タンク接液部（タンク壁部および底部）からの全入熱量
A_L：気液界面表面積、T_a：周囲温度、T_L：液温度、k：熱貫流率、A：接液部面積
Q_s：タンク壁面以外の例えばタンク支持部からの入熱量

数値計算上は上式で求めた q が液表層の第一セルに与えられる。一方タンク壁面および底面では、断熱を介した入熱が液層のタンク壁面に接する最初のセルに与えられる。

5-2-4 LNGタンクおよびLH2タンクの概要とLNGおよびLH2の物性値

数値計算にあたり設定したLNGタンク、LH2タンクおよびタンク断熱値の諸元をタンクの4種の様式ごとにLNG大型タンクを表5-1、LNG小型タンクを表5-2、LH2小型タンクを表5-3に示した。LNGおよびLH2の主要物性値を表5-4に示す。

液位について、LNGについては蓄圧型のタンクも含めて昇圧後にも必要な空間容積2%を確保するために98%、さらに90%および80%を含めた。同じくLH2については温度膨張係数がLNG比で1オーダー大きいために常圧型タンクでも最大積み付け率は小さくなるが、本書では蓄圧型を主体に考えて、設計圧力0.3 MPaG程度として90%のみとしている。タンク諸元については著者が設定した数値であるために、より具体的な、実船に即した値に対しては適当な修正が必要である。タンクの諸元は実船の大きさ、ならびに要求されるBORに応じて種々ありうるが、本書でのタンクの大きさについては目安としてLNGでは40,000 m³程度を想定した。LH2については小型化を考慮して1,000 m³〜2,000 m³程度を考えた。

LNGの小型タンクは長時間蓄圧のみとして本章で扱わない。

断熱値は蒸発率 Boil off rate に直接関連する重要な要素であるが、LNGの場合、最近の低

BORの傾向を反映させて$0.1\ W/m^2K$を中心にその前後の$0.05\ W/m^2K$および$0.2\ W/m^2K$の高、中、低断熱の3ケースを想定した。LH2については要求される高断熱から真空断熱を想定して$0.003\ W/m^2K$および$0.002\ W/m^2K$としている。

表5-1 LNG大型タンク様式と要目

タンク様式	球形タンク	横置円筒タンク	縦置円筒タンク	SPB方形タンク
タンク寸法	D：40 m	D：30 m-L	D：40 m-H：40 m	L：40 m-B：40 m-D：25 m
タンク容積	約34,000 m^3	約700 m^3/m	約50,000 m^3	約40,000 m^3
断熱熱貫流率	$0.1\ W/m^2K$、$0.2\ W/m^2K$、$0.05\ W/m^2K$			
タンク板厚	30 mm			
タンク材質	Alumi alloy、密度2,700 kg/m^3、比熱0.9 kJ/kgK			
液位	98 %、90 %、80 %、30 %、20 %、10 %			
初期温度	−161.4 ℃			

表5-2 LNG小型タンク様式と要目

タンク様式	球形タンク	水平円筒タンク	垂直円筒タンク	SPB方形タンク
寸法	D：14 m	D：9.6 m-L	D：9.6 m-H：21 m	L：15 m-B：15 m-H：8 m
容積	1,430 m^3	72 m^3/m	1,520 m^3	1,800 m^3
断熱熱貫流率	$0.1\ W/m^2K$、$0.2\ W/m^2K$、$0.05\ W/m^2K$			
タンク板厚	20 mm			
タンク材質	Alumi alloy			
液位	98 %、90 %、80 %、30 %、20 %、10 %			
初期温度	−161.4 ℃			

表5-3 LH2小型タンク様式と要目

タンク様式	球形タンク	水平円筒タンク	垂直円筒タンク	SPB方形タンク
寸法	D：14 m	D：9.6 m-L	D：9.6 m-H：21 m	L：15 m-B：15 m-H：8 m
容積	1,430 m^3	72 m^3/m	1,520 m^3	1,800 m^3
断熱熱貫流率	$0.003\ W/m^2K$、$0.002\ W/m^2K$			
タンク板厚	20 mm			
タンク材質	Alumi alloy			
液位	90 %、30 %			
初期温度	−253.2 ℃			

次ページの図5-2および図5-3にそれぞれメタンガスの蒸気圧曲線および水素ガスの蒸気圧曲線を示す。資料データ[1]を基に著者によりカーブに引き直したものである。

表 5-4 LNG および LH2 の主要物性値

	LNG	LH2
初期飽和温度（K、℃）	111.75 K、−161.4 ℃	20.393 K、−252.757 ℃
初期圧力（kPa）	101	101
蒸気圧力	図 5-2 による	図 5-3 による
液密度（kg/m^3）	450.0	71.0
液比熱（kJ/kgK）	3.47	9.76
蒸気密度（沸点、1気圧）（kg/m^3）	1.742	1.2007
蒸気定圧比熱（kJ/kgK）	2.21	11.9
液熱伝導率（kW/mK）	1.92×10^{-4}	1.03×10^{-4}
動粘性係数（m^2/s）	2.88×10^{-7}	1.83×10^{-7}
蒸気熱伝導率（kW/mK）	1.12×10^{-5}	1.67×10^{-5}
温度膨張率（1/K）	3.6×10^{-3}	1.9×10^{-2}
気体定数（m^{3}kPa/kgK）	0.5187	4.1249
蒸発・凝縮潜熱（kJ/kg）	513.0	450.3
液・蒸気プラントル数（−）	2.26、0.84	1.27、0.752

熱伝導率および粘性係数については分子物性値を示し、計算では乱流での渦拡散係数を使う。

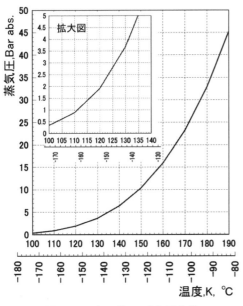

図 5-2　メタンガスの蒸気圧曲線

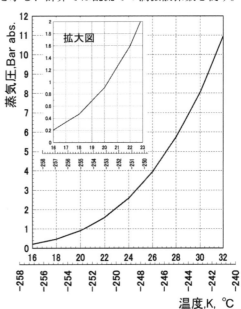

図 5-3　水素ガスの蒸気圧曲線

5-3　熱流動の基礎式および境界条件、初期条件

　熱流動の支配方程式は質量保存の式、運動量保存の式（Navier-Stokes 方程式）、エネルギー保存の式、乱流エネルギー保存の式、および乱流エネルギーの消散率保存の式であり、最後に乱

流動粘性係数式を付け加えて、これらをそれぞれのタンク形状に合わせて、以下に BFC 変換後の形で示す。

境界条件については全タンク形式に共通で以下のように設定する。差分法による数値解析のため全領域にわたって格子分割を行い、個々の分割要素をセルと呼ぶことにする[2][3][4]。

（1） 運動方程式における流速境界条件

境界を横切る流速はゼロである。この条件から連続式と運動方程式や圧力の Poisson 方程式の境界条件が得られる。

タンク壁面では 1/7 乗則による流速分布とし、境界に平行方向の流れは一つ外の外部セルで内部流れの 5/7 とする。気液界面では液内セルと外部セルとでは同方向の同速度を持つとする Free slip 条件である。タンク中心線上でも対象条件のために Free slip とする。温度上昇分の密度変化は液の体積膨張率に比例する

（2） エネルギー方程式における熱的な境界条件

定常状態に達した条件を考えているので、タンクとの接液部においてはタンク周囲からの流入熱が最寄の液層（領域最初のセル）に与えられる。液への熱流入あるいは放出分の熱は伝熱面に最寄の液層に熱伝導される。

自由表面の液面では、接液部のタンク壁面の全入熱量に相当する蒸発潜熱が液面の表層（第一セル）から奪われる。すなわち蒸発潜熱量は侵入熱量と平衡しているためにタンク全体としては熱収支ゼロの平衡状態にある。

液表面での流れは必ずしも一様ではないが、面積あたり均等に蒸発潜熱が奪われるとする。定常状態に達しているためにタンク壁の熱容量は考えなくてもよい。計算時間中での蒸発に伴う液面レベルの降下は小さいので無視する。タンク中心線上では対象条件のために断熱状態である。

満載時の気層部は質量集中系で考え一様温度とし、熱負荷は気層全体の質量でまとめて扱う。気層部はタンク頂部の壁面からの入熱と、気層と液層間の熱伝達による放熱によって平衡しながら温度変化をする。蒸発蒸気の昇温はこの過程で行われる。

タンク頂部のドーム部から貫通する管類による伝熱は液への入熱となるが、ドーム部の断熱値（熱貫流値）を若干大きくした程度で取り扱いを簡略化する。

（3） 乱流エネルギー境界条件[4]

境界線上でゼロ、すなわち互いに隣接する外部セルでの値と内部セルの値が逆対象にあるとする。

（4） 同消散率境界条件

境界のセルでの値が同セルでの乱流エネルギー値の関数で与えられる。

（5） 運動方程式における圧力境界条件

質量平衡を決める最も重要な圧力の境界条件に関しては（1）の流速の境界条件、すなわち境界線を横切る流速はゼロである条件を運動量保存式に当てはめて、境界に隣接した外部セルの圧力を与える。これを質量保存式を基に作った圧力に関する Poisson 方程式の境界条件とする。

（6） 初期条件

液層気層と温度は一様な沸点の定常状態であり、静止状態からスタートする。

（7）数値計算および解の表示

タンク内のLNG、LH2の計算領域を等間隔格子に分割して有限差分法による数値解を時間変化の陽解法による時間前進法によって求め、圧力変化の割合が10^{-6}レベルまでに達した状態で連続の条件が収斂したとみなして次の時間ステップへと前進する。十分な定常状態を得るために計算時間としては20時間を取る。

計算はLNGについては大型タンクおよび小型タンク、液位98 %、90 %および80 %、タンク断熱値 $0.1\,W/m^2K$、$0.2\,W/m^2K$ および $0.05\,W/m^2K$ とし、LH2については 90 % レベルの $0.002\,W/m^2K$ および $0.003\,W/m^2K$ として、それぞれタンク4様式について実施した。組み合わせを表5-5にグラフ表示の図番号を付して示した。結果を5-4節に温度分布および流速ベクトルで表した。表中の（-）についてはグラフ掲示は割愛した。

表5-5 高液位での熱流動計算表（図に掲載分のみを示す）

	LNG 大型					LH2 小型
液位（%）	98	98	98	80	90	90
$k, W/m^2K$	0.05	0.1	0.2	0.1	0.1	0.003
球形	図5-5	図5-6	図5-7	図5-8	図5-9	図5-16
横置円筒	-	図5-10	-	図5-11	-	図5-17
縦置円筒	-	図5-12	-	図5-13	-	図5-18
矩形SPB	-	図5-14	-	図5-15	-	図5-19

5-3-1 球形タンク

球形タンクの内部全てが気体の場合には、既存の球座標系で考えればそのままタンク形状に合致して問題ないが、頂部に水平な液面が存在する液体タンクでは球体と平面との混在境界形状が存在するために、解析にあたっては4-3-2に示す軸対称回転体を適用して、側面の境界が球形をなす場合とみなしBFCシステムに展開した座標系を用いる。タンク壁面の傾斜がきつくなり水平に近づく最下部では計算が不安定になるために、底面から直径の5.7 %の位置で水平に直線近似している。この部分は傾斜がほぼ水平に近くなり、直線近似による誤差は限定される。同様に半径がゼロとなる軸中心においても同様の不具合を除去するために最初の1セルは計算から除外する。

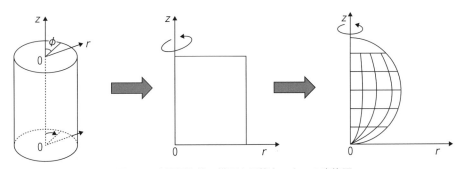

図5-4 水平面を持つ横置き円筒タンクへの変換図

（1）支配方程式

4-3-2 に示す BFC 変換された式（4-62）〜（4-68）を再度ここで掲載する。

$$\frac{1}{Rhz}\frac{\partial hzU}{\partial \xi}+\frac{1}{hz}\frac{\partial zW}{\partial \zeta}=0 \tag{4-62}$$

$$\frac{\partial}{\partial t}\begin{bmatrix}u\\w\\T\\k\\\varepsilon\end{bmatrix}+\frac{1}{Rhz}\frac{\partial}{\partial \xi}\left(hzU\begin{bmatrix}u\\w\\T\\k\\\varepsilon\end{bmatrix}\right)+\frac{1}{hz}\frac{\partial}{\partial \zeta}\left(zW\begin{bmatrix}u\\w\\T\\k\\\varepsilon\end{bmatrix}\right)=\begin{bmatrix}-\frac{1}{\rho}\left(\frac{1}{R}\frac{\partial p}{\partial \xi}-\frac{\zeta h_x}{h}\frac{\partial p}{\partial \zeta}\right)\\-\frac{1}{\rho h}\frac{\partial p}{\partial \zeta}\\0\\0\\0\end{bmatrix}$$

$$+\frac{1}{R^2hz}\frac{\partial}{\partial \xi}\left\{\nu\frac{\partial}{\partial \xi}\left(hz\begin{bmatrix}u\\w\\T\\k\\\varepsilon\end{bmatrix}\right)\right\}-\frac{1}{Rhz}\frac{\partial}{\partial \xi}\left\{\nu h_x\frac{\partial}{\partial \zeta}\left(\zeta z\begin{bmatrix}u\\w\\T\\k\\\varepsilon\end{bmatrix}\right)\right\}-\frac{h_x}{Rh^2z}\frac{\partial}{\partial \zeta}\left\{\nu\zeta\frac{\partial}{\partial \xi}\left(hz\begin{bmatrix}u\\w\\T\\k\\\varepsilon\end{bmatrix}\right)\right\}$$

$$+\frac{1}{z}\left(\frac{h_x}{h}\right)^2\frac{\partial}{\partial \zeta}\left\{\nu\zeta\frac{\partial}{\partial \zeta}\left(\zeta z\begin{bmatrix}u\\w\\T\\k\\\varepsilon\end{bmatrix}\right)\right\}+\frac{1}{h^2z}\frac{\partial}{\partial \zeta}\left(\nu z\frac{\partial}{\partial \zeta}\begin{bmatrix}u\\w\\T\\k\\\varepsilon\end{bmatrix}\right)+\begin{bmatrix}g\\0\\Q\\K_p\\E_p\end{bmatrix} \tag{4-63}$$

$$\nu=\begin{bmatrix}\nu_m\\\nu_m\\\nu_e\\\nu_t\\\nu_t\end{bmatrix} \tag{4-64}$$

$$K_p=\nu_t\Phi-\varepsilon \tag{4-65}$$

$$E_p=C_1\nu_t\frac{\varepsilon}{k}\Phi-C_2\frac{\varepsilon^2}{k} \tag{4-66}$$

$$\Phi=2\left(\frac{1}{R}\frac{\partial u}{\partial \xi}-\frac{\zeta h_x}{h}\frac{\partial u}{\partial \zeta}\right)^2+2\left(\frac{1}{h}\frac{\partial w}{\partial \zeta}\right)^2+\left(\frac{1}{h}\frac{\partial u}{\partial \zeta}+\frac{1}{R}\frac{\partial w}{\partial \xi}-\frac{\zeta h_x}{h}\frac{\partial w}{\partial \zeta}\right)^2 \tag{4-67}$$

$$\nu_t=C_D\frac{k^2}{\varepsilon} \tag{4-68}$$

（2）境界条件および初期条件

図 5-4 に示す境界上を横切る流速はゼロである。

$$u=0,\ w=0$$

外部セルの境界平行方向速度は内部セルのそれの 5/7 とする。

$$u_o=5/7u_i,\ w_o=5/7w_i$$

タンク中心線で外部セルの流速は、第1内部セルの流速と同一方向で同一流速である。

$$u_o = u_i$$

気液界面での外部セルの流速は、第1内部セルの流速と同一方向で同一流速である。

$$w_o = w_i$$

接液面のタンク断熱を介しての入熱は内部第1セルに与えられる。これを発熱項として扱う。

$$Q_t = kA(T_a - T_1) + Q_s$$

k：断熱熱貫流率 W/m^{2}K、A：セル面積 m^2、T_a：外部温度 K
T_1：セル温度、Q_S：タンク支持材からの入熱

気液界面では上記入熱相当の蒸発潜熱が液表面の第1セルから奪われる。これを負の発熱項として扱う。

$$q = -\sum Q_t / A$$

A：液表面積

境界線上での乱流エネルギーはゼロである。

$$k = 0$$

内部第1セルの乱流エネルギー消散率は同セル乱流エネルギーの関数として与える[5][6]。

$$\varepsilon = C_D^{3/4} k^{1.5} / 0.42/(d/2)$$

$C_D = 0.09$、d：セル深さ

初期条件として

$$T = T_0 = \text{LNG、LH2 の沸点}$$
$$u = 0$$
$$w = 0$$
$$k = 0$$

（3）差分方程式への離散化：第4章を参照して離散化を行う。

5-3-2 横置き円筒タンク

次に横置き円柱型の場合について述べる。一般的に採用されているタンクの直径に比べて長さが大きい場合は、長さ方向に一様とみなして4-3-1項の無限長の2次元で考えることができる。球形タンクと同様に、水平面と円形とが混在しBFCシステムに展開した座標系を用いる。球形タンクと同様に、計算が不安定になるタンクの最下部の傾斜がきつくなるタンクの壁面領域では直線近似している。

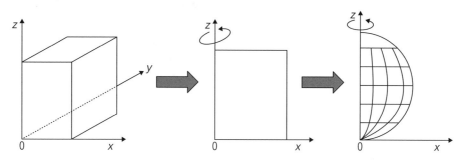

図 5-5　水平面を持つ球形タンクへの変換図

(1) 支配方程式：(4-34) 〜 (4-40) を再掲する

$$\frac{1}{Rh}\frac{\partial hU}{\partial \xi}+\frac{1}{h}\frac{\partial W}{\partial \zeta}=0 \tag{4-34}$$

$$\frac{\partial}{\partial t}\begin{bmatrix}u\\w\\T\\k\\\varepsilon\end{bmatrix}+\frac{1}{Rh}\frac{\partial}{\partial \xi}\left(hU\begin{bmatrix}u\\w\\T\\k\\\varepsilon\end{bmatrix}\right)+\frac{1}{h}\frac{\partial}{\partial \zeta}\left(W\begin{bmatrix}u\\w\\T\\k\\\varepsilon\end{bmatrix}\right)=\begin{bmatrix}-\frac{1}{\rho}\left(\frac{1}{R}\frac{\partial p}{\partial \xi}-\frac{\zeta h_x}{h}\frac{\partial p}{\partial \zeta}\right)\\-\frac{1}{\rho h}\frac{\partial p}{\partial \zeta}\\0\\0\\0\end{bmatrix}$$

$$+\frac{1}{R^2 h}\frac{\partial}{\partial \xi}\left\{\nu\frac{\partial}{\partial \xi}\left(h\begin{bmatrix}u\\w\\T\\k\\\varepsilon\end{bmatrix}\right)\right\}-\frac{1}{Rh}\frac{\partial}{\partial \xi}\left\{\nu h_x\frac{\partial}{\partial \zeta}\left(\zeta\begin{bmatrix}u\\w\\T\\k\\\varepsilon\end{bmatrix}\right)\right\}$$

$$-\frac{h_x}{Rh^2}\frac{\partial}{\partial \zeta}\left\{\nu\zeta\frac{\partial}{\partial \xi}\left(h\begin{bmatrix}u\\w\\T\\k\\\varepsilon\end{bmatrix}\right)\right\}+\left(\frac{h_x}{h}\right)^2\frac{\partial}{\partial \zeta}\left\{\nu\zeta\frac{\partial}{\partial \zeta}\left(\zeta\begin{bmatrix}u\\w\\T\\k\\\varepsilon\end{bmatrix}\right)\right\}+\frac{1}{h^2}\frac{\partial}{\partial \zeta}\left(\nu\frac{\partial}{\partial \zeta}\begin{bmatrix}u\\w\\T\\k\\\varepsilon\end{bmatrix}\right)+\begin{bmatrix}g\\o\\Q\\K_p\\E_p\end{bmatrix} \tag{4-35}$$

$$\nu=\begin{bmatrix}\nu_m\\\nu_m\\\nu_e\\\nu_t\\\nu_t\end{bmatrix} \tag{4-36}$$

$$K_p=\nu_t\Phi-\varepsilon \tag{4-37}$$

$$E_p=C_1\nu_t\frac{\varepsilon}{k}\Phi-C_2\frac{\varepsilon^2}{k} \tag{4-38}$$

$$\Phi=2\left(\frac{1}{R}\frac{\partial u}{\partial \xi}-\frac{\zeta h_x}{h}\frac{\partial u}{\partial \zeta}\right)^2+2\left(\frac{1}{h}\frac{\partial w}{\partial \zeta}\right)^2+\left(\frac{1}{h}\frac{\partial u}{\partial \zeta}+\frac{1}{R}\frac{\partial w}{\partial \xi}-\frac{\zeta h_x}{h}\frac{\partial w}{\partial \zeta}\right)^2 \tag{4-39}$$

$$\nu_t = C_D \frac{k^2}{\varepsilon} \tag{4-40}$$

（2）境界条件：軸対称ではなく面対称である以外は、5-3-1 と基本的には同じで表される。
（3）差分方程式への離散化：5-3-1 と基本的には同じで表される。

5-3-3 縦置き円柱タンク

縦置き円柱型の場合にはタンクの側面および底面が垂直および水平構造とみなせるときには座標系そのまま使えて、BFC 変換の必要はない。しかし側壁が曲面の場合、あるいは円錐形の様に側壁が傾斜している場合には 4-3-2 に示す BFC 変換が必要になる。あるいは 5-3-1 項の球面の場合の境界面を高さ方向に一定として導くこともできる。

（1）支配方程式

軸対称回転体の 5-3-1 において、タンク境界線を表す $h(x)$ を一定値において得られる。すなわち次の置き換えを行えばよい。

$$h(x) = h_0 = \text{constant}$$
$$h_x = dh(x)/dx = 0$$

（2）境界条件：基本的には 5-3-1 と同じで表される。
（3）差分方程式への離散化：同様に 5-3-1 と基本的には同じで表される。

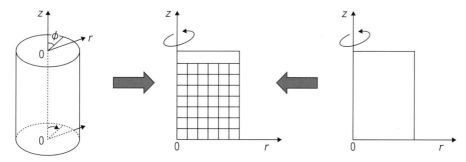

図 5-6 水平面を持つ縦置き円筒タンクへの変換図

5-3-4 SPB タンク

船体中心線およびタンク長手方向の中心線で切った 1/4 タンクを取り出し、それぞれの中心線では対称条件を与えればよい。SPB およびメンブレンタンクが対象となるが、SPB の場合内部にある多数の骨については一種のフィン効果としてとらえ、そのぶんタンク表面積が増加したとして扱うことにする。

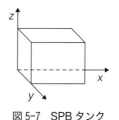

図 5-7 SPB タンク

（1）支配方程式：(4-119) ～ (4-125) を再掲する。

$$\frac{\partial u}{\partial x} + \frac{\partial v}{\partial y} + \frac{\partial w}{\partial z} = 0 \tag{4-119}$$

$$\frac{\partial}{\partial t}\begin{bmatrix}u\\v\\w\\T\\k\\\varepsilon\end{bmatrix}+\frac{\partial}{\partial x}\left(u\begin{bmatrix}u\\v\\w\\T\\k\\\varepsilon\end{bmatrix}\right)+\frac{\partial}{\partial y}\left(v\begin{bmatrix}u\\v\\w\\T\\k\\\varepsilon\end{bmatrix}\right)+\frac{\partial}{\partial z}w\left(\begin{bmatrix}u\\v\\w\\T\\k\\\varepsilon\end{bmatrix}\right)=\begin{bmatrix}-\frac{1}{\rho}\frac{\partial p}{\partial x}\\-\frac{1}{\rho}\frac{\partial p}{\partial y}\\-\frac{1}{\rho}\frac{\partial p}{\partial z}\\0\\0\\0\end{bmatrix}$$

$$+\frac{\partial}{\partial x}\left(\nu\frac{\partial}{\partial x}\begin{bmatrix}u\\v\\w\\T\\k\\\varepsilon\end{bmatrix}\right)+\frac{\partial}{\partial y}\left(\nu\frac{\partial}{\partial y}\begin{bmatrix}u\\v\\w\\T\\k\\\varepsilon\end{bmatrix}\right)+\frac{\partial}{\partial z}\left(\nu\frac{\partial}{\partial z}\begin{bmatrix}u\\v\\w\\T\\k\\\varepsilon\end{bmatrix}\right)+\begin{bmatrix}g_x\\g_y\\g_z\\Q\\K_p\\E_p\end{bmatrix} \quad (4\text{-}120)$$

$$\nu=\begin{bmatrix}\nu_m\\\nu_m\\\nu_m\\\nu_e\\\nu_t\\\nu_t\end{bmatrix} \quad (4\text{-}121)$$

$$K_p=\nu_t\Phi-\varepsilon \quad (4\text{-}122)$$

$$E_p=C_1\nu_t\frac{\varepsilon}{k}\Phi-C_2\frac{\varepsilon^2}{k} \quad (4\text{-}123)$$

$$\Phi=2\left(\frac{\partial u}{\partial x}\right)^2+2\left(\frac{\partial v}{\partial y}\right)^2+2\left(\frac{\partial w}{\partial z}\right)^2+\left(\frac{\partial u}{\partial y}+\frac{\partial v}{\partial x}\right)^2+\left(\frac{\partial v}{\partial z}+\frac{\partial w}{\partial y}\right)^2+\left(\frac{\partial w}{\partial x}+\frac{\partial u}{\partial z}\right)^2 \quad (4\text{-}124)$$

$$\nu_t=C_D\frac{k^2}{\varepsilon} \quad (4\text{-}125)$$

（2）境界条件：基本的には 5-3-1 と同じで表される。
（3）差分方程式への離散化：同様に 5-3-1 と基本的には同じで表される。

5-4　LNG 大型タンクおよび LH2 小型タンクの数値計算

　タンク様式ごとに表 5-1 および表 5-3 に示す具体的な諸元を与えて数値計算を行い、NBO として十分な定常状態を得るために 20 時間後の状態で示す。結果を以下のグラフに温度分布および流速ベクトルとして表す。タンクごとの液位と断熱値 k の組み合わせを本書で掲示するグラフのみについて先に示した表 5-5 を表 5-6 として再掲する。表中の（-）については割愛した。

表 5-6 LNG および LH2 の NBO 流動計算表、k：W/m²K

	LNG 大型					LH2 小型
液位（%）	98	98	98	80	90	90
k,W/m²K	0.05	0.1	0.2	0.1	0.1	0.003
球形	図 5-8	図 5-9	図 5-10	図 5-11	図 5-12	図 5-19
横置円筒	-	図 5-13	-	図 5-14	-	図 5-20
縦置円筒	-	図 5-15	-	図 5-16	-	図 5-21
矩形 SPB	-	図 5-17	-	図 5-18	-	図 5-22

5-4-1 LNG 球形タンク

タンク様式ごとに表 5-6 に示す組み合わせの分を以下に表す。いずれも 20 時間後の定常状態である。

縦軸および横軸の数字は〔m〕を表す。

FR〔%〕は液位を表す。

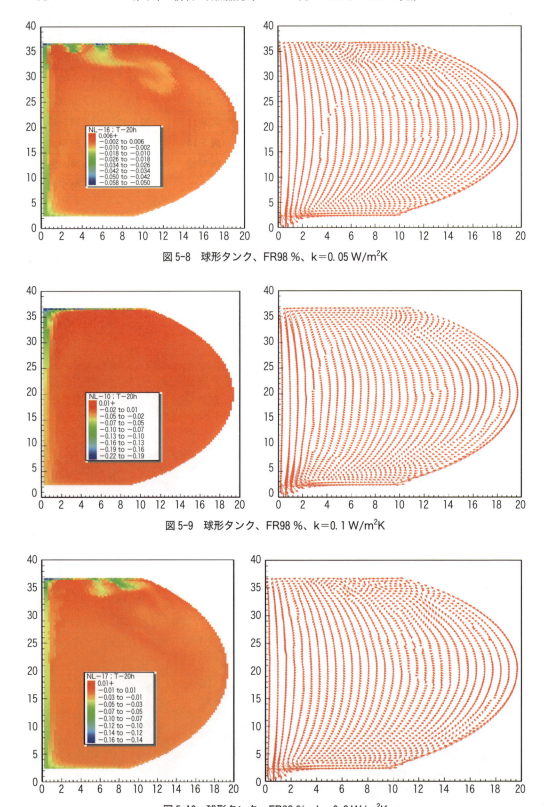

図 5-8　球形タンク、FR98 %、k＝0.05 W/m²K

図 5-9　球形タンク、FR98 %、k＝0.1 W/m²K

図 5-10　球形タンク、FR98 %、k＝0.2 W/m²K

5-4 LNG 大型タンクおよび LH2 小型タンクの数値計算

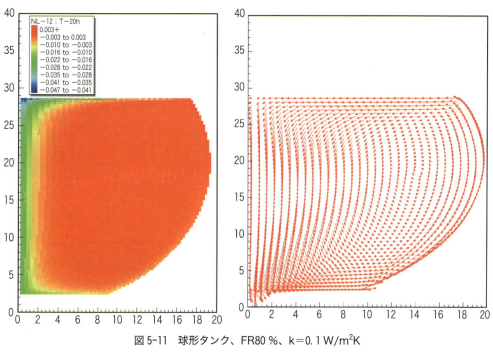

図 5-11 球形タンク、FR80 %、k＝0.1 W/m²K

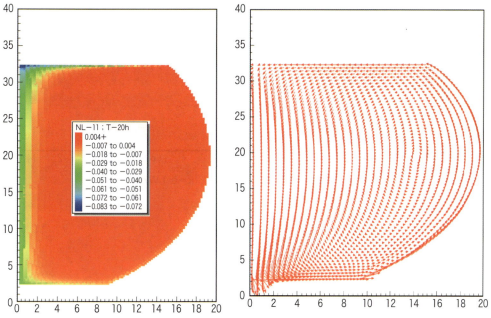

図 5-12 球形タンク、FR90 %、k＝0.1 W/m²K

5-4-2 LNG 横置き円筒タンク

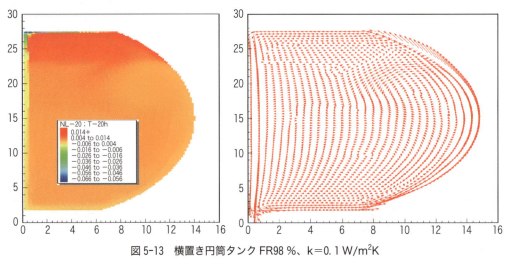

図 5-13 横置き円筒タンク FR98 %、k＝0.1 W/m²K

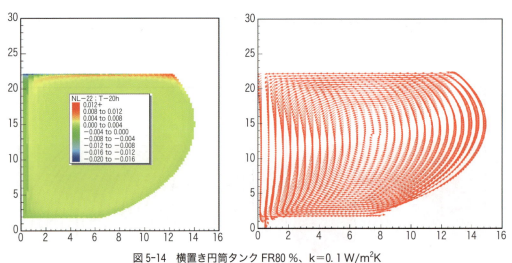

図 5-14 横置き円筒タンク FR80 %、k＝0.1 W/m²K

5-4-3 LNG 縦置き円筒タンク

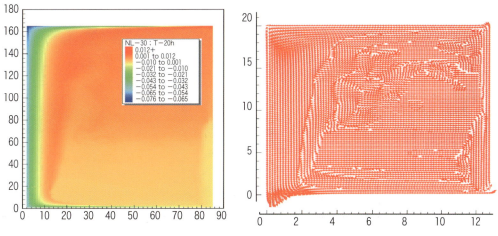

図 5-15 縦置き円筒タンク FR98 %、k＝0.1 W/m²K

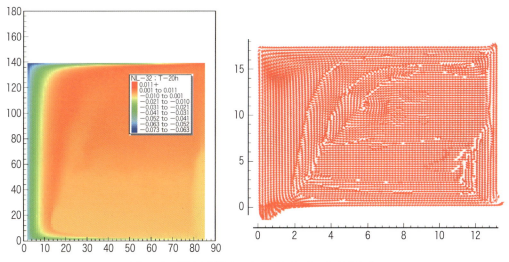

図 5-16 縦置き円筒タンク FR80 %、k＝0.1 W/m²K

5-4-4　LNG SPBタンク

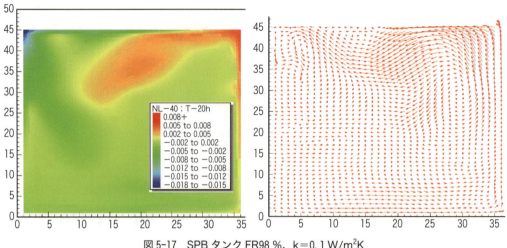

図 5-17　SPB タンク FR98 %、k＝0.1 W/m²K

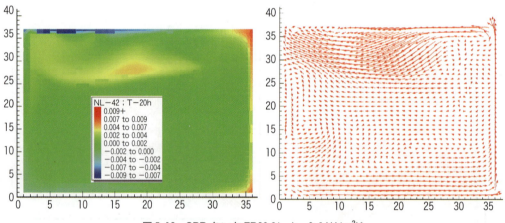

図 5-18　SPB タンク FR80 %、k＝0.1 W/m²K

5-4-5 LH2 球形タンク

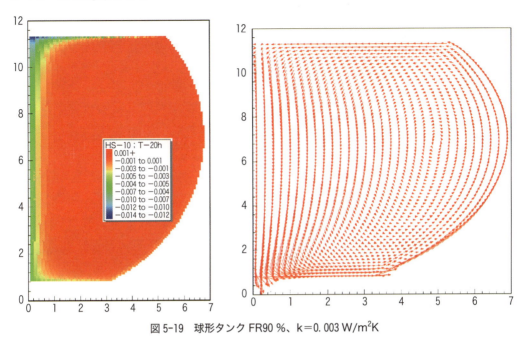

図 5-19 球形タンク FR90 %、k＝0.003 W/m²K

5-4-6 LH2 横置き円筒タンク

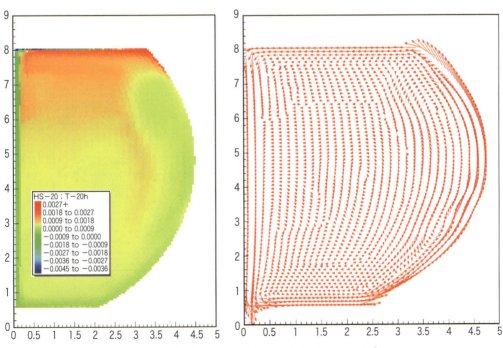

図 5-20 横置き円筒タンク FR90 %、k＝0.003 W/m²K

5-4-7　LH2 縦置き円筒タンク

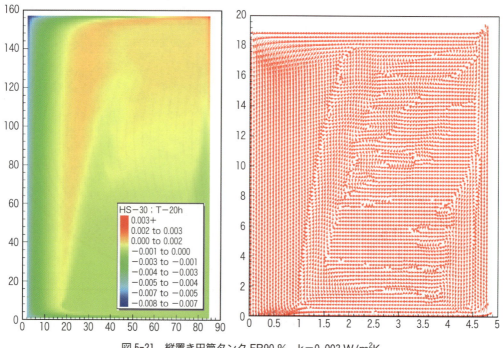

図 5-21　縦置き円筒タンク FR90 %、k＝0.003 W/m²K

5-4-8　LH2 SPB タンク

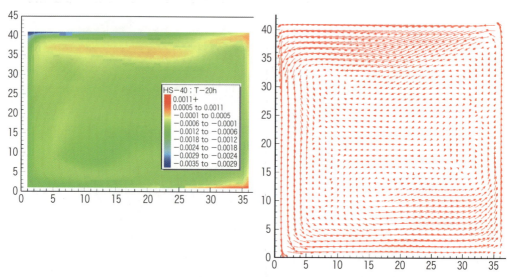

図 5-22　SPB タンク FR90 %、k＝0.003 W/m²K

5-4-9　温度分布および流れの考察

　温度分布をみると、LNG、LH2 の最上層にはタンク壁面に沿った高温の上昇流の流入と、気液界面において生じる蒸発に伴う潜熱による冷却という2つの相反する熱流が生じている。その

結果、薄いわずかな低温層が表面に形成されている。低温層の厚みは壁面近傍では薄く、中心部に近づくにつれて厚くなる楔形を成している。全体的には上低温、下高温の重力上における分布としては逆方向の温度成層となる。タンク全体としての平均液温度はほぼ一定に維持されており、入熱と放熱とは平衡状態に維持されていることが分かる。このように自然蒸発時において、液表面はそれ以下のバルク液よりも温度が低下していて、最上層から若干下の層までは過冷却層を成しており、この形は自然蒸発が続く間維持される。

一方流動をみると周囲から流入した液は中央部に向かって流れ、その間に蒸発しながら冷却されるために低温化し、低温層の厚みも大きくなって中心部に集まってくる。その結果タンク中心部には最も低温の液が集中して厚みも最大となり、そこからタンク下方に向かって一つの水柱となった垂直流が発生する、これはちょうど北大西洋 Greenland, Iceland 海域で見られる海水冷却に伴う深海への沈降流を思い浮かばせる現象である。

最大流速は壁面近傍の上昇流と中央部での下降流で生じ、LNG では球タンクで 0.28 m/s、横置き円筒で 0.13 m/s、縦円筒で 0.26 m/s、SPB で 0.08 m/s、LH2 では球タンクで 0.15 m/s 程度で、液体の自然対流特有の低速流である。これらの壁面上昇流と中心部での下降流とが併存してタンク全体の循環がなされている。

球タンクで液位によって液表面積が変わるために、低液位⇒表面積増⇒表面温度低下が小となっている。断熱値による違いは k 値小⇒温度変化小、LNG/LH2 の違いは高断熱の LH2 では温度変化が小であることが分かる。

以上 BFC システムの採用によって、3次元の曲面を有するタンク形状に沿った流れおよび温度分布を再現した結果からの考察である。

5-5　自然蒸発中の LNG、LH2 内の垂直方向温度分布

前節でタンク全体から見た温度分布と流れの状態を見たが、本節では自然蒸発中における垂直方向の温度分布を見ることにする。高温液の流入と蒸発、さらには熱伝導が一体化して行われている液表層近傍での様相は興味深いものがある。なお、ここで扱う各液位での温度は、水平方向に分布した温度の面積平均値である。

自然蒸発が続いている場合、蒸発潜熱に伴う冷却によって液表面から下方に向かって薄い過冷却層が形成されている。これは第 11 章にて論じる蓄圧時の安定した温度成層とは逆方向の温度勾配を持っており、非常に不安定ではあるが一つの温度成層とみることができて、蒸発が続く限り存在するものである。ここには下層のバルク液からの熱伝導と同時に境界層からの対流に基づく移流熱の流入（タンク壁面からの放射熱および気相からの対流熱もあるが、高液位の場合には温度差が微小なために無視しうる位に小さい、と同時にこれらによる蒸発潜熱と相殺している）がありこれらの平衡条件から温度分布が決まる。

ここで LNG の大型球形タンクを対象として液位 98 ％の場合、20 時間の静定時間の間の変化を、断熱値を $k=0.05$、0.1 および 0.2 W/m^{2}K でトップからおよそ 1/3 程度の液層内の垂直方向の温度分布で見ることにする。図 5-23、図 5-24 および図 5-25 にそれぞれのグラフを示す。深さ方向は分割格子の番号で表しているが、1 格子の深さは $\Delta Z=0.226$ m である。

LH2 については同じく小型球形タンク $k=0.003$ W/m^{2}K について図 5-26 に示す。1 格子の深

さ ΔZ=0.0737 m である。

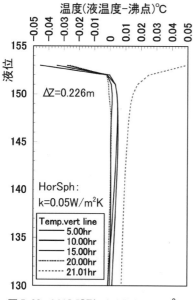

図 5-23　LNG 球形：k＝0.05 W/m²K

図 5-24　LNG 球形：k＝0.1 W/m²K

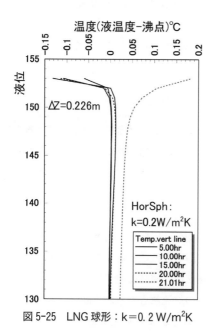

図 5-25　LNG 球形：k＝0.2 W/m²K

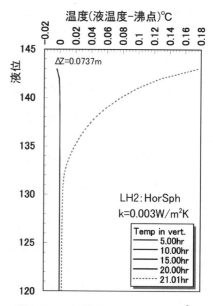

図 5-26　LH2 球形：k＝0.003 W/m²K

断熱値の大きさと共に k 値が大きい程過冷却の度合いも大きくなり、蒸発速度による違いが表れてくる。

　過冷却層の厚みに時間変化はなく、断熱値によらずほとんど同じでトップから2層ぐらいに留まっていることが分かる。バルク液についてもわずかな揺らぎが見える程度でほとんど温度変化はなく一定している。すなわち NBO においては定常時の温度パターンは一定していることを物

語る。

LH2では過冷却度が小さいが、これはタンク断熱値が極小レベルのためにBOV量が極小であることによる。

トップ層の微細構造は格子分割の大きさにも影響を受けるが、過冷却度については熱平衡から決まるものであり、大きな違いはないと思われる。最上面の温度や層の厚みについては論文[7]もあり、比較してみることは興味あるところである。

図中に最右側に示した点曲線はタンクを閉鎖して1時間後の温度分布を示しており、わずか1時間の間で最大0.2〜0.3℃を超える温度上昇があることを示している。これは11章で述べる初期圧力上昇に相当するものである。

本書で挙げたタンクは完全な同一BOV速度ではないが、レベルは合わせている。その場合、液表面積の違いは蒸発速度密度（表面積あたりの蒸発速度）に表れ、結果として過冷却度の違いになってくる。図5-27に見られるように高液位の場合に表面積が小さくなる球形タンクおよび横置き円筒タンクでは、図5-28に示す表面積が大きい縦置き円筒タンクおよびSPBタンクに比べて過冷却度が大きくなることを示している。これはタンク様式による違いの一つと言えよう。

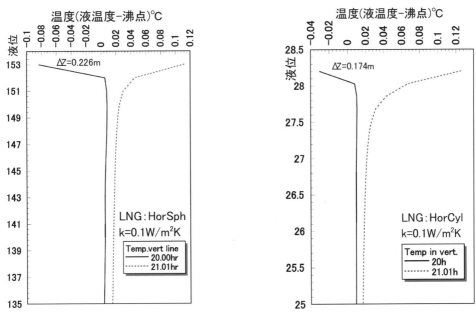

図5-27　LNG自然蒸発時の液表面温度分布、左：球形、右：横置き円筒

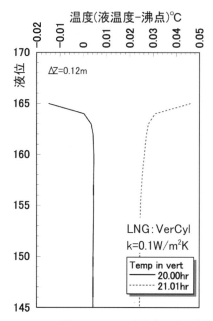 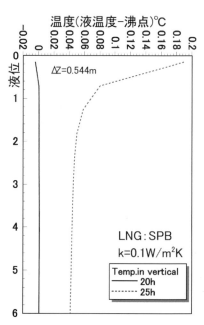

図 5-28 LNG 自然蒸発時の液表面温度分布、左：縦置き円筒、右：SPB タンク

表 5-1 に示す LNG 大型タンクの場合、液レベル 98％での蒸発表面における過冷却度の違いをタンク様式ごとに数値で表示すると表 5-7 のようになる。特に球形タンクの場合が顕著である。このことは既述のように液の自由表面積が小さいタンクほど、あるいは高液位ほど液面での蒸発密度が大きい。それに伴って表面液の過冷却度が大きくなり、タンク中心部における下降流の駆動力も大きいことを示唆している。

表 5-7　LNG 自然蒸発時の液表面温度

タンク様式	球形タンク	横置き円筒タンク	縦置き円筒タンク	SPB タンク
NBO 時の過冷却度	－0.08℃	－0.03℃	－0.02℃	－0.01℃

第6章　部分積載・自然蒸発時タンク内での LNG・LH2 の挙動

6-1　部分積載時の挙動概要

　タンク内の LNG 積載量が部分的で液位が低い場合について考えることにする。本件については満載時の状況に比べれば関心が下がるが、実際の運航時においては必ず遭遇する状況であり、実態を知ることは意味がある。液位低下に伴いドライタンク壁面および気層部の温度上昇があり、気層部はタンク断熱壁面を通しての入熱、気液界面を通しての液面への熱伝達、タンク壁面から液面への放射熱の3要素によって決まる。メタンガスへの放射熱影響は、この温度域での電磁波長に対するメタンの透明性から関与しないとする。液層についてはまず液面では気相からの対流熱伝達、壁面からの放射熱、液表面からの蒸発潜熱、および液層内部の移流熱と伝導熱が作用し、バルク液にはタンク断熱を通しての伝導熱が働いている。このうち前二者の対流熱と壁面放射熱は高液位の場合と同じく、同一面で蒸発の増加分の潜熱として相殺されるから、熱流動には関与しないために実質算入しなくてもよい。もちろん蒸発量を議論する場合には加算する必要ある。

　これを満載時と同じように各種タンク様式ごとに数値計算を行うことにする。液位はLNGについては 30 %、20 % および 10 % の3ケース、LH2 については 30 % の場合を考える。

　以下では液位が低下して十分な時間経過があり、タンク壁面および蒸発蒸気共に温度分布および流動状態が定常状態になっていることを条件として論じることにする。

　低液位に特有な大きな空間内での蒸気の流動、同垂直方向の温度分布、および放射熱交換の3要素について精度を上げた取り扱いについては第8章にて述べる。

6-2　計算モデルおよび基礎式

　計算モデルの液層部、気層部および気液界面での熱授受に関する取り扱い、および熱流動の基礎式および境界条件・初期条件については満載の場合と同様とする。数値計算は高液位の場合と同様に表 6-1 に示すような組み合わせで行い図番号を付した。グラフは温度分布および流速ベクトルで表し、表中の（-）は掲示を割愛した。すなわち LNG では断熱仕様 0.1 W/m^{2}K、液レベル 30 %、20 % および 10 % について、LH2 については同様に 0.003 W/m^{2}K、30 % について 20 時間の非定常計算を経た定常状態として示す。各タンクの要目は第5章で示した通りである。

表 6-1　低液位の熱流動計算表

	LNG 大型タンク			LH2 小型タンク
液位 %	30	20	10	30
k, W/m^{2}K	k=0.1	k=0.1	k=0.1	k=0.003
HorSph	図 6-1	図 6-2	図 6-3	図 6-7
HorCyl	図 6-4	(-)	(-)	図 6-8
VerCyl	図 6-5	(-)	(-)	図 6-9
SPB	図 6-6	(-)	(-)	図 6-10

6-3 LNG 大型タンク、LH2 小型タンクの数値計算

6-3-1 LNG 球形タンク

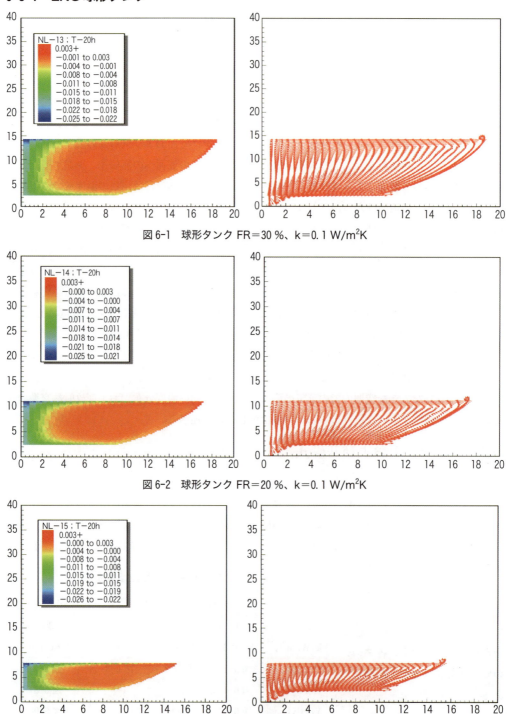

図 6-1　球形タンク FR＝30 %、k＝0.1 W/m²K

図 6-2　球形タンク FR＝20 %、k＝0.1 W/m²K

図 6-3　球形タンク FR＝10 %、k＝0.1 W/m²K

6-3-2 LNG 横置き円筒タンク、縦置き円筒タンクおよび SPB タンク

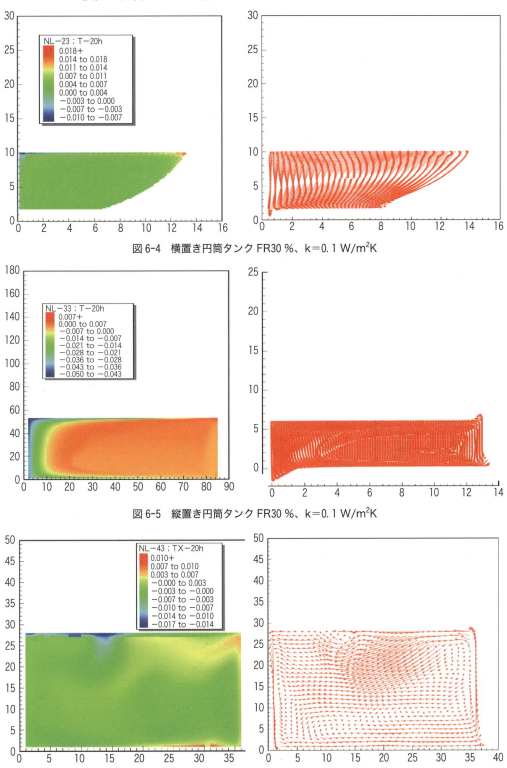

図 6-4 横置き円筒タンク FR30 %、k＝0.1 W/m²K

図 6-5 縦置き円筒タンク FR30 %、k＝0.1 W/m²K

図 6-6 SPB タンク FR30 %、k＝0.1 W/m²K

6-3-3 LH2 球形タンク、横置き円筒タンク、縦置き円筒タンクおよび SPB タンク

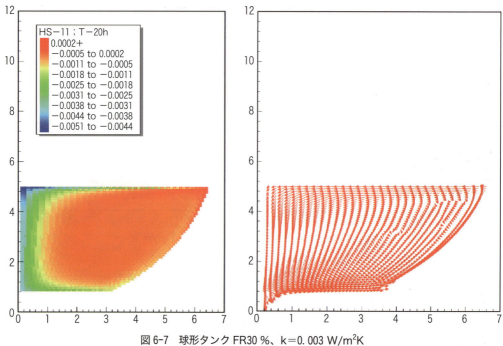

図 6-7　球形タンク FR30 %、k＝0.003 W/m²K

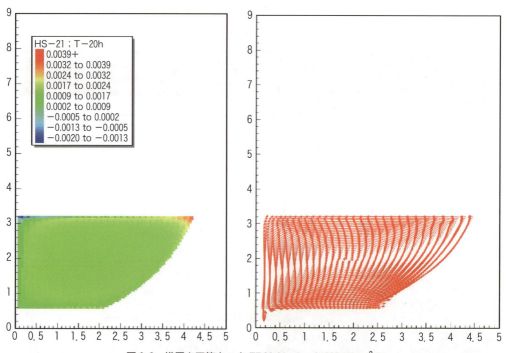

図 6-8　横置き円筒タンク FR30 %、k＝0.003 W/m²K

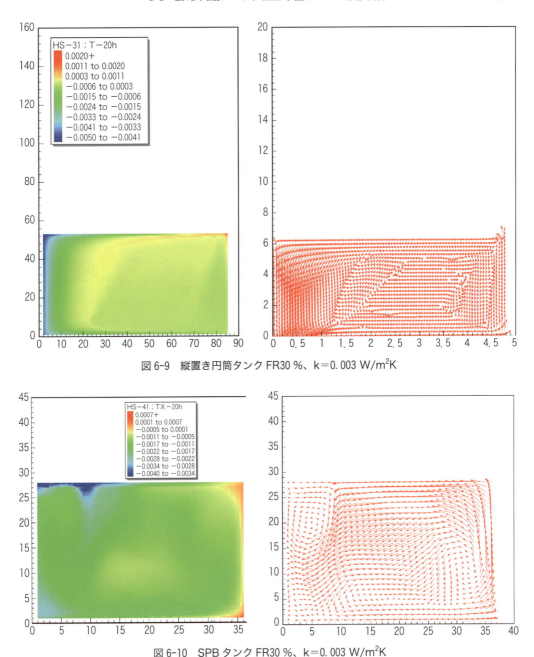

図 6-9　縦置き円筒タンク FR30 %、k＝0.003 W/m²K

図 6-10　SPB タンク FR30 %、k＝0.003 W/m²K

6-3-4　温度分布および流れの考察

　温度分布をみると、LNG、LH2 共に満載時と類似している。タンク中心部に向かって過冷却層の温度が低下すると同時に厚みが増している。満載時と比べて蒸発量が小さくなるために、それに伴って液表面での過冷却度は SPB を除き、最大では 1 桁小さい値となっている。球形タンクで見ると液位による顕著な違いは見られない。

　流れの状態も満載時と類似しており、タンク側面から中央部に向かっての流れがあり、中心部

で下降流になり、全体に跨る循環流が生じている。

LNG および LH2 のそれぞれの場合で最大流速を示すと表 6-2 および表 6-3 のようになり、これも満載時に比べて 1 桁小さい。発生場所はいずれもタンク壁面での上昇流、あるいは中心部での下降流である。全体的には緩やかな低温層が液表面に形成されて、壁面に沿った上昇流と中心部での垂直下降流の状態で液全体がゆっくりした流れで循環していると言える。

表 6-2 LNG 最大流速、k＝0.1W/m^{2}K

タンク	球形			横円筒	縦円筒	SPB
液位	30 %	20 %	10 %	30 %	30 %	30 %
流速 m/s	abt.0.12	abt.0.10	abt.0.09	abt.0.09	abt.0.09	abt.0.04

表 6-3 LH2 最大流速、k＝0.003W/m^{2}K

タンク	球形	横円筒	縦円筒	SPB
液位	30 %	30 %	30 %	30 %
流速 m/s	abt.0.07	abt.0.05	abt.0.09	abt.0.02

第7章　満載時のLNG・LH2の自然蒸発率Boil off rateの計算

7-1　自然蒸発率BORの概要

　タンク内に積載されたLNGあるいはLH2は通常はタンクが1気圧に維持されている限り、飽和液の状態にある、つまり1気圧での気液平衡状態である。その場合、外部からLNGへの侵入熱は液体自体の蒸発に消費され、蒸発潜熱によりLNG自体の温度を飽和状態のおよそ−162℃、LH2ではおよそ−253℃に維持している。つまり侵入熱と蒸発潜熱とが平衡している。したがってLNGの蒸発量を求めるためには外部からLNGへの侵入熱量を見積もる必要がある。本章ではこれらの侵入熱量を要素ごとに、伝熱の経路および伝熱の形態に分解して推算する方法について述べ、続いて実船の例として球形タンクと矩形タンクの2例について取り上げて具体的な計算手順と数字を示す。

　超低温液体の場合タンク容量、液体の物性および断熱の効果を総合して評価する一つの数値として液体の一日あたりの蒸発量をタンク全体のLNG量あるいはLH2量に対する割合（%/day）で表し、Boil off rateと称して国際的にも標準指標となっている。以下本書ではこれをBORと略称して全章を通して用いることにする。また本書ではこのような熱的および圧力的に拘束状態のない自然な蒸発状態をNormal Boil Offと称して、以下NBOと略称する。また一般的に蒸発量をBoil off vapor, BOVと略称して用いる（3-4-1に記すようにgasとvaporとを区別して用いる）。本章では満載時の場合を述べるが、同時に半載などの低液位時については第8章にて述べる。

　以上の論点はタンクが自由に解放された状態が対象であるが、それ以外の特殊な状況下、すなわち加圧あるいは蓄圧タンク、異なった性状の貨物の混載タンクおよび負圧タンクにおける蒸発現象については、それぞれ第11章、第12章および第13章にて独立して論じることにする。

7-2　船体構造とタンクとの一体解析

　タンクを取り巻く船体構造は複雑であり、タンクと船体とは相互に熱的な関係を持つために、両者を一体化して考える必要がある。一方船体自体は大気、太陽放射および海水に曝されており、船体の航走状態も航行中あるいは停泊中があり、これらの要素を取り込みながら考察する。これらの外部環境と船体、タンクおよびLNG・LH2との熱的な関係を示すと下図のようになる。これらの考え方はタンクの様式に関係なく、一般的に成り立つものであり、具体的にはタンク様式ごとにそれらの幾何学的形状に応じて考えればよい。本章では直線構造体の船体と球形のタンクとの複合構造をなしていて最も形状的に複雑な球形タンクと、形状的には単純な矩形タンクの場合について主として述べることにする。他の直線構造のタンクや円筒形タンクについても考え方は同じであり、形状的に単純なぶん、幾何学的な考察が容易となり計算も取り組みやすい。

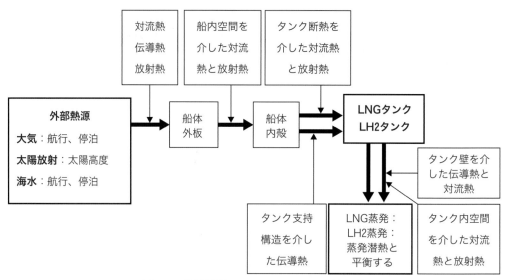

図 7-1　外部熱源から LNG、LH2 への熱流経路

7-3　タンクへの伝熱要素分解とその大きさ

7-3-1　タンク断熱部を通しての伝熱

　本項ではタンクを取り巻く船体構造からタンクへの入熱をなす諸伝熱要素を挙げ、おおよそ値が大きい順に述べる。球形タンクを中心とするが、考え方は他のタンク形状に共通である。以下貨物を LNG と表現するが、特記を除き LH2 も含まれていると考えてよい。

　LNG への入熱の大部分を占めるのはタンクの周囲に施工された断熱部を通してのものであり、入熱量 Q_t は次式で表せる。

$$Q_t = \sum A_i k_i (T_{ai} - T_L) \tag{7-1}$$

　ここで添え字 i は、タンクの部位ごとの接面積 A_i、熱貫流率 k_i、周囲温度 T_{ai} を示す。貨物温度を T_L とする。すなわち後述するたタンク周囲の区画ごとの値を入れ、それらを集計することで断熱部タンク全体についての侵入熱量が求まる。

　熱貫流率 k は一般的に複合材 i 個からなる場合で、断熱タンクの両面の流体の物性と流れの状態および、断熱の特性によって次式から求まる。単純な1層断熱の場合には $i=1$ である。

$$k = 1/(1/h_1 + 1/h_2 + \sum d_i/\lambda_i)$$

　ここで、h_1：壁面1の熱伝達率 W/m^{2}K、h_2：壁面2の熱伝達率 W/m^{2}K、d_i：断熱部材の厚さ m、λ_i：同熱伝導率 W/mK である。

　以下タンクを取り巻く区画温度を求める手順を示すが、得られた結果は同時に船体鋼材の材質決定の判断データとしても用いられるものである。

　タンク周囲の雰囲気の第1次の推定温度分布を求める場合には、周辺を3次元的に適当数の区画に分割し、一つの区画内では温度は一様と仮定して相互間の熱平衡を考えて各区画の温度を求

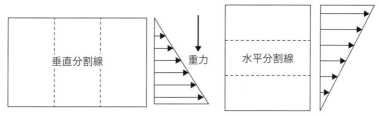

図 7-2 温度分布と区画分割

める方式をとるのが一般的である。分割の方法としては、まずタンク周辺の閉鎖構造はそのまま一つの区画とする。空間が連続した開放区画を分割する場合には、相互の間で対流移動が小さい場合には図 7-2 に示すように、まず垂直方向の対流が主体の場合には垂直区画に分割が可能である。上下方向の温度勾配が垂直上方に温度が上昇し、温度成層が形成されていて上下方向の気流が安定している場合には水平方向の分割が可能となる。分割数が多いほどより細かい領域ごとの温度分布が得られるが、立体的な構造間での接面積を求めて平衡方程式を作るのにより多くの手間を要することになり、必要な計算精度を考えた上での判断となる。

区画内にファンが設けられて強制的な対流がある場合には、風路と各風路の空気流量を定めた上で各区画間の対流による風量と温度および比熱の積で表される熱量の移動を加味すればよい。ただし風量の全体的な保存則が満足されるようにとる必要があり、この厳密な扱いについては第 9 章で述べる。

船体とタンクの全体構造を俯瞰した場合に、一般的にまず左右弦および前後方向の対称性に気付くが、この場合には全体構造の垂直 1/4 構造を考えればよいことになる。対称性のない特殊構造を有する場合には全体について上記の分割を行うことになる。

以下、図 7-3 に示す一般的な球形タンクの場合の船体構造とタンク構造とを対象に、主要な区画に分割して各区画間の熱平衡を考えた場合として一例を示す。

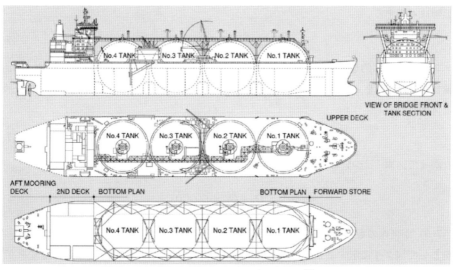

図 7-3 球形タンク一般配置図の例[8]

本ケースでは 2 つの特殊なケースを考えている。すなわち LNG の漏洩がタンクの下半球側で生じている場合と、安全対策としてホールドの不活性化のために窒素ガスの循環がなされている場合である。窒素ガスは下半球に供給された後、上半球に導かれる経路で大気に放出されるとする。

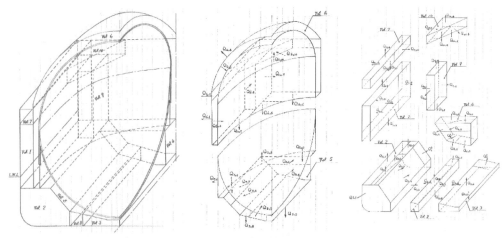

図 7-4　区画分割の例

熱貫流率 k_{ij} は適当な熱伝達率 h_{ij} および材料熱伝導率 λ_i の値を与えて求めておけば、区画 i と、それに接した n 個の区画 $j=1\sim n$ 間の熱移動量は次式で表される。

$$Q_{ij}=A_{ij}k_{ij}(T_i-T_j)=S_{ij}(T_i-T_j)\,,\,j=1\sim n \tag{7-2}$$

もし該当区画 i に LNG の漏洩 w_i がある場合には、漏洩後は直ちに蒸発が起こり、また蒸発した低温蒸気は直ちに拡散・混合して漏洩した区画温度 T_i との間で顕熱の交換が行われるとすれば、該当区画 i には次式で表される漏洩 LNG による蒸発潜熱 L および顕熱分が付加される。但し LNG 温度を T_L、蒸気比熱を c_p とする。なお LNG 蒸発蒸気の量は小さいためにガス移流による影響は無視する。

$$Q_{iL}=w_i[-L-c_p(T_i-T_L)] \tag{7-3}$$

ファンによる強制的な雰囲気ガスの循環がなされている場合には、区画 j から区画 i に流入する風量を W_{ij}、比熱を c_{pa} として両者は一定と仮定すれば次式の循環空気による顕熱の交換分がさらに付加される。

$$Q_{ia}=W_{ij}c_{pa}(T_j-T_i)\,,\,j=1\sim n \tag{7-4}$$

したがって区画 i についての熱平衡の方程式は一般に次式で表される。

$$\sum_{j=1}^{j=n}Q_{ij}+Q_{iL}+Q_{ia}=0 \tag{7-5}$$

式 (7-5) が区画の数だけ成立するから区画温度を未知数とする連立方程式が導かれる。

一例として図 7-4 に示すように 10 区画 ($i=1\sim 10$) に分割を行い、それぞれの温度を T_i とする。さらに温度 T_N、比熱 c_N、風量 W_N の窒素ガスが区画 5 に吹き込まれ、区画 6 から外へ温

度 T_L、比熱 c_L、流量 W_L の LNG 漏洩が区画5（下半球）あるいは区画6（上半球）であったとする。大気に接した部分を a、海水に接した部分を s の添え字を付して表し、それぞれの熱収支式を基に区画の熱平衡式を作ると次の連立方程式となる。ここでは代表例として区画1、区画5および区画6について示すが、他の区画についても同様の手順での記述ができる。

$$(S_{1.a}+S_{1.s}+S_{1.2}+S_{1.6}+S_{1.7}+S_{1.9})T_1-S_{1.2}T_2$$
$$-S_{1.6}T_6-S_{1.7}T_7-S_{1.9}T_9=S_{1.a}T_a+S_{1.s}T_s \quad 区画1$$

$$-S_{5.2}T_2-S_{5.3}T_3-S_{5.4}T_4+(S_{5.2}+S_{5.3}+S_{5.4}+S_{5.6}$$
$$+S_{5.8}+S_{5.L}+W_Nc_N-W_5^Lc_L)T_5-S_{5.6}T_6-S_{5.8}T_8$$
$$=(S_{5.L}-W_5^Lc_L)T_L+W_Nc_NT_N+W_5^LL \quad 区画5$$

$$-S_{6.1}T_1-S_{6.2}T_2-S_{6.4}T_4-(S_{6.5}+W_Nc_N)T_5+(S_{6.a}$$
$$+S_{6.1}+S_{6.2}+S_{6.4}+S_{6.5}+S_{6.7}+S_{6.9}+S_{6.10}+S_{6.L}+W_Nc_N$$
$$-W_6^Lc_L)T_6-S_{6.7}T_7-S_{6.9}T_9-S_{6.10}T_{10}$$
$$=S_{6.a}T_a+(S_{6.L}-W_6^Lc_L)T_L+W_6^LL \quad 区画6$$

$$(7-6)$$

　熱貫流率 k を決める際に必要となる固体両面の熱伝達率 h は雰囲気温度の関数であるために、最初仮定した温度からの偏移に応じて修正が必要である。これは $h_i=f(T_i)$ の形で表しておき、温度の解が得られた都度修正していけば10回程度の繰り返しで実用範囲の $±10^{-2}$ ℃程度の変動に収束する。

　SPB タンクなどの矩形タンクについても同様の手順での解析が可能であり、曲面構造が少ないぶんやりやすい。

　一方両隣区画の温度を T_1、T_2 および熱伝達率を h_1、h_2 とすればこれと接する区画間の鋼材温度は次式で表される。

$$T_s=\frac{T_1h_1+T_2h_2}{h_1+h_2} \quad (7-7)$$

7-3-2　タンク支持構造を通しての伝熱

（1）球形タンクスカート

　ここで取り上げたタンク支持構造とは球形タンクの場合はいわゆるスカート構造であり、矩形タンクの場合はタンク底面および頂面の要所に多数個配置される支持材である。メンブレンタンクは船体の構造そのものとなる。

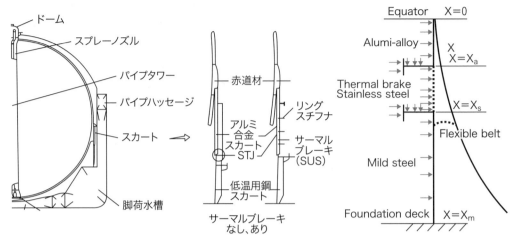

図7-5　スカート構造と伝熱モデル

まずスカート構造について述べる。スカートはタンク本体を構造的に安全に支持固定した上で、タンクの熱収縮分を吸収し、船体支持部に繋ぐ重要な役割を担っている。同時に、タンクへの入熱を最小限に抑えるためには適当な長さを持った軽量構造が望ましいという、相反する要求事項を課せられている。後者の役割についてはタンクの超低温を船体の支持構造部に伝熱しないという意味合いもある。実際にスカートからの侵入熱は全入熱の10-20％を占めており、BOR抑制の観点からもその重要さが理解できる。タンクへの伝熱量を抑えるために低熱伝導率であるステンレス鋼を間に挟んだ伝熱抑制構造を用いるのが一般的で、これをサーマルブレーキ（Thermal brake）構造と通称している。以下その伝熱機構について解説する。

通常のサーマルブレーキ構造に加えて、より伝熱抑制効果を持たせた Triple thermal brake system, TBS については第14章にて紹介する。

スカートの一つの典型的な例として図7-5に示すような構造を取り上げる。スカートのタンクとの接合点を原点にとって、長さ方向に沿って下方向に座標軸 x を取り、温度を T、時間を τ、材料端の座標を x、スカート材の熱伝導率を λ、密度を ρ、比熱を c、スカートの両表面の温度をそれぞれ T_1 および T_2、同じく断熱の熱貫流率を k_1 および k_2、熱伝達率を h_1 および h_2、板厚を t、添え字として上から順に a、s および m、を付けて表す。3つの部材 a、s および m に非定常1次元の熱伝導方程式を誘導すると次式が得られる。熱伝導率について、長さ方向で温度変化が大きいアルミ

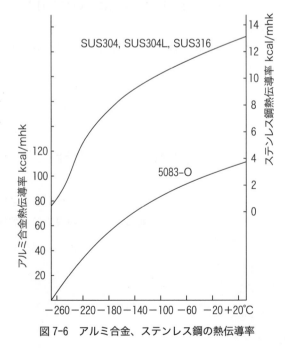

図7-6　アルミ合金、ステンレス鋼の熱伝導率

材とステンレス材についてはあらかじめ温度の関数 $\lambda(T)$ として与えて、式の中では保存系としておく。板厚 t については垂直方向の補強材が設けてある場合には、それらを平均して全面積に均した値を取る。それぞれの式の右辺の第 2、第 3 項は断熱材が設けられている場合には k となり、無い場合には h となる。

$$t_a \rho_a c_a \frac{\partial T_a}{\partial \tau} = \frac{\partial}{\partial x}\left(t_a \lambda_a \frac{\partial T_a}{\partial x}\right) + k_1(T_1 - T_a) + k_2(T_2 - T_a) \tag{7-8}$$

$$t_s \rho_s c_s \frac{\partial T_s}{\partial \tau} = \frac{\partial}{\partial x}\left(t_s \lambda_s \frac{\partial T_s}{\partial x}\right) + k_1(T_1 - T_s) + k_2(T_2 - T_s) \tag{7-9}$$

$$t_m \rho_m c_m \frac{\partial T_m}{\partial \tau} = \frac{\partial}{\partial x}\left(t_m \lambda_m \frac{\partial T_m}{\partial x}\right) + k_1(T_1 - T_m) + k_2(T_2 - T_m) \tag{7-10}$$

境界条件は次である。

$$T_a = T_L \quad at \quad x = 0 \tag{7-11}$$

$$T_a = T_s, \quad t_a \lambda_a \frac{\partial T_a}{\partial x} = t_s \lambda_s \frac{\partial T_s}{\partial x} + g_{h1} \quad at \quad x = x_a \tag{7-12}$$

$$T_s = T_m, \quad t_s \lambda_s \frac{\partial T_s}{\partial x} = T_m \lambda_m \frac{\partial T_m}{\partial x} + g_{h2} \quad at \quad x = x_s \tag{7-13}$$

$$\frac{\partial T_m}{\partial x} = 0 \quad at \quad x = x_m \tag{7-14}$$

ここで q_{h1} および q_{h2} は途中に設けられた Horizontal ring がある場合に、それからの入熱を表していて、この分がスカートの各位置で加わることを意味している。その大きさについては次のように考えることができる。

一つはスカートとの接合部を基点として Ring の深さ方向の非定常方程式を作り、先端と接合部での境界条件を入れてスカート本体と一緒に解く方法である。これは同時に解くべき方程式が 2 個追加となり、作業量が増え手続きも厄介である。

他方法は温度を T_h、深さを d_h として Ring そのものにスカートを原点とする深さ方向に y 軸をとり、①：両側面断熱、②：$y=0$ 位置でスカートの温度 T_s とする、③：$y=d_h$ のフランジ部で表面断熱を介して外部からの伝導熱授受、④：②および③を境界条件として定常伝熱方程式を立てる、⑤：T_s を未知定数とする定常解を求めておく、⑥：接合部でのスカートへの伝導熱をやはり T_s の関数として求めておく。この準備状態でスカート本体の解法に臨む方法で、数値解法にはこちらを推奨したい。この場合 Horizontal ring からの入熱は次式で表される。

$$q_{h1} = t_{h1} \lambda_{h1}\left(\frac{\partial T_{h1}}{\partial y}\right)_{y=0}, \quad q_{h2} = t_{h2}\ \lambda_{h2}\left(\frac{\partial T_{h2}}{\partial y}\right)_{y=0} \tag{7-15}$$

両方法で最終結果にはほとんど差はない。

数値解法

連続した 3 種類 a、s および m の 1 次元板の非定常方程式、および上下の最端部とそれぞれの接合部での境界条件を差分方程式に変換し、長さ方向に適当な分割長 Δx を与えて初期条件のもとに時間前進の積分を行う。Horizontal ring からの入熱は接合部で先述の⑥の形で繰り入れれば

よい。全領域にわたって温度の時間変化が小さくなった収斂状態まで達した時点で解として取り出す。差分方程式の解法については4-4節にて概説した通りである。

別解法としては式（7-8）～（7-10）で右辺＝0とおいて定常式に戻し、非定常解法と同様に全長をΔxによるn個の分割を行い、境界条件を与えて定数係数からなる$n \times n$行列のn元連立方程式を適当な数値解法で解くことでも可能である。

タンクへの入熱量の算定

周囲からスカートへの侵入熱は全てタンクへ入熱すると考えてよいから、これをQ_{skt}とするとスカートの全長にわたって次式によって計算できる。

$$Q_{skt} = \Sigma[k_i \Delta x \pi D(T_h - T_{si})] \tag{7-16}$$

ここで、k_i：熱貫流率、あるいは非断熱部はh_i熱伝達率とする、Δx：長さ刻み、D：スカート直径、T_h：周囲温度、T_{si}：スカート温度、i：長さに沿った位置である。

赤道部でのスカートの温度勾配のみで入熱量を見積もるのは過小評価となるので注意を要する。

第一次の推定値でよい場合には次式もあるが、これはあくまで概算値である。

$$Q_{skt} = k_{skt} A_{skt} (T_{hold} - T_{skt}) \eta$$

ただし、T_{skt}：断熱されたスカートの平均温度、k_{skt}：スカートの断熱材の熱貫流率、A_{skt}：スカート材の面積、η：スカートに設けられたガーダーの影響係数である。

（2）矩形タンク支持台

通常は中実のソリッド材である強化木材とそれを支えて船体と繋ぐ鋼板の台形構造からなる。これを模型化して示すと図7-7のようになる。タンクへの入熱は伝導熱であるから、両構造に適当な伝熱方程式を立てて解けばよい。高さも1m程度と断面積に比べて小さいために周囲雰囲気からの熱伝達影響も小さい。本書ではこれを簡略化して、本体の垂直方向の伝導熱と側面からの伝達熱とを分けて独立に考えることにする。すなわち支配的な伝導熱で解き、その結果を伝達熱計算に利用する。

木部と鋼材部の熱伝導を考え、接合部で両者を等値することで次の平衡式が得られる。

$$\lambda_s A_s (T_h - T_w)/L_s = \lambda_w A_w (T_w - T_t)/L_w$$

ただしλ：熱伝導率、L：熱流方向の長さ、A：断面積、T：温度、添え字、w：木材、s：鋼材、h：デッキ、t：タンクである。

これから木—鋼の接合面温度T_wが求まり、続いてタンクへの侵入熱量Q_wの式が得られる。

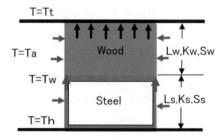

図7-7　タンク支持台のモデル化

$$T_w = \frac{\lambda_s A_s T_h / L_s + \lambda_w A_w T_t / L_w}{\lambda_s A_s / L_s + \lambda_w A_w / L_w} \tag{7-17}$$

$$Q_w = \lambda_w A_w (T_w - T_t)/L_w \tag{7-18}$$

周囲雰囲気から支持材横表面へ入る熱量Q_{sw}およびQ_{ss}は簡略化して（雰囲気温度Ta）－（支

持材の平均温度)、熱伝達率 h_m および全横表面積 A_{sw} および A_{ss} の積で表し、次式とする。

$$Q_{sw} = h_m A_{sw}[T_a - (T_w + T_t)/2] \quad (7\text{-}19)$$

$$Q_{ss} = h_m A_{ss}[T_a - (T_h + T_w)/2] \quad (7\text{-}20)$$

1個あたりの支持材からタンクへの侵入熱量 Q_t は式 (7-19)～(7-21) の合計になり、個数 n_s での全体 Q_t では

$$Q_t = (Q_w + Q_{sw} + Q_{ss})n_s \quad (7\text{-}21)$$

となる。

7-3-3 タンク頂部での伝熱
(1) ドームでの入熱量

LNG を満載の場合でも上部には2%程度の空間が残されており、この部分を接液部と一緒に考えるのか、厳密に気層部として別に考慮するのかは設計者の判断による。実際はドームへの入熱は壁面を経由してタンク本体への伝導熱と壁面からの放射熱として LNG に到達すると考えれば実務的、かつ安全側で考えればタンク全体の表面積に入れて扱えばよい。

厳密に扱う場合にはドライタンク部分は外部に取り出される BOV の通路であり、BOV の昇温にも寄与しているから①壁断面から LNG への伝導分と②壁表面からの気層部への伝達分、さらには③壁面から LNG 液面への放射熱とに分けて考える必要がある。伝導分と放射分は LNG の蒸発に関与するが、気相部への伝達分は BOV の昇温のみに関わるとして液への入熱要素からは除外する。

ドームにはタンクカバーとの接合のための大型フランジが設けてあり、これは大気に曝されていて大気からの入熱は直接ドームに伝導されて前述のドーム入熱に繋がる。設計者として安全側で考えれば、適当な表面温度を仮定して大気からの入熱量を求めてこれを BOV 算定に加算すればよい。例えば η をタンクとの接合部に設ける大型フランジによる影響係数として次式で求めることができる。

$$Q_{dome} = k_d A_d (T_a - T_{LNG}) \eta \quad (7\text{-}22)$$

厳密に扱うには円筒ドーム本体と円盤フランジを一体構造として、両者に伝熱方程式を立てて解く必要があるが、本件も本書では割愛する。

(2) 管類からの入熱量

本件も考え方を述べるにとどめて具体的な式の展開については省略する。まずドームを基点 $x=0$ として半無限長の断熱管として、定常1次元熱伝導方程式を立てて積分定数を2個持つ解を求める。境界条件は $x=\infty$ で有限値を持つことから積分定数が一つ消えて、もう一方の $x=0$ で LNG の温度 T_{LNG} である条件から残りの積分定数が決って解が定まり、管壁を通してドームへの入熱 Q_p は伝導熱として

$$Q_p = \Sigma \lambda_p A_p (dT_p/dx)_{x=0} \quad (7\text{-}23)$$

から求まる。Σ は管の種類についての合計を意味する。

ただし、λ_p：管材の熱伝導率、A_p：管壁の金属部断面積、T_p：管温度である。

以上（1）および（2）の数値計算については省略したが、これらの厳密な計算の程度はBOR計算において要求される精度に応じて判断すればよい。

7-3-4 タンク壁から液面への放射熱

放射熱については液面への全熱流入をカウントしてBORを求めるNBO時や蓄圧時と、液面への直接熱流入は蒸発熱で相殺されるから算入不要の第5章、第6章の熱流動計算時とでは取り扱いが異なる。ここでは放射熱単独の大きさを評価する場合について述べる。

とは言え特に満載時においては常に新鮮な低温蒸発蒸気が発生し、タンク外へと流れるために、タンク壁面は低温にさらされ温度上昇は小さく、よって放射熱も小さく、ことさらに放射熱を独自に取り上げる意味も小さくなる。しかし液位が下がり、気層部のタンク表面積と壁面の温度上昇が大きくなってくると無視できなくなる。

タンク内の空間形状はタンク様式によって全て異なり、複雑でもある。本章ではタンク壁面と液面とで形成される空間を図7-8に示す2平行平板あるいは閉鎖区画内の放射伝熱モデルにおきかえて単純化し、2つの平板、円あるいは球体同士間での放射と考えて総合放射率をタンクおよび各液位における両物体の面積比をパラメーターにして求める[1]。

さらに精度を上げての放射熱評価については第8章で触れたい。

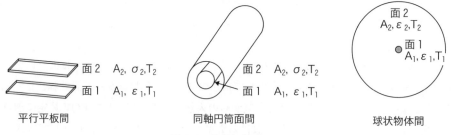

図7-8 放射伝熱モデル

総合放射率は各タンク共に高液位の場合はタンク面と液面との面積差は小さために、これを2平行平板の式で表し、低液位の場合には同軸円筒あるいは球状物体間の式を用いて計算する。

壁面の温度は一様でなく分布している、特に低液位になれば上下での温度差は大きくなるが、ここではタンク全体としての平均値で代表させている。このように考えればタンク壁面（温度T_T、面積A_T、放射率ε_T）と液面（温度T_L、面積A_L、放射率ε_L）間の放射伝熱量Q_{TL}すなわちQ_{rad}は総合放射率をEとして次式で表される。

$$Q_{rad}=Q_{TL}=\sigma A_T E(T_T^4-T_L^4) \tag{7-24}$$

総合放射率は形状によって次式で表される[1]。

$$平行平板間：E=1/[1/\varepsilon_T+1/\varepsilon_L-1] \tag{7-25}$$

$$同軸円筒、球状物体間：E=1/[1/\varepsilon_T+A_T/A_L(1/\varepsilon_L-1)] \tag{7-26}$$

材料ごとの放射率として、タンク壁面は酸化面アルミの$\varepsilon_T=0.3$、液面は水の場合で推定して

$\varepsilon_L=0.95$ として、タンクおよび液位別に総合放射率を求めると次表のようになる。

表 7-1 タンクおよび各積み付け率でのタンク壁面―液面間の総合放射率 E

タンク	球形	横置円筒	縦置円筒	縦置円筒	SPB
サイズ：単位 m D：直径、L：長さ	大型：D40 小型：D14.2	大型：D30-L 小型：D9-L	大型：	小型：	大型：40-40-25 小型：15-15-8
液位 98 %	0.296	0.296	0.296	0.296	0.296
90 %	0.322	0.312	0.346	0.397	0.337
80 %	0.347	0.329	0.402	0.480	0.377
30 %	0.528	0.452	0.568	0.661	0.517
20 %	0.578	0.491	0.590	0.678	0.537
10 %	0.658	0.559	0.610	0.693	0.555

7-4 タンク全体での入熱量と BOR 算定

タンク内の LNG への侵入熱量 Q_T は、タンクに隣接する区画からタンク断熱材を通してのもの Q_{ins}、スカートなどタンク支持材を通してのもの Q_{skt}、ドームなどホールドから飛び出た構造物からのもの Q_{dome}、ドームを貫通する管類からのもの Q_{pipe} の合計となり次式で表される。船体動揺による増加分やタンク未冷却分による熱負荷等は考慮しない。

$$Q_{ins}=\Sigma A_i k_i (T_i-T_L) \tag{7-27}$$

$$Q_T=Q_{ins}+Q_{skt}+Q_{dome}+Q_{pipe} \ [kJ/h] \tag{7-28}$$

1 日あたりの蒸発率を表す BOR：ϕ は Q_T を 1 時間あたりの大きさで表し、LNG 物性を純メタンの値として密度 $\rho=425\,\mathrm{kg/m^3}$、蒸発潜熱 $L=511\,\mathrm{kJ/kg}$、LH2 の場合には $\rho=71\,\mathrm{kg/m^3}$、$L=448\,\mathrm{kJ/kg}$、V：タンク容積で表して次式で求められる。FR（filling ratio）は貨物の積み付け率で、この扱いは BOR の定義とは別に慣習的なものである。

$$\phi=Q_T/[L\ V\rho FR]\times 24\ [\%/day] \tag{7-29}$$

以上述べた BOR 算定には船体動揺、液レベル変動、成分変化、畜圧、強制蒸発、大気変動（温度、圧力、海水）、船体の運航状態の要素は入っていない。したがって実測される値とは当然ながら差異が生じることには注意を要する。

7-5 実船での数値計算例

実船での計算例を球形タンクと矩形タンクの場合について示す。

7-5-1 球形タンク

（1）分割区画

いま 47 m 直径クラスの球形タンク、BOR＝0.15 ％/day クラスを対象としてタンクを取り巻く船体構造をまず垂直方向 A、B および C 断面で 3 分割し、更にそれぞれを高さ方向で 5 分割

し、合計 15 区画に分画して、それぞれの静的熱平衡を考える。概略のプロファイルと分割区画を図 7-9 および図 7-10 に示す。

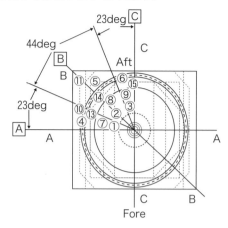

図 7-9　垂直 3 分割 A、B および C

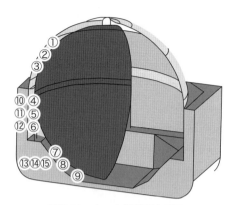

図 7-10　タンク横断面鳥瞰図

（2）接合面の熱伝達率

それぞれの区画間の接面積を構造図から計算し、流体の種類、および対流の状況によってヌセルト数 N_u を計算してそれを基に接合面の熱伝達率 h を定める。

$$h = (流体熱伝導率/特性長さ) \times N_u \tag{7-30}$$

ヌセルト数 N_u は対流の状態に応じて次式で求める。ここで Gr：グラスホフ数、Re：レイノルズ数、Pr：プラントル数、$R_a = G_r P_r$：レイリイ数である。

強制対流の場合[2]：船体外板部で外気および海水との接面を対象とする。

$$N_u = 0.037 P_r^{2/3} R_e^{4/5} \quad (\text{Johnson-Rubsin の式}) \tag{7-31}$$

空気と海水の流体物性値、および長さと流速を下記のようにとった場合の熱伝達率を示す。数表示で $e \pm n$ は $10^{\pm n}$ を意味する。

空気：$P_r = 0.717, \nu = 16e\text{-}16 \text{ m}^2/\text{s}, \text{velocity } v = 10 \text{ m/s}, L = 50 \text{ m}, R_e = 3.13e7, \lambda = 0.026 \text{ W/mK}$
　　　$N_{um} = 2.94e4$ したがって $h = N_u \lambda / L = 15.3 \text{ W/m}^2\text{K}$

海水：$P_r = 5.8, \nu = 0.857e\text{-}16 \text{ m}^2/\text{s}, \text{velocity } v = 10 \text{ m/s}, L = 50 \text{ m}, R_e = 5.83e8, \lambda = 0.61 \text{ W/mK}$
　　　$N_{um} = 1.23e6$ したがって $h = N_u \lambda / L = 15000 \text{ W/m}^2\text{K}$

自然対流の場合[2]：船体内部のホールド、およびタンク内部に適用される。

$$N_u = 0.0185 (G_r P_r)^{2/5} \tag{7-32}$$

$$R_a = G_r P_r = g \beta (T_w - T_\infty) L^3 / \nu^2 \cdot P_r \tag{7-33}$$

L を対流方向の垂直方向長さとして：$L = 23 \text{ m}$（上半球部）、16 m（側壁タンク部）、20 m（下半球部）の場合それぞれ $R_a = 1.25e13, 4.22e12, 8.25e12$、$N_{um} = 3210, 2080, 2720$ となり各部に対応して h は

$$h = N_u \lambda / L = 3.63, 3.38, 3.54 \text{ W/m}^2\text{K}$$

表 7-2 熱伝達率 h および熱貫流率 k [W/m²K]

Vertical section	A				B				C			
Upper void h_1, h_2, k	$\Theta 1$				$\Theta 2$				$\Theta 3$			
		h_1	h_2	k		h_1	h_2	k		h_1	h_2	k
	Atm	15.3	5.45	4.02	Atm	15.3	5.45	4.02	Atm	15.3	5.45	4.02
	Tank	$k=0.10\sim 0.15$			Tk	$k=0.10\sim 0.15$			Tk	$k=0.10\sim 0.15$		
Lower skirt	$\Theta 4$				$\Theta 5$				$\Theta 6$			
	Atm	15.3	3.0	2.51	Atm	15.3	3.0	2.51	Atm	15.3	3.0	2.51
	Skirt	ditto as tank			Skt	ditto as tank			Skt	ditto as tank		
	$\Theta 7$	3.38	5.07	2.03	$\Theta 8$	3.38	5.07	2.03	$\Theta 9$	3.38	5.07	2.03
	$\Theta 10$	3.38	5.07	2.03	$\Theta 11$	3.38	5.07	2.03				
	$\Theta 13$	4.5	2.0	1.38	$\Theta 14$	4.5	2.0	1.38	$\Theta 15$	4.5	2.0	1.38
Bottom void	$\Theta 7$				$\Theta 8$				$\Theta 9$			
	Tk	$k=0.10\sim 0.15$			Tk	$k=0.10\sim 0.15$			Tk	$k=0.10\sim 0.15$		
	$\Theta 4$	3.38		2.03	$\Theta 5$	3.38	5.07	2.03	$\Theta 6$	3.38	5.07	2.03
	$\Theta 13$	3.54		2.12	$\Theta 14$	3.54	5.31	2.12	$\Theta 15$	3.54	5.31	2.12
Side ballast tank	$\Theta 10$				$\Theta 11$				$\Theta 12$			
	Atm	15.3	5.07	3.81	Atm	15.3	5.07	3.81	Atm			
	$\Theta 4$	3.38	5.07	2.03	$\Theta 5$	3.38	5.07	2.03				
Bottom Ballast tank	$\Theta 13$				$\Theta 14$				$\Theta 15$			
	Sea	15000	5.31	5.31	Sea	15000	5.31	5.31	Sea	15000	5.31	5.31
	$\Theta 4$	4.5	2.0	1.38	$\Theta 5$	4.5	2.0	1.38	$\Theta 6$	4.5	2.0	1.38
	$\Theta 7$	3.54	5.31	2.12	$\Theta 8$	3.54	5.31	2.12	$\Theta 9$	3.54	5.31	2.12

となる。実際の船体構造に設けられている多くの防撓材によるフィン効果を考慮して 1.5 倍の値とする。熱伝達率 h, W/m²K の値を基に接合面を通しての熱貫流率 k, W/m²K を求めて、これらを表 7-2 に示す。

(3) 熱平衡式と区画温度

周囲温度の定義例として大気温度 $T_{atm}=45$ ℃ および海水温度 $T_{sea}=32$ ℃ の航走状態、貨物温度は $T_L=-162$ ℃ とする。区画内では温度は一様に分布しており、区画同士での流体の移動はないものとすれば、7-3-1 項で述べたように全区画数を n として区画間で次の平衡式が成り立つ。

$$\sum_{j=1}^{n} A_{ij} k_{ij}(T_i - T_j) + q_i = 0 \tag{7-34}$$

A_{ij}：区画 i, j 間の面積、k_{ij}：同熱貫流率、T_i, T_j：同温度、q_i：区画 i での発熱量である。式（7-35）が区画数だけ成り立つから、この連立方程式を解いて各区画の温度が次のように求まる。

表7-3 区画の温度

区画	Θ1	Θ2	Θ3	Θ4	Θ5	Θ6	Θ7	Θ8	Θ9	Θ10	Θ11	Θ12	Θ13	Θ14	Θ15
温度℃	39.3	39.3	39.3	32.6	33.7	17.0	22.5	23.4	17.0	41.6	41.0	−	30.7	30.8	26.2

（4）BOR 計算

LNG への侵入熱量 Q_T はタンク断熱材を通してのもの Q_{ins}、スカートを通してのもの Q_{skt}、ドームからのもの Q_{dome}、管類からのもの Q_{pipe} を合計して求め、最終的に BOR ϕ は式（7-29）に示すように純メタンベースで次のように求まる。

$$\phi = Q_T/[L\ V\rho FR] \times 24 = 0.13\,[\%/\text{day}] \tag{7-35}$$

7-5-2 矩形タンク

次に SPB のような矩形タンクの例について述べる。

（1）分割区画

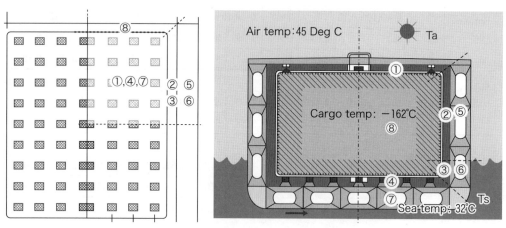

図7-11 矩形タンクの横断面、平面および区画分割

今回対象にしたタンクの形状を図7-11に示す。タンクの頂部と底部には適当な間隔での支持材が設置されている。横方向および底部はバラストタンクを介して大気および海水と接している。タンクの外面および船体内殻からなる3次元空間を考えて、まず船体構造ならびに熱的対称性から全体の1/4区画を検討の対象に選ぶ．その上で同図に示すように本空間の立体構造を熱的な特異性を基に点線で示すラインで区切り、取り囲む周辺区画の平均温度を求める。ここでは独立区画8個に分割しそれぞれに付番する。さらにタンク、大気および海水を含めて合計11区画のそれぞれの区画が仕切られているとして相互間の熱影響を考慮した熱平衡式を立てる。いま区画 i に区画 j が隣接する場合、区画 i について定常時の熱平衡の一般式は式（7-5）を書き直して次のように表される。

$$\sum k_{ij} A_{ij}(T_i - T_j) + q_{ij} = 0,\ (i=1\sim n, j=1\sim n) \tag{7-36}$$

ここで k_{ij}：区画 i、区画 j 間の熱貫流率、A_{ij}：区画 i、区画 j 間の伝熱面積、T_i：区画 i の平

均温度、T_j：区画 j の平均温度、q_{ij}：同じく対流や伝導熱による熱移動量（タンク底部支持材相当）、n：区画数を表す。

（2）接合面の熱伝達率

球形タンクの場合と同様に接合面の熱伝達率 h を接している流体および対流の状況によってヌセルト数 N_u を計算して定めると次のようになる。（$en=10^n$）

空気：$N_{um}=2.94e4, h=N_u\lambda/L=15.3$ W/m²K *say* 16.0 W/m²K

海水：$N_{um}=1.23e6, h=N_u\lambda/L=15,000$ W/m²K

自然対流の場合：L：対流方向の垂直方向に沿った長さとする。$L=23$ m～20 m

$N_{um}=3,210\sim 2,720$：$h=N_u\lambda/L=3.63\sim 3.54$ W/m²K *say* 4.0 W/m²K

タンク断熱熱貫流率：$k=0.1$ W/m²K と仮定する。

構造材のフィン効果 ϕ を次式から算定する。ただし、H：スティフナー高さ 0.9 m、$2y$：同厚さ 20 mm、h：熱伝達率 4.0 W/mK、λ：熱伝導率 53 W/mK である。

$$u=H(h/\lambda y)^{0.5}=0.9[4.0/(53\times 0.01)]^{0.5}=2.6 \quad (7\text{-}37)$$

$$\phi=\tanh(u)/u=0.38 \quad (7\text{-}38)$$

よって片面の面積が A であるスティフナーによる見かけの伝熱面積増加は $2A\phi=0.76A \fallingdotseq 1.0A$ となるから、見かけの伝熱面積増を熱伝達率で換算すれば $2\times h$ となる。これを外板および内殻板に適用した。詳細を表 7-4 に示す。

表7-4　スティフナー影響を考慮した熱伝達率

区画	h_1(W/m²K)	h_2(W/m²K)	Remarks
1	4.0	4.0 × 2.0	Upper deck space
2	4.0	4.0	Side tank space, air
3	4.0	4.0	Side tank space, sea water
4	4.0	4.0	Bottom space
5	4.0 × 2.0	4.0 × 2.0	Ballast tank, air
6	4.0 × 2.0	4.0 × 2.0	Ballast tank, sea water
7	4.0 × 2.0	4.0 × 2.0	Ballast tank, sea water
8	4.0	4.0 × 2.0	Transverse space
Atmosphere	16.0	16.0 × 2.0	Forced convection
Sea water	15,000		Forced convection
Tank support	4.0		Outer surface

（3）タンク支持材からの入熱

タンク頂部と底部には多くの支持構造が設けられる。これらは断熱効果を持たせた補強木材を鋼構造で支持する複合構造の形体となっている。これを木構造と鋼構造に分割し、両者が接面で接合された連続体と考えて、周囲の雰囲気との熱伝達を伴う内部の1次元の熱伝導問題として扱

う。伝熱モデルを図7-12に示す。

式（7-17）～式（7-21）に示す伝熱式を本題に当てはめてBottom支持構造では $T_h=T_7, T_t=T_L$（LNG温度）、Top支持構造では逆に $T_h=T_a$（大気温度）、$T_t=T_L$ と置き換えて計算できる。

数値設定：$\lambda_w=0.17$ W/mK、$\lambda_s=53$ W/mK、$L_w=0.65$ m、$L_s=0.5$ m、$A_w=0.8\sim1.2$ m^2、$A_s=0.1\sim0.18$ m^2、$T_L=-162$ ℃、$T_a=45$ ℃

木材端の温度は(7-17)式から $T_w=42$ ℃（Top support）、$T_w=0.98\ T_7-2.3$（Bottom support）となる。

以上を整理して得られた熱伝達率を表7-5、熱貫流率を表7-6に示す。以下においては計算の実例として数値を入れた式で示すことにする。

区画1と区画2にはさまれた鋼材温度は球タンクと同様に次式で表される。

$$T_s=\frac{T_1h_1+T_2h_2}{h_1+h_2} \qquad (7-39)$$

表7-5 熱伝達率 h（W/m^{2}K）、乗数はスティフナー影響を示す、ad：断熱

Volume	C. Tnk T_c	1 T_1	2 T_2	3 T_3	4 T_4	5 T_5	6 T_6	7 T_7	8 T_8	Atm T_A	S. W T_S	Spt T_T
1, T_1	4.0	—	ad	—	—	—	—	—	ad	4.0	—	4.0
2, T_2	4.0	ad	—	ad	—	4.0	—	—	ad	—	—	—
3, T_3	4.0	—	ad	—	ad	—	4.0	—	ad	—	—	—
4, T_4	4.0	—	—	ad	—	—	—	4.0	ad	—	—	4.0
5, T_5	—	—	4.0*	—	—	—	ad	—	4.0*	4.0*	—	—
6, T_6	—	—	—	4.0*	—	ad	—	ad	4.0*	—	4.0*	—
7, T_7	0.262[※1]	—	—	—	4.0*	—	ad	—	4.0*	—	4.0*	—
8, T_8	4.0	ad	ad	ad	ad	4.0	4.0	4.0	—	4.0	—	—
Atm, T_A	—	16.0*	—	—	16.0	—	—	16.0*	—	—	—	—
S. W, T_S	—	—	—	—	—	—	15000	15000	—	—	—	—

X*はスティフナー影響係数2を乗ずる、すなわち4*2＝4×2、ad：断熱、S. W：海水、Spt：タンク支持材、C. Tnk：LNGタンク
※1：0.17/0.65＝0.262

表 7-6　熱貫流率 κ（W/m²k）上段、伝熱面積 A（m²）下段

Vol.	C. Tnk T_C	2 T_2	3 T_3	4 T_4	5 T_5	6 T_6	7 T_7	8 T_8	Atm T_A	S. W T_S	Tnk. spt T_T
1 T_1	0.1	—	—	—	—	—	—	—	3.56	—	4.0
2 T_2	0.1	—	—	—	2.67	—	—	—	—	—	—
3 T_3	0.1	—	—	—	—	2.67	—	—	—	—	—
4 T_4	0.1	—	—	—	—	—	2.67	—	—	—	4.0
5 T_5	—	2.67	—	—	—	—	—	2.67	5.33	—	—
6 T_6	—	—	2.67	—	—	—	—	2.67	—	8.0	—
7 T_7	0.262	—	—	2.67	—	—	—	2.67	—	8.0	—
8 T_8	0.1	—	—	—	2.67	2.67	2.67	—	3.56	—	—

（注）　各区画間の接面積値は省略した

（4）温度分布

外気条件として大気温度 $T_{atm}=45$℃、および海水温度 $T_{sea}=32$℃の航走状態、貨物温度 $T_L=-163$℃、海水レベル 12 m とする。

図 7-11 に示す区画分割に基づいて次の平衡式を作る。

$$\sum_{j=1}^{n} A_{ij}k_{ij}(T_i - T_j) + q_i = 0 \tag{7-40}$$

表 7-5 および表 7-6 に示す諸元を基に式（7-41）を展開すると次式が得られる。

$0.1 \times 385(-163 - T_1) + 3.56 \times 438(45 - T_1) + 4.0 \times 7.5(-59 - T_1) = 0$

$0.1 \times 340(-163 - T_2) + 2.67 \times 378(T_5 - T_2) = 0$

$0.1 \times 184(-163 - T_3) + 2.67 \times 204(T_6 - T_3) = 0$

$0.1 \times 375(-163 - T_4) + 2.67 \times 415(T_7 - T_4) + 4.0 \times 30.0(0.5T_7 - 81.5 - T_4) = 0$

$2.67 \times 378(T_2 - T_5) + 2.67 \times 18(T_8 - T_5) + 5.33 \times 416(45 - T_5) = 0$

$2.67 \times 204(T_3 - T_6) + 2.67 \times 10(T_8 - T_6) + 8.00 \times 246(32 - T_6) = 0$

$0.262 \times 13.5(-163.0 - T_7) + 2.67 \times 415(T_4 - T_7) + 2.67 \times 21(T_8 - T_7) + 8.00 \times 477(32 - T_7) = 0$

$0.1 \times 509(-163 - T_8) + 2.67 \times 18(T_5 - T_8) + 2.67 \times 10.0(T_6 - T_8) + 2.67 \times 21(T_7 - T_8) + 3.56 \times 21(45 - T_8) = 0$

$$\tag{7-41}$$

これを解き、各区画の温度解を示すと次のようになり、図7-13に示す。

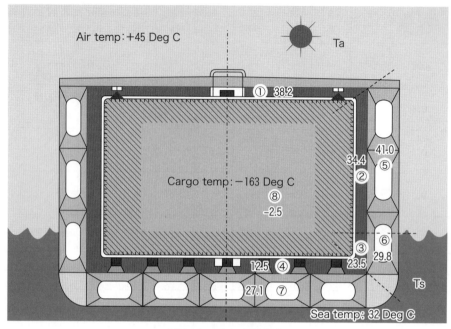

図7-13　区画の平均温度

$T_1 = 38.16$ ℃
$T_2 = 34.38$ ℃
$T_3 = 23.52$ ℃
$T_4 = 12.49$ ℃
$T_5 = 41.03$ ℃
$T_6 = 29.82$ ℃
$T_7 = 27.13$ ℃
$T_8 = -2.51$ ℃

　両面を低温タンクにはさまれ、かつ船側からの入熱も小さいVol.8は低温になり、横隔壁の温度低下が予想される。同時に断熱材の表面にはコールドスポットの出現には注意を要することが分かる。

(5) BOR計算

　球形タンクと同様の考え方に基づいてBORを求める。

タンク容量：41,000 m³、LNG密度：425 kg/m³、同蒸発潜熱：511 kJ/kg、積み付け率：98 %、
　　LNG：メタンベースとして区画および要素ごとに侵入熱量を計算し表7-7に示した。

　　　BOR＝139.44×24×3,600/(41,000×425×511×0.98)＝0.00139　　say 0.14 %/day

が得られる。

表 7-7 熱流計算表

Tank area	Area, m²	Temp. ℃	Δ Temp. ℃	Heat trans coeft. W/m²K	Heat flow, kW
Ceiling, ①	1536	38.2	201.2	0.1	30.904
Side wall, ②	1360	34.4	197.4	0.1	26.846
Side wall, ③	736	23.5	186.5	0.1	13.726
Bottom, ④	1496	12.5	175.5	0.1	26.255
Trans wall, ⑧	2031	-2.5	160.5	0.1	32.598
Tk support, ①	14	45 (Atm)	208.0	0.262 (wood)	0.763
Tk support, ④	54	27.1 (Vol. 7)	190.1	0.262 (wood)	2.690
Dome	272	45 (Atm)	208.0	0.1	5.658
Total					139.44

7-6 大気・海水の外界条件を変えた場合：IMO 条件

第14章で述べるように、IMO の条文 IGC Code 1993 Edition に断熱設計指針として国際海域の船舶では設計温度は大気5度、海水0℃とするとある[3]。これに船体が静止状態を加えた場合の計算を、前節の矩形タンクについて行ってみる。温度的には厳しい条件となり、鋼材種選定などの検討には重要となる。

条件：大気5度、海水0℃、船体静止、自然対流伝熱を条件として、表7-4を修正すると次表のようになる。ゴシック体およびボールド体で記した部分が今回新たに定義したものである。

表 7-8 IMO 条件での熱伝達率

区画	h_1 (W/m²K)	h_2 (W/m²K)	Remarks
1	4.0	4.0 × 2.0	Upper deck space
2	4.0	4.0	Side tank space, air
3	4.0	4.0	Side tank space, sea water
4	4.0	4.0	Bottom space
5	4.0 × 2.0	4.0 × 2.0	Ballast tank, air
6	4.0 × 2.0	4.0 × 2.0	Ballast tank, sea water
7	4.0 × 2.0	4.0 × 2.0	Ballast tank, sea water
8	4.0	4.0 × 2.0	Transverse space
Atmosphere, 5℃静止	**4.0**	**4.0×2.0**	**Natural convection, IMO**
Sea water, 0℃静止	**130**		**Natural convection, IMO**
Tank support	4.0		Outer surface

これに従い前節と同じ手順で代表区画の温度分布を求めると次表のようになり、大幅な温度低下となることが分かる。

これらの結果から横隔壁の下半分雰囲気は－30℃レベルの低温となること、サイドバラストタンク壁の下部1/5 は－20℃レベルの低温雰囲気となること、および横隔壁下に繋がる二重底内部は約－40℃の低温になることが分かる。必要に応じて断熱の強化を行う、あるいは不凍液媒体や温風の強制循環などによる積極的な加熱の必要性が出てくる。

表7-9　区画温度比較

区画	BOR 基準 大気 45℃ 海水 32℃ 強制対流	IMO 基準 大気 5℃ 海水 0℃ 自然対流
1	38.16℃	－1.78℃
2	34.38℃	－6.62℃
3	23.52℃	－7.24℃
4	12.49℃	－16.59℃
5	41.03℃	－1.36℃
6	29.82℃	－1.98℃
7	27.13℃	－4.37℃
8	－2.51℃	－37.64℃

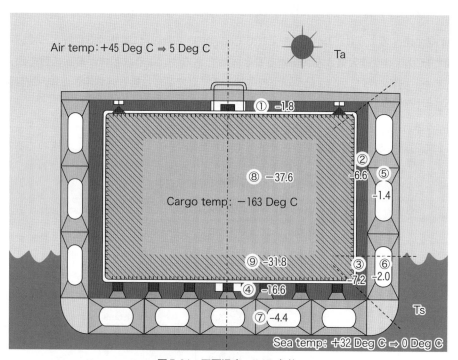

図7-14　区画温度；IMO 条件

7-7　BOR を人為的に制御する、蒸気取り出し量の制御

今まではタンク内の圧力は大気圧に維持されていて、LNG・LH2 は沸点状態であるとして論を進めてきた。すなわち LNG・LH2 は大気圧での平衡状態でタンクに積載されており、したがって外部からの入熱分は自身の沸点状態を維持するために全て自分の蒸発に費やされて、蒸発潜熱と外部入熱とが平衡状態にあるとした。場合によっては若干の正圧に維持されることもある

が、それとて、その正圧状態での沸点状態、平衡状態であり、本質的には変わりはない。

通常のLNG船では蒸発したLNG蒸気はガスコンプレッサーによって吸引と昇圧されて、主機関へ搬送されるが、コンプレッサーは大気圧を基準にして吸引圧力（タンク気層部圧力にほぼ等しい）を一定範囲にするように運転制御がなされているために、大気圧変動によってタンク圧力は変化する。あるいは主機の燃料需要に応じて圧縮機のBOV搬送量を変化させることもあり、それに応じてタンク圧力は上下する。本節では燃料需要変化⇒圧縮機の吸入量変化に対応してタンク圧力および蒸発量BOVはどのように追随するのかについて考察し、現象の説明といくつかの条件下での計算結果を示す。理論的な根拠については第11章蓄圧全体の項で述べる。

7-7-1 圧力と蒸発との関係

LNGの主成分であるメタンも含めた一般物質の状態図を図7-15に示す。液体、気体および固体の存在領域を圧力と温度の関係で示したものである。液体は厳密に言えば圧縮液と呼ばれる。液体と気体を分ける曲線は飽和蒸気線あるいは蒸気圧線と呼ばれて、ちょうど液体と気体とが平衡状態にある圧力と温度の関係を示している。飽和線の近傍にある気体は蒸気と呼ばれ、これから外れて温度が上がった状態はガスと呼ばれる。すなわち3-4-1で既述の通りLNG・LH2の蒸発気体は蒸気であり、ヒーター等で加熱されて常温近くまで昇温したものはガスである[4]。

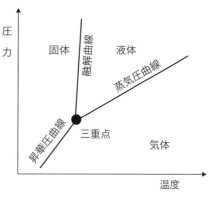

図7-15　一般物質の状態図

飽和線よりも高い圧力に維持すると流体は蒸発を止めて、外からの入熱は自身の温度を上げることに消費される。すなわち外部からの熱エネルギーを自身の顕熱変化で吸収することで、与えられた圧力に相当する飽和温度まで上昇する。

一方飽和線よりも低い圧力にすると、外部から与えた熱エネルギーを自身の蒸発潜熱によって吸収し、自身の温度を下げて、与えられた圧力に相当する飽和温度まで低下しようとする。

7-7-2　BOV取り出しを部分的に制限した場合：部分蓄圧

何らかの方法でタンク内にBOVを圧入してタンク圧を飽和圧力よりも高めた場合を考えると、液は上の図で液体領域の状態になるために、圧縮液[4]の状態である。与えられた熱は液温度の上昇に消費されて蒸発は止まる。細かく見ればタンク外部から侵入した熱は、まずタンク壁面に接する液に与えられてその部分が昇温し、膨張して軽くなり上昇する。タンク壁近傍で伝熱によって昇温した温度境界層が形成され、それは浮力によって上方へ流れる速度境界層を形作る。速度境界層を原点として、その外側には順次温度の高い領域ができて浮力によって上昇しながら領域全体の流れを誘起していわゆる熱流動を起こす。気液界面まで上昇し、そこで反転して垂直下方に向かって流下する。これを繰り返すことでタンク全体の緩やかな対流となり全体が少しずつ温度上昇して行く。同時に気層部の圧力が液の飽和圧力よりも高い間は気液界面では凝縮によって液面の温度上昇、気層の圧力降下が起きて、両者が平衡を保つように推移していく。このようにタンクを閉鎖した状態は蓄圧と称して第11章にて詳述する。

一方そのような特殊な圧力付加ではなく、通常の運転において BOV の外部への取り出し量を絞った場合の圧力上昇がある。現実的な場面として例えば、船舶の場合主機における燃料として要求される BOV 量が少なくなった場合などに相当する。その場合のタンク内圧力を決める要素はタンク内蒸気の外部への取出し量、すなわち BOV 圧縮機の吸入蒸気量である。

これを図示すると図 7-16 にのようになり、[NBO ＞外部へ取り出す蒸気量] の場合には部分蓄圧が発生し、差の大きさに応じて圧力上昇速度が変わることになる。

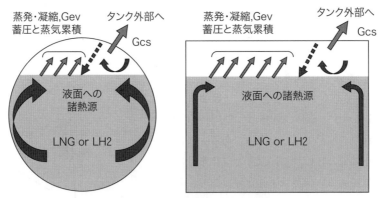

図 7-16　部分蓄圧で BOR を吸収する

気液界面では外部への取り出し量 Gcs と液界面への入熱による表面温度に相当する蒸気圧力との平衡を維持するために生じる調節蒸発・凝縮 Gev が生じることとなる。この累積量が時間を追った気層内の質量となる。

気液界面での熱移動要素は気層からの対流入熱、タンク頂部からの放射熱、圧力調節のための蒸発・凝縮潜熱、および液層内の移流熱からなる。

これを実際のタンクの例として大型球形タンク、横置き円筒タンク、縦置き円筒タンクおよび SPB タンクに適用し、それぞれの場合について下記条件で計算し次ページ以降の図に示す。タンク要目は第 5 章、表 5-1 に示したものである。

LNG の積載率・・・98 %
タンク断熱熱貫流率・・・0.1 W/m²K
NBO 量を基準とした外部への蒸発蒸気の取り出し量の割合 G_{cs}・・・0.1 , 0.2 , 0.3
すなわち $G_{cs}=0.0$ はタンクを完全に閉鎖した場合を表す。
ここで NBO＝Q_{wb}/L を表し、全入熱 Q_{wb} [kJ/s] に相当する蒸発量 [kg/s] である。
継続時間・・・NBO を 10 時間とって静定後に蒸気取り出し量を絞り 30 時間の変化を見る。

下記グラフには蒸発・凝縮速度 G_{ev}、タンク内に蓄積される BOV 累積量 G_{vt}、液表面温度 T_{top} および液表面温度によって決まるタンク圧力 P の時間変化を G_{cs} をパラメーターにして描く。比較のために完全閉鎖の場合（$G_{cs}=0.0$）の同温度と圧力のグラフを併記する。なお完全閉鎖時のデータは第 11 章の蓄圧の項から引用したものである。

(1) 球形タンク

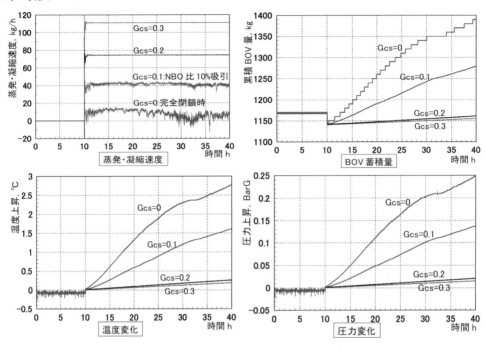

図7-17　球形タンク、98%、$k=0.1W/m^2K$

(2) 横置き円筒タンク

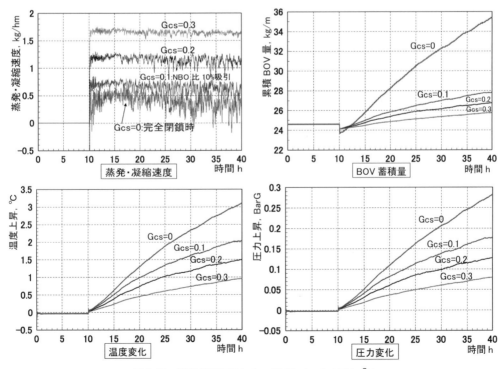

図7-18　横置き円筒タンク、98%、$k=0.1W/m^2K$

（3）縦置き円筒タンク

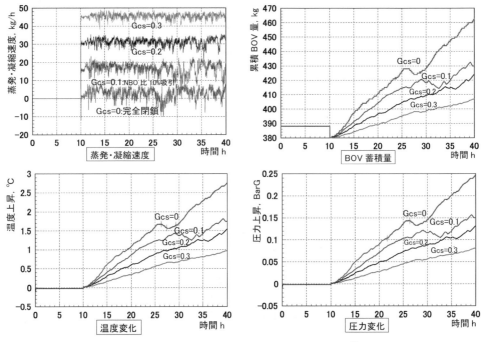

図7-19　縦置き円筒タンク、98％、$k=0.1W/m^2K$

（4）SPBタンク

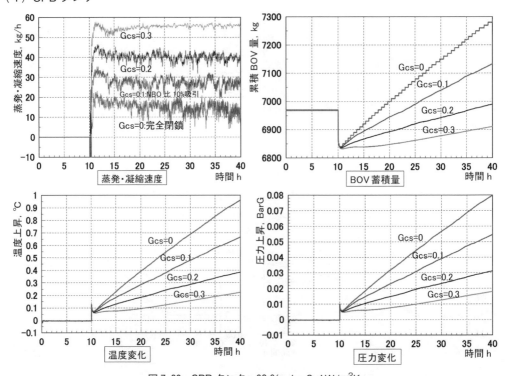

図7-20　SPBタンク、98％、$k=0.1W/m^2K$

タンク外への取り出し量を制限し始めた最初の時間において、瞬間的に蒸発速度が（－：マイナス）になっているのは瞬間的な昇圧によって液面で蒸気の凝縮（液化）が起きていることを意味している。その結果、タンク内の蒸気量が各タンク様式共におよそ2％程度減量しているのが分かる。実際の運転においては弁の操作は、タンク状態を観察しながら緩やかになされるから計算上の瞬時の変化は緩和されたものとなる。

外部への蒸気取り出し割合を小さくする（G_{cs}を小さくする）につれて、タンク内での蒸発速度は小さくなり、それにつれて液の表面温度は上がり、圧力上昇も大きくなる。

一方時間 τ 間に、タンク気層部に累積蓄積される蒸気量 G_{vt} は本操作時の蒸発速度を G_{ev}、自然蒸発時の蒸発速度をNBOとすれば G_{cs} の定義にしたがって次式で表される。

$$G_{vt} = \int_0^\tau [G_{ev} - NBO \cdot G_{cs}] dt \tag{7-42}$$

このためにタンク気層部に累積蓄積される蒸気量は、外部への蒸気取り出し割合を小さくする（G_{cs}を小さくする）にしたがって大きくなる。

蒸発蒸気の取り出し量を人為的に制限するこの操作の場合のBOVのタンク外への取り出しは、通常のフルのBOV操作の場合に比べて圧縮機の吸入側圧力が高い状態での運転になること、および吸入圧力と流量とがより敏感に相互影響することのために、圧縮機の運転制御にはそれなりの注意が必要となる。本操作の応用例をLNGの物性変化と共に論じた文献[7]もある。

7-7-3　タンク圧力を飽和温度よりも低く維持した場合：負圧蒸発

図7-15で蒸気の領域になる。日常で接する常温の水の場合で言えば、水を入れた容器の空間の圧力をかなり低い真空の状態にしたことと同じ状態になる。例えば20℃の水の場合、飽和圧力は約0.00238 kg/cm² （0.238 kPa）であるから、この圧力以下に維持した場合である。この時に周囲温度が20℃以上のときにはまず周囲から水に与えられる熱による水の蒸発に加えて、気層圧力＋液水頭＜液温度相当の飽和圧力、の関係を満足する液深さまでの領域では液体内で沸騰が生じ[4][5]全体でみると両者の合計の蒸発量となる。

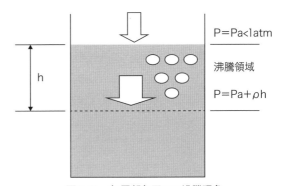

図7-21　気層部負圧での沸騰現象

図7-21によって示すと密度 ρ、タンク気層部圧力 P_a の場合、深さ h での静圧は $P = P_a + \rho h$ となる。この圧力が液体の飽和圧力より低い領域、図で見れば深さ h までの部分では液体内からも蒸発が生じる（沸騰と称している）。

気層部の圧力を下げた状態については、まず気液界面での分子運動をミクロな視点で見た高真空中における分子運動論[6]に基づいた議論がある。

一方本書で対象にしている沸点状態にあるLNGやLH2のように、タンク圧力を若干の負圧に

した場合には、気液界面での現象だけでなくさらに液体内部も視野に入れたマクロの視点での考え方が必要になる。負圧を作る要因としては、積極的に行う場合には圧縮機、ポンプあるいはエジェクターなどによる蒸気の吸引量および吸引圧力によるものであり、自然現象として大気圧の異常低下の状態において、大気圧基準で運転される圧縮機の吸引量と吸引圧力によるものが考えられる。以下詳細については第13章にて述べる。

第 8 章　部分積載時の LNG の BOR 計算

8-1　部分積載時の概要

　実際の LNGC 運航にあたってしばしば問題になるのが、LNG の液位が下がった場合に BOR がどのように変化するのかということである。蒸発蒸気は本船の主機の燃料として利用されており、あるいは再液化されることもある。その場合に液位によって変化する蒸発量を的確に把握することは本船の運航あるいは機器の運転に直接関係する事項である。しかし中途のレベルにある液位での蒸発量計算は、単純に液位に比例するものではなく伝熱上の多くの要因が絡んでいるために、満載の場合に比べてより複雑である。これは液体の割合が小さくなり気層部の容積が増加することで満載時には無視されていた貨物への入熱要素が表れてくることに起因する。

　計算モデルは実態に忠実であろうとすればいくらでも複雑化、詳細化が可能であるが、実務者にとって、必要な精度と問題を解くことに要する手間を天秤に掛ければ適当な仮定や簡略化が意義を持ってくる。本章ではいくつかの仮定のもとに BOR に関する熱的な要因を要素ごとに分解して、それぞれを組み合わせて全体としての蒸発量を推定する手順について述べる。

　まず上部に球冠部を持った縦型円筒形タンクについて、気層部は上昇流を伴った流動体とし、タンク壁温度、気層部の蒸気温度、および蒸発量が時間変化する非定常問題として扱い数値計算まで行った結果を示す。さらに同様の考え方を矩形タンクおよび球形タンクについて適用した場合の伝熱モデルと基礎式を提示する。

8-2　タンク様式で共通する BOV 伝熱要素分解

　いくつかのタンク様式で共通する LNG への入熱要素を図 8-1 に示すように分割してとらえることにする。

　タンク系への入熱は満載時と部分積載時とでは異なるので両者を分けて論じると、まず満載時は下記でほぼ全部を拾い上げることが出来て、これが同時に LNG 液への入熱になる。

（1）タンク壁平面を通しての入熱要素

　平面積×熱貫流率×温度差で評価できるもので、断熱値が分かれば面積と温度差から容易に算出できる。

・タンク頂部
・タンク側面部
・タンク底面部
・頂部ドーム部

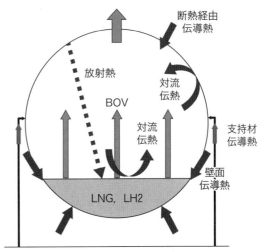

図 8-1　液面への入熱モデル

（2）タンクに繋がる構造材の断面を通しての入熱要素

断面積×熱伝導率×温度勾配（温度差／2点間距離）で評価する。材料の熱伝導率は物性値から求まり、温度勾配は次の部位で捉える。

・タンク底面支持材（SPBや円筒タンクの場合）

・タンク赤道部支持材（球形や円筒タンクの場合）

・頂部パイプ類

LNG液への入熱はこれらを合計して得られる。

一方、部分積載時では気層部の容積が大きいために、タンク系への入熱がそのままLNG液への入熱とはならない。まずタンク全体への入熱は上記の要素でカウントできるが、これから気層への入熱と液層への入熱を分類する必要がある。

気層への入熱

・タンク壁と気層との間の熱伝達によるもの

・タンク壁面から気層への放射伝熱は次節の円筒タンクの項で述べるようにメタンガスの透明性のために無視する

液層への入熱

・タンク支持部および底面も含めたタンク壁からの面としての入熱

・気層部の接液部でタンク壁の温度勾配×タンク壁断面積での入熱*1

・気層部のタンク壁面からLNG液面への放射熱*2

・気液界面でのLNG蒸発による蒸発潜熱（これは上記3項目の合計と平衡している）

・液表面での気相から液面への対流熱伝達は蒸発状態では温度勾配はないものとして無視する。

ここで*1、*2項は通常の高液位時のNBOにおいては、温度勾配および温度差が小さいために無視してタンク全体の面積として第1項に含めて評価すればよい。しかし低位液位時においてはドライタンク壁面積が増してきて、上記の*1、*2項は液層への入熱要素として相対的に大きくなる。本章では上記第2項*1、第3項*2を知るために必要になる放射熱のより厳密な扱いを含めてBOVおよびタンク壁の温度分布についていくつかのタンク様式に応じて述べる。

8-3　半球+円筒複合タンクで気層部の流動を考える

これまでは気層部については一様温度の質量集中系として考え、蒸気の流動についても無視してきた。低液位の場合の伝熱機構を少し詳しく分解すると、低液位に特有な現象として液面上の空間が大きいことによる気層に接するタンク壁面の温度上昇と、それに伴う液面への放射熱および伝導熱が大きくなること、および蒸発蒸気が空間部を上昇中に温度上昇をきたすことがあげられる。したがってタンク壁面の温度分布、ならびに流動系として考えた蒸気の温度分布の影響を考慮する必要があり、縦型円筒タンクを対象にして新たにこれら2つの要素を支配方程式に組み込んだ場合について考察する。さらに気層部のドライ壁面からの液面への放射熱の存在もより細かく考慮した場合を述べる。

応用例として取り上げるのは図8-2に示すような上部に半球の冠部を持つ円筒タンク（直径およそ42m、全高さおよそ40m）である。液位は図のように満載、半載および低位×2ケースを

含む4条件とする。気層部の流動については、今まで述べてきたNavier-Stokes方程式を立てて厳密に解くことも可能であるが、液面からのBOVが常時発生し、上方へ定常的に押し流されていく一種の押し出し強制対流の形態であることから、本項では簡略化して断面積が変化する流路で、水平面内で一様な温度と流速を持った垂直方向の一次元流動であるとして扱う。解法としては微分方程式を差分による離散化を行って数値解を求める。

8-3-1 気層部とタンク壁の計算モデル

気層部を中心に述べるために、液層についてはLNGの温度は一定に保たれているとする。気層については気液界面で蒸発後、タンク壁からの入熱によって温度上昇を伴いながら一様に上昇しているとする。既述の様に水平断面内の温度および上昇速度は一様とし、球断面の水平面積に応じて上昇速度は変化する(上に行くにつれて速度は速くなる)と設定する。

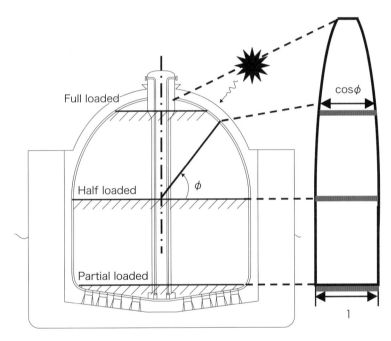

図8-2　円筒+球の複合タンクの伝熱モデル

次にタンク壁については、図8-2に示すように球冠部では円周方向の板幅が緯度ϕ方向に変化する平板として考える。すなわち円周に沿った長さを持ち、幅が高さ方向に沿って変化する平板で、片面は断熱を介して周囲の空気と接し、他の片面がLNGの蒸発蒸気と接しているとモデル化する。

タンク壁の下端はLNGに接し、空間部では気層の蒸気との間で伝達熱をやり取りしながら、同時に液面との間で放射熱を交換しているとする。この場合メタンガスの放射熱吸収率は小さいとして、すなわちLNG蒸気は放射熱に対して透明であるとして全て液面に吸収されるとする。

以上で液面-タンク壁面-気層部-蒸発量の4者を相互に関連付けて解くことができる。本書で対象にした縦型の円筒タンク以外の他のタンク様式についても同様の取り扱いが可能である。

もう一つの試みとして系全体の時間的な変化を見ることにした。すなわち初期条件としては全

体系が一様にLNG温度にある状態から出発して、その後の時間変化を追うことにした。すなわち揚げ地でLNGをアンローディングした後に一部残液が残った時点を出発点として、それから5日後までの変化について非定常問題として考える。

8-3-2 支配方程式

タンク壁面は時間と共に温度上昇し、液面との温度差が大きくなる。この状態では壁面と液面との放射熱のやり取りを取り入れる必要がある。一方メタンガスの放射熱の吸収率は図8-3に示されるようにWienの変位則による表面温度と放射エネルギー最大値の波長との関係から－162℃～常温レベルにおける放射熱波長においては小さいために透明である、換言すれば放射熱はガスによる吸収なしに透過し、全量液面に吸収されると考えることができる。

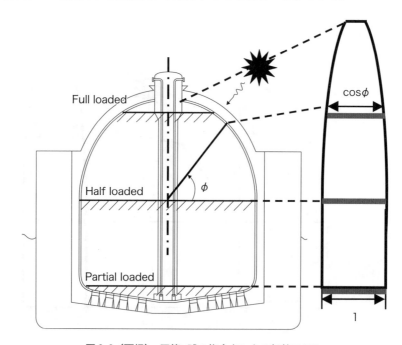

図8-2（再掲）　円筒+球の複合タンクの伝熱モデル

侵入熱としては断熱タンク壁からのもの以外に赤道部での支持材、タンク底部での支持材からの熱流入も考慮に入れねばならない。赤道部での支持材からの熱流については、一端タンク壁に伝導された後は液位と支持材の相対位置関係によって、液位が支持材より低ければまず気層部へ、逆に支持材より高ければ液層部へと伝熱される。液面から蒸発した低温蒸気は計算モデルにしたがって垂直上方に一様に上昇し、その速度はタンク断面積に反比例する。

厳密に言えば境界層を含めたタンク壁面近傍では高速であり、内部ではゆるやかな速度分布を持つが、ここでは一様分布とする。

ここで記号の意味は次の通りである。

T_v：気層の絶対温度、T_t：低温材料のタンク壁の絶対温度、T_a：タンク周囲の温度（30℃と仮定）、w：BOV質量の垂直方向上昇速度（水平面内一様と仮定し8-3-5項により求める）。

h：タンクシェルとBOV間の熱伝達率、k：タンク断熱の熱貫流率、λ_v：BOVの熱伝導率、λ_t：

タンク壁の熱伝導率、ρ：BOVの密度、c_p：BOVの定圧比熱、c_t：タンク壁の比熱、R_0：メタンガスの気体定数、R：タンク半径、t：タンク壁の板厚、x：垂直上方座標系、ϕ：球部のタンク壁に沿った緯度座標系、q_r：気層部タンク壁の放射熱、添え字2は円筒部、添え字3は球冠部を表す、壁面の幅：$L_\phi = 2\pi R \cos\phi$
水平面の断面積：$S_\phi = \pi R^2 \cos^2\phi$

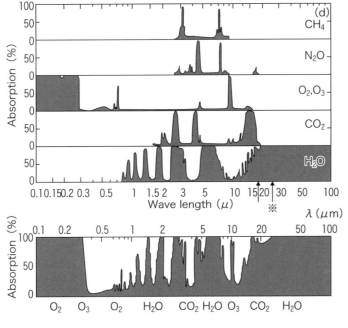

図8-3 ガスの波長ごとの放射熱吸収スペクトル[1]

(1) 気層部

円筒部

$$\frac{\partial T_v}{\partial \tau} = \frac{\lambda}{\rho c_p} \frac{\partial}{\partial x}\left(\frac{\partial T_v}{\partial x}\right) - \frac{w}{\rho \pi R^2} \frac{\partial T_v}{\partial x} + \frac{2h}{\rho c_p R}(T_t - T_v) \tag{8-1}$$

球冠部

$$\frac{\partial T_v}{\partial \tau} = \frac{\lambda}{\rho c_p} \frac{1}{\cos^2\phi} \frac{\partial}{\partial x}\left(\cos^2\phi \frac{\partial T_v}{\partial x}\right) - \frac{w}{\rho \pi R^2 \cos^2\phi} \frac{\partial T_v}{\partial x} + \frac{2h}{\rho c_p R \cos^2\phi}(T_t - T_v) \tag{8-2}$$

$$\phi = \sin^{-1}\left(\frac{x}{R}\right) \tag{8-3}$$

$$\rho = p/(R_0 T_v) \tag{8-4}$$

（2）タンク壁

円筒部

$$\frac{\partial T_t}{\partial \tau} = \frac{\lambda}{\rho c_t} \frac{\partial^2 T_t}{\partial x^2} + \frac{k}{\rho c_t t}(T_a - T_t) + \frac{h}{\rho c_t t}(T_v - T_t) + \frac{q_{r2}}{\rho c_t t} \tag{8-5}$$

球冠部

$$\frac{\partial T_t}{\partial \tau} = \frac{\lambda}{\rho c_t} \frac{1}{R^2 \cos \phi} \frac{\partial}{\partial \phi}\left(\cos \phi \frac{\partial T_t}{\partial \phi}\right) + \frac{k}{\rho c_t t}(T_a - T_t) + \frac{h}{\rho c_t t}(T_v - T_t) + \frac{q_{r3}}{\rho c_t t} \tag{8-6}$$

式（8-6）は式（8-3）の関係によって、球冠部を［ϕ］座標系から式（8-7）に示すようにBOV部と共通の［x］座標系に変換することができる。

$$\frac{\partial T_t}{\partial \tau} = \frac{\lambda}{\rho c_t} \frac{\partial}{\partial x}\left(\cos^2 \phi \frac{\partial T_t}{\partial x}\right) + \frac{k}{\rho c_t t}(T_a - T_t) + \frac{h}{\rho c_t t}(T_v - T_t) + \frac{q_{r3}}{\rho c_t t} \tag{8-7}$$

こうすることでBOVとタンク壁および円筒部と球冠部とを共通座標系 x で統一して論じることができる。

（3）境界条件

液位部： $\qquad T_v, T_t = -162\,℃ \tag{8-8}$

タンク頂部のドーム部 $\qquad \dfrac{\partial^2 T_v}{\partial x^2} = 0 \tag{8-9}$

同タンク壁 $\quad \lambda_t A_t \dfrac{\partial T_t}{R \partial \phi} = Q_{from\,tank\,dome} - Q_{to\,vapor}$

$$= A_{dome}[k(T_a - T_{v\,at\,dome}) - h(T_t - T_{v\,at\,dome})] \tag{8-10}$$

（4）初期条件

全タンク壁面および気相部全体が液温度 $-162\,℃$ にあることから出発する。

（5）タンク支持構造

底部の木材構造：支持材単体での熱伝導方程式から温度分布を求めて、n 個全体での伝導熱を出す。

$$Q_{support} = \lambda_s A_s \left(\frac{dT_s}{dx}\right)_{x=0} n \tag{8-11}$$

赤道部：支持材単体での熱伝導方程式から温度分布を求めてタンク全周での伝導熱を求める。

$$Q_{support} = \lambda_s A_s \left(\frac{dT_s}{dx}\right)_{x=0} \tag{8-12}$$

（6）放射熱

前章においてはタンク内の空間を平行2平面および同軸円あるいは球体に置き換えて2面間の放射を近似した。本章では形状近似の精度を上げて多面体として考え、LNG液面、タンクシェル球冠気層部および円筒気層部からなる3面体としての相互間の熱放射の関係を考える。ここで

は、それぞれの温度は面の平均温度で代表させることにする。

[記号]

F_{ij}：面iと面j間の形態係数、J_i：面iからの放射度、ε_i：面iの放射率、タンクシェルで0.6、LNG液面で0.9を想定、A_i：面iの面積、σ：Stefan Boltzman定数 $=5.67\times10^{-8}$ W/m^{2}K^4
添え字1、2、3：それぞれLNG液面、円筒タンク部、球冠タンク部を表す。

形態係数間の関係

$$\begin{aligned}F_{12}+F_{13}&=1\\F_{21}+F_{23}&=1\\F_{32}+F_{31}&=1\\F_{13}A_1&=F_{31}A_3\\F_{12}A_1&=F_{21}A_2\\F_{32}A_3&=F_{23}A_2\end{aligned} \tag{8-13}$$

面1〜nの放射熱量の一般式

$$\frac{\varepsilon_i}{1-\varepsilon_i}A_i(\sigma T_i^4-J_i)=\sum_{j=1}^{n}A_iF_{ij}(J_i-J_j),\quad i=1\sim n \tag{8-14}$$

今回のモデルに適用して3面間の温度、放射度について次の関係式を得る。

$$\begin{aligned}\frac{\varepsilon_1}{1-\varepsilon_1}A_1(\sigma T_1^4-J_1)&=A_1F_{12}(J_1-J_2)+A_1F_{13}(J_1-J_3)\\\frac{\varepsilon_2}{1-\varepsilon_2}A_2(\sigma T_2^4-J_2)&=A_2F_{21}(J_2-J_1)+A_2F_{23}(J_2-J_3)\\\frac{\varepsilon_3}{1-\varepsilon_3}A_3(\sigma T_3^4-J_3)&=A_3F_{31}(J_3-J_1)+A_3F_{32}(J_3-J_2)\end{aligned} \tag{8-15}$$

放射度J_1、J_2およびJ_3について解くことによって、それぞれの面での放射熱流束q_{ri}が次のように得られる。

$$\begin{aligned}q_{r1}&=\frac{\varepsilon_1}{1-\varepsilon_1}(\sigma T_1^4-J_1)\\q_{r2}&=\frac{\varepsilon_2}{1-\varepsilon_2}(\sigma T_2^4-J_2)\\q_{r3}&=\frac{\varepsilon_3}{1-\varepsilon_3}(\sigma T_3^4-J_3)\end{aligned} \tag{8-16}$$

放射熱全体では平衡しているために次の関係式がある。

$$\sum_{i=1}^{3}q_{ri}A_i=0 \tag{8-17}$$

液位が球冠部にある場合には面の数を2とすればよい。

放射率εは放射解析上重要な影響を持ち、特にLNG液面での値は蒸発量を求める場合に一定の役割を果たしているが、直接の値は文献でも見当たらない。本節では水の場合の0.9と他のケースとして0.3の2つを取って数値計算を行っている。

以上の関係式を差分形に直し、適当なBOVの垂直上昇速度w値を与えて時間的に解が安定した時の値を定常解として求め、これをタンク壁およびBOVの温度分布として次の8-3-5項によって新しいw値を求める。これを繰り返し全体系およびBOVの蒸発速度w値の収斂解を求める。

式 (8-1)、(8-2)、(8-3)、(8-4)、(8-5) および (8-7) を差分によって離散化し、連立させて解くことによってBOVおよびタンク壁の温度分布の連続した数値解が得られる。BOVの上昇速度wが蒸発量、密度および水平断面積によってあらかじめ得られるためにNavier-Stokes方程式を解く必要がないので、計算は比較的容易で計算速度も速い。

8-3-3　各液位での気相およびタンク壁の温度分布：非定常時

アンローディング直後の4種の液位3m、10m、22.5mおよび30mで、気層部4つの深さ位置における5日までのBOVの平均温度およびタンク壁の温度変化を図8-5～図8-8に示す。ここで対象とするタンク壁および気相BOVの温度点の位置は次図の6点である。

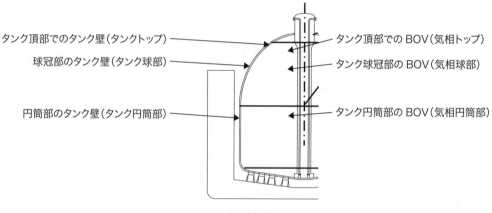

図8-4　温度計算位置

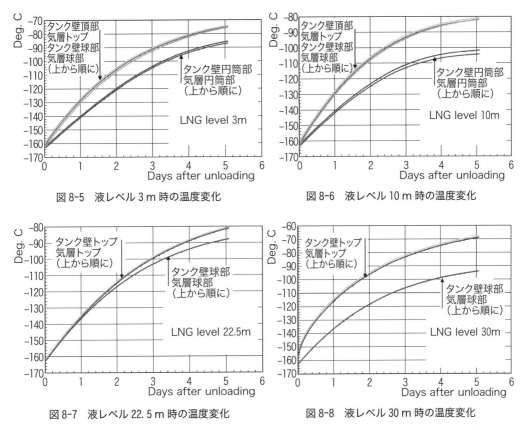

図8-5 液レベル3m時の温度変化　　図8-6 液レベル10m時の温度変化

図8-7 液レベル22.5m時の温度変化　　図8-8 液レベル30m時の温度変化

これらの図からBOVとタンク壁温度の差は非常に小さいことが分かる。すなわち両者はほぼ一体として変化する。これはBOVの質量が小さいために熱容量がタンク本体に比べてはるかに小さいことによる。

8-3-4　各液位での気相およびタンク壁の温度分布：定常時

次に液レベルからタンク深さ上方向に取った距離をベースに、定常時のBOVとタンク壁の連続した温度分布を図8-9～図8-12に示す。高さ22m-23m位置での不連続点はタンク支持材の位置であり、この位置で支持材からタンクへの熱流入が加算されることによる影響である。前項の非定常時と同様にタンク壁と気層の温度差は小さく、ほとんど一致している。

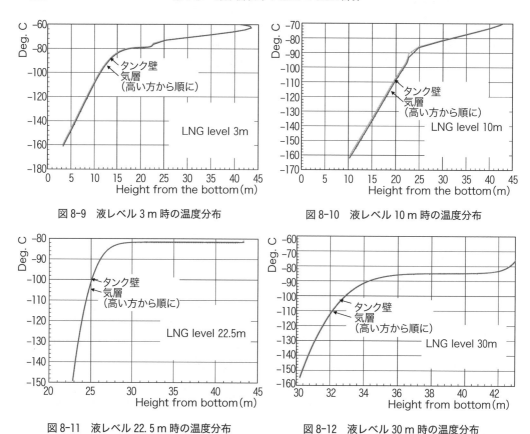

図 8-9　液レベル 3 m 時の温度分布

図 8-10　液レベル 10 m 時の温度分布

図 8-11　液レベル 22.5 m 時の温度分布

図 8-12　液レベル 30 m 時の温度分布

8-3-5　各液位での蒸発速度：非定常時

蒸発速度は LNG への入熱量を次のように要素ごとに分解し、あと全体を加算後に求める。

タンク壁平面を通しての入熱：接液部のタンク断熱を介しての入熱

$$Q_t = \Sigma A_t k(T_a - T_L) \tag{8-18}$$

タンク壁断面を通しての入熱：接液部の直上でのタンク壁断面を通しての伝導熱（S：断面）

$$Q_s = A_s \lambda_s (dT_t/dx)_{x=0} \tag{8-19}$$

タンク壁からの放射熱：一体化した側壁および天井面から（L：液面、W：側壁、C：天井）

$$Q_r = A_L q_{r1} \text{ あるいは } Q_r = -(A_W q_{r2} + A_C q_{r3}) \tag{8-20}$$

BOV の蒸発速度は蒸発潜熱を L として次式で得られ、これを断面平均の上昇質量速度とする。

$$w = (Q_t + Q_s + Q_r)/L \tag{8-21}$$

求まった w、q_{r2} および q_{r3} の値を再度、式（8-1）～式（8-7）に代入して数回の繰り返し計算で収斂解が得られる。

次にアンローディング後の 5 日までの非定常状態においては、LNG 液面の放射率 $\varepsilon = 0.3$ とした場合の液位ごとの蒸発速度は図 8-13 になる。$\varepsilon = 0.9$ の場合は両ケースを示す図 8-14 から各

液位での両者の倍率を乗じて求める。

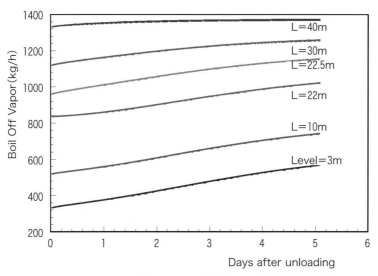

図 8-13　Unloading 後 5 日までの非定常での各液位の蒸発速度

8-3-6　各液位での蒸発速度：定常時

アンローディング後の定常状態における各液位での BOV の上昇速度 w を求めると図 8-14 になる。LNG 液面の放射率を 0.3 と 0.9 の 2 ケースで示し、放射率による違いを示した。低液位ほど放射の影響が大きいことが分かる。液位 22 m 前後での不連続部で、BOV に段差 ΔW が付いているのは液位がタンク支持部にかかっているかどうかによる、すなわち支持部からの入熱が LNG に流れるか、気層部にも分流するかによるものである。

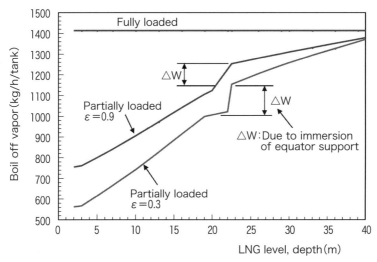

図 8-14　LNG の各液位における定常時の蒸発速度

8-4　半球＋円筒複合タンクの満載時のホールド温度分布と流速ベクトル

今回の特徴的な TypeB、半球＋円筒タンクの場合のケースとして、主要断面における温度分布と流速ベクトルを示しておく。全体配置は図 8-15 でタンクは半球＋円筒＋円環体＋底体からなり、直径 42 m、総高さ 42.5 m である。タンク断熱値は $k ≒ 0.12 \mathrm{W/m^2 K}$、外気温度 45 ℃、海水 32 ℃ とする。

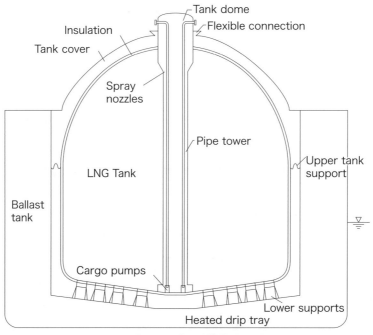

図 8-15　タンク配置図

取り上げた垂直断面は Longi、Trans および Diagonal の 3 断面である。

数値計算上の取り扱いとしてタンク底面の傾斜 10 度に応じて重力方向を側壁部と 2 重底部では右図のように 10 度の修正している。同図には格子分割数も記した。

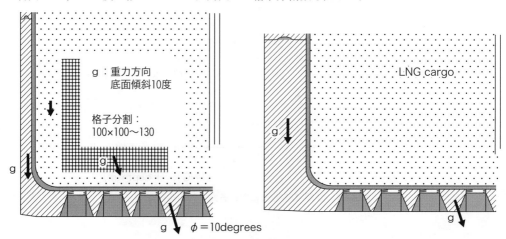

図 8-16　重力方向修正、左；縦横断面、右：対角断面

8-4-1 上半球部

（1）温度分布

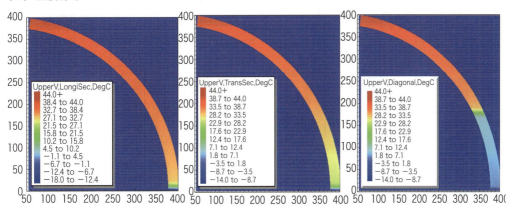

図8-17 上半球部温度分布；左から縦断面、横断面および対角断面；高さ方向に拡大

（2）流速ベクトル

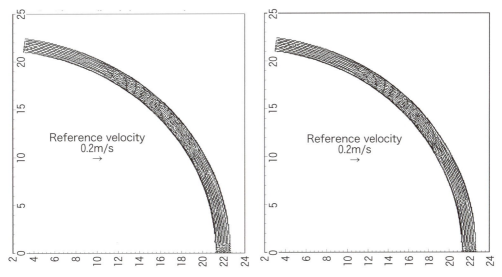

図8-18 上半球部流速分布；左から縦断面、横断面；高さ方向に拡大

8-4-2 下円筒部

（1）温度分布

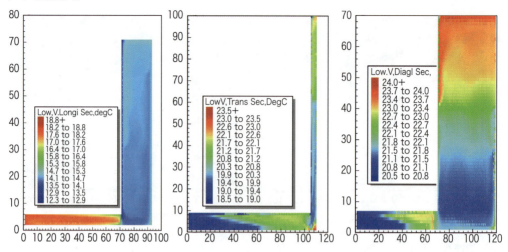

図8-19 下円筒部温度分布；左から縦断面、横断面および対角断面

各断面共に下部になるほど低温化がみられ、特に縦断面では横隔壁の全深さにわたっている。二重底は海水からの入熱によって温度回復している。

（2）流速ベクトル

下円筒部では最大1m/sの流速がタンクに沿って下向きに、外壁に沿って上向きに流れている。二重底では傾斜面に沿った微速の流れがある。

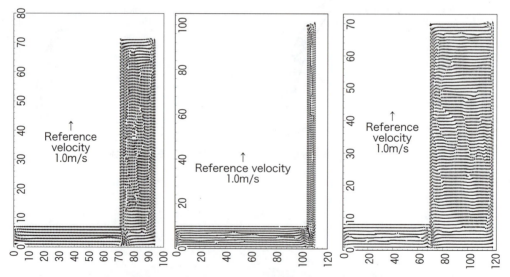

図8-20 下円筒部流速分布；左から縦断面、横断面および対角断面

8-5 SPBタンクの場合

8-3節と同様に、SPBタンクについて液位変化と蒸発速度の関係を求める場合の計算モデルについて述べる。メンブレンタンクの場合での蒸発率については別の解析例がある[2]。

8-5-1 計算モデル

　SPBタンクでも同じように蒸気BOVは気液界面で蒸発後、タンク壁からの入熱によって温度上昇しながら垂直上昇する。この場合、前節と同様に水平面内の温度は一様で、上昇速度も水平面内で一様とする。タンク壁は上部に行くにしたがい昇温する温度分布を持つことになり、この温度勾配に比例してタンク壁の高さ方向の熱流が板厚内に発生し、これらは全てLNGへの入熱となる。タンク壁と蒸気とは熱伝達率を介して伝熱交換をし、タンク壁から放射される放射熱はLNG液面に吸収される。前節と同様にLNG蒸気は放射熱に対して透明で、ガスによる放射熱の吸収はないとする。以上の設定で垂直タンク壁の高さ x に沿った壁面温度 T_t および蒸気温度 T_v に関する非定常の熱平衡式を作ると次式が得られる。

　記号を次のように定義する。
T_v：気層の絶対温度、T_t：低温鋼材料のタンク壁の絶対温度、T_a：タンク周囲の温度（側面、前面共通とする）、w：BOVの質量速度（一様垂直方向と仮定）、h：タンク壁とBOV間の熱伝達率、S：タンクの側面・前面の合計周囲長さ、k：タンク断熱の熱貫流率、λ_v：BOVの熱伝導率、λ_t：タンク壁の熱伝導率、ρ：BOVの密度、c_p：BOVの定圧比熱、c_t：タンク壁の比熱、R_0：メタンガスの気体定数、A：タンク水平断面積、H：タンク深さ、t：タンク壁の板厚、x：垂直上方座標系、q_r：気層部タンク壁およびLNG面の放射熱
添え字1：タンク側壁面、2：タンク天井面、3：LNG液面

（1）気相とタンク壁の温度変化

　BOVの流れに沿った温度変化は次式で表される。

$$\frac{\partial T_v}{\partial \tau} = \frac{\lambda}{\rho c_p}\frac{\partial}{\partial x}\left(\frac{\partial T_v}{\partial x}\right) - \frac{w}{\rho A}\frac{\partial T_v}{\partial x} + \frac{hS}{\rho c_p A}(T_t - T_v) \tag{8-22}$$

　タンク壁については側壁と前後壁の同じ高さでは同じ温度であるとして、BOVと同様に位置 x での温度変化は次式で表される。

$$\frac{\partial T_t}{\partial \tau} = \frac{\lambda}{\rho c_t}\frac{\partial}{\partial x}\left(\frac{\partial T_t}{\partial x}\right) + \frac{k}{\rho c_t t}(T_a - T_t) + \frac{h}{\rho c_t t}(T_v - T_t) + \frac{q_{r3}}{\rho c_t t} \tag{8-23}$$

ただし $\rho = p/(R_0 Tv)$

（2）境界条件および初期条件

液位部： $\qquad\qquad\qquad T_v, T_t = -162\ ℃ \tag{8-24}$

タンク頂部のドーム部： $\qquad\qquad \dfrac{\partial^2 T_v}{\partial x^2} = 0 \tag{8-25}$

同タンク壁： $\qquad \lambda_t A_t \dfrac{\partial T_t}{R \partial \phi} = Q_{from\ tank\ dome} - Q_{to\ vapor}$

$$= A_{dome}[k(T_a - T_{v\ at\ dome}) - h(T_t - T_{v\ at\ dome})] \tag{8-26}$$

あるいは上端での勾配ゼロの考えから次もありうる。

$$dT_v/dx = dT_t/dx = 0 \ \ at\ x = H \tag{8-27}$$

$$T_v = T_t = -162\ \ at\ \tau = 0 \tag{8-28}$$

（3）タンク壁からの放射熱

放射熱について、ここでは一つの幾何的な簡略化を図る。タンクからLNGへの放射熱 q_r は矩形断面の垂直4壁面を1つの連続円筒面に置き換えて考え、タンク垂直壁面、タンク天井面およびLNG面の3面からなる閉空間での放射現象とする。それぞれの面の温度は平均温度で代表させる。8-3-2項にならい面1～3での形態係数を取り、放射熱量の一般式を適用して得られる3面間の温度、放射度の関係式から放射度 J_1, J_2 および J_3 の大きさが求まり、放射量が次式で得られる。

$$q_{r1} = \frac{\varepsilon_1}{1-\varepsilon_1}(\sigma T_1^4 - J_1)$$

$$q_{r2} = \frac{\varepsilon_2}{1-\varepsilon_2}(\sigma T_2^4 - J_2) \quad (8\text{-}29)$$

$$q_{r3} = \frac{\varepsilon_3}{1-\varepsilon_3}(\sigma T_3^4 - J_3)$$

放射熱全体の平衡式として

$$\sum_{i=1}^{3} q_{ri} A_i = 0 \quad (8\text{-}30)$$

放射面同士が平行および直角と単純なので形態係数の取り方が容易となる。

8-5-2 LNGへの入熱量と蒸発速度

円筒タンクの場合と同様の手順で、最初の第一次近似値としてのLNG蒸発速度 w を適当に仮定して、これを初期条件として次の w 値が得られ、順次繰り返し全体系の収斂解が得られる。

（1）タンク壁平面を通しての入熱： $Q_t = \Sigma A_t k(T_a - T_L)$ (8-31)

（2）タンク壁板厚断面を通しての入熱： $Q_s = A_s \lambda_s (dT_t/dx)_{x=0}$ (8-32)

（3）タンク壁からの放射熱： $Q_r = A_L q_{r1}$ あるいは $Q_r = -(A_W q_{r2} + A_C q_{r3})$ (8-33)

BOV量 w は次式で表される。

$$w = (Q_t + Q_s + Q_r)/L \quad (8\text{-}34)$$

8-6 球形タンクの場合

球形タンクの場合にはタンク断面が緯度と共に変化すること、赤道部に大きな入熱要素になるスカートがあり、液位がスカート位置のどちら側にあるかによって様相を異にする、などの特徴がある。液位がスカート位置よりも上方にある場合には、スカート影響はLNG液に直接入るために特別の考慮を必要としないが、液位がスカート位置よりも下方の場合にはスカートからの入熱 q_s を気層側のタンク壁に加算する必要がある。すなわち $\phi = \pi/2$ 位置でタンク壁に q_s を加える。q_s はタンクの赤道部位置での温度の関数としてあらかじめ設定しておけば計算処理が便利である。球形タンク特有の幾何形状についての取り扱いは8-3の球冠部と同じである。BOVの流動[2]については前節と同様に水平面内の温度は一様で、上昇速度も水平面内で一様とすれば、

タンク断面積に応じて上昇速度は変化する（球形の場合は上に行くにつれて一旦速度は遅くなり、赤道部からは速くなる）。本章では部分積載時について述べるが、球形タンクでのその他の各種状態、すなわちタンク冷却時、貨物満載時、揚荷時およびバラスト航行時の気相およびタンク壁の非定常時の温度分布についての解析例[3]もある。

8-6-1 計算モデル

（1）気相の緯度に沿った温度変化

$$\frac{\partial T_v}{\partial \tau} = \frac{\lambda}{\rho c_p} \frac{1}{\cos^2 \phi} \frac{\partial}{\partial x}\left(\cos^2 \phi \frac{\partial T_v}{\partial x}\right) - \frac{w}{\rho \pi R^2 \cos^2 \phi} \frac{\partial T_v}{\partial x} + \frac{2h}{\rho c_p R \cos^2 \phi}(T_t - T_v) \quad (8\text{-}35)$$

$$\phi = \sin^{-1}\left(\frac{x}{R}\right) \quad (8\text{-}36)$$

$$\rho = p/(R_0 T_v) \quad (8\text{-}37)$$

（2）タンク壁の緯度に沿った温度変化

$$\frac{\partial T_t}{\partial \tau} = \frac{\lambda}{\rho c_t} \frac{1}{R^2 \cos \phi} \frac{\partial}{\partial \phi}\left(\cos \phi \frac{\partial T_t}{\partial \phi}\right) + \frac{k}{\rho c_t t}(T_a - T_t) + \frac{h}{\rho c_t t}(T_v - T_t) + \frac{q_{r3}}{\rho c_t t} \quad (8\text{-}38)$$

8-3節の球冠部での扱いと同じように、式（8-38）を式（8-36）の関係によって［ϕ］座標系からBOV部と共通の［x］座標系の式（8-39）に変換する。これによりBOVとタンクシェルおよび円筒部と球冠部とを共通座標系で論じることができる。

$$\frac{\partial T_t}{\partial \tau} = \frac{\lambda}{\rho c_t} \frac{\partial}{\partial x}\left(\cos^2 \phi \frac{\partial T_t}{\partial x}\right) + \frac{k}{\rho c_t t}(T_a - T_t) + \frac{h}{\rho c_t t}(T_v - T_t) + \frac{q_{r3}}{\rho c_t t} \quad (8\text{-}39)$$

（3）境界条件と初期条件

液位部： $\quad T_v, T_t = -162\,\text{℃} \;\; at\, x=0 \quad (8\text{-}40)$

タンク頂部のドーム部で対称条件： $\quad \dfrac{\partial^2 T_v}{\partial x^2} = 0 \quad (8\text{-}41)$

同タンク壁：$\quad \lambda_t A_t \dfrac{\partial T_t}{R \partial \phi} = Q_{from\,tank\,dome} - Q_{to\,vapor}$

$$= A_{dome}[k(T_a - T_{v\,at\,dome}) - h(T_t - T_{v\,at\,dome})] \quad (8\text{-}42)$$

$$T_v = T_t = -162\,\text{℃} \;\; at\, \tau = 0 \quad (8\text{-}43)$$

赤道部でのタンク支持材、スカート

液面がスカートの位置より下の場合には、スカートの位置においてスカートからの伝熱を受ける。支持材単体での熱伝導方程式から温度分布を求めてタンク全周での伝導熱を求める。

$$Q_{support} = \lambda_s A_s \left(\frac{dT_s}{dx}\right)_{x=0} \quad (8\text{-}44)$$

（4）タンク壁からの放射熱

壁面からの放射熱は直接LNG液面に放射されると考える。曲面傾きと液面とのなす角度から

液位が下半球にある場合には下半球分の放射影響はないとして、上半球分を考える。液位が上半球にある場合には液位より上方部分のタンク壁分を考えればよい。8-3節と同様の捉え方で放射熱の評価については簡略化し、それぞれの面の平均温度で代表した上で半球タンク壁面、下半球タンク壁面およびLNG面の3面からなる閉空間での放射現象とすると放射熱 q_r は次式となる。

$$q_{r1} = \frac{\varepsilon_1}{1-\varepsilon_1}(\sigma T_1^4 - J_1)$$

$$q_{r2} = \frac{\varepsilon_2}{1-\varepsilon_2}(\sigma T_2^4 - J_2) \quad (8\text{-}45)$$

$$q_{r3} = \frac{\varepsilon_3}{1-\varepsilon_3}(\sigma T_3^4 - J_3)$$

以上の関係式を差分形に直し、適当なBOV蒸発速度 w の初期値を与えて非定常方程式の解を求め、時間的に安定した時の値をタンク壁およびBOVの温度分布の定常解として求め、これから新しい w 値が求まる。これを繰り返し全体系と w 値の収斂解を求める。

8-6-2　LNGへの入熱量と蒸発速度

(1) タンク壁平面を通しての入熱

これは接液部のタンク断熱を介しての入熱であり、次式で求められる。

$$Q_t = \Sigma A_t k(T_a - T_L) \quad (8\text{-}46)$$

(2) タンク壁断面を通しての入熱

接液部の直上でのタンク壁断面を通しての入熱で、次式から求まる。

$$Q_s = A_s \lambda_s (dT_t/dx)_{x=0} \quad (8\text{-}47)$$

(3) タンク壁からの放射熱

$$Q_r = A_L q_{r1} \text{ あるいは } Q_r = -(A_W q_{r2} + A_C q_{r3}) \quad (8\text{-}48)$$

　　　添え字1、2、3：それぞれLNG液面、タンク側壁部、タンク頂面部

(4) スカートからの侵入熱

$$Q_{skt} = A_{skt} \lambda_{skt} (dT_{skt}/dx)_{x=0} \quad (8\text{-}49)$$

ここではタンク壁への伝導熱を中心とした場合を示している。BOR計算の場合にはスカート横方向成分も考慮する。ただし、A_{skt}：断面積、λ_{skt}：材料熱伝導率、T_{skt}：温度分布、x：赤道部からの距離である。

最終的にBOVの蒸発速度 w は次式で表される。

$$w = (Q_t + Q_s + Q_r + Q_{skt})/L \quad (8\text{-}50)$$

得られた w および q_{r3} の値を再度、式（8-35）〜式（8-39）に代入し、数回の繰り返し計算によって収斂解を求める。

第9章　LNGタンク周囲区画の温度分布と熱流動解析

9-1　概　　要

　LNGタンカーやLH2タンカーの船体構造を全体から見れば【タンク⇔ホールド⇔ホールドを囲む船体区画（バラストタンク等）⇔外気あるいは海水】といった4層からなる重層構造である。この中で明らかに分かっているのは、タンク内のLNG温度および最外部の大気あるいは海水温度である。間に位置する【ホールド⇔ホールドを囲む船体区画】については、前章まではこれらをいくつかの独立した代表区画に分割して、熱伝達率を仮定した上で全体の熱平衡から温度分布を出し、それを基にBOR計算を行ってきた。したがって区画間の熱移動および熱媒体（一般には空気）の移動、区画内の温度分布および空気の流動の全てを無視した全体静的平衡（Global static equlibrium）的な扱いであった。実際の船体内の状態は上記の無視した要素がすべて存在する。本章ではタンクに直接面した第一区画と称する区画について、上記の無視要素を全て取り入れた熱流動計算について述べる。

　実際に分割した各区画はタンク内の超低温と船体外部の大気、海水および太陽放射に曝された船体構造のため、区画内でも場所によって異なった分布を持つ温度場が発生する。タンクに直接面した底部区画においては断熱を介して常にLNGによって熱が奪われると同時に、対流によって冷却流の溜まり場ともなっておりこの傾向が顕著である。太陽放射を浴びながら構造上最頂部にあるタンクカバーの直下、あるいは上甲板直下の区画については底部と逆の位置にあり、高温流体の停滞が発生する。正確なBOR算定と鋼材選定には、これらのタンクとの直面区画の温度場とそれをもたらしている速度場の実態を掴むことが重要になってくる。

　これらの空間内では必然的に複雑な温度分布が生じて、密度分布に基づいて流体に作用する体積力（重力）の分布が不均一となり、結果として空間全体を占めるような対流が生じる。場所によっては逆に温度分布が垂直上方に向かって高くなり、安定な温度成層をなして、流体の動きが止まっているか、あるいは非常に小さい動きの部分もある。これらの状況を正しく把握することによって場所ごとの熱伝達率や温度分布が求まり、同時に船体構造部材の温度が分かり鋼材選定のためのデータともなる。同時にLNGへの入熱算定の精度が上がり、結果として走行状態のより現実的な船体状況のBOR算定が可能となる。

　断熱機能の面から見ればBORを抑えた上での最適な断熱材配置を考えるためのデータとなり、あるいはコールドスポット発生時の断熱材欠陥の程度を判断する基礎データにもなる。

　このようにホールド内の自由空間内では、温度分布と流れとが相互に関連し合った熱流動現象を起こしていて、温度分布を正確に掴むためには温度と流れとの連成作用に着目して考える必要がある。しかるに具体的な対象となる、船体とタンクからなる空間形状を見ると特に球形タンクや円筒タンクのように曲率を持ったタンクの場合には、曲面と平面とで形成された複雑構造であり定型的な座標系では扱えない。これを幾何的にどう取り扱うかがまず最初の課題であり、そこ

ではBFCシステムの活用が有効になってくる。

　本章での計算はタンクに直接接した第一区画の解析であるが、得られた結果を基に、再度前述の全体静的平衡計算を行い、中間に位置する区画【ホールド⇔ホールドを囲む船体区画（バラストタンク等）】の新しい温度分布を求めて、その結果を基に再度第一区画の熱流動計算を行うといった繰り返し計算を行うことで、より確度の高い温度分布を求めることが可能である。プログラムを組む面倒さと計算時間の問題はあるが、著者の経験から見て数回の繰り返しで収斂するものであり実行の意義はあると言える。

9-2　温度分布と熱流動解析

　ファンによる強制的な流動やコリオリの力を無視すれば、上述のように流れは重力が支配的であり、垂直方向の流れが主である。したがって一つのタンクを中心にして、代表的な構造ごとに垂直方向に適当に分割して考えることにする。実際の解析にあたっての困難は船体構造の複雑さである。特に厄介なのは球形タンクの場合で、直線構造の中に球面構造が存在し、両面で形成される境界を持つ空間をどのように数学的に表現するかが、実務者にとってはまず課題となる。本書ではこれを第4章で述べたBFCシステムを用いて展開する。計算に際しての乱流モデルは k-ε 2方程式モデルによっている。

　解析の手順としては対象領域ごとに、形状に適合した座標系をとって支配方程式を作り、境界条件および初期条件を与えて温度と流速の解を求める。境界条件としては第7章で求めたタンク周囲の区画温度を用いる。まず適合座標系での支配方程式を作り、次に同じくBFCシステムへの座標変換を行い、境界に適合させて格子分割を行ってBFC式を離散化した差分方程式を作る。時間前進法による繰り返し計算を行い、時間的に収斂した段階で定常解として取り出し、必要な形でグラフ表示する。

　差分法による数値解法の流れのみを記すと、各微分方程式の項を、非定常項：1次前進差分、移流項：2次精度風上差分、拡散項：2次中心差分で表し、質量保存式と運動量保存式から、圧力に関するPoisson方程式と同境界条件を作り、時間ステップごとに圧力分布の平衡状態が得られるまで繰り返し計算を行い、領域全体にわたる圧力分布を求める。これをもとに運動方程式から流速分布を求め、得られた流速分布と渦動粘性係数をもとに、その時間間隔における乱流エネルギー方程式、および同消散率方程式を解く。得られた温度拡散率をもとにエネルギー方程式から温度分布を求める。この一連の操作を、時間を前進させながら微小時間ステップごとに繰り返して行い、温度分布が領域全体にわたって時間的に収斂した（各格子点での温度の時間変化が設定値よりも小さくなった）段階で定常状態とみなし、全体の解を求める。それぞれの段階での詳細については第4-4節による。

　以下に対象断面を取るための区画の分割と断面ごとの具体的な計算手順を示す。

9-3　球形タンクの場合

9-3-1　区画の分割

　図9-1に示すような球形タンクシステムについて考えることにする。左右弦および前後方向の対称性から図のように1/4区画を対象とする。

9-3 球形タンクの場合

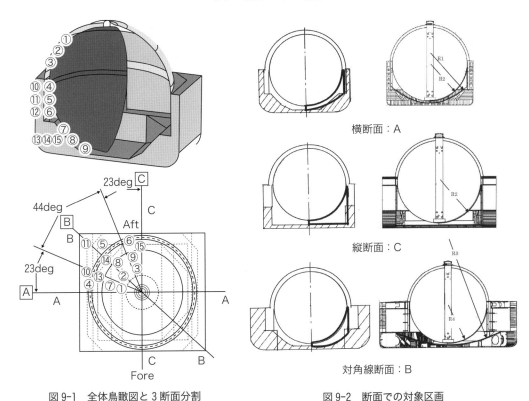

図 9-1　全体鳥瞰図と 3 断面分割

図 9-2　断面での対象区画

内部で発生する流れは、重力による自然対流が主体であるために水平方向の流れに比べて垂直方向の流れが支配的であるので、船体構造を垂直断面で見ると 3 つの構造様式に大きく分割することができることに気付く。すなわち船体横断面、同縦断面および 45 度の対角断面の 3 垂直断面である。これら 3 つの断面で代表させて考えることにし、各断面ごとに形状に適した座標系をとって支配方程式を作り、境界条件および初期条件を与えて解を求める。以下に示すのは典型的な形状例であり、具体的にはそれぞれの実構造に合わせて考えることになる。

図 9-1 に全体鳥瞰図と代表 3 断面の位置、図 9-2 に横断面：A、対角線断面：B、縦断面：C を示す。それぞれの断面で計算の対象とした部分を同図の左図に太線で示した。

上半球のタンクカバーに関しては真球からのずれはあるが、タンク中心と中心位置を共有する球にて近似することで、2 個の球体に挟まれた球環構造として取り上げる。

下半球の内底板での多角形構造については忠実に再現することは可能ではあるが、本書では円弧で近似している。

これらの近似半径を図 9-3 の拡大図中に点線 R_{COV}（上半球タンクカバー）および R_{IB}（下半球内底板）で示す。

船体全体を俯瞰すると断面形状は、上半球の球環形状と下半球の曲面 4 辺形状とに大きく 2 つに統一されることが分かる。これにスカート外側の円筒形状が加わる。

数値計算例はタンク断熱仕様として BOR 0.1 %/day と 0.15 %/day の 2 ケースについて行う。

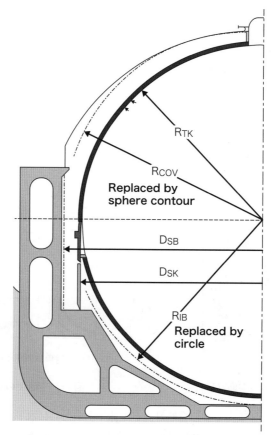

図 9-3 タンクカバーおよび内底板の円弧近似

9-3-2 上半球の数値計算

支配方程式は第 3 章、第 4 章で述べたように次の 5 種の変数の保存則の方程式（質量、運動量、エネルギー、$k\text{-}\varepsilon 2$ 方程式モデルの乱流エネルギー、および同消散率）が必要になる。これらをそれぞれの対象区画に適用する。

(1) 球環座標系

今回取り上げたタンク構造の場合、上半球については前項で述べたようにタンクとタンクカバーを同心球と置き直して、一般の球座標系をそのまま適用する。もしタンクとタンクカバー間の距離が一様でないことを忠実に取り込むならば、BFC システムの LatHld-3 を適用すればよい。

9-3 球形タンクの場合

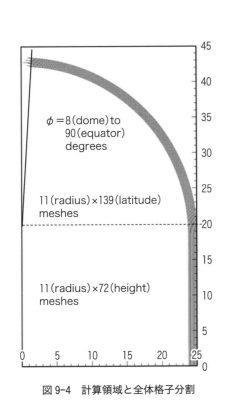

図 9-4 計算領域と全体格子分割

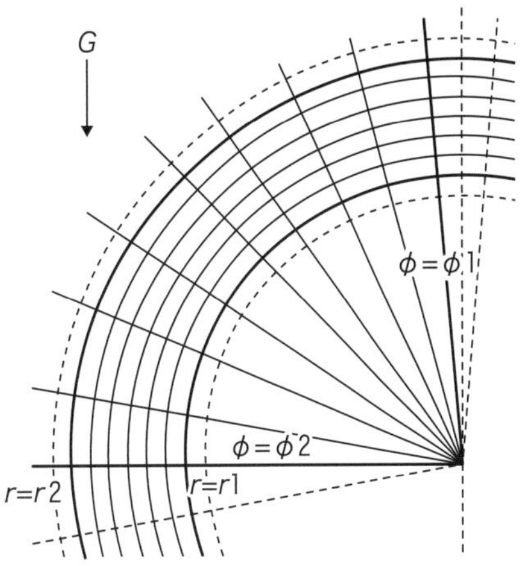

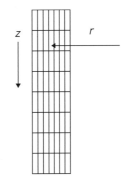

図 9-5 球座標系と格子分割

図 9-6 円柱座標系と格子分割

座標系 (r, ϕ) および差分式での格子分割を図 9-4 および図 9-5 に示す。記号は下記とする。
u、v：半径、緯度方向流速、ρ：密度、τ：時間、r：半径方向、ϕ：緯度方向、T：温度、Q：発熱、g：重力の加速度、p：圧力、λ：熱伝導率、c_p：比熱、$a=\lambda/\rho c_p$：熱拡散係数、ν_0：分子動粘性係数、ν_t：渦動粘性係数、k：乱流エネルギー、ε：同消散率、$C_1=1.44$、$C_2=1.92$、$C_D=0.09$、$\sigma_{kt}=1.0$、$\sigma_{\varepsilon t}=1.3$、$\sigma_t=0.9$：乱流諸係数

計算領域は図 9.4 に示すように、緯度方向にドーム接続部 8 度～赤道部 90 度とする。

(2) スカート外周面の中空円筒座標系

図 9-6 に示すように、z：高さ方向、r：半径方向を採用して円筒座標系を適用する。

(3) 球環の支配方程式

【質量】

$$\frac{1}{r^2}\frac{\partial(ur^2)}{\partial r}+\frac{1}{r\sin\phi}\frac{\partial(v\sin\phi)}{\partial\phi}=0 \tag{9-1}$$

【運動量】

$$\frac{\partial u}{\partial\tau}+\frac{1}{r^2}\frac{\partial u^2 r^2}{\partial r}+\frac{1}{r\sin\phi}\frac{\partial uv\sin\phi}{\partial\phi}=g_r-\frac{1}{\rho}\frac{\partial p}{\partial r}+\left[\begin{array}{l}\frac{1}{r^2}\frac{\partial}{\partial r}\left((\nu_0+\nu_t)r^2\frac{\partial u}{\partial r}\right)+\frac{1}{r^2\sin\phi}\frac{\partial}{\partial\phi}\left((\nu_0+\nu_t)\sin\phi\frac{\partial u}{\partial\phi}\right) \\ -(\nu_0+\nu_t)\frac{2}{r}\left(\frac{\partial u}{\partial r}+\frac{u}{r}\right)\end{array}\right] \tag{9-2}$$

$$\frac{\partial v}{\partial\tau}+\frac{1}{r^2}\frac{\partial vur^2}{\partial r}+\frac{1}{r\sin\phi}\frac{\partial v^2\sin\phi}{\partial\phi}=g_\phi-\frac{1}{\rho r}\frac{\partial p}{\partial\phi}+\left[\begin{array}{l}\frac{1}{r^2}\frac{\partial}{\partial r}\left((\nu_0+\nu_t)r^2\frac{\partial v}{\partial r}\right)+\frac{1}{r^2\sin\phi}\frac{\partial}{\partial\phi}\left((\nu_0+\nu_t)\sin\phi\frac{\partial v}{\partial\phi}\right) \\ +(\nu_0+\nu_t)\frac{1}{r^2}\left(2\frac{\partial u}{\partial r}+\frac{v}{\sin^2\phi}\right)\end{array}\right] \tag{9-3}$$

【エネルギー】

$$\frac{\partial T}{\partial\tau}+\frac{1}{r^2}\frac{\partial Tur^2}{\partial r}+\frac{1}{r\sin\phi}\frac{\partial Tv\sin\phi}{\partial\phi}=\left[\frac{1}{r^2}\frac{\partial}{\partial r}\left(\left(a+\frac{\nu_t}{\sigma_t}\right)r^2\frac{\partial T}{\partial r}\right)+\frac{1}{r^2\sin\phi}\frac{\partial}{\partial r}\left\{\left(a+\frac{\nu_t}{\sigma_t}\right)\sin\phi\frac{\partial T}{\partial\phi}\right\}\right]+Q \tag{9-4}$$

【乱流エネルギー】

$$\frac{\partial k}{\partial\tau}+\frac{1}{r^2}\frac{\partial kur^2}{\partial r}+\frac{1}{r\sin\phi}\frac{\partial kv\sin\phi}{\partial\phi}=\left[\frac{1}{r^2}\frac{\partial}{\partial r}\left\{\left(\nu_0+\frac{\nu_t}{\sigma_{kt}}\right)r^2\frac{\partial k}{\partial r}\right\}+\frac{1}{r^2\sin\phi}\frac{\partial}{\partial r}\left\{\left(\nu_0+\frac{\nu_t}{\sigma_{kt}}\right)\sin\phi\frac{\partial k}{\partial\phi}\right\}\right]$$
$$+\nu_t\left[2\left(\frac{\partial u}{\partial r}\right)^2+2\left(\frac{1}{r}\frac{\partial v}{\partial\phi}\right)^2+\left(\frac{\partial v}{\partial r}+\frac{1}{r}\frac{\partial u}{\partial\phi}\right)^2\right]-\varepsilon+g\beta\frac{\nu_t}{\sigma_t}\frac{\partial T}{\partial z} \tag{9-5}$$

【乱流エネルギー消散率】

$$\frac{\partial\varepsilon}{\partial\tau}+\frac{1}{r^2}\frac{\partial\varepsilon ur^2}{\partial r}+\frac{1}{r\sin\phi}\frac{\partial\varepsilon v\sin\phi}{\partial\phi}=\left[\frac{1}{r^2}\frac{\partial}{\partial r}\left\{\left(\nu_0+\frac{\nu_t}{\sigma_{\varepsilon t}}\right)r^2\frac{\partial\varepsilon}{\partial r}\right\}+\frac{1}{r^2\sin\phi}\frac{\partial}{\partial r}\left\{\left(\nu_0+\frac{\nu_t}{\sigma_{\varepsilon t}}\right)\sin\phi\frac{\partial\varepsilon}{\partial\phi}\right\}\right]$$
$$+C_1\nu_t\frac{\varepsilon}{k}\left[2\left(\frac{\partial u}{\partial r}\right)^2+2\left(\frac{1}{r}\frac{\partial v}{\partial\phi}\right)^2+\left(\frac{\partial v}{\partial r}+\frac{1}{r}\frac{\partial u}{\partial\phi}\right)^2\right]-C_2\frac{\varepsilon^2}{k}+C_1 g\beta\frac{\varepsilon}{k}\frac{\nu_t}{\sigma_t}\frac{\partial T}{\partial z} \tag{9-6}$$

【渦粘性係数】

$$\nu_t=C_D\frac{k^2}{\varepsilon} \tag{9-7}$$

（4）数値計算と結果の表示（温度分布と流速ベクトル）

BOR 0.1 %/day の場合について横断面、縦断面および対角断面の順に下記のグラフに表す。

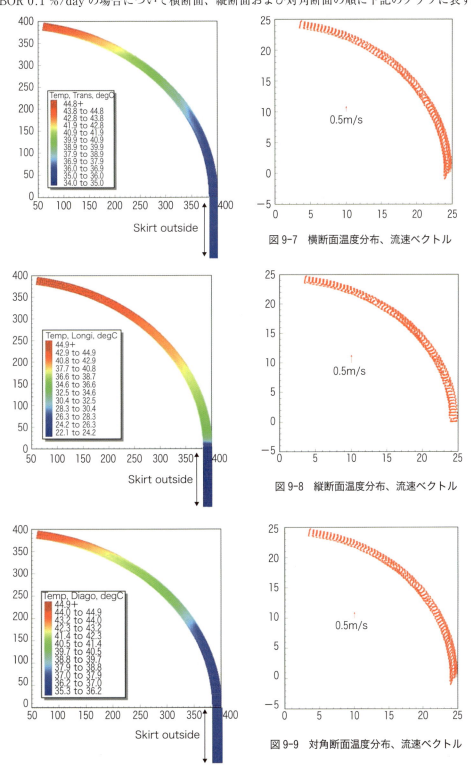

図 9-7　横断面温度分布、流速ベクトル

図 9-8　縦断面温度分布、流速ベクトル

図 9-9　対角断面温度分布、流速ベクトル

次に BOR 0.15 %/day の場合について表す。

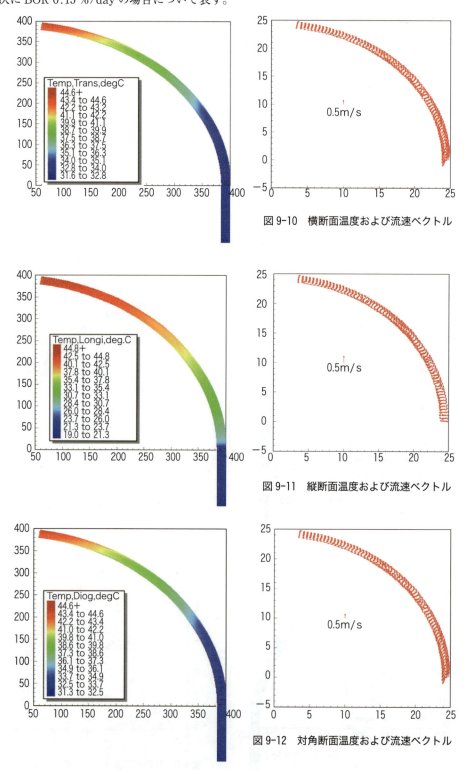

図 9-10　横断面温度および流速ベクトル

図 9-11　縦断面温度および流速ベクトル

図 9-12　対角断面温度および流速ベクトル

9-3-3 下半球の数値計算

(1) 下半球の変形4辺形断面のBFC座標系

図9-2および図9-3に示す下半球のホールドの3断面は、多角形境界をいずれも円形近似で置き換えることができるとした。それらを共通の一般形で示すと図9-13のように、物理座標系 (x, z)、BFC座標系 (ξ, ζ) 変換で z、ζ 軸を垂直上方、x、ξ 軸を水平方向にとって上下の辺の式を $z=h_2(\xi)$、$z=h_1(\xi)$ と表すことにする。

図で上辺 $z=h_2(\xi)$ が球形タンクの位置であり、下辺 $z=h_1(\xi)$ は船体の内底板、$x=0$ は船体中心位置および右端がスカート位置にそれぞれ相当する。

図9-14にそれぞれの断面での格子分割を示す。

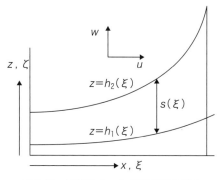

図9-13 下半球ホールド空間の座標系

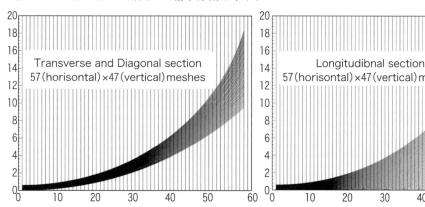

図9-14 下半球ホールド空間の座標系（左：横断面、対角線断面、右：縦断面）

(2) 変形4辺形断面の支配方程式

物理空間座標系 (x, z) を計算座標系 (ξ, ζ) への変換を行う。

上辺位置高さを $z=h_1(\xi)$、下辺位置高さを $z=h_2(\xi)$ および両辺間の垂直距離を $s(\xi)$ とすれば、水平方向：$\xi=x$、垂直方向：$\zeta=(z-h_1(x))/s(x)$ となる。

添え字 x、z で metrics を次のように表し、Jacobian J を求めると次のようになる。

$$\xi_x=\partial\xi/\partial x=1,\quad \xi_z=\partial\xi/\partial z=0,\quad \zeta_x=\partial\zeta/\partial x=-(h_{1x}+\zeta s_x)/s,\quad \zeta_z=\partial\zeta/\partial z=1/s$$

$$J=\begin{pmatrix} x_\xi & x_\zeta \\ z_\xi & z_\zeta \end{pmatrix}=s$$

$$J=s \tag{9-8}$$

ξ、ζ 座標系に沿った反変速度 U、W は次式で表される。

$$\begin{pmatrix} U \\ W \end{pmatrix}=\begin{pmatrix} \xi_x u+\xi_z w \\ \zeta_x u+\zeta_z w \end{pmatrix}=\begin{pmatrix} u \\ -\dfrac{h_{1x}+\zeta s_x}{s}+\dfrac{w}{s} \end{pmatrix} \tag{9-9}$$

それぞれの保存則方程式は次のようになる。

【質量】
$$\frac{\partial hU}{\partial \xi}+\frac{\partial hW}{\partial \zeta}=0 \tag{9-10}$$

【運動量】
$$\frac{\partial u}{\partial \tau}+\frac{1}{s}\left(\frac{\partial suU}{\partial \xi}+\frac{\partial suW}{\partial \zeta}\right)=-\frac{1}{\rho}\left(\frac{\partial p}{\partial \xi}+\zeta_x\frac{\partial p}{\partial \zeta}\right)+\frac{1}{s}\left[\frac{\partial}{\partial \xi}\left\{s(\nu_0+\nu_t)\left(\frac{\partial u}{\partial \xi}+\zeta_x\frac{\partial u}{\partial \zeta}\right)\right\}\right]$$
$$+\frac{1}{s}\left[\frac{\partial}{\partial \zeta}\left\{s(\nu_0+\nu_t)\left(\zeta_x\frac{\partial u}{\partial \xi}+\zeta_x^2\frac{\partial u}{\partial \zeta}\right)\right\}\right]+\frac{1}{s}\left[\frac{\partial}{\partial \zeta}\left\{s(\nu_0+\nu_t)\zeta_z^2\frac{\partial u}{\partial \zeta}\right\}\right] \tag{9-11}$$

$$\frac{\partial w}{\partial \tau}+\frac{1}{s}\left(\frac{\partial swU}{\partial \xi}+\frac{\partial swW}{\partial \zeta}\right)=-\frac{1}{\rho}\left(\zeta_z\frac{\partial p}{\partial \zeta}\right)+\frac{1}{s}\left[\frac{\partial}{\partial \xi}\left\{s(\nu_0+\nu_t)\left(\frac{\partial w}{\partial \xi}+\zeta_x\frac{\partial w}{\partial \zeta}\right)\right\}\right]$$
$$+\frac{1}{s}\left[\frac{\partial}{\partial \zeta}\left\{s(\nu_0+\nu_t)\zeta_z^2\frac{\partial w}{\partial \zeta}\right\}\right]+\frac{T_0-T}{T_0}g \tag{9-12}$$

【エネルギー】
$$\frac{\partial T}{\partial \tau}+\frac{1}{s}\left(\frac{\partial sTU}{\partial \xi}+\frac{\partial sTW}{\partial \zeta}\right)=\frac{1}{s}\left[\frac{\partial}{\partial \xi}\left\{s\left(a+\frac{\nu_t}{\sigma_t}\right)\left(\frac{\partial T}{\partial \xi}+\zeta_x\frac{\partial T}{\partial \zeta}\right)\right\}\right]$$
$$+\frac{1}{s}\left[\frac{\partial}{\partial \zeta}\left\{s\left(a+\frac{\nu_t}{\sigma_t}\right)\left(\zeta_x\frac{\partial T}{\partial \xi}+\zeta_x^2\frac{\partial T}{\partial \zeta}\right)\right\}\right]+\frac{1}{s}\left[\frac{\partial}{\partial \zeta}\left\{s\left(a+\frac{\nu_t}{\sigma_t}\right)\zeta_z^2\frac{\partial T}{\partial \zeta}\right\}\right]+Q$$
$$\tag{9-13}$$

【乱流エネルギー】
$$\frac{\partial k}{\partial \tau}+\frac{1}{s}\left(\frac{\partial skU}{\partial \xi}+\frac{\partial skW}{\partial \zeta}\right)=\frac{1}{s}\left[\frac{\partial}{\partial \xi}\left\{s\left(\nu_0+\frac{\nu_t}{\sigma_{kt}}\right)\left(\frac{\partial k}{\partial \xi}+\zeta_x\frac{\partial k}{\partial \zeta}\right)\right\}\right]$$
$$+\frac{1}{s}\left[\frac{\partial}{\partial \zeta}\left\{s\left(\nu_0+\frac{\nu_t}{\sigma_{kt}}\right)\left(\zeta_x\frac{\partial k}{\partial \xi}+\zeta_x^2\frac{\partial k}{\partial \zeta}\right)\right\}\right]+\frac{1}{s}\left[\frac{\partial}{\partial \zeta}\left\{s\left(\nu_0+\frac{\nu_t}{\sigma_{kt}}\right)\zeta_z^2\frac{\partial k}{\partial \zeta}\right\}\right]$$
$$+\nu_t\left[2\left(\frac{\partial u}{\partial \xi}-\frac{s_x}{s}\zeta\frac{\partial u}{\partial \zeta}\right)^2+2\left(\frac{1}{s}\frac{\partial w}{\partial \zeta}\right)^2+\left(\frac{\partial w}{\partial \xi}-\frac{s_x}{s}\zeta\frac{\partial w}{\partial \zeta}+\frac{1}{s}\frac{\partial u}{\partial \zeta}\right)^2\right]-\varepsilon+g\beta\frac{\nu_t}{\sigma_t}\left(\frac{\partial T}{\partial \xi}-\zeta\frac{s_x}{s}\frac{\partial T}{\partial \zeta}\right)$$
$$\tag{9-14}$$

【乱流エネルギー消散率】
$$\frac{\partial \varepsilon}{\partial \tau}+\frac{1}{s}\left(\frac{\partial s\varepsilon U}{\partial \xi}+\frac{\partial s\varepsilon W}{\partial \zeta}\right)=\frac{1}{s}\left[\frac{\partial}{\partial \xi}\left\{s\left(\nu_0+\frac{\nu_t}{\sigma_{\varepsilon t}}\right)\left(\frac{\partial \varepsilon}{\partial \xi}+\zeta_x\frac{\partial \varepsilon}{\partial \zeta}\right)\right\}\right]$$
$$+\frac{1}{s}\left[\frac{\partial}{\partial \zeta}\left\{s\left(\nu_0+\frac{\nu_t}{\sigma_{\varepsilon t}}\right)\left(\zeta_x\frac{\partial \varepsilon}{\partial \xi}+\zeta_x^2\frac{\partial \varepsilon}{\partial \zeta}\right)\right\}\right]+\frac{1}{s}\left[\frac{\partial}{\partial \zeta}\left\{s\left(\nu_0+\frac{\nu_t}{\sigma_{\varepsilon t}}\right)\zeta_z^2\frac{\partial \varepsilon}{\partial \zeta}\right\}\right]$$
$$+C_1\nu_t\frac{\varepsilon}{k}\left[2\left(\frac{\partial u}{\partial \xi}-\frac{s_x}{s}\zeta\frac{\partial u}{\partial \zeta}\right)^2+2\left(\frac{1}{s}\frac{\partial w}{\partial \zeta}\right)^2+\left(\frac{\partial w}{\partial \xi}-\frac{s_x}{s}\zeta\frac{\partial w}{\partial \zeta}+\frac{1}{s}\frac{\partial u}{\partial \zeta}\right)^2\right]$$
$$-C_2\frac{\varepsilon^2}{k}+C_3 g\beta\frac{\varepsilon}{k}\frac{\nu_t}{\sigma_t}\left(\frac{\partial T}{\partial \xi}-\zeta\frac{s_x}{s}\frac{\partial T}{\partial \zeta}\right) \tag{9-15}$$

【渦粘性係数】
$$\nu_t=C_D\frac{k^2}{\varepsilon} \tag{9-16}$$

次頁以降にBOR0.1%/dayおよび0.15%/dayの場合について数値計算結果を示す。

9-3 球形タンクの場合

(3) 数値計算と結果の表示：BOR 0.1 %/day の場合について示す。

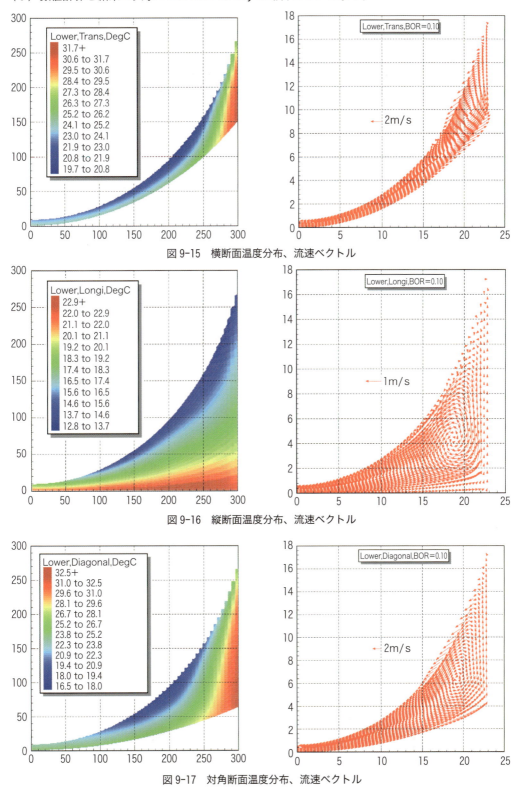

図 9-15　横断面温度分布、流速ベクトル

図 9-16　縦断面温度分布、流速ベクトル

図 9-17　対角断面温度分布、流速ベクトル

BOR 0.15 %/day の場合について示す。

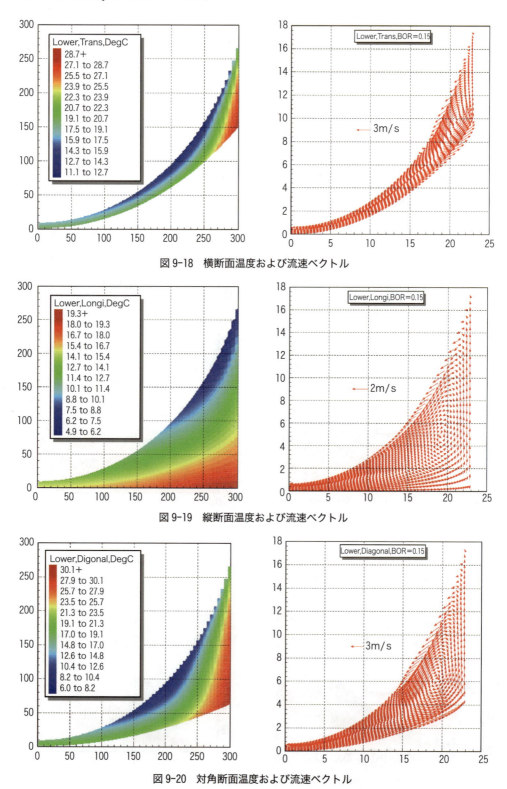

図 9-18　横断面温度および流速ベクトル

図 9-19　縦断面温度および流速ベクトル

図 9-20　対角断面温度および流速ベクトル

結果と評価

（1）いずれのケースも上半球の頂部液でかなり高温度となる。
（2）同じくタンク下半球の底面液でかなりの低温が生じる。
（3）大気および海水からの距離が大きいタンク間の横隔壁部に相当するスカート外周部で低温となる。
（4）断熱値の相違は下半球に表れ10℃以上の温度差となる。
（5）自由空間が大きい下半球部での温度低下による自然対流速度が大きい。
（6）上半球での速度は、狭隘空間内での逆流速度との混在のためにそれほど大きくならない。
（7）今回の解析は45℃、32℃と特定の外気条件でのものであり、実際の就航状態のより低温時においては、特に下半球の低温は注意を要する。
（8）下半球部での低温は断熱設計時には考慮すべきであろう。すなわち雰囲気温度の異なる上下半球でのコールドスポットの意味はおのずから異なってくる。
（9）低温による結露⇒断熱内部への浸透⇒水分浸漬あるいは凍結⇒断熱効果の低下の流れから見ると下半球部での断熱の品質管理の重要さを物語る。水の熱伝導率は空気の25倍以上であるごとに注意が必要である。
（10）タンク全体で見れば侵入熱およびBOR上はゼロサムとなるが、（9）項の結露による劣化対策として上下雰囲気の強制循環は意義がある。
（11）断熱の長期間にわたる品質維持、すなわち経年変化を抑える意味からもタンク周囲雰囲気の低湿度化の意義は大きい。

9-4　矩形タンクの場合

続いて7-5-2項にて述べた矩形タンクの場合について検討する。

構造としては図9-21に示すI社のSPB構造、および図9-22に示す一般的な矩形タンク形状で、長手方向の中心線上に隔壁の有無で異なるが、構造の長手方向および横方向の対称性から双方に適用可能であるようにした。9-3節の球形

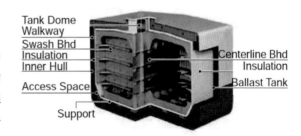

図9-21　矩形タンク断面構造の例[2]

との最大の相違は座標系に直角座標系が適用されることで取り扱いやすい。タンク内部には多くの骨組みが入るがここでは特別の考慮はしていない。それらを組み込むとしたら伝熱的にはいわゆるフィン効果として取り入れることで可能である。

流れに対しては壁面での抵抗体となるが、骨周囲の流れを詳細に見たい場合には一旦プレーン面で解析した後に、それを境界条件として壁面近傍と骨周りの流れを詳細に見る2段階方式で可能である。タンク底面の支持構造が球形のような連続体でなく、部分的な支持の多数構造となる。タンクへの侵入熱計算では個々の要素を詳細に見るが、本節では空間と見なしている。

9-4-1 区画の分割と座標系

7-5-2項にて記した8区画分割それぞれの区画の温度を境界条件とし、図9-22に各区画の番号および区画の平均温度を示す。

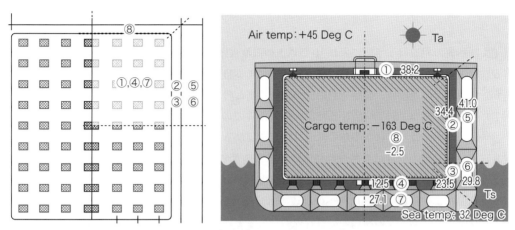

図9-22 タンクの平面図（左）および横断面（右）の区画分割と温度

タンクおよび船体構造の対称性から平面で1/4区画を取り出して、図9-23のように船体中心の船底位置を原点にとった3次元の直角座標系 (x, y, z)、および流速方向 (u, v, w) を定める。

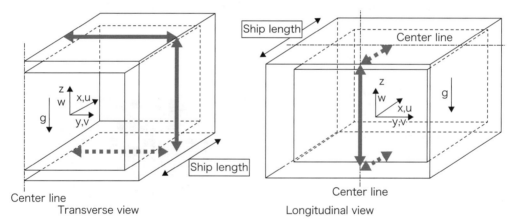

図9-23 タンクを取り巻く船体構造の3次元模型図

船体横方向の広がりを持つ空間を Transverse volume とし、長さ方向の空間を Longitudinal volume とする。

9-4-2 支配方程式と座標系[2]

本題は典型的な3次元直角座標系で表されるから、最も取り組みやすい例題である。以下次のような記号を取る。

x、y、z：図示の座標系、u、v、w：各方向流速、ρ：密度、τ：時間、T：温度、Q：発熱、g：重力、p：圧力、c_p：比熱、$a=\lambda/\rho c_p$：熱拡散係数、ν：分子動粘性係数、ν_t：渦動粘性係数、k：乱流エネルギー、ε：同消散率、$C_1=1.44$、$C_2=1.92$、$C_D=0.09$、$\sigma_{kt}=1.0$、$\sigma_{et}=1.3$、

$\sigma_t = 0.9$:乱流諸係数

それぞれの物理量の保存式は次のようになる。

【質量】
$$\frac{\partial u}{\partial x} + \frac{\partial v}{\partial y} + \frac{\partial w}{\partial z} = 0 \tag{9-17}$$

【運動量】
$$\frac{\partial u}{\partial \tau} + \frac{\partial u^2}{\partial x} + \frac{\partial uv}{\partial y} + \frac{\partial uw}{\partial z} = -\frac{1}{\rho}\frac{\partial p}{\partial x} + 2\frac{\partial}{\partial x}\left\{(\nu+\nu_t)\frac{\partial u}{\partial x}\right\}$$
$$+ \frac{\partial}{\partial y}\left\{(\nu+\nu_t)\left(\frac{\partial u}{\partial y}+\frac{\partial v}{\partial x}\right)\right\} + \frac{\partial}{\partial z}\left\{(\nu+\nu_t)\left(\frac{\partial w}{\partial x}+\frac{\partial u}{\partial z}\right)\right\} \tag{9-18}$$

$$\frac{\partial v}{\partial \tau} + \frac{\partial vu}{\partial x} + \frac{\partial v^2}{\partial y} + \frac{\partial vw}{\partial z} = -\frac{1}{\rho}\frac{\partial p}{\partial y} + \frac{\partial}{\partial x}\left\{(\nu+\nu_t)\left(\frac{\partial u}{\partial y}+\frac{\partial v}{\partial x}\right)\right\}$$
$$+ 2\frac{\partial}{\partial y}\left\{(\nu+\nu_t)\frac{\partial v}{\partial y}\right\} + \frac{\partial}{\partial z}\left\{(\nu+\nu_t)\left(\frac{\partial v}{\partial z}+\frac{\partial w}{\partial y}\right)\right\} \tag{9-19}$$

$$\frac{\partial w}{\partial \tau} + \frac{\partial wu}{\partial x} + \frac{\partial wv}{\partial y} + \frac{\partial w^2}{\partial z} = -\frac{1}{\rho}\frac{\partial p}{\partial z} + \frac{\partial}{\partial x}\left\{(\nu+\nu_t)\left(\frac{\partial w}{\partial x}+\frac{\partial u}{\partial z}\right)\right\}$$
$$+ \frac{\partial}{\partial y}\left\{(\nu+\nu_t)\left(\frac{\partial v}{\partial z}+\frac{\partial w}{\partial y}\right)\right\} + 2\frac{\partial}{\partial z}\left\{(\nu+\nu_t)\frac{\partial w}{\partial z}\right\} - \frac{T_0-T}{T_0}g \tag{9-20}$$

【エネルギー】
$$\frac{\partial T}{\partial \tau} + \frac{\partial Tu}{\partial x} + \frac{\partial Tv}{\partial y} + \frac{\partial Tw}{\partial z} = \frac{\partial}{\partial x}\left\{\left(a+\frac{\nu_t}{\sigma_t}\right)\frac{\partial T}{\partial x}\right\} + \frac{\partial}{\partial y}\left\{\left(a+\frac{\nu_t}{\sigma_t}\right)\frac{\partial T}{\partial y}\right\} + \frac{\partial}{\partial z}\left\{\left(\nu+\frac{\nu_t}{\sigma_t}\right)\frac{\partial T}{\partial z}\right\} + Q \tag{9-21}$$

【乱流エネルギー】
$$\frac{\partial k}{\partial \tau} + \frac{\partial ku}{\partial x} + \frac{\partial kv}{\partial y} + \frac{\partial kw}{\partial z} = \frac{\partial}{\partial x}\left\{\left(\nu+\frac{\nu_t}{\sigma_k}\right)\frac{\partial k}{\partial x}\right\} + \frac{\partial}{\partial y}\left\{\left(\nu+\frac{\nu_t}{\sigma_t}\right)\frac{\partial k}{\partial y}\right\} + \frac{\partial}{\partial z}\left\{\left(\nu+\frac{\nu_t}{\sigma_k}\right)\frac{\partial k}{\partial z}\right\}$$
$$+\nu_t\left[2\left(\frac{\partial u}{\partial x}\right)^2+2\left(\frac{\partial v}{\partial y}\right)^2+2\left(\frac{\partial w}{\partial z}\right)^2+\left(\frac{\partial u}{\partial y}+\frac{\partial v}{\partial x}\right)^2+\left(\frac{\partial v}{\partial z}+\frac{\partial w}{\partial y}\right)^2+\left(\frac{\partial w}{\partial x}+\frac{\partial u}{\partial z}\right)^2\right]-\varepsilon-g\beta\frac{\nu_t}{\sigma_t}\frac{\partial T}{\partial z} \tag{9-22}$$

【同消散率】
$$\frac{\partial \varepsilon}{\partial \tau} + \frac{\partial \varepsilon u}{\partial x} + \frac{\partial \varepsilon v}{\partial y} + \frac{\partial \varepsilon w}{\partial z} = \frac{\partial}{\partial x}\left\{\left(\nu+\frac{\nu_t}{\sigma_k}\right)\frac{\partial \varepsilon}{\partial x}\right\} + \frac{\partial}{\partial y}\left\{\left(\nu+\frac{\nu_t}{\sigma_t}\right)\frac{\partial \varepsilon}{\partial y}\right\} + \frac{\partial}{\partial z}\left\{\left(\nu+\frac{\nu_t}{\sigma_k}\right)\frac{\partial \varepsilon}{\partial z}\right\}$$
$$+C_1\nu_t\frac{\varepsilon}{k}\left[2\left(\frac{\partial u}{\partial x}\right)^2+2\left(\frac{\partial v}{\partial y}\right)^2+2\left(\frac{\partial w}{\partial z}\right)^2+\left(\frac{\partial u}{\partial y}+\frac{\partial v}{\partial x}\right)^2+\left(\frac{\partial v}{\partial z}+\frac{\partial w}{\partial y}\right)^2+\left(\frac{\partial w}{\partial x}+\frac{\partial u}{\partial z}\right)^2\right]-C_2\frac{\varepsilon^2}{k}-C_3g\beta\frac{\varepsilon}{k}\frac{\nu_t}{\sigma_t}\frac{\partial T}{\partial z} \tag{9-23}$$

【渦動粘性係数】
$$\nu_t = C_D\frac{k^2}{\varepsilon} \tag{9-24}$$

（1）Longitudinal volume

　厚さ方向（船体横方向）の狭いスペースに低温タンクと常温船体構造とが隣接した区画になり温度変化も大きい、かつ上下逆方向の流速も同時に存在する。したがって3次元の取り扱いは必須となる。座標系 (x,y,z) および流速方向 (u,v,w) をを図9-23右図のようにとる。

（2）Transverse volume

　船長方向に一様な二重底、側面隔壁、上甲板スペースからなる区画であるため、横方向の変化に対して船長方向の変化は小さく、一様とみなすこともできて2次元の取り扱いが可能となる。座標系 (x,z) および流速方向 (u,w) を図9-23左図のようにとる。

境界条件および初期条件

流速：境界を横切る速度 $=0$、壁面で1/7乗則のNon-slip条件

温度：空間第1セル温度 T_{in}、外部温度 T_a、セルの深さ Δx、熱貫流率 k として発熱項 Q として次式を与える。

$$Q = \frac{k(T_a - T_{in})}{\rho c_p \Delta x} \tag{9-25}$$

　あるいは外部に隣接して設けた仮想セル温度を T_{out}、第1温度を T_{in}、外部温度を T_a として熱平衡から仮想セル温度を次のように取る。

$$T_{out} = T_{in} + k\Delta x(T_a - T_{in})/\lambda \tag{9-26}$$

結果は同じであるが本書では後者を採用している。

　乱流エネルギーおよび同消散率に関しては境界線上で $k=0$、$\varepsilon=0$ とする。

　初期条件は、流速 $=0$、温度 $=0$（基準温度とする沸点からの偏移でカウントする）

9-4-3　数値計算と解

　典型的な直角3次元問題であるために、取り組みやすく、丹念にやれば必ず解に到達できる。解法としては支配方程式を陽解法の差分式に変換し、時間間隔を適当に与えて時間積分で進行させて、温度分布が一定の微小幅に収斂した時点で定常解として取り出す。本書では 10^{-6} を基準としている。各微分項の差分変換、解の安定条件のための時間刻みの考え方、情報保存系のための風上差分の考え方、質量保存式から得られる圧力平衡条件の考え方、圧力のPoisson方程式の解き方などに関しては4-4節によっている。4-4節からBFCシステムの諸条件を取り払えばよく、より簡潔に取り組むことが可能である。ただ3次元であるためにDimensionは直ちに大きくなり、数万から数百万メッシュになることは覚悟せねばならない。このために計算時間は長くなり、高速計算機での処理が望ましい。本書の場合は $105(x) \times 105(y) \times 141(z)$ の等分割を行っている。全体の計算時間で最大の時間消費は圧力のPoisson方程式の解法であり、これをいかに高速に解くかが勝負であり、もちろん収斂条件を緩くすれば早く解が得られるが、全体の質量平衡から見た解の信頼性は低くなる。実用に供しうる信頼性を得るには $10^{-6} \sim 10^{-7}$ レベルの収斂まで繰り返すことが必要である。以下に温度分布と流速ベクトルの結果を示す。

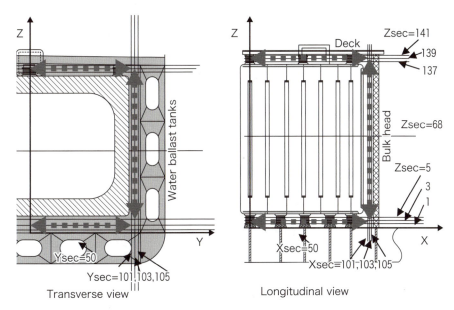

図9-24 タンク断面と計算領域およびグラフ表示面

(1) 温度分布

図9-25に示す断面位置でXsec＝50(タンクの長さ方向の中央部)、101(タンク低温前壁すぐ前面位置)、および105(横隔壁のすぐ前面位置)での温度分布を以下に示す。

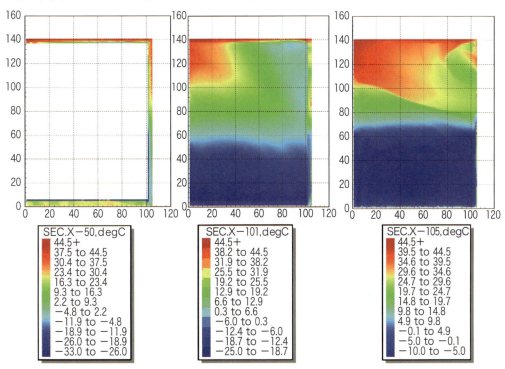

図9-25 横断面での温度分布

上甲板直下の領域では外気温度45℃に近い温度域が広がり、一方タンク深さ中央より下の部分では0℃以下の低温に、特にタンク底部では－25～－10℃の低温域となっている。すなわち

横隔壁の下半分は0℃以下になると見ておいた方がよい。$Y\mathrm{sec}=50$（タンクの横方向の中央部）、101（タンク低温側壁すぐ前面位置）、および105（縦隔壁のすぐ前面位置）での温度分布を図9-26に示す。

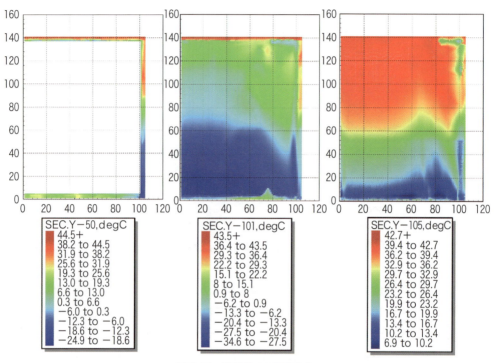

図9-26　縦断面での温度分布

$Z\mathrm{sec}=1$（二重底直上）、5（タンク底面直下位置）、137（タンク頂面直上）、および141（上甲板直下）での温度分布を図9-27に示す。

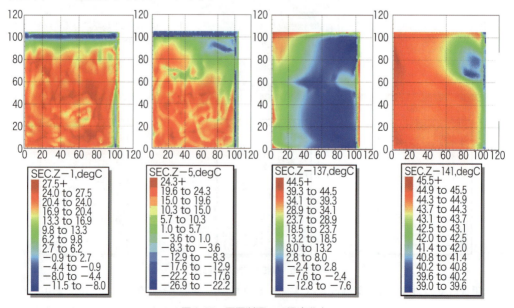

図9-27　平面断面での温度分布

縦断面では船側からの熱源に近いため、タンク最寄りの面では−35℃程度の低温になるが、船側壁面に最寄りの面では外気の影響を受けて最低でも7℃程度である。

タンク底面の空間では横隔壁に近い部分で一部−27℃の低温になるが、海水からの熱流入を受けて25℃レベルの温度になっている。一方タンク頂面の空間ではタンク直上で−12℃の低温部分が広がる。上甲板直下では外気温度の影響を受けて45℃に近い部分が多い。

(2) 速度ベクトル

同様にXsec=50（タンクの長さ方向の中央部）、101（タンク低温前壁すぐ前面位置）、および105（横隔壁のすぐ前面位置）での流速分布を図9-28に示す。

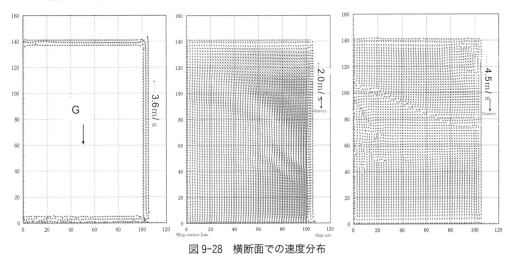

図9-28 横断面での速度分布

Ysec=50（タンクの横方向の中央部）、101（タンク低温側壁すぐ前面位置）、および105（縦隔壁のすぐ前面位置）での温度分布を図9-29に示す。

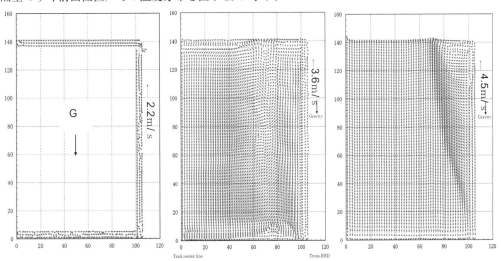

図9-29 縦断面での速度分布

縦、横断面共に広い範囲のタンク壁面で垂直下降流、船体面で上昇流となっており、2 m/s〜4 m/s程度の流速で自然対流が生じている。タンク底面の空間では温度勾配が上下流を促す形であるために不安定な形となっている。頂面は逆に成層流をなす形であり整然とした流れである。

9-5 各種異形のタンクおよびタンクカバーの場合

最後にBFCシステム適用のための好例として、異形のタンクあるいはタンクカバーを持つ船体構造の場合についていくつかを提示したい。一つは球形を延長したタンクを、やはり球形＋円筒形状のカバーでかぶせたものである。球と円筒との組み合わせで単純形状ではあるが、BFCシステム適用に好適な材料である。あるいはタンクカバーとしては、従来の球形または曲面構造に代わって直線構造もある。最も単純な3角形断面から5角形さらに7角形、さらには9角形と考えられ、実際は施工性や船橋からの見通しなどから決まるものであろう。多角形になるほど次第に球形に近付き特異性が薄くなるが、いずれの場合もBFCシステムの適用により解くことができる。本書では直線構造を対象として中間の5～7角形について述べることにする。両者の差は僅少でほぼ同じと考えてよい。BFC適用の例題としての記述であるためにBOR計算および区画分割については省略する。船体構造およびタンク断熱については著者の推測と現状のLNG趨勢をもとに適当に決めたものである。下半球については従来構造と共通としている。

9-5-1　船体構造の概略と適用座標系

まず図9-30に示す例はタンク中央部を円筒形で繋いで延長し、その上部にやはり曲面を持つカバーが設けられている。第8章の異形と考えることもできよう。

座標系でモデル化し、図のような共通の基点位置からの距離Rを取り、これらを緯度ϕの関数で表しておく。以下に示すRはいずれも半径ではなく距離を表す。

$$R_i = f(\phi)$$

軸対称回転体として第4章で示したLatHld-3を適用が可能である。読者の試行をお勧めしたい。

次にタンクカバーの形として考えられるいくつかの直線構造の多角形形状を示す。

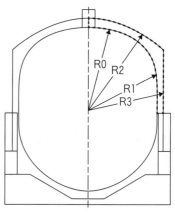

図9-30　球＋円筒組合せタンクの例

図9-31　各種タンクカバーの形状：LH2 Carrier 想像図[3]（左）、小型 LNGC[4]（中）、大型 LNGC[5]（右）

図9-31に示すようにLH2 Carrier[3]では、横置き円筒タンクの外郭に4角形の直線構造カバーが設けられている。LNG実船では同図の中に示す2500 m³容量の小型LNGC[4]で横置き円筒タンクと5角形の直線構造タンクカバーの組み合わせである。同右の大型タンク[5]の例もある。

そのほか図 9-32 に示すような 3 角形、5 角形なども考えられる。これらの延長として図 9-33 に示す 7 角形の断面形状もある。

大気からの対流熱および太陽光からの放射熱など、タンクへの入熱量の大きさから言えば接大気の面積を小さく、内部対流の規模および空間熱容量からもタンク面に

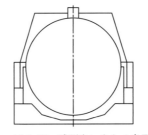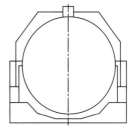

図 9-32 球形タンクと 3 角形および 5 角形タンクカバー

沿った球面に近い多角の形状が有利であるが、カバーの工作性の問題など総合的には 7 角形、せいぜい 9 角形が妥当な構造になろう。ここでは図 9-33 に示す多角形カバーを対象にして計算結果を示す。下半球部のホールドは 9-3 節で述べたように、通常のスカートと内底板からなる細長曲線形状である。

既述の通り、タンク周囲の流れは垂直方向の自然対流が主体となるために、断面はこの主要対流断面を取り上げることにし、横断面、縦断面および対角断面のそれぞれの上下半球の周囲空間である。いずれの断面形状も異形の座標系であり、BFC システム適用に合致している。なお本節では Solar radiation の影響を取り入れているが詳細は第 14 章にて述べる。

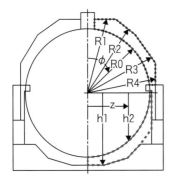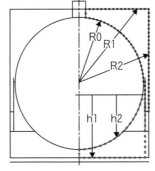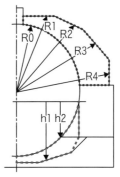

図 9-33 横断面、縦断面および対角断面

9-5-2 横断面

（1）上半球

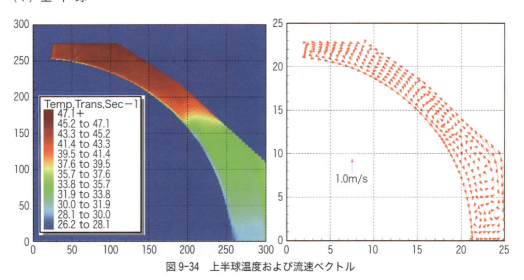

図9-34 上半球温度および流速ベクトル

（2）下半球

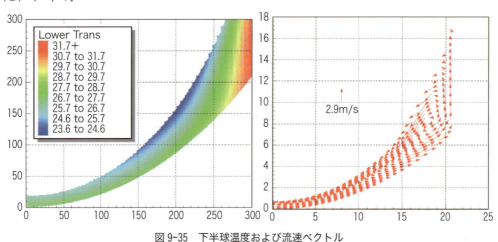

図9-35 下半球温度および流速ベクトル

9-5-3 縦断面

(1) 上半球

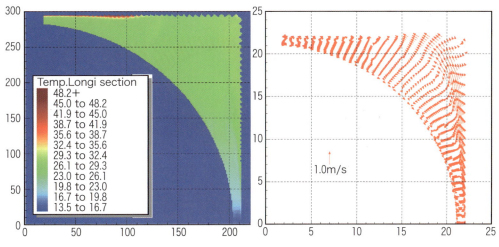

図 9-36　上半球温度および流速ベクトル

(2) 下半球

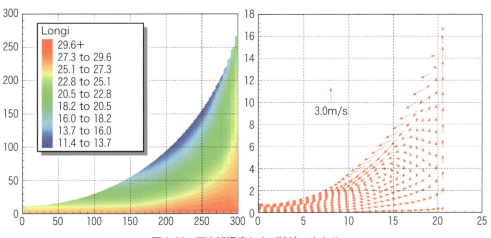

図 9-37　下半球温度および流速ベクトル

9-5-4 対角断面

(1) 上半球

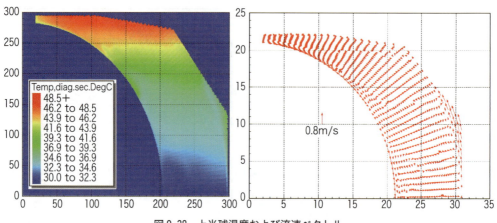

図9-38 上半球温度および流速ベクトル

(2) 下半球

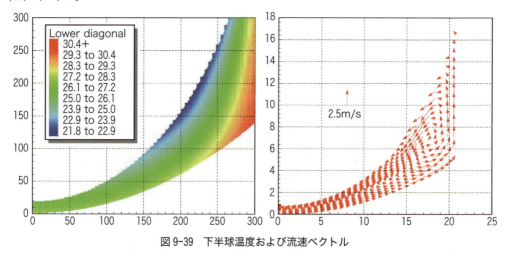

図9-39 下半球温度および流速ベクトル

9-6 計算結果を BOR 評価へフィードバックする

　今まではLNGタンクを取り巻く区画ごとの領域全体で一様な温度としていたが、前節の結果によってタンクを取り巻く位置ごとの雰囲気の温度分布と流速分布とが得られた。これをもとに場所ごとにタンクと周囲との温度差が求まり、さらに厳密に言えば流速分布に基づいた場所ごとの構造体表面の熱伝達率が得られる。したがってこれらを基にタンクの場所ごと、すなわち表面ごとの侵入熱量の計算が可能となり、よりリアルな BOR 値の推定、あるいは合理的な断熱材の配置の検討が可能となる。

　次に断熱の欠陥部に生じるコールドスポットの発生率を考えることにする。断熱材の表面におけるホールドとタンク間の熱平衡を考えると同表面温度は下記式で表され、雰囲気温度が高いほど断熱材表面の温度も高くなる。

$$k(T_h - T_L) = h(T_h - T_s) \tag{9-27}$$

$$Ts = T_h - k/h(T_h - T_L) \tag{9-28}$$

ここで、k：断熱材の熱貫流率、h：断熱材表面の熱伝達率、T_h：ホールド空気温度、T_L：LNG 温度、T_s：断熱材表面の温度である。

一方、雰囲気中の湿度の絶対量（絶対湿度）は蒸気の拡散速度が速いのと、流動している場合には温度変化に関わらず連続した区画内では全体で一定だと考えられるために、露点も一定である。したがって雰囲気温度が低い、例えば下半球の下部などでは表面温度は低くなりコールドスポットも生じやすい。逆に雰囲気温度が高い、例えば上半球の上部などで生じたコールドスポットはそうでない部分に生じたものよりも大きな断熱欠陥が内在している可能性が大きいことを示唆している。

次に対流による影響を考えてみる。船幅中心部の横隔壁に面した部分は、入熱源である上甲板、船側、タンクカバーおよび没水部の船体外板から遠く、さらに前後を両隣からタンクに挟まれて半ば隔離された状態にある。ここでは周囲からの入熱が限定され、同時に両側のタンクからの冷却に曝されるために温度低下が進んで、横隔壁の温度も低下する恐れがある。この現象は特に矩形タンクで顕著となる。これを防止するためには、自然対流に任せていては効果が限定されるために積極的な空気の流動を起こすか、あるいは加熱器を設けるかの必要がある。前者の場合には温度上昇が大きいタンクトップ近辺の空気をファンによる強制循環で横隔壁近傍に吹き付けることで、この局部的な温度低下を防ぐことが可能となる。同様のことは温度低下がみられる内底板についても言えて、トップからの高温移送で温度の異常低下を防ぐことができる。

ホールド雰囲気の温度分布は上に高く、下に低い重力場での自然対流における流体温度分布特有の形になっており、これに関与するタンクの表面積は垂直距離に比例するから、タンクの高さを見ればおおよその寄与度が判断できる。上半球では 40 ℃を超える領域が高さの半分、表面積で言えば同じく上半球の半分を占めており、この部分を例えば 20 ℃に下げることができれば侵入熱量は温度差に比例して $\Delta T_1/\Delta T_2 = (20+160)/(40+160) = 180/200 = 0.9$ となり、上半球の侵入熱量をおよそ -10%、タンク全体で考えれば $0.1 \times 1/2 \times 0.8 = -4\%$ の低減となる。このための方策としては何が考えられるのであろうか。

第10章　多成分混合体としての LNG の挙動解析

10-1　多成分混合体 LNG の特徴

　前章までは LNG の物性として主成分であるメタンによって代表させ、タンクに積載し、航海し、荷揚げするまでを一貫して一定として論じてきた。大まかに LNG 全体を扱う場合にはそれで支障はないだろう。実際には LNG はメタンを主成分とするエタン、プロパン、ブタンなどのパラフィン系低分子炭化水素と窒素の混合物である。その性状は主成分である液化メタンとほぼ同じであるが、厳密にその特性を論じる場合には混合物としての取り扱いが必要となってくる。例えば厳密に発熱量ベースでの商取引の場合、あるいはプラントの熱効率を論じる場合には実際の天然ガスとしての特性が必要となってくる。また実際に利用される状態は気体であることが多いが、そのときの成分比は液体中の成分比とはかなり異なっており、特に窒素成分の影響が大きいため発熱量あるいは再液化効率などへの影響は顕著である。あるいは時間変化を考えた場合には、自然蒸発による航海中の LNG 液および蒸発蒸気のそれぞれの成分は刻々と変化しており、図 10-1 に示すように積み時と荷揚げ時ではタンク内貨物の特性が変わっている。ではメタン近似と LNG とでは何が異なるのか、それを論じるためには実際の LNG 液と BOV 蒸発蒸気のそれぞれの成分に着目する必要がある。

　これらの取り扱いは物理化学や化学工学の分野になり、今までの熱力学的発想に加えて気液平衡理論を取り入れた考え方が必要となる。そこでは一般的な熱力学とは異なったいくつかの新しい概念が登場する。本書では多くの熱力学および化学工学関連の書籍[3-7][1][2][3][4][5][6][7][8][9][10][11] を引用しながら気液平衡理論について解説し、具体的な計算手順と実際の LNG での数値計算結果について述べることにする。新しい概念に伴ういくつかの数式が出現し、今までの質量、熱量あるいは運動量の保存則から離れて戸惑いも多いと思われるが、手順を追って行けば特に難しいことではないと読者は気付かれるであろう。新しい数式については本文には最終結果のみを記すが、その由来も重要と考えて、著者による誘導過程を付録に記す。気液平衡に関する基本的な考え方は第 3-5 節に記載しているので参照されたい。

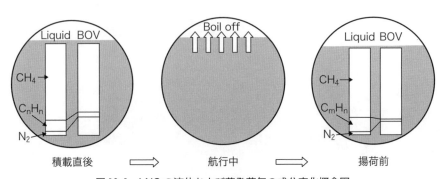

図 10-1　LNG の液体および蒸発蒸気の成分変化概念図

10-2 LNGを気体・液体の平衡体として考える

10-2-1　気液平衡条件

　混合物の気相および液相でのそれぞれの成分比率については気液平衡論から誘導しなければならない。気液平衡状態を熱力学的に表現する場合には、気相と液相との間には系としての温度および圧力が等しいことに加えて、化学工学的に新しい概念であるフガシティ（fugacity）が各成分間で等しいという条件が付け加わる。ここにフガシティ f とは圧力の単位を持ち、平衡計算のために導入されたものである。

$$\text{Fugacity}: \ln f = \ln P - \frac{1}{RT}\int_0^P \left(\frac{RT}{P} - V\right)dP \tag{10-1}$$

　上記の条件は、両相においてそれぞれの成分の化学ポテンシャルが等しくなければならないことを意味している。すなわち平衡条件としては次のようになる。

$$T^V = T^L, \ P^V = P^L, \ f_i^V = f_i^L \tag{10-2}$$

以下次のような記号を使用する。
v：比容積（v''：蒸気、v'：液体）（m³/kmol）、R：ガス定数 $=8.314$（kPa・m³/kmol・K）、m：分子量、ρ：モル密度（kmol/m³）、L：蒸発潜熱（kJ/kmol）、T：温度（K）、P：圧力（kPa）、V：容積（m³）、x：液相のモル分率、y：気相のモル分率、$K=y/x$：気液平衡係数、添え字 V：気相、L：液相、c：臨界状態、i：成分i、$\sum_{i=1}^n x_i = 1.0$、$\sum_{i=1}^n y_i = 1.0$

　気・液の両相が平衡状態にあるときには両者は飽和状態にあることを意味し、低圧平衡時には理想気体とみなすことができるので、圧力の温度微分値 dP/dT の関係式を示す Clapeyron 式が成立する。

　ここで気液平衡係数 K_i（K value of component i in mixture）という新たな概念が登場し次のように定義される。この呼称としては次に示すように著者によって種々なされている。

K value：Vapor-liquid coefficient, Vapor-liquid distribution ratio, Equilibrium constant, Equilibrium phase distribution ratio, Vaporization equilibrium ratio, Distribution coefficient, Equilibrium vaporization constant

　K value の定義としては次式となる。

$$K_i = \frac{y_i}{x_i} = \frac{f_i^L/x_i}{f_i^V/y_i} = \frac{f_i^L/P_i^0 x_i}{f_i^V/P y_i} \frac{P_i^0}{P} \tag{10-3}$$

ここで P_i^0/P：Raoult's Law で使われる全圧に対する成分 i の蒸気分圧の割合を表す。
$(f_i^L/P_i^0 x_i)/(f_i^V/P y_i)$：Raoult's Law からのずれに対する修正となる。

$$L = (v'' - v')T\frac{dP}{dT} \tag{10-4}$$

低圧時には蒸気は理想気体と見なせるから $v'' = RT/P$、かつ $v'' \gg v'$ であるから上式は次のようになる。

$$\frac{dP}{P} = \frac{L}{R}\frac{dT}{T^2} \tag{10-5}$$

これを蒸発潜熱 L は一定として臨界状態 (P_c, T_c) の境界条件のもとに積分すれば、平衡状態における圧力と温度の関係が次式で表される。化学工学では一般に臨界点の値を物質の状態変化における一つの明らかな境界条件として使う。

$$ln\frac{P_c}{P} = \frac{L}{RT_c}\left[\frac{T_c}{T}-1\right] \tag{10-6}$$

7種類の物質について圧力 P と温度 T の関係を示すと図 10-2 のようにリニアな関係がある[3]。右辺の定数項については物質の種類によらず、およそ一定値 5.25 となる。他の物質では若干のずれがあるが、本書ではこの数値を使って蒸気温度と圧力の関係を表すことにする。

$$ln\frac{P}{P_c} = 5.25\left[1-\frac{T_c}{T}\right] \tag{10-7}$$

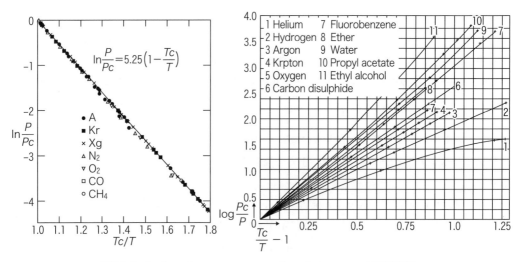

図 10-2　Reduced temperature-reduced pressure の直線関係、
　　　　左図：7種の物質に対して、右図：物質の範囲を拡大すると若干ずれてくる

したがって、以下においては平衡温度 T における飽和圧力を次式で表すことにする。

$$P_i = P_{ci}\exp\left\{5.25\left[1-\frac{T_{ci}}{T}\right]\right\} \tag{10-8}$$

10-2-2　フガシティ式および状態式

LNG のような多成分の場合、成分 i のモル数を n_i、$\Sigma n_i = n$ としたとき同成分のフガシティ f_i は圧力 P で表して次式で定義される物理量である。

$$R_0 T \, ln f_i = \int_v^\infty \left\{\left[\frac{\partial P}{\partial n_i}\right]_{T,v,n_{j\neq i}} - \frac{R_0 T}{v}\right\}dv - R_0 T \, ln\frac{v}{n_i R_0 T} \tag{10-9}$$

したがって成分の状態方程式を圧力 P で表現できれば、上式によってフガシティ f_i が温度と密度の関数として求まる。本書では、実在の低級炭化水素やそれらの混合物の液体および蒸気に適用し、圧力、体積および温度の関係を示す状態式として 3-5 節で述べたような実験から得られた 8 個の定数項を持つ Benedict-Webb-Rubin（BWR）の式を用いる。本式は気液平衡を扱う場合に最も一般的に用いられている式として知られている[5]他。

$$P = R_0 T\rho + \left[B_0 R_0 T - A_0 - \frac{C_0}{T^2}\right]\rho^2 + (bR_0 T - a)\rho^3 + a\alpha\rho^6 + \frac{c\rho^3}{T^2}(1+r\rho^2)e^{-r\rho^2} \quad (10\text{-}10)$$

多成分体の場合には、これらの定数に次の混合則を適用して用いる。BWR 式の定数項についてはさらに精度を上げた数値が Orye[2][5] によって与えられており、これを表 10-1 に示した。

$$B_0 = \sum_i x_i B_{0i}$$

$$A_0 = \sum_i x_i^2 A_{0i} + \sum_i \sum_{\substack{j \\ j \ne i \\ j > i}} M_{ij} x_i x_j A_{oi}^{\frac{1}{2}} A_{oj}^{\frac{1}{2}} \quad (10\text{-}11)$$

$$C_0 = \left[\sum_i x_i C_{0i}^{\frac{1}{2}}\right]^2$$

$$b = \left[\sum_i x_i b_i^{\frac{1}{3}}\right]^3$$

$$a = \left[\sum_i x_i a_i^{\frac{1}{3}}\right]^3$$

$$c = \left[\sum_i x_i c_i^{\frac{1}{3}}\right]^3$$

$$\alpha = \left[\sum_i x_i \alpha_i^{\frac{1}{3}}\right]^3$$

$$\gamma = \left[\sum_i x_i \gamma_i^{\frac{1}{2}}\right]^2$$

ただし、x_i：成分 i の液相、あるいは気相でのモル分率、$B_{0i}, A_{0i}, C_{0i}, b_i, a_i, c_i, \alpha_i, \gamma_i$：それぞれ成分 i 単独時の定数で表 10-2 による。M_{ij}；異種分子間相互作用のパラメータ、$i=j$ のときには $M_{ij}=2$ となる。詳細は表 10-1 による[2][3][5]。

ただし同表は英国単位系であるために、psia, ft^3, lb-mol, °R, R=10.73psia ft^3/(lb-mol・°R) で表されているので注意を要する。

C_{0i} は温度依存性があり、次式で表される。$T_0, T_1, Q_1, Q_2, Q_3, Q_4, Di(=DCDT)$ は物質固有の値で表 10-3 に示される。ただし $Di = \left[\dfrac{d\left(\Delta C_{0i}^{\frac{1}{2}}\right)}{dT}\right]$ at $T=T_1$ である。

$T < T_1$ のとき $C_{0i}(T)$ は次の手順を順次踏んで求まる。

$$\theta = (T_1 - T_0)/T_0$$

$$\Delta C_{0i}(T_1)^{\frac{1}{2}} = Q_1\theta^2 + Q_2\theta^3 + Q_3\theta^4 + Q_4\theta^5$$

$$\Delta C_{0i}(T)^{\frac{1}{2}} = \Delta C_{0i}(T_1)^{\frac{1}{2}} + D_i(T - T_1)$$

$$C_{0i}(T)^{\frac{1}{2}} = C_{0i}(T_0)^{\frac{1}{2}} - \Delta C_{0i}(T)^{\frac{1}{2}} \tag{10-12}$$

温度換算：参考までに°R：ランキン度への換算式を示す．

$T(°R) = 9/5T$，（T：Kのとき）

$T(°R) = 9/5T + 459.67 + 32$，（$T$：℃のとき）

$-162℃ \fallingdotseq 200°R$

$-273.15℃ = 0K = 0°R$

表10-1 混合物のBWR interaction parameter

NO.	Component	Molecular formula	NO.	Component	Molecular formula
1	METHANE	CH_4	5	N-BUTANE	$N\text{-}C_4H_{10}$
2	ETHANE	C_2H_6	6	I-PENTANE	$I\text{-}C_5H_{12}$
3	PROPANE	C_3H_8	7	N-PENTANE	$N\text{-}C_5H_{12}$
4	I-BUTANE	$I\text{-}C_4H_{10}$	8	NITROGEN	N_2

i	j	Mi, j	i	j	Mi, j	i	j	Mi, j
1	2	2.0	3	4	2.0	5	6	2.0
	3	2.0		5	2.0		7	2.0
	4	2.0		6	2.0		8	2.0
	5	2.0		7	2.0			
	6	2.0		8	2.0			
	7	2.0						
	8	1.9324						
2	3	2.0	4	5	2.0	6	7	2.0
	4	2.0		6	2.0		8	2.0
	5	2.0		7	2.0			
	6	2.0		8	2.0			
	7	2.0				7	8	2.0
	8	2.0						

表 10-2 Oyre による BWR 定数（英国単位系）

	B_0	A_0	C_0	b	a	c	α	γ
CH_4	0.6824010	6995.2500	0.2757630E+09	0.8673250	2984.120	0.4981060E+09	0.511172	1.539610
C_2H_4	0.8919800	12593.6000	0.1602280E+10	2.2067800	15645.500	0.4133600E+10	0.731661	2.368440
C_2H_6	1.0055400	15670.7000	0.2194270E+10	2.8539300	20850.200	0.6413140E+10	1.000440	3.027900
C_3H_6	1.3626300	23049.2000	0.5365970E+10	4.7999700	46758.600	0.2008300E+11	1.873120	4.693250
C_3H_8	1.5588400	25915.3999	0.6209930E+10	5.7735500	57248.000	0.2524870E+11	2.495770	5.645240
$i\text{-}C_4H_{10}$	2.2032900	38587.3999	0.1038470E+11	10.8889999	117047.000	0.5597770E+11	4.414960	8.724470
$i\text{-}C_4H_8$	1.8585800	33762.8999	0.1132960E+11	8.9337499	102251.000	0.5380720E+11	3.744170	7.594010
$n\text{-}C_4H_{10}$	1.9921100	38029.5996	0.1213050E+11	10.2636000	113705.000	0.6192560E+11	4.526930	8.724470
$i\text{-}C_5H_{12}$	2.5638600	48253.5996	0.2133670E+11	17.1441000	226902.000	0.1362050E+12	6.987770	11.880700
$n\text{-}C_5H_{12}$	2.5109600	45928.7998	0.2591720E+11	17.1441000	246148.000	0.1613060E+12	7.439920	12.188600
$n\text{-}C_6H_{14}$	2.8483500	54443.3999	0.4055620E+11	28.0031998	429901.000	0.2960770E+12	11.553900	17.111500
$n\text{-}C_7H_{16}$	3.1878200	66070.5996	0.5798400E+11	38.9916997	626106.000	0.4834270E+12	17.905600	23.094200
$n\text{-}C_8H_{18}$	2.4316500	55471.7996	0.8810000E+11	73.0545998	1259500.000	0.8823030E+12	17.942100	24.568000
$n\text{-}C_9H_{20}$	2.6158700	60351.5000	0.1219000E+12	100.3569994	1825500.000	0.1398020E+13	23.910500	29.996700
$n\text{-}C_{10}H_{22}$	2.7671700	64360.5000	0.1608000E+12	130.2536983	2497800.000	0.2040170E+13	30.294000	35.421700
C_6H_6	0.8057382	24548.4800	0.4190775E+11	19.6634109	336468.000	0.2302473E+12	2.877295	7.518409
H_2	0.3339370	585.1270	0.4110000E+07	0.0868200	98.599	0.1423170E+07	0.479116	0.828100
N_2	0.7336413	4496.9410	0.7195331E+08	0.5084650	900.070	0.1072668E+09	1.198385	1.924507
CO_2	0.7994960	10322.7999	0.1698000E+10	1.0582000	8264.460	0.2919710E+10	0.348000	1.384000
H_2S	0.5582140	11701.1000	0.2360000E+10	1.1354300	8758.270	0.3660180E+10	0.289043	1.168890

表10-3 C_0の温度関数式の係数値

	T_0	T_1	DCDT	Q_1	Q_2	Q_3	Q_4
C_1H_4	289.69	159.69	0.00000	0.1165490E+05	0.3367750E+05	0.6926850E+05	0.5279740E+05
C_2H_4	369.69	159.69	0.00000	0.3404110E+05	0.1493090E+06	0.3106840E+06	0.2039330E+06
C_2H_6	424.69	159.69	0.00000	0.1599320E+05	0.1018240E+05	0.2180010E+05	0.1962190E+05
C_3H_6	459.69	159.69	0.00000	0.4823550E+05	0.1412580E+06	0.2164240E+06	0.1202830E+06
C_3H_8	509.69	159.69	0.00000	0.8239730E+04	−0.4473340E+05	−0.6114080E+05	−0.2319690E+05
$i-C_4H_{10}$	484.69	269.69	−22.12256	0.1078770E+06	0.7314030E+06	0.2187170E+07	0.2231160E+07
$i-C_4H_8$	529.69	269.69	−32.83256	0.1061340E+06	0.5923800E+06	0.1565130E+07	0.1416790E+07
$n-C_4H_{10}$	529.69	269.69	−34.32522	0.9480760E+05	0.5009210E+06	0.1358720E+07	0.1266080E+07
$i-C_5H_{12}$	514.69	309.69	−29.57480	0.1040800E+06	0.4990670E+06	0.1385770E+07	0.1479550E+07
$n-C_5H_{12}$	629.69	309.69	−32.49820	0.4517410E+05	0.1520220E+06	0.4742210E+06	0.4837050E+06
$n-C_6H_{14}$	629.69	309.69	−40.00000	0.9696390E+05	0.1985950E+06	0.2112580E+06	0.9049590E+05
$n-C_7H_{16}$	669.69	309.69	−62.00000	0.3805060E+05	−0.2426230E+06	−0.5757700E+06	−0.3495650E+06
$n-C_8H_{18}$	1009.69	459.69	−33.88000	0.4763729E+05	−0.1977239E+03	0.2315804	−0.8194300E−04
$n-C_9H_{20}$	1059.69	459.69	−40.76000	0.5239423E+05	−0.2271831E+03	0.2585502	−0.8627400E−04
$n-C_{10}H_{22}$	1059.69	484.69	−41.04000	0.7181043E+05	−0.3177407E+03	0.3794226	−0.1355970E−03
C_6H_5	671.69	492.00	−20.44400	0.2507454E+05	0.2649263E+06	0.1263452E+07	0.1843210E+07
H_2	0.00	0.00	0.00000	0.0000000	0.0000000	0.0000000	0.0000000
N_2	0.00	0.00	0.00000	0.0000000	0.0000000	0.0000000	0.0000000
CO_2	449.69	333.34	−17.1300	0.5051527E+04	0.2958724E+05	0.5381413E+06	0.1204273E+07
H_2S	649.69	383.29	−25.00000	0.2543442E+05	−0.1153709E+03	0.1630762	−0.7045528E−04

状態方程式としては、他にも気体に対しては van der Waals 式、Redlich-Kwong 式およびそれからの派生式、飽和液まで表現できる Barner-Adler 式、Sugoe-Lu 式、炭化水素への適用を目的に開発された Lee-Erbar-Edmister 式もある。

一方、多成分体のフガシティ式は温度と密度の関数として表され、これを液相について記すと次式[2]となる。本式の誘導については付録3および付録4に示す。

$$R_0 T \ln \frac{f_i}{x_i} = R_0 T \ln \rho R_0 T + \left\{ (B_0 + B_{0i}) R_0 T - \frac{2(C_0 C_{0i})^{\frac{1}{2}}}{T^2} - 2x_i A_{0i} - \sum_{\substack{j \\ j \neq i}} M_{ij} x_j (A_{0i} A_{0j})^{\frac{1}{2}} \right\} \rho$$

$$+ \frac{3}{2} \left[(b^2 b_i)^{\frac{1}{3}} R_0 T - (a^2 a_i)^{\frac{1}{3}} \right] \rho^2 + \frac{3}{5} \left\{ a(a^2 \alpha_i)^{\frac{1}{3}} + \alpha (a^2 a_i)^{\frac{1}{3}} \right\} \rho^5 + \frac{3\rho^2}{T^2} (c^2 c_i)^{\frac{1}{3}} \left[\frac{1 - e^{-r\rho^2}}{r\rho^2} - \frac{e^{-r\rho^2}}{2} \right]$$

$$- \frac{2\rho^2 c}{T^2} \left\{ \frac{r_i}{r} \right\}^{\frac{1}{2}} \left[\frac{1 - e^{-r\rho^2}}{r\rho^2} - e^{-r\rho^2} - \frac{r\rho^2 e^{-r\rho^2}}{2} \right] \quad (10\text{-}13)$$

気相については上式の中の x_i を y_i とおいて同様の式が成り立つ。

上式によって気相および液相での各成分のフガシティとモル分率の比が圧力、温度、密度、およびモル分率によって表される。

一方、各成分の気相が完全ガスの性状から外れない低圧（約2 bar 以下）で、沸点が著しく離れていない混合物の場合には理想溶液および完全ガスの理想系と考えてよい。この場合には、混合気体の各成分の単独時の飽和圧力を P_i、系の全圧を P としたときラウールの法則およびダルトンの法則から

$$\frac{y_i}{x_i} = \frac{P_i}{P} \quad (10\text{-}14)$$

となり、これを近似的に液化ガスの混合物に適用する。

10-3　気液平衡理論のLNGタンクへの応用

10-3-1　気液平衡の計算手順

LNG 船の場合には一般に液組成があらかじめ分っていて、それから BOV の気体組成を求めることが多い。したがってこのときの取り扱いについて述べるが、逆に気相組成が分っているとき、これと平衡状態の液組成を求めることも可能である。

LNG タンク内では液表面から常時蒸発が起きているが、第5章で述べるようにタンク壁面の境界層からの流れ込み、および全体流動による LNG のタンク内の循環量は大型タンクで 2,000〜4,000 m³/h と大きいのに対し、蒸発量は約 2 m³/h と循環量に比べて3オーダー以下と小さい。したがって液表面蒸発によって平衡状態が崩れることはなく常時、液全体は気相部と平衡状態にあると考えられる。いま系の圧力 P（LNG 船の場合には一般的にはおよそ1気圧）および液相の各成分のモル分率 x_i が与えられているときの、系の平衡温度および蒸発ペーパーの組成を求める手順[3]は以下の通りである。なお、概念的なフローを図 10-3 に示す。

第10章 多成分混合体としてのLNGの挙動解析

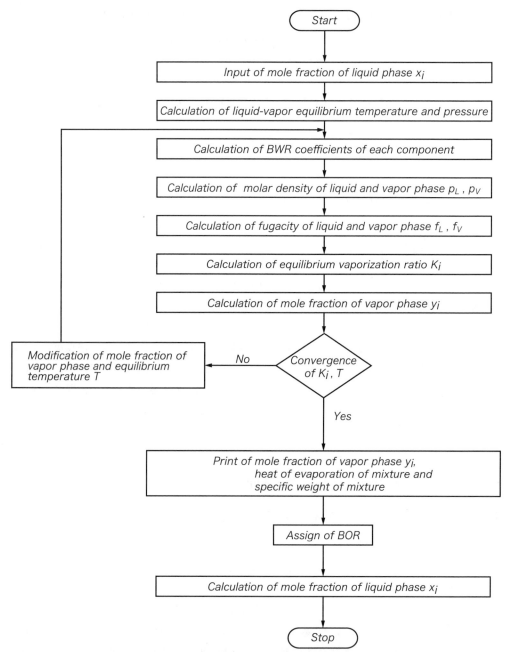

図10-3 多成分系の平衡温度および蒸発蒸気の組成を求めるフロー

(1) 系の平衡温度および圧力

タンク内の気液平衡状態とは飽和状態のことであり、圧力 P を与えてそのときの飽和温度を求める。まずLNG液の平均臨界温度 T_{cm} および平均臨界圧力 P_{cm} の第0次近似値を各成分単独の臨界値 T_{ci}, P_{ci} から成分比率平均値として次のように仮定する。

10-3 気液平衡理論の LNG タンクへの応用

$$T_{cm} = \sum_i x_i\, T_{ci}$$

$$P_{cm} = \sum_i x_i\, P_{ci} \tag{10-15}$$

一方、蒸気圧力の近似式（10-7）から平衡温度の第 0 次近似値を次式にて求める。

$$T = \frac{T_{cm}}{1 - \dfrac{1}{5.25}\ln\dfrac{P_{cm}}{P}} \tag{10-16}$$

（2）気液平衡定数

（1）で求めた全体系の平衡温度における各成分の飽和圧力 P_i は同じく同式から求まり、

$$P_i = P_{ci}\, exp\left\{5.25\left[1 - \frac{T_{ci}}{T}\right]\right\} \tag{10-17}$$

となる。低圧かつ、各成分の沸点が著しく離れていない混合物は理想系（理想溶液および完全ガス）とみてよく、このとき平衡温度における各成分単独時の飽和圧力 P_i および系の全圧 P の間には式（10-14）の $\dfrac{y_i}{x_i} = \dfrac{P_i}{P}$ が成り立ち、これを用いて式（10-3）の気液平衡係数 K_i を求めると次のようになる[4]。

$$K_i = \frac{y_i}{x_i} = \frac{P_i}{P} = \frac{P_{ci}}{P}\, exp\left\{5.25\left[1 - \frac{T_{ci}}{T}\right]\right\} \tag{10-18}$$

（3）気相成分比率の第 0 近似値

式（10-18）から次式のようになる。

$$y_i = K_i x_i = \frac{x_i P_{ci}}{P}\, exp\left\{5.25\left[1 - \frac{T_{ci}}{T}\right]\right\} \tag{10-19}$$

（4）BWR 式の定数計算

式（10-11）の $B_0 \sim \gamma$ の定数を液相については与えられた x_i、気相については第 1 回目は（3）で求めた y_i の数値を用いて計算する。C_{0i} については（1）で求めた平衡温度に基づいて温度修正を施す。

（5）密度計算

（4）で求めた液相、気相の BWR 式の定数を式（10-10）に代入し、先に求めた系の平衡温度および圧力のもとに液相、気相のモル密度 ρ_L, ρ_V を同式の収斂計算によって求める[3]。この操作は繰り返しの数値計算になるが、Newton-Raphson 法など現在の高速計算機の下では自分に手慣れた手法を適宜選べばよい。

一例として図 10-4 に、著者によるメタン成分の $P = 1\,bar, T = -162\,℃$ における BWR 式による圧力の計算値とそのときのモル密度の解を示すが、この例の場合の式（10-10）は与えられた温度、および圧力で 3 つの密度の解 ρ_1, ρ_2, ρ_3 （$\rho_1 < \rho_2 < \rho_3$）を持っており、ρ_1 は気相密度 ρ_V、ρ_3 は液相密度 ρ_L を表し、ρ_2 は不安定解であり除外する。

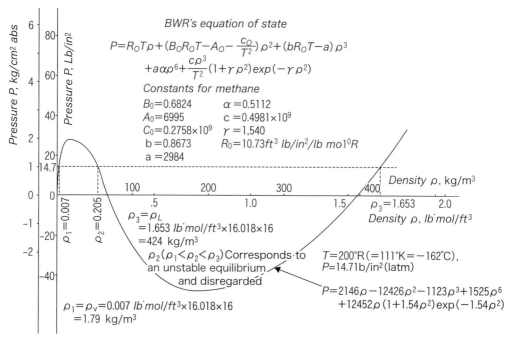

図10-4 BWR式から求めた純メタンの平衡状態での液密度および蒸気密度

以上で系に与えられた圧力、液相の組成を基に、第一近似の平衡温度および気相組成が求まった。次にこれを基に新たにフガシティの平衡条件を付け加えて、気液平衡係数を求め、平衡温度および気相組成の近似精度を上げていく操作となる。

(6) フガシティ計算

これまでの操作によって、系の圧力、液相の成分組成が与えられ、それに基づく平衡温度、諸定数および気相成分組成の近似値が定まったから、式 (10-13) の右辺の各項は既知となる。そこで式 (10-13) の右辺の値を液相で Z_i^L、気相で Z_i^V とすれば、気相および液相でのフガシティの関係値 f_i^V/y_i、f_i^L/x_i が次式から求まる。

$$液相：\frac{f_i^L}{x_i}=\exp\frac{Z_i^L}{R_0 T} \tag{10-20}$$

$$気相：\frac{f_i^V}{y_i}=\exp\frac{Z_i^V}{R_0 T} \tag{10-21}$$

(7) 気相成分の組成修正

両相が平衡状態のとき $f_i^L=f_i^V$ であるから、新たな平衡係数 K_i 値が次式から求まる[4]。

$$K_i=\frac{y_i}{x_i}=\frac{f_i^L/x_i}{f_i^V/y_i} \tag{10-22}$$

この K_i 値を用いて新たな気相の成分組成は次のようになる。

$$y_i=K_i x_i \tag{10-23}$$

（8）平衡温度修正

全成分の y_i を求めておき $\sum y_i = 1.0$ を満たすように温度 T を修正すればよい[3]。しかるに y_i は温度 T に関して増加関数（T の増加と共に大きくなる）であるから、$\sum y_i > 1.0$ のときには温度を低くし、$\sum y_i < 1.0$ のときには温度を高くするような温度修正 $y_i = y_i / \sum y_i$ を施し、必要な収斂度まで求めればよい。

（9）平衡温度および気液平衡係数の収斂検証[1]

（8）において（7）における気液平衡定数での平衡温度が修正されている。したがって（6）項のフガシティに関する式の右辺値が変化し、さらに（7）において気液平衡係数が変化している。よって最終的に系全体の平衡を促す意味で気液平衡定数が一定範囲に収斂したのかのチェックを行う。

すなわち（6）に戻り、繰り返し計算を行い K_i 値の収斂を図る。これにより気相組成と気液平衡定数の同時収斂を促すことになる。

（10）平均蒸発潜熱

平衡状態での気相成分組成 y_i が求まれば、同組成 y_i を用いて、混合液の蒸発潜熱を求める。いま各成分の分子量を m_i（$i = 1, 2, 3, \cdots n$）とすれば、気相での重量比率 w_i は

$$w_i = \frac{y_i m_i}{\sum_{i=1}^{n} y_i m_i} \tag{10-24}$$

となる。したがって、L_i を i 成分単独時の蒸発潜熱とすれば、平均蒸発潜熱 L_m は近似的に次のようになる。

$$L_m = \sum_{i=1}^{n} w_i L_i = \frac{\sum_{i=1}^{n} y_i m_i L_i}{\sum_{i=1}^{n} y_i m_i} \tag{10-25}$$

ここでメタン、および参考としてプロパンの沸点における主要な液化ガス単独時の蒸発潜熱 L および密度 ρ は表 10-4 の通りである。

表 10-4 主要液化ガスの蒸発潜熱および液密度

Gas	L at methane boiling point, kJ/kg	L at propane boiling point, kJ/kg	ρ at methane boiling point, kg/m^3	ρ at propane boiling point, kg/m^3
METHANE	514.0	–	423.7	–
ETHANE	586.0	418.6	632.5	489.5
PROPANE	539.6	430.3	711.2	584.2
I-BUTANE	478.9	395.2	755.4	632.4
N-BUTANE	504.8	423.2	757.2	646.3
I-PENTANE	455.9	390.6	793.4	683.7
N-PENTANE	486.0	416.1	798.1	689.8
NITROGEN	135.2	–	660.0	–

（11）液相成分の組成変化

気相中の成分比は液相中での値とは異るため、LNG 船のように連続して蒸発している状態で

は、液相中の残留組成は刻々と変化し、液の物性もそれに伴って変化することになるが、その基礎となる任意時間の液組成を求めることにする。

単位時間あたりの蒸発量を W_{BOV} (kg/h)、成分 i の最初の質量を W_{i0} とすれば、気相中の重量比率は w_i であるから、τ 時間後の液相中の i 成分組成比率は、次式から求まる。

$$x_i = \frac{\left(W_{i0} - \int_0^\tau W_{BOG} w_i d\tau\right)/m_i}{\sum_{i=1}^{n}\left\{\left(W_{i0} - \int_0^\tau W_{BOG} w_i d\tau\right)/m_i\right\}} \tag{10-26}$$

10-3-2 数値計算例

いま LNG"A"、"B"および"C"の3例について、BOR が 0.2〜0.25 %/day クラスで大気温度 45 ℃、海水温度 32 ℃における積地、および航海日数 15 日後の気相、液相の組成、主要物性値、BOR 値を本計算法によって求めた。LNG の成分組成 3 例、参考として LPG の成分組成 1 例の計算結果について、表 10-5 に初期時の液相および気相の成分組成を示し、表 10-6 に初期時と BOR 0.20 %/day 時の 15 日航海後の液相組成およびその他の特性変化を示す。さらに LNG"A"および LNG"C"について、それぞれ表 10-7 および表 10-8 に途中の 5 日、10 日も含めた諸変化を示す。

これらの図表から分かるように、液相と気相の各成分比率を比べると、気相では液相に比べて相対的に低沸点成分（LNG の場合にはメタンおよび窒素、LPG の場合にはエタン）の比率が高くなり、液相に窒素成分が多い場合には、気相にその比率が拡大されて現れる。

10-3 気液平衡理論の LNG タンクへの応用

表 10-5 積地における気液成分

| Component | LNG | | | | | | LPG | |
| | A | | B | | C | | A | |
	Liquid	Vapor	Liquid	Vapor	Liquid	Vapor	Liquid	Vapor
CH_4	89.67	98.83	86.73	98.23	92.55	72.16	—	—
C_2H_6	5.63	0.01	8.43	0.01	5.37	0	2.00	11.78
C_3H_8	3.25	0	3.85	0	0.59	0	96.00	87.89
$i-C_4H_{10}$	0.62	0	0.51	0	0.10	0	2.00	0.30
$n-C_4H_{10}$	0.74	0	0.42	0	0.14	0	—	—
$i-C_5H_{12}$	0.05	0	—	—	—	—	—	—
N_2	0.04	1.16	0.06	1.76	1.25	27.83	—	—

表 10-6 15 日後の気液成分および諸物性値

| Component | LNG | | | | | | LPG | |
| | A | | B | | C | | A | |
	At loading terminal	After 15 days' voyage	At loading terminal	After 15 days' voyage	At loading terminal	After 15 days' voyage	At loading terminal	After 15 days' voyage
CH_4	89.67	89.34	86.73	86.32	92.55	93.02	—	—
C_2H_6	5.63	5.82	8.43	8.72	5.37	5.59	2.00	1.71
C_3H_8	3.25	3.36	3.85	3.98	0.59	0.61	96.00	96.24
$i-C_4H_{10}$	0.62	0.64	0.51	0.53	0.10	0.10	2.00	2.06
$n-C_4H_{10}$	0.74	0.77	0.42	0.43	0.14	0.15	—	—
$i-C_5H_{12}$	0.05	0.05	—	—	—	—	—	—
N_2	0.04	0.02	0.06	0.02	1.25	0.52	—	—
Specific gravity of liquid (kg/m³)	464.1	465.4	470.5	471.8	446.9	442.8	570.4	570.2
Liquid temp. (℃, 1atm)	−160.0	−159.0	−159.6	−159.4	−164.1	−161.9	−42.6	−42.2
Heat of evaporation (kcal/kg)	120.98	122.11	120.06	121.77	86.38	103.84	102.56	102.59
BOR (ratio)	1.0	0.990	1.0	0.985	1.0	0.840	1.0	1.0

表10-7 LNG "A" の航行中の物性変化および BOR 変化

Days of voyage	LNG components (mol %) Upper: liquid, Lower: vapor							Density of liquid vapor (kg/m³)	Latent heat of evaporation (kJ/kg)	Boiling point (℃)	BOR (%/day)
	Methane	Ethane	Propane	i-Butane	n-Butane	i-Pentane	Nitrogen			
0	89.67	5.63	3.25	0.62	0.74	0.05	0.04	464.1	506.4	−160.0	0.187
	98.83	0.01	0	0	0	0	1.16	1.897			
5	89.56	5.69	3.29	0.63	0.75	0.05	0.03	464.5	508.5	−159.9	0.186
	99.15	0.01	0	0	0	0	0.84	1.892			
10	89.46	5.76	3.32	0.63	0.76	0.05	0.02	464.9	510.0	−159.9	0.185
	99.38	0.01	0	0	0	0	0.61	1.888			
15	89.34	5.82	3.36	0.64	0.77	0.05	0.02	465.4	511.2	−159.9	0.185
	99.55	0.01	0	0	0	0	0.44	1.885			

表10-8 LNG "C" の航行中の物性変化および BOR 変化

Days of voyage	LNG components (mol %) Upper: liquid, Lower: vapor							Density of liquid vapor (kg/m³)	Latent heat of evaporation (kJ/kg)	Boiling point (℃)	BOR (%/day)
	Methane	Ethane	Propane	i-Butane	n-Butane	i-Pentane	Nitrogen			
0	92.55	5.37	0.59	0.10	0.14	0	1.25	446.9	361.6	−164.1	0.272
	72.16	0	0	0	0	0	27.84	2.346			
5	92.77	5.45	0.60	0.10	0.14	0	0.94	445.3	388.4	−163.2	0.254
	77.87	0	0	0	0	0	22.13	2.248			
10	92.92	5.52	0.61	0.10	0.14	0	0.71	443.9	413.1	−162.5	0.240
	82.78	0.01	0	0	0	0	17.21	2.165			
15	93.03	5.59	0.61	0.10	0.15	0	0.52	442.8	434.7	−161.9	0.229
	86.81	0.01	0	0	0	0	13.18	2.097			

このことはLNG船やLNG燃料船のように主機でBOVを重油と混焼、あるいは専焼させる場合には発熱量の点で注意を要する。あるいは再液化する場合には、窒素は非凝縮ガスであるために液化効率の点で考慮が必要である。このように蒸発ベーパーの組成比率 y_i が液相での比率 x_i と異なるために、貨物の積地と揚地とではLNG液組成が変化して、メタン成分が変化し、窒素成分は大幅に減少する。LPGの場合には両相間の成分組成の比率は大きく異なるが、窒素のような特に蒸発度が大きい成分がないことおよびエタン、プロパン、ブタンの密度や蒸発潜熱等の物性値がお互いに近いため積地と揚地における液成分および物性値にはあまり大きい相違はない。上記3種類のLNGについてこれらの数値の時間を追った推移をグラフに表すと図10-5になる。

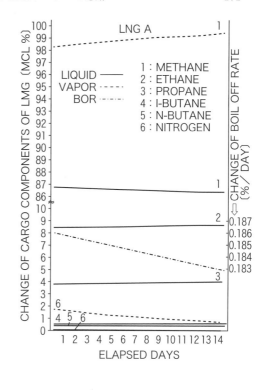

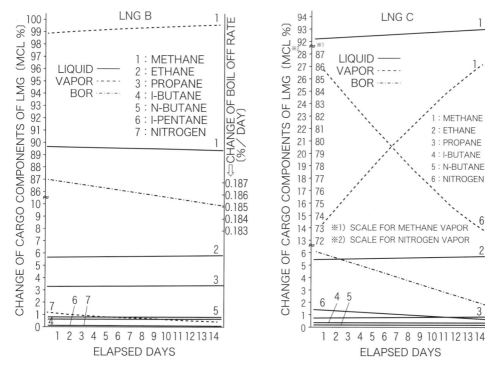

図10-5 15日間におけるLNGの気液成分組成およびBORの変化

10-4　実成分貨物での BOR 計算方法と実測 BOR の検証方法

　超低温液化ガスタンクの断熱構造の計画にあたっては、①与えられた船体、タンク構造、断熱構造の主要目、外部温度および貨物の性状に対して BOR を精度よく予測すること、②航行中の諸条件のもとに得られた実績 BOR を最初の設計条件下に換算して BOR を検証し、結果を BOR の予測法の改善に反映させることが重要な事項である。前者①については、最も支配的な要因である船体温度分布などを第 7 章にて求めた。後者②については温度、圧力条件だけでなく、貨物の物性についても実成分での値を用いねばならない。前述のように BOV の正確な物性を知ることは、主機での重油と LNG ガスの混焼や再液化の計画を行う場合にも不可欠なことである。

　本節ではまず、多成分体の LNG について気液平衡論から成分組成と物性を求める方法を述べ、次に、これらの結果を用いて実成分貨物での BOR を算出する手順、さらに計画 BOR 値と実績値との比較検証を行うために、就航状態で実測された BOR を規定の設計条件下における値に換算する方法について述べる。

10-4-1　実成分での BOR 計算

　貨物の積地での LNG 液組成が与えられれば、10-3-1 によって実際の組成に対応した液密度 ρ_L、液温度 T_L、蒸発潜熱 L_m が求まるから、これらを用いて第 7 章に述べた方法によって船体温度分布、スカート温度分布、ドーム温度分布が求まり、LNG への侵入熱量 Q_{sp}, Q_{sk}, Q_d が計算される。そして BOR は 7-4 節によって計算される。

　計算例として示した図 10-5 から読み取れるように、LNG 組成の変化に伴って液密度、液温、蒸発潜熱等の物性が変化し、結果として BOR の値が LNG"A"では 1 %、"C"では 16 % もの変化となって現れる。特に LNG"C"のように窒素成分が大きい場合には液温、蒸発潜熱、液密度の低下のため BOR の大幅な増加がみられる。

　一つの応用例として、主機で要求される燃料流量に応じて LNG 供給量を強制的に増やす Forced BOV の場合に LNG 成分変化を取り込んで論じた論文[12]もある。

10-4-2　実測 BOR の検証方法

　BOR は一定の設定条件（一般に大気温度 45 ℃、海水温度 32 ℃、タンク内圧力 1 atm、貨物成分純メタン）のもとに定義された数字であるが、実際の航行状態は上記条件とはかなり異なっており、かつ、それぞれが時間と共に変動しているために実測 BOR をそのまま評価することはできない。したがってこの値をいったん設定条件下に引き直し、換算する必要がある。この手順フローを図 10-6 に示し、各過程での具体的な取り扱いは下記（1）～（5）の通りである。

（1）計算期間の設定

　計測期間はタンク本体の熱的な非定常状態（例えばタンク系が十分な冷却静定レベルに達していない）、および燃料 BOV の需要変動（例えば、減速などで燃料ガスの必要量が変動した状態でガス圧縮機が運転されている）の期間を除いて LNG 積載 1 日後（状態 A とする）から揚荷 1 日前（状態 B とする）までを目安とし、この間の経過時間を τ（hr）とする。各状態をそれぞれ添え字 A、B で表す。

（2）LNG の平均物性値の算出

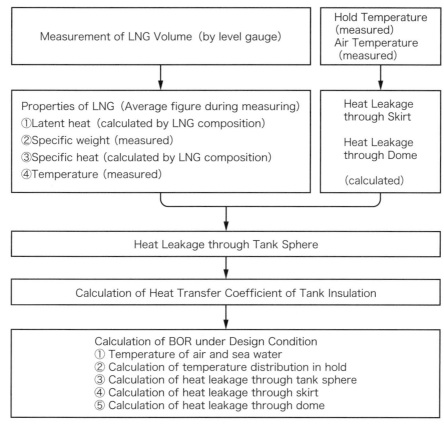

図 10-6 実際の BOR 計算手続き

BOR の計算に必要な LNG の諸物性値、蒸発潜熱 L (kJ/kg)、密度 ρ (k/m³)、比熱 c (kJ/kgK)、体積 V (m³)、温度 T_L (℃) については、初期状態 A および時間経過後の B での値（一般に Z_A、Z_B とする）の総加平均値を用いるが、それぞれの状態での物性値を近似的に次式から求める。

$$L = \sum L_i w_i$$
$$\rho = \frac{\sum x_i m_i \rho_i}{\sum x_i m_i}$$
$$c = \frac{\sum x_i m_i c_i}{\sum x_i m_i} \quad (10\text{-}27)$$
$$T_L = \frac{\sum T_j V_j}{\sum V_j}$$

ただし、w_i：気相質量比率（液組成 x_i から計算した気相組成 y_i を用いて（10-24）式による計算値または計測値）、x_i：液相モル分率（気相モル分率からの計算値または計測値）、m_i：分子量、添え字 i：i 成分単独時の値、j：タンク j 部分の値で液中の温度計測値から把握する。

（3）タンクへの侵入熱量計算

タンク球面からの侵入熱量 Q_{sp}

$$Q_{sp} = \sum k_i [(T_{hi} - T_L) A_i] \tag{10-28}$$

ただし、T_{hi}：ホールド各部の温度計測値の期間平均（℃）、A_i：ホールド各部に接している球部の面積（m²）、k_i：断熱構造の熱貫流率（W/m²K）。

スカートからの侵入熱量 Q_{sk}：ホールド温度計測値をもとに 7-3 節に従い計算する。ドームからの侵入熱量 Q_d：平均大気温度をもとにして 7-3 節に従い計算する。

（4）タンク断熱材熱貫流率の計算

通常 BOR は一航海を 1 サイクルとして評価されるが、その間の LNG の蒸発に伴う蒸発潜熱の総量は次の要因に大別される。

LNG 蒸発に伴う潜熱総量 ＝ タンク断熱経由の侵入熱 －LNG 本体による吸収熱 ＋ 同放出熱

右辺の第 1 項は自明であるが、第 2 項および第 3 項は LNG 本体の顕熱変化として LNG に吸収あるいは LNG から放出される熱量を表し、LNG の温度変化から知ることができる。その要因としてはタンクの気相圧力変化があり、例えば燃料ガス圧縮機の運転条件、大きな大気圧変動に遭遇したなどの気候条件、船体動揺に伴う大幅な BOV 増加、あるいは部分的なロールオーバー現象などによる圧力変化、これらを総合した一航海を通しての圧力履歴の積分値である。航海前後でのこの圧力変化量が分かれば温度変化量への換算はメタンの Clapeyron 式（P, T, L, ρ）、状態式（P, T, ρ）あるいは蒸気圧曲線から知ることができる。タンク全体の LNG の平均温度変化が出ている場合には直接使うことができる。

換言すれば、一航海を通してのこれらの圧力変化は BOV の促進あるいは抑制作用を持っていることを意味している。今タンク圧力変化を ΔP とした場合、$\Delta P > 0.0$ は蒸発が抑制されて蓄圧されたことを意味し、この間の蒸発量は第 11 章で述べるようにゼロではないが ΔP が小さい場合には大きくないために、無視すればこの間に LNG に蓄えられた内部エネルギー Q_{ST} は温度上昇を ΔT として $Q_{ST} = V \rho c_p \Delta T (>0)$ となる。$\Delta P < 0.0$ の場合は負圧によって蒸発が促進されたことを意味し、これに伴う LNG の温度降下 ΔT による内部エネルギーの喪失量 Q_{LS} は同じく $Q_{LS} = V \rho c_p \Delta T (<0)$ となる。これらを総合した結果として貨物の温度変化（$T_B - T_A$）を捉える。次式の左辺第 2 項はこれらの量を表している。

$$(V_A \rho_A L_A - V_B \rho_B L_B) + (V_B \rho_B T_B c_B - V_A \rho_A T_A c_A) = (Q_{SP} + Q_{sk} + Q_d) \tau \tag{10-29}$$

あるいは物性値を平均値で与える場合には

$$(V_A \rho_A - V_B \rho_B) L + (T_B - T_A) V \rho c = (Q_{SP} + Q_{sk} + Q_d) \tau \tag{10-30}$$

この場合には V, L, ρ, c：算出の前後の平均値で与える。

最後に一様なタンク断熱材とした場合の総合平均熱貫流率 k_{mean} を次式から算出する。

断熱の主体となるタンク断熱からの熱流 Q_{SP} は（10-28）式で表されるから、（10-30）式を用いる場合には k_{mean} は次式から求まる。

$$k_{mean} = \frac{(V_A \rho_A - V_B \rho_B) L + (T_B - T_A) V \rho c - (Q_{s\,kmean} + Q_d) \tau}{\tau \Sigma [(T_{hi} - T_L) A_i]} \tag{10-31}$$

（5）設定条件での BOR 計算

以上（1）〜（4）の過程を経て実測 BOR に基づいたタンク断熱材の総合的な実効 k 値が求まるから、これを用いて設定条件下での BOR を計算する。以下の計算ではすべてこの実効 k 値を使用する。まず、大気 45℃、海水 32℃でのホールド温度分布を第 7 章によって求め、次に、同条件下での各種侵入熱量、すなわちタンク球面 Q_{sp}、スカート Q_{sk} およびドーム Q_d を第 7 章からそれぞれ求める。このとき、設計条件下での BOR は 7.4 節にしたがって求まる。ただし、L,ρ は純メタンの値を用いる。

10-4-3 数値計算例

10-4-2 の（1）〜（5）の手順にしたがって、一例として航海日数 5 日間、航路：東南アジア地域から日本、冬期における $120\,km^3$ クラスの LNG 船の場合の解析結果を示すと次の通りである。

上記航行時の BOR 実測値・・・・・・・・0.18 %/day

実測値から設定条件下に換算した値・・・・・0.22 %/day

設計条件下での BOR 計画値・・・・・・・・0.25 %/day

本計算例の場合、BOR の計画値 0.25 %/day に対して、実際の断熱性能に対する BOR 値は 0.22 %/day となり、これは計画値に対して 10 %以上の余裕を有していることが分る。これは設計時に取っている 10 %の余裕率とも略一致し、本換算方法は妥当なものと考えられる。この余裕率のとり方については設計者あるいは運航者の考え方、すなわち① LNG の正味輸送量の余裕の取り方、②運航経済性からみた燃料油と LNG の混焼比率をどう取るかによっても左右されるものである。しかしながら、LNG 船の計画稼動期間が一般に 20 年と長期であり、稼動期間中に発泡材を主体とする断熱材の経年変化が見られることを考慮した上で、船主側に対して BOR を保証する場合にはこの程度の設計上の余裕値は妥当な値と思われる。一方、本換算方法ではかなり長期にわたる航海中の気象変動や LNG 物性値の変化を平均化して取り扱っているが、これを LNG への入熱量の決定要素、また熱負荷としての LNG 物性値の正確な平均値として把握するためには計測方法やデータの整理について精度を上げることが重要である。

以上のプロセスを経て、実測された BOR 値を計画時の設計条件下の値に換算することができ、この結果を用いるとタンク全体としての断熱構造の性能を評価することが可能となる。

第11章　蓄圧時の圧力変化と蒸発現象：満載・部分積載時

11-1　蓄圧現象の概要

　MOSS型球形タンクの強みの一つは、タンク構造の設計基準として 0.7 bar までの加圧ができることである。このことはいくつかの操船上あるいは貨物の取り扱い上の自由度をもたらしてくれる。例えば揚荷ポンプがなんらかの理由によって運転できない場合には、タンク内に圧縮機によってガスを送り昇圧して、自己タンクの蒸気の圧力によって貨物を強制的に陸側あるいは別のLNGC のタンクへ移送することで荷役が可能となる。あるいは入港後に蒸発蒸気のタンク外部への放出ができない場合にはタンクを閉鎖し、安全弁の設定値を上げて、許容の圧力まで自然昇圧できるために事情が解決するまでの時間確保が可能となる。あるいは今後の LNG 燃料船においては、主機からの燃料需要に応じて蒸発蒸気の一部のみを機関部に送って、残りの分はタンク内に溜め置くことができるために、主機からの需要の多少によって LNG を無駄に外に捨てることも避けられる。第一のケースでは圧縮機の運転による強制的な昇圧であり、第二のケースではタンクと断熱の特性に任せた自然昇圧であり、最後のケースはタンク内での昇圧と機関部での消費とで蒸発蒸気を無駄にすることなく、その処理を分担し合う場合である。

　特に最後のケースの場合で考えると、最近の海洋環境の視点から LNG を燃料とする船舶が出現し、今後も増加していくことが予想される。この場合には LNG 輸送船のタンクの場合と異なって小型の LNG 燃料タンクを設置し、主機の燃料需要に応じて LNG の送り出しが必要となるために、かなり広い範囲での圧力変動を余儀なくされることも予想される。あるいは小型の内航 LNGC のように最初から数日間の蓄圧をタンクの設計条件とする場合もありうることである。

　他方、今後の水素エネルギー社会においては LH2 タンクでの海上輸送あるいは陸上輸送が予想され、この場合も LNG と同様にタンク内の蓄圧の可能性がある。

　いずれの場合も、タンクからの自然蒸発蒸気の外部へのリリースはゼロないしは部分的になり、その結果タンク内には LNG あるいは LH2 液の昇温に伴った圧力上昇が生じることになり、ここではそれを蓄圧 Pressure accumulation、あるいは Pressure build up と称する（PAC と略称する）。

　蓄圧を考えた場合のタンク設計においては、大気条件やタンクの断熱仕様に応じて蓄圧時の圧力変動をあらかじめ予測して構造設計に反映させることが必要となってくる。

　実船においては最初の貨物液位は積載量に応じて満載状態から荷揚げ後の部分積載まであり、液層と気層との体積割合およびタンク壁面積の割合が大幅に変化する条件がありうる。球形タンクや円筒タンクに限らず矩形タンクにおいても、例えば安全弁の設定圧力以下での若干の昇圧はありうることである。一方なんらかの要因によってタンク閉鎖が長時間に及ぶ場合には、タンクの安全面から見れば一方的な昇圧は危険でもあり、なるべく穏やかな圧力上昇、換言すれば圧力上昇の時間変化を緩やかにしたいのは本船運航側にとっては当然出てくる要望事項である。このための緩和策を把握しておくことも重要になる。陸上タンクのように蓄圧時間がせいぜい1日〜

2日程度の短時間の場合[1]と、蓄圧式を設計条件とした1週間から10日に及ぶ長時間[2]の場合とで、それぞれでの圧力上昇を単に時間比例で考えてよいのかの問題もある。

一方、蓄圧を解放後のことを考えると蒸気の放出状態と内部圧力および液体の状態変化、およびその継続時間についてはあらかじめつかんでおくことは貨物操作の機器類、およびシステムの運転を円滑に行う上で必要なこととなる。

また閉鎖時液面での物質移動、すなわち貨物の蒸発はないのか、あるとすればどのようなメカニズムで起きているのであろうか、あるいは凝縮は起きていないのか、貨物の液位によってどのような違いがあるのか、など蓄圧特有の興味ある現象が考えられる。タンク閉鎖時の現象として閉鎖直後に圧力が急上昇する特徴的な初期圧力上昇もある。

本章ではこれらを含めて、LNGおよびLH2タンクでのNormal Boil Off状態から連続した変化として捉え、タンク閉鎖時のタンク内の液体および空間蒸気のそれぞれで起きている現象、および両者間の相互関連についてまず全体的な熱力学的および伝熱学的考察を行い、それに基づいた計算モデルを組み立てて、4種類のタンク様式（球形タンク、横置き円筒タンク、縦置き円筒タンク、およびSPBタンクやメンブレンタンクで代表される矩形タンク）ごとに計算コードを組み立て、CFDによる熱流動解析を実施した。貨物の対象としては大型タンクおよび小型タンク内のLNG、および小型高断熱タンク内のLH2とし、タンクサイズ、液位、断熱値および蓄圧時間の各種条件のもとに、それぞれについて温度分布、熱流動状態、圧力変化、および蓄圧中における蒸発・凝縮の大きさについての数値計算を行い、それらの結果を示す。本書で示した開発コードにより、今回対象としたLNGおよびLH2以外の低温液化ガス、例えば液化エチレン、LPGあるいはCO2さらにはLN$_2$等についても同様の解析が可能である。なお数値計算の対象とするLNGおよびLH2の物性値は第5章にて述べた通りであり本章では省略する。

第7章7-7で述べたBOVの一部をタンク外部に取り出し、残りはタンク内に閉じ込める、すなわち部分蓄圧の問題についても本章の蓄圧操作の応用として扱うことが可能となる。

11-2　液層および気層の計算モデル

11-2-1　系全体の計算モデル

タンク内の状態を通常の大気圧に維持されて自然蒸発が起きている状態（これをNormal Boil Off状態、NBOと称する）と、タンクを閉鎖して蒸発ガスのタンク外への流出を抑えた状態（PAC）とに分けて述べることにする。

まずタンク系の伝熱および熱流動のモデル化を行う。通常のNBO時にはタンクの接液部における周囲からの入熱によって壁面には温度および速度の境界層が形成されて、前者は液の温度上昇を促し、後者は壁面に沿った上昇流を起こして、これらの熱拡散および対流により液全体の熱流動が生じる。このとき自由液面まで上昇した比較的高温かつ低密度の液体は自由表面で水平方向に広がり、高温成層（Thermal stratification）を形成する。飽和温度を超えた表面液層は蒸発をしていわゆるボイルオフが起こる。このボイルオフはタンク周囲からの入熱量に相当する蒸発潜熱を奪い、結局タンク系全体の熱バランスが維持される。液面での蒸発によって蒸発潜熱を放出し、冷却された液体は高密度となり下方向により大きな重力が働く。その結果、液層全体では壁面からの上昇流と相まって対流による熱流動が生じており、全体が緩やかな速度で循環してい

る。この間に液層内には上低下高の不安定な温度分布が形成されるために、対流は継続的の続くことになる。

この状態でタンクを閉鎖すると、壁面に沿って上昇してきた高温の境界層液は液面でのNBO時のような全量の蒸発は阻止されるために、温度降下がなく結局その位置に留まることになり、海洋分野で言われる温度躍層に相当する高温層が順次形成される。一方気層部においてはそれまでタンク断熱を通して侵入した熱はボイルオフ蒸気（BOV）を温めて定常的な温度場をつくっていたのが、閉鎖後は系が時間的に非定常状態になって侵入熱はまず最も手前の外気側にあるタンク壁を温め、次にLNG蒸気を温めることになる。すなわちタンク断熱材を経由した侵入熱の熱負荷は気層部のタンク壁およびLNG蒸気となる。タンク壁とLNG蒸気とは若干の時間遅れと温度差はあるものの、両者間の熱伝達率が大きいために両者同時にほぼ同量の温度変化をする。こうして外気によって温められた蒸気から液面に向かって熱伝達がなされて液面を温めることになる。温度差は大きくないがタンク壁面から液面に向かう放射熱も同時に存在する。

液面には次に述べる状態変化に伴う潜熱以外に、この対流熱と放射熱の2つの熱流が作用し、その結果液面が温められ、液表面の温度に相当する蒸気圧力（飽和圧力）がタンクの気層部に形成される。図11-1に蓄圧状態のタンクモデルを示す。

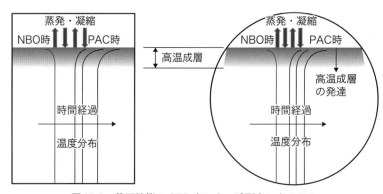

図11-1　蓄圧状態のSPBタンク、球形タンクモデル

一方、気層部では気体法則に則り決まる温度と圧力および質量の関係と、液表面の温度から決まる蒸気圧力との平衡関係が保たれており、この二つの平衡関係を同時に満たすように液面には蒸発あるいは凝縮が生じている。

これらをまとめると液面に働く熱流は気層からの温度差に基づく伝達熱、タンクドライ壁面からの放射熱、液層下部からの熱対流の質量移動による移流熱、および気層の平衡のための気液界面での蒸発潜熱あるいは凝縮潜熱の4つとなる。

次にタンク閉鎖直後のNBOとの連続性について見ると、NBO時に若干の低温化した液表面層はタンク閉鎖と同時に下層からの比較的高温の流体の流入によって急速に温度回復し、同時にそれに伴った蒸発蒸気によって短時間のうちに比較的大きな圧力上昇がみられる。

NBO時はタンク系全体が定常状態に達し、その状態が維持されながらの現象であるために外気からタンクへの侵入熱はそのままLNGあるいはLH2に伝達されている。すなわち接液部は液体に、気層部は大部分が蒸発蒸気に伝達される。しかるに一旦タンクが閉鎖されると系の温度が時間的に変化する非定常状態に移り、外部からの侵入熱はタンク系の内部エネルギーの増加に消

費されながら系全体の温度上昇に関わるようになる。その結果、タンク壁本体およびタンク断熱材の熱容量が温度上昇の熱負荷として加わる。液層部は液本体の熱容量が膨大であるためにタンク壁や断熱材の熱負荷は無視されるが、気層部では逆にタンク壁体が支配的な熱容量を持ってくる。したがって気層部の温度変化を考える場合には、外気からの侵入熱の対象になる熱負荷として気層本体に加えてタンク壁体、さらに厳密には断熱材の1/2の熱容量を考えなければならない。

蓄圧時においては液表面に順次形成される比較的高温の温度成層の存在を中心にすると計算モデルとして次の2つが考えられる。

（1）温度成層内の対流も含めて、系全体の対流を考慮した熱流動として考える（熱流動継続方式）。
（2）温度成層を貫通する下方からの流入質量は小さい、あるいは無いとして無視し、液層については伝導主体の熱伝達とする（伝導主体方式）。

タンク全体の状況を把握するためには熱流動継続方式が必要であり、本書においてはこちらを中心に述べる。伝導主体方式は液表面を中心とした部分的な観察視点としてはありうるが、タンク全体像の把握はできない。

次に圧力上昇の緩和策については、気層部の圧力が液層の表面温度によって支配されていること、表面温度は上部に形成される温度成層 Stratification の結果であることを考えると、圧力上昇を抑えるためには液表面近傍の高温成層をなんらかの手段によって破壊すればよいことが分かる。したがってそのためにはいくつかの機械的な方法が考えられる。

液層のモデルについてロケット燃料用のLO2、LH2の1次元モデル[3]、あるいは気層を無視したLNGの2次元モデル[4]、ロケット燃料用のLH2を対象にした円筒タンクの自己昇圧モデル[5][6]などもある。

11-2-2　タンク全体系から見た気層部の熱平衡
（1）NBOとの連続性

タンクが管系統によって主機関、あるいは陸上設備の需要先などに繋がり1気圧程度の圧力に維持されて、通常の Boil off が起きている状態から蓄圧に転換されることになる。この状態では図11-1に示すとおり、液表面温度はそれまでのNBOによる蒸発潜熱によってもたらされる冷却効果によって沸点よりも若干低い負温度、すなわち過冷却液状態になっているが、タンク圧力は圧縮機の一次側の吸入圧力の調整で大気圧よりも若干の正圧に制御されている。この状態でタンクを閉鎖されると、次の時点においては先述のように直ちに壁面からの対流によって比較的高温の流体が運び込まれて、液表面を覆い短時間で液表面温度は通常の大気圧での沸点まで昇温し、同時に昇温度に見合った追加蒸発も起こる。これらの結果として、タンク閉鎖時の初期に見られる小さいが急速な圧力上昇が起こる。本書ではこれを初期圧力上昇と呼ぶことにする。

過渡的な初期圧力上昇が終わればその後は、以降において述べる液表層への高温液の移流、液層下部からの熱伝導、気層からの熱伝達、気層部タンク壁面からの熱放射、気液界面での圧力平衡に基づく質量移動に伴う潜熱授受の5つの要素によって気液界面での状態が決まり、準定常的な温度・圧力変化に移行して液表層から順次高温層が形成され成長していく。計算上では定常的なNBOとの連続性を持たせるために、自然蒸発時間を20時間取って十分な定常状態に達した

うえで蓄圧計算に移行することにしている。

液表面温度は水平位置によって一様ではなく、かなりの温度分布が付いているために、本書では、表面温度としては全表面の面積重みを付けた平均温度で代表させることにしている。この平均温度が負温度から沸点まで上昇し、ノーマルな状態に回復した時点で以下に述べる蓄圧中の蒸発・凝縮の計算をスタートする。

（2）気層部の熱平衡式

気層部の熱負荷は気層質量とタンク壁面質量を考慮すれば分かるが、タンクが圧倒的であるために気層部とタンク壁面とは一体となった温度変化をたどると考えてよい。したがって熱負荷として両者をまとめて扱う。まず外気との間の熱伝導、次に液層と気層は気液界面で接しており、両相の温度差に基づいた顕熱移動があり、この場合には水平面での自然対流熱伝達に基づいた熱伝達率を用いることにする。さらにドライタンク壁面と液面との間では放射熱交換 Q_{rad} がある。以上の気相に作用する伝熱要素をまとめると表11-1および図11-2のようになる。

表11-1　気相部の伝熱要素

熱移動要素	気層→液層の熱伝達	タンク壁面→液面の放射熱	外気→気相の熱伝導
PAC蓄圧	⇔	⇔	⇔

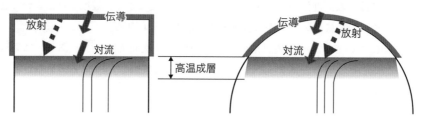

図11-2　気層部での伝熱要素

気層部の温度変化については、前述のように垂直・水平方向に温度分布を持った3次元の分散系として扱うことも可能であるが、温度分布の詳細よりもまずタンク壁、および液層との温度高低の関係が支配する問題であるので気層全体を一体化した質量集中系、すなわち均一な気体の平均値として扱う。まず気層部での非定常の熱平衡式において対象となる熱容量 G_c は前述のように気層部のタンク壁面の熱容量に気層質量の熱容量にを加えたものである。以上をまとめて表現すると熱平衡式は次のように表される。

$$G_c \frac{dT_v}{dt} = k_a A_a (T_a - T_v) + h_L A_L (T_L - T_v) + Q_{rad}$$
$$G_c = G_t c_{pt} + (G_{v0} + \Delta G) c_{pv} \tag{11-1}$$

G_c は初期気層質量 G_{v0} に次項で述べる蓄圧中の蒸発あるいは凝縮速度 G_{ev} によって増減する時間累積値 ΔG を加算することによって得られる。ここで T：温度、t：時間、G：質量、c_p：比熱、A：伝熱面積、k：タンク断熱の熱貫流率、h：気液界面での気層と液層の熱伝達率、Q_{rad}：タンク壁面から液面への放射伝熱、ΔG：蓄圧時の蒸発・凝縮蒸気量、添え字、t：タンク、v：LNGあるいはLH2蒸気、a：外気、L：LNGあるいはLH2液体、0：蓄圧前の初期状態である。

差分式に直して初期条件 $T_v^0=T_{v0}=T_0$, $T_L^0=T_{L0}=T_0$ をもとに、次式から蒸気温度の時間変化を求める。ここで上添え字 t は時間刻みでの時間ステップを表す。

$$T_v^{t+1}=T_v^t+\left[\frac{k_aA_a}{G_c}(T_a-T_v^t)+\frac{h_LA_L}{G_c}(T_L-T_v^t)+Q_{rad}\right]\Delta t \quad (11\text{-}2)$$

11-2-3 タンク壁から液面への放射熱

蓄圧状態になると蒸気の流れは大きく制限され、蒸発蒸気もわずかになってタンク壁面は内部蒸気と共に温度上昇をきたすことになる。このときには壁面と液面との間の放射熱の交換も大きくなり、温度上昇と共に圧力上昇を引き起こす要因の一つとなる。そこでタンク壁から液面への放射熱の取り扱いは 7-3-4 で述べたように、タンク壁面と液面とで形成される空間を図 7-8 に示す 2 平行平板、あるいは閉鎖区画内の放射伝熱モデルとして考えて 2 つの平板、円あるいは球体同士間での総合放射率 E をタンクおよび各液位における両物体の面積比をパラメーターにして推定することにした。材料の放射率をタンク壁面は酸化面アルミの $\varepsilon_T=0.3$、液面は水の場合で推定し、$\varepsilon_L=0.95$ としてタンクおよび液位別に形状影響も含めた総合放射率 E を表 7-1 に示したが、再掲すると次表のようになる。

表 11-2 タンクおよび各積み付け率でのタンク壁面-液面間の総合放射率 E

タンク	球形	水平円筒	垂直円筒	垂直円筒	SPB
サイズ：単位 m D：直径、L：長さ	大型：40D 小型：14.2D	大型：30D-L 小型：9D-L	大型：	小型：	大型：40-40-25 小型：15-15-8
98 %	0.296	0.296	0.296	0.296	0.296
90 %	0.322	0.312	0.346	0.397	0.337
80 %	0.347	0.329	0.402	0.480	0.377
30 %	0.528	0.452	0.568	0.661	0.517
20 %	0.578	0.491	0.590	0.678	0.537
10 %	0.658	0.559	0.610	0.693	0.555

壁面の温度は一様でなく分布しているが、ここではタンク全体としての平均値で代表させて表せばタンク壁面（温度 T_T、面積 A_T、放射率 ε_T）と液面（温度 T_L、面積 A_L、放射率 ε_L）間の放射伝熱量 Q_{TL} すなわち Q_{rad} は次式で表される。

$$Q_{rad}=Q_{TL}=\sigma A_T E(T_T^4-T_L^4) \quad (11\text{-}3)$$

11-2-4 蓄圧に伴う気液界面での蒸発・凝縮

気層部では気体法則に則って温度と圧力および質量の関係が成立しており、時間を追ってみるとこれら 3 つの物理量が平衡するように推移する。一方、液層部については LNG および LH2 の飽和蒸気として液層表面温度から決まる蒸気圧力の関係がある。すなわち気層部の圧力は、気層部の気体法則と液層部の飽和蒸気圧力の関係が平衡するように決まることになる。この状態で両者を平衡させる物理量として自由度を持つのは質量移動である。質量の増減で気層圧力が上下し、

同時に相変化潜熱で液層蒸気圧が逆に下上する。液面からの蒸発で気層部質量増加し、気層からの凝縮で質量が減じ、その結果として液面には蒸発あるいは凝縮潜熱が生じて液層表面温度と蒸気圧力が変化し、新しいに平衡状態がつくられる。

(1) 気体法則から見た気層部の平衡状態

まず気層の状態式は圧力変化が低圧であることから、ボイル・シャールの気体法則式が成立するとして次式を仮定する。

$$P_{gas}V = (G_{v0} + G_{ev})RT_v \tag{11-4}$$

ここで P_{gas}：圧力、V：気層部容積、G_{v0}：初期蒸気質量、G_{ev}：蓄圧に伴う蒸発・凝縮量、R：ガス定数、T_v：気層部絶対温度である。したがって LNG、LH2 の蒸発量あるいは凝縮量 G_{ev} に伴う気層部の圧力変化割合は次式で表される。

$$\frac{\partial P_{gas}}{\partial G_{ev}} = \frac{R}{V} T_v \tag{11-5}$$

上記の気層部の圧力と平衡する LNG および LH2 の蒸気圧力については、図5-2 および図5-3 の蒸気圧曲線[5-1]を基にして、それぞれ P_{Leq} および P_{Heq} として次のように絶対温度 $T(K)$ の関数として2次曲線で近似する。

【LNG】

$$P_{\text{LNG}} = aT^2 + bT + c - 1.00974 \quad [\text{BarG.}] \tag{11-6}$$

$$T = T_{top} - 161.4 + 273.15 \quad [K]$$

$$a = \frac{0.36315}{100},\ b = -\frac{73.198}{100},\ c = \frac{3745.81}{100} : \quad T \leq 130\ [K], P \leq 367.3\ [kP_a]$$

$$a = \frac{0.62450}{100},\ b = -\frac{141.23}{100},\ c = \frac{8173.20}{100} : \quad T > 130\ [K], P > 367.3\ [kP_a]$$

【LH2】

$$P_{\text{LH2}} = aT^2 + bT + c - 1.00974 \quad [\text{BarG.}] \tag{11-7}$$

$$T = T_{top} - 252.757 + 273.15 \quad [K]$$

$$a = \frac{4.3633}{100},\ b = -\frac{150.17}{100},\ c = \frac{1348.83}{100} : \quad P \leq 400.0\ [kP_a]$$

(2) 圧力平衡と蓄圧蒸発・凝縮

次に (1) 項と同様に、LNG または LH2 の1時間ステップ Δt 間の蒸発量あるいは凝縮量 G_{ev} に伴う、気層部の蒸気圧平衡 P_{eq} から見た平衡圧力変化割合は、液層の表層温度 T_{top} と関連付けて次式で表される。

$$\frac{\partial P_{eq}}{\partial G_{ev}} = \frac{\partial P_{eq}}{\partial T_{top}} \frac{\partial T_{top}}{\partial G_{ev}} \tag{11-8}$$

右辺の第1項は上記の蒸気圧式から次式で表される。

$$\frac{\partial P_{eq}}{\partial T_{top}} = \frac{\partial}{\partial T_{top}} (aT_{top}^2 + bT_{top} + c) = 2aT_{top} + b \tag{11-9}$$

11-2 液層および気層の計算モデル

　第 2 項は LNG または LH2 の表層温度 T_{top} を、蒸発あるいは凝縮量 G_{ev} に関連付けて表せれば求めることができる。

　しかるに表層温度 T_{top} については、液層の流動計算式から分かるように表層における拡散項および移流項をそれぞれ T_{xyz}、T_{uvw} とし、発熱項を Q_{top} としたときに一つ前の温度 T_{top}^0 から、1 時間ステップ Δt だけ前進した値は次式で表される。発熱項 Q_{top} は蒸発の場合には（－）、凝縮の場合には（＋）となる。

$$T_{top} = T_{top}^0 + (T_{xyz} + T_{uvw} + Q_{top})\Delta t \tag{11-10}$$

したがって T_{top} の蒸発・凝縮量 G_{ev} の変化に関するに感度は次式となる。

$$\frac{\partial T_{top}}{\partial G_{ev}} = \frac{\partial}{\partial G_{ev}}[T_{top}^0 + (T_{xyz} + T_{uvw} + Q_{top})\Delta t] = \frac{\partial}{\partial G_{ev}}(Q_{top}\Delta t) \tag{11-11}$$

ここで発熱項 Q_{top} はタンクの幾何的な形状ごとに異なり、それぞれ次式で表される。

$$\begin{aligned}
\text{球形タンク}&: Q_{top} = G_{ev}L_{ev}/(\pi h_{mm}^2 \Delta x \rho_L c_{pL} \Delta t) \\
\text{横置き円筒タンク}&: Q_{top} = G_{ev}L_{ev}/(h_{mm} \Delta x \rho_L c_{pL} \Delta t) \\
\text{縦置き円筒タンク}&: Q_{top} = G_{ev}L_{ev}/(\pi h_l^2 \Delta x \rho_L c_{pL} \Delta t) \\
\text{SPB タンク}&: Q_{top} = G_{ev}L_{ev}/(\Delta x \Delta y \Delta z\ L\ M \rho_L c_{pL} \Delta t)
\end{aligned} \tag{11-12}$$

したがって式（11-8）の右辺の第 2 項は各タンク様式で次のようになる。

$$\begin{aligned}
\text{球形タンク}&: \frac{\partial T_{top}}{\partial G_{ev}} = \frac{L_{ev}}{\pi h_{mm}^2 \Delta x \rho_L c_{pL}} \\
\text{水平円筒タンク}&: \frac{\partial T_{top}}{\partial G_{ev}} = \frac{L_{ev}}{h_{mm} \Delta x \rho_L c_{pL}} \\
\text{垂直円筒タンク}&: \frac{\partial T_{top}}{\partial G_{ev}} = \frac{L_{ev}}{\pi h_l^2 \Delta x \rho_L c_{pL}} \\
\text{SPB タンク}&: \frac{\partial T_{top}}{\partial G_{ev}} = \frac{L_{ev}}{\Delta x \Delta y \Delta z\ L\ M \rho_L c_{pL}}
\end{aligned} \tag{11-13}$$

ここで、L_{ev}：蒸発あるいは凝縮潜熱、Δx、Δy、Δz：座標系 x、y、z 方向の刻み幅、Δt：時間刻み幅、h_{mm}、h_l：液表層の最外側セルの中心および境界における半径（$\fallingdotseq R=$ 球形タンクおよび円筒タンクの液層表面の半径と置くこともできる）、ρ_L：LNG、LH2 の密度、c_{pL}：LNG、LH2 の比熱、L、M：SPB タンクの水平方向分割数

　上式の右辺は全て定数となるためにそれを共通記号 k_p として共通の形で

$$\frac{\partial T_{top}}{\partial G_{ev}} \equiv k_p = \text{constant} \tag{11-14}$$

と表すことにする。

　液面での凝縮量あるいは蒸発量 G_{ev} に伴ってそれぞれの層の圧力が変化し、その合計で両層の圧力差を埋めることになる、すなわちこれら二つの圧力変化要素が同時に作用して気層部の圧力が平衡するから次式が成立する。これから気液界面での質量移動量 G_{ev} が求まる。

$$\left(\frac{\partial P_{eq}}{\partial G_{ev}}\right)G_{ev}+\left(\frac{\partial P_{gas}}{\partial G_{ev}}\right)G_{ev}=P_{eq}-P_{gas} \tag{11-15}$$

ゆえに

$$G_{ev}=\frac{P_{eq}-P_{gas}}{\dfrac{\partial P_{eq}}{\partial G_{ev}}+\dfrac{\partial P_{gas}}{\partial G_{ev}}}=\frac{P_{eq}-P_{gas}}{(2aT_{top}+b)k_p+\dfrac{R}{V}T_V} \tag{11-16}$$

蒸発・凝縮速度は $G_{ev}/\Delta t$ となる。それぞれのタンク様式ごとに k_p 値を代入することによって、蓄圧時の液表面温度および気層部の圧力と温度の変化と共に発生する気液界面での LNG あるいは LH2 の蒸発（$G_{ev}>0$ の場合）または凝縮（$G_{ev}<0$ の場合）に伴って発生する質量移動が求まる。すなわちタンク閉鎖によって一見蒸発が止まったかに見えるタンク内では、上記のような刻々の蒸発あるいは凝縮を生じながら平衡状態を保ちつつ時間推移している。本書ではこれを蓄圧蒸発・凝縮 Extra BO、CD と呼ぶことにする。実際の値は後述の数値計算結果から見えるように蓄圧蒸発・凝縮は時間刻みと、共に絶えず蒸発と凝縮を繰り返しながら摂動する。ただマクロに見れば高温成層の成長過程では液面の温度が高くほぼ全時間にわたって蒸発が優勢であり、同成層の崩壊の過程では液面温度低下と気層部圧力の優勢に伴って凝縮が起こる。このように液面では関連する温度と圧力の関係によって、一連の蒸発と凝縮の物質移動とそれに伴う潜熱発生が起きて両層の圧力平衡を制御している。

11-2-5　気液界面での熱授受と境界条件

　液層と気層は気液界面で接しており、この接合面では前項で述べた蒸発あるいは凝縮に伴う質量移動と、それに伴う潜熱移動がある。潜熱による熱移動は全て液側に与えられるとする。同時に両相の温度差に基づいた顕熱移動があり、この場合には水平面での自然対流熱伝達に基づいた熱伝達率を用いることにする。さらにドライタンク壁面との間では前々項で述べた放射熱交換がある。そして最後にタンクの底面と側面からの移流および伝導による熱の流入がある。図 11-3 にこれらの伝熱モデルを示した。

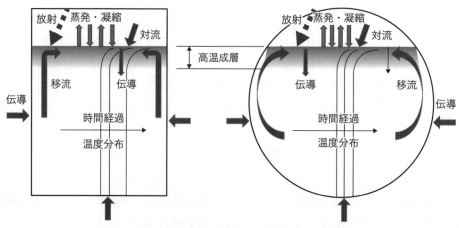

図 11-3　液層部を対象にした伝熱モデル

以上の気液界面で液層に流入する熱量をまとめて表現すると次式となる。

$$Q_{mk} = A_{mk}h(T_v - T_{mk}) + Q_{rad} - \left(\frac{G_{ev}}{\Delta t}\right)L_{ev} + G_{cs}L_{ev} + Q_{conv} + Q_{cond} \qquad (11\text{-}17)$$

ここで Q_{mk}：液層の表層セル（m,k）への入熱量，T_{mk}：同セルの温度，A_{mk}：同セルの表面積，h：気液界面の熱伝達率，T_v：気層平均温度，$G_{ev}/\Delta t$：気層部と液表面の圧力温度平衡のための気液界面での質量移動速度，蒸発を + にとる（G_{ev}：1時間ステップ内の移動量，よって移動速度は $G_{ev}/\Delta t$ となる），Q_{rad}：タンクトップからの放射熱，G_{cs}：圧縮機による強制的な単位時間の蒸気の取り出し量（圧縮機吸引速度），Q_{conv}：移流による熱移動，Q_{cond}：液層内熱伝導，L_{ev}：蒸発・凝縮潜熱である。

第1項は気層部から気液界面を通して液面に伝達される熱量，第2項はドライタンク壁面と液面との放射熱交換，第3項は LNG あるいは LH2 の気液平衡を司るために生じる液面での相変化の項で，タンク内部で自動的に生じる調整項である。第4項は部分蓄圧あるいは負圧蒸発を行うときに生じるものでタンク内蒸気の一部，あるいは自然蒸発を上回る量を外部に取り出すときの項であり，完全蓄圧の場合にはこの項はゼロとなる。ここまでの項が気液界面での境界条件として与えられねばならない。第5項は移流による熱移動，第6項は液内の伝導熱で，この第5，および第6項はエネルギー方程式の中で自動的に組み込まれている。計算上はいずれの場合も受熱側として必要になる液面温度としては液表面の面積平均温度を取ることとする。NBO の場合は自明なことながら気液界面への全入熱が蒸発潜熱と平衡している。

一方，気層部における累積質量は蓄圧開始時の質量を G_{v0} として，$G_{v0} + \Sigma G_{ev}$ から求まる。

タンク壁面および底面では断熱を介して，次式で表される入熱が液層のタンク壁面に接する最初のセルに与えられる。

$$Q_{wb} = kA(T_a - T_L) \qquad (11\text{-}18)$$

11-2-6　液層内での熱移動

（1）液層の熱流動計算モデルの選定

蓄圧状態での液層の特徴は先述のように，表面から下方に向かって高温層が形成されることである。すなわち蓄圧状態が進展するに従い液層の上層部には高温液層の生成（Stratification）が生じ，重力場においては成層化された部分は上に高く下に低い温度分布となって，熱流動上安定した領域となる。熱対流が阻止される領域では，伝熱の支配的な要素は熱伝導となる。しかしその領域は時間と共に成長し，一定ではない。重力場における Navier-Stokes 方程式は安定した対流の場の存在に基づいているものであり，今回の場合は重力的に安定・静止した成層内に，浮力による外力が働いて無理に運動を促すことになる。実際に数値計算を実施すると初期のうちしばらくは安定した変化で推移するが，時間と共に不規則・不安定になってくる。これは安定した，一種の固体化した温度成層内に対流計算を持ち込むことによる流体運動上の矛盾のためである。安定度を維持したまま計算を続けるには，分割数の取り方や時間間隔の取り方などには注意を要する。すなわち計算領域の分割数を増したり，時間間隔を小さくとるなどの微細化が必要になる。

本書では熱流動計算を行うことで全てを展開しているが安定した温度成層を強調して考える場

合には熱流動計算ではなく、流体の運動を外した熱拡散主体の伝導熱計算として扱うことも一つの考え方となる。計算の簡便さから見れば魅力的であるが、液層全体で見た場合にこの方式では、温度成層が及ばないタンク下半部におけるタンク底部および側壁からの入熱による熱流動を無視していることになるために、適用範囲は液層表層部に限定したものとなる。また温度成層内の熱流動を無視して伝導熱のみによる温度分布形成が強調されているために、実際よりも温度傾斜の大きいシャープな分布になる可能性が考えられる。しかしながら取り扱いの容易さ、計算時間の短さ、考え方の単純明快さなど、即戦的な素早い結果を要求される実務者にはむしろ向いている。したがってこれを実際のタンクに合うように適切な修正係数を取り入れるなどの操作を行って、実務に耐える形に近づける努力は意義がある。それにはなるべく多くの実タンクや実験におけるデータを把握して、計算式に反映させ再現性を改良していくことが望まれる。

このように伝導熱主体の計算の場合、具体的には Navier-Stokes 方程式を経由せずに直接エネルギー方程式に行き、かつ移流項を省略した形で解けばよい。熱伝導率などの諸物性値は分子特性値を使い、乱流計算も省略する。したがって非常に簡便で計算時間も 1～2 オーダー短くなり、短時間で数値解が得られる。ただし表層近辺の温度成層領域より下方の対流域では信頼性が低くなる。熱流動計算の場合と同様に定常化のために 20 時間程度の NBO 状態を経過した後に、液層表面からの蒸発潜熱の奪取を停止し表層温度が沸点まで上昇復帰した時点で熱伝導計算に移ればよい。付録 2 で熱流動計算と熱伝導計算の両方法を比較している。

（2）諸制御係数

タンクの要目や貨物の状態のように明らかに数字として判明している要素はそのまま用いるが、実際の数値計算の段階では具体的な数値が不明な要素は多々ある。また影響は大きいが数値的に表すのが直ちには難しい要素もある。本書での場合にはタンク材質および板厚分布、管類からの入熱影響、タンク内面の構造材の影響、タンク断熱値の分布、気液界面での蒸発時と凝縮時での熱伝達率の違い、タンク壁および液面での放射率、タンク周囲の温度分布、タンク様式ごとの支持構造の伝熱影響、本船運航条件から来る積み付け率などがあげられる。蓄圧現象にはこれら多くの要素が関連してくるために理論値での推定、あるいは実タンクの実績値や実験値との比較を行う場合にはそれぞれの影響度の適切な考慮が必要であり、総合的な評価が重要になってくる。

11-2-7 LNG、LH2 のタンク諸元

数値計算にあたり、設定した LNG・LH2 タンクおよびタンク断熱値の諸元を、タンクの様式ごとに LNG 大型タンクを表 11-3、LNG 小型タンクを表 11-4、LH2 小型タンクを表 11-5 に再掲した。横置き円筒タンクは十分な長さを持った 2 次元で考えているために、諸数値は単位長さあたりのものである。液位については蓄圧型のタンクも含めて、昇圧後にも必要な空間容積 2 %を確保するために LNG については 98 %、それに加えて 90 %および 80 %を含めた。

LH2 については温度膨張率が LNG 比で 1 オーダー大きいために、常圧型タンクでも最大積み付け率は小さくなるが、本書では蓄圧型を主体に考えて、設計圧力 0.3 MPaG 程度として 90 %のみとしている。さらに、高液位のみならず低液位時の場合も考えて、LNG では 30 %、20 %および 10 %、LH2 では 30 %のケースを考えた。

タンク断熱値は熱貫流率が LNG で 3 種類、LH2 で高断熱の 2 種類とした。タンク諸元につい

ては著者が設定した数値であるために、より具体的な実船に即した値については適当な修正が必要である。

表11-3　LNG 大型タンク様式と要目

タンク様式	球形	水平円筒	垂直円筒	SPB 方形
タンク寸法	$D:40$ m	$D:30$ m-L	$D:26$ m-$H:21$ m	$L:40$ m-$B:40$ m-$H:25$ m
容積	33,600 m^3	700 m^3/m	11,000 m^3	40,000 m^3
タンク断熱	熱貫流率 $k=0.1$、$0.1×2$、$0.1×0.5$ W/m^{2}K			
タンク板厚	30 mm			
タンク材質	Alumi alloy、密度 2700 kg/m^3、比熱 0.9 kJ/kgK			
液位	98 %、90 %、80 %、30 %、20 %、10 %			
初期温度	LNG：-161.4 ℃			

表11-4　LNG 小型タンク様式と要目

タンク様式	球形	水平円筒	垂直円筒	SPB 方形
寸法	$D:14$ m	$D:9.6$ m-L	$D:9.6$ m-$H:21$ m	$L:15$ m-$B:15$ m-$H:8$ m
容積	1430 m^3	72×L m^3	1520 m^3	1800 m^3
タンク断熱	熱貫流率 $k=0.1$、$0.1×2$、$0.1×0.5$ W/m^{2}K			
タンク板厚	20 mm			
タンク材質	Alumi alloy			
液位	90 %、90 %、80 %、30 %、20 %、10 %			
初期温度	-253.2 ℃			

表11-5　LH2 小型タンク様式と要目

タンク様式	球形	水平円筒	垂直円筒	SPB 方形
寸法	$D:14$ m	$D:9.6$ m-L	$D:9.6$ m-$H:21$ m	$L:15$ m-$B:15$ m-$H:8$ m
容積	1430 m^3	72×L m^3	1520 m^3	1800 m^3
タンク断熱	熱貫流率 $k=0.003$、0.002 W/m^{2}K			
タンク板厚	20 mm			
タンク材質	Alumi alloy			
液位	90 %、30 %			
初期温度	-253.2 ℃			

11-3　現象を表現する支配方程式と数値解法

11-3-1　基礎式と数値計算手順

　Bulk liquid 本体についての座標系および式の展開は第4章および第5章に譲り、本章では蓄圧現象に特有なタンク様式に共通した境界条件、初期条件について述べる。
　液層部の支配方程式については LNG および LH2 で共通であるが、第4章および第5章の

NBO の項で既述のように質量保存式、運動量保存式、エネルギー保存式および乱流系の保存式を必要に応じて BFC による座標系展開を行って表す。次に各支配方程式を等間隔空間分割の陽解法の差分式によって離散化した上で、時間前進型（Time marching method）の繰り返し計算により時間積分していく。移流項の風上差分、拡散項の中心差分、連続条件を満足する圧力の Poisson 方程式の過緩和繰り返し法による解法、および Neumann の安定条件による最大時間間隔 Δt の採用については通常の偏微分方程式の数値解の手法を採用している。方程式に表れる典型的ないくつかの項の差分式への展開については第4章に述べた通りである。格子分割の大きさから厳密な意味での境界層本体の流れは捉えていないが、タンク壁面の第一層内に含めて考える。

時間的には 20 時間の NBO を経て、液全体の温度および流動が定常状態に達した時点を PAC の初期条件として、NBO → PAC 間の連続した自然な移行を与える。

タンク内気層部の圧力はその時の液表面温度の飽和圧力とする。気液界面での蒸発あるいは凝縮に伴う質量の移動量は G_{ev} を積算することで得られる。

11-3-2 特殊条件−長時間蓄圧

今までの蓄圧の実績データはせいぜい 10−20 時間の短時間[2][7][8]のものである。更に時間を延ばして日単位、例えば1週間あるいは 10 日という長期間のデータは著者の見る限りでは皆無である。一つには長期に伴う圧力上昇の不確定さからくるタンクの危険度への配慮が働いていると思われる。しかし今後蓄圧タイプのタンカー[2]の出現、貨物のハンドリング機器や設備の簡素化のためあるいは製品としての LNG や LH2 の無駄な蒸発散逸を極力なくしたいなどの発想から、タンクを数日間完全閉鎖タイプのタンカーはありうることであろう。その場合、今まで述べた数十時間スパンの現象の時間延長上にあると考えてよいのか？以上の発想に基づいて本書では数日レベルの長時間蓄圧についても述べる。

蓄圧の圧力上昇は液層表面に形成される高温成層の温度と、気層部の圧力との平衡条件から決められるから高温成層の高温化とその安定な成長がベースになっている。自然発生した成層は重力下においては温度が上高・下低の安定層であり、層の内部ではほぼ静止状態にある。成層下端はそれより下方の対流領域と接しており、常時安定度を脅かされていると考えることができる。壁面では高温の外気とタンク壁を介して接しているから層の厚みを増すにつれて、すなわち高温壁面に接する垂直方向の面積が増すにつれて流体運動の駆動力＝浮力の作用する面積は大きくなるから高温成層内での対流が生じてもおかしくない。つまり、それまで安定であった高温成層の崩壊が壁面部を起点として誘起されることは起こりうることである。タンクの形状から言えば縦型円筒タンクや SPB タンクのように壁面が垂直で、かつ水平面積が大きい場合と球形や水平円筒タンクのように逆の場合とでは高温成層の安定度から見た様相が異なると考えられる。

11-3-3 特殊条件−低液位時の蓄圧

本書では通常議論されていない低液位時の蓄圧現象について言及する。まず液位が下がって一定の時間が経過し、気層部の蒸気およびタンク壁面にはあらかじめ定常的な温度分布が形成されるに至り、その状態からタンクが閉鎖されたとする。あと基本的には満載状態と同じ取り扱いを行い、タンク気層部 − 気液界面平衡 − 液体熱流動の3者間の平衡問題として考える。タンク内

の液位が低い場合に満載時との熱影響的な違いは図 11-4 に示すようにタンク壁面の接液部の縮小と、相対的に接気部の拡大である。気層部についてはタンクの表面積および内容積が大きくなるために、蒸気とタンク壁に垂直高さ方向の温度分布がつくが、ここでは両者について満載時と同じ質量集中系として扱う。すなわち気層部の高さ方向の温度分布は無視して平均温度として扱う。

熱の流れはタンク断熱からの入熱はまずタンク壁自体の昇温に費やされ、次に上昇してくるBOVの昇温に一部費やされ、同時に液面への放射熱として消費される。総合して満載時に比べての違いは、熱負荷としてカウントされるタンク壁質量が大きいこと、液面への放射熱影響が大きいこと、および熱負荷となると液質量が小さいことがあげられる。放射熱の扱いについては第7章にて述べた通り、ドライ部のタンク壁面積と液表面からなる閉鎖空間で、両者の面積比をパラメーターにして総合放射率を求める手順を取っている。詳細は表 7-1 による。

対象液位は容積割合で、30 %、20 %および 10 % の 3 種類（LH2 では 30 % のみ）とし、4 種類のタンク様式ごとに結果を示す。

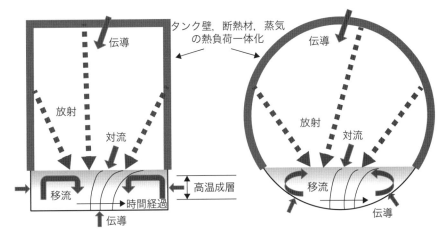

図 11-4　低液位時の蓄圧伝熱モデル

11-3-4　特殊条件-LH2 超断熱タンクの蓄圧

LH2 タンクタンクの場合、LH2 の極超低温の温度レベルおよび蒸発潜熱の小ささのためにBORを抑える必要から、タンクには真空断熱による高断熱（k 値が非常に小さい）が設けられる。これに伴い PAC 時の圧力上昇も小さい、これを利用すれば LNG のように BOV を外に出すことなく、タンク内に留め置く形での貯蔵・輸送方式が考えられる。そこで小型タンクを対象にして最大 10 日間の長時間蓄圧まで考えての数値計算を行った。それ以外の形状、座標系、支配方程式、境界条件、初期条件は LNG の場合と共通である。

蓄圧の一つの応用例として、LH2 の揚荷をポンプによらずに外部から高圧の水素ガスを導入し、タンク内気層の昇圧によって行う場合には液面あるいはタンク壁面での凝縮[9]も考慮する必要がある。すなわち液面や壁面の温度相当の蒸気圧よりも高い給気圧の場合には、凝縮分だけの圧力低下が起こる。

11-3-5 数値計算のフロー

以上に述べたロジックを基に蓄圧操作をシミュレートする計算の流れを示す。

NBO での液層の熱流動計算、20 時間
↓
液表面温度は蒸発に伴い、沸点よりも低下している
↓
蓄圧計算スタート
液表面温度が沸点に復帰するまで熱流動計算を続行する
↓
✻⇒気層部の質量を集中系として扱う
↓
気層部の温度変化の熱負荷は蒸気熱容量に加えてタンク壁熱量を加算する
↓
気液界面では気層部と自然対流熱伝達、タンク壁面と放射熱交換を行う
↓
液層ではタンク断熱面と気液界面での熱流 ＋ 蒸発・凝縮潜熱による熱流動計算を行う
↓↑
液層の最上層温度の飽和蒸気圧と、気層の温度・質量に基づく気体法則による圧力との平衡から蒸発・凝縮量を求める
↓↑
蒸発・凝縮に伴う質量移動分を気層部に加算⇒✻に戻る
↓
所定の時間まで続行する

11-3-6 数値計算計画表

　LNG および LH2 の数値計算の全体計画とタンクの主要目を表 11-6 および表 11-7 示す。Tank type はそれぞれ HorSph：球形タンク、HorCyl：横置き円筒タンク、VerCyl：縦置き円筒タンク、SPB：矩形タンクである。LNG は大型タンク（短時間蓄圧）および小型タンク（長時間蓄圧）の2種類とし、LH2 については長時間蓄圧の小型タンクとした。

　操作は最初に 20 時間の NBO の静定時間を置き、それに引き続いて蓄圧の数 10 時間を取った。蓄圧継続時間は LNG の大型タンクは 50 時間（およそ 2 日間）まで、LNG および LH2 の小型タンクは蓄圧タイプのタンクを対象として 130～240 時間（5～10 日間）までの結果を示す。

　タンク断熱値の熱貫流率 k は LNG では 3 種類 0.05、0.1 および 0.2 W/m^{2}K、LH2 では高断熱の 2 種類 0.002 および 0.003 W/m^{2}K とした。

　積載率 FR は LNG で高液位の 98 %、90 % および 80 % の 3 種類に加えて、低液位の 30 %、20 % および 10 % の 3 種類の合計 6 種類、LH2 では 90 % および 30 % の 2 種類で示した。

　SPB タンクの場合内部の多数の構造材については一種のフィン効果として捉え、そのぶんタンク表面積が増加したとして扱うことにする。流れについてはプレーン面とした。

以上についてタンク様式ごとに、自然蒸発状態の定常的な蒸発現象NBOに続き次の項目についてグラフ表示する。本文でグラフ表示していない分については付録にて掲載する。

　　　　気層温度、液層表面温度および液層平均温度の時間変化
　　　　タンク圧力の時間変化
　　　　蓄圧時の蒸発および凝縮速度の時間変化
　　　　気層部質量の時間変化
　　　　液層温度分布（Color graduation）・・・代表例を掲載
　　　　液層流動状態（流速ベクトル）・・・代表例を掲載
　　　　液層の垂直方向温度分布変化・・・代表例を掲載

表 11-6　LNG タンクの計算要目

Tank size	Tank type	Dimensions、Volume	Time	k (W/m²K), FR (%)		
				0.1	0.05	0.2
大型	HorSph	$D:40$ m、$V:33,600$ m³	20 h (NBO) + 50 h (PAC)	98	98	98
	HorCyl	$D:30$ m、$V:700$ m³/m		90		
	VerCyl	$D:26$ m、$H:21$ m、$V:11,000$ m³		80 30		
	SPB	$L:40$ m、$B:40$ m、$D:25$ m、$V:40,000$ m³		20 10		
小型	HorSph	$D:14$ m、$V=1430$ m³	20 h + 130〜240 h			
	HorCyl	$D:9.6$ m、$V:72$ m³/m				
	VerCyl	$D:9.6$ m、$H:21$ m、$V=1520$ m³				
	SPB	$L:15$ m、$B:15$ m、$D:8$ m、$V=1800$ m³				

表 11-7　LH2 タンクの計算要目

Tank size	Tank type	Dimensions	Time	k (W/m²K), FR (%)	
				0.003	0.002
小型	HorSph	$D:14$ m、$V=1430$ m³	20 h (NBO) + 130〜240 h (PAC)	90 30	90
	HorCyl	$D:9.6$ m、$V=72$ m³/m			
	SPB	$L:15$ m、$B:15$ m、$D:8$ m、$V=1800$ m³			

11-4　LNG・LH2、4タンク形式、大型・小型タンク、高液位・低液位の条件別数値計算

　LNG/LH2、液位、蓄圧時間、タンクサイズおよび断熱熱貫流率 k 値によって表11-8および表11-9のようにグルーピングしてグラフ表示し、本文と付録に分けて掲載する。

　それぞれのグループには4つのタンク様式ごとに、球形タンク、横置き円筒タンク、縦置き円筒タンクおよびSPBタンクの順でグラフ表示する。

　各タンクの最後に掲載した温度分布と流速ベクトルの図は、蓄圧終了時点でのものであり、表11-8および表11-9に示すそれぞれのグループ内の代表例のみで表わし、それ以外の組み合わせについては紙面の都合上省略した。横置き円筒タンクの蒸発量などの数値はタンクの単位長さあ

たりのものである。(k：タンク断熱熱貫流率 W/m²K、L：液レベル %)

表 11-8　蓄圧グラフ表示分類（本文分）：塗りつぶし部はグラフのパラメーターを示す

貨物種類	タンクサイズ	液位 L %	k 値 W/m²K	蓄圧時間	タンク形式	温度、流速グラフ k, Level	温度、流速グラフ File 名	図番号
LNG-1	大型	高液位 98 %	0.05 0.1 0.2	50 h	1. HorSph 2. HorCyl 3. VerCyl 4. SPB	k=0.05 k=0.05 k=0.05 k=0.2	NL-16 NL-26 NL-36 NL-47	図 11-5 図 11-6 図 11-7 図 11-8
LNG-2	小型	高液位 98 %	0.05 0.1 0.2	130 -240 h	1. HorSph 2. HorCyl 3. VerCyl 4. SPB	k=0.2 k=0.2 k=0.05 k=0.05	NS-17 NS-27 NS-36 NS-46	図 11-9 図 11-10 図 11-11 図 11-12
LNG-5	大型	低液位 30, 20, 10 %	0.1 固定	50 h	1. HorSph 2. HorCyl 3. VerCyl 4. SPB	L=30 % L=20 % L=10 % L=30 %	NL-13 NL-24 NL-35 NL-43	図 11-13 図 11-14 図 11-15 図 11-16
LH2-1	小型	高液位 90 %	0.002 0.003	130 -240 h	1. HorSph 2. HorCyl 3. SPB	k=0.003 k=0.003 k=0.002	HS-10 HS-20 HS-42	図 11-17 図 11-18 図 11-19
LH2-2	小型	低液位 30 %	0.003 固定	130 -240 h	1. HorSph 2. HorCyl 3. SPB	k=0.003 k=0.003 k=0.003	HS-11 HS-31 HS-41	図 11-20 図 11-21 図 11-22
タンク名		HorSph 球形、HorCyl 横置き円筒、VerCyl 縦置き円筒、SPB 矩形						

表 11-9　蓄圧グラフ表示分類（付録分）：塗りつぶし部はグラフのパラメーターを示す

貨物種類	タンクサイズ	液位 L %	k 値 W/m²K	蓄圧時間	タンク形式	温度，流速グラフ Level	温度，流速グラフ File 名	図番号
LNG-3	大型	高液位 98, 90, 80 %	0.1 固定	50 h	1. HorSph 2. HorCyl 3. VerCyl 4. SPB	L=98 % L=90 % L=80 % L=98 %	NL-10 NL-21 NL-32 NL-40	図 11-1 図 11-2 図 11-3 図 11-4
LNG-4	小型	高液位 98, 90, 80 %	0.1 固定	130 -240 h	1. HorSph 2. HorCyl 3. VerCyl 4. SPB	L=90 % L=98 % L=98 % L=98 %	NS-11 NS-20 NS-30 NS-40	図 11-5 図 11-6 図 11-7 図 11-8
LNG-6	小型	低液位 30, 20, 10 %	0.1 固定	130 -240 h	1. HorSph 2. HorCyl 3. VerCyl 4. SPB	L=20 % L=30 % L=20 % L=10 %	NS-14 NS-23 NS-34 NS-45	図 11-9 図 11-10 図 11-11 図 11-12
タンク名		HorSph 球形、HorCyl 横置き円筒、VerCyl 縦置き円筒、SPB 矩形						

11-4-1 LNG タンクのグラフ

グラフの見方：

　最初のケースを説明対象として取り上げて示す。以下全て NBO を 20 時間経て安定状態から蓄圧を開始する。温度は沸点からの変化値、圧力は大気圧からの変化値である。

LNG-1：（1）大型球形タンク：高液位 −70 時間 −k 値変化（0.05, 0.1, 0.2 W/m²K）

k 値による温度上昇の違いを見る。
T_v：気層部の平均温度を示す。
T_t：液層の最上面温度を示す。
T_m：バルク液の平均温度を示す。
$k0.2$、$k0.1$、$k0.05$：数値はタンク断熱の熱貫流率［W/m²K］を示す。
時間：NBO、20 h ＋ 蓄圧 50 h
長時間の場合は NBO、20 h ＋ 蓄圧 170 h〜250 h とした。

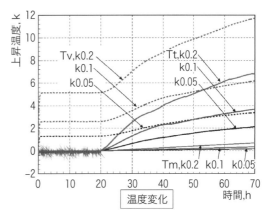

k 値による圧力上昇の違いを見る。
P：大気圧を基準とした圧力変化
液層トップ温度 T_t と平衡した蒸気圧力を示す。
上昇速度 dP/dt は時間と共に緩やかに小さくなる。

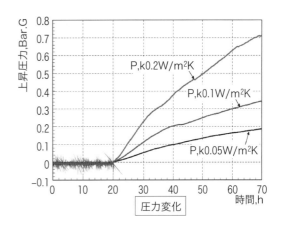

蓄圧時の気液界面での物質移動速度［蒸発と凝縮 kg/h］を k 値ごとに表す。各縦軸の 0 点が移動ゼロで ＋ 側が蒸発、− 側が凝縮を示す。移動量は気液界面温度 T_t および気層圧力 P の時間変化と平衡している。緩やかな中心部の変化の周りにかなり振幅の大きい摂動が起きている。高断熱ほど摂動振幅は小さい。
蓄圧前の蒸気量にこの時間積分値を加算した値がその時間における気層内の蒸気総量となる。

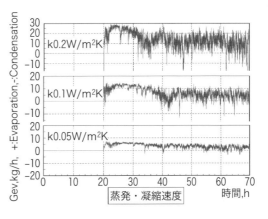

前ページの蒸発および凝縮速度を時間積分して初期の気層部の質量に加えたもので蓄圧中の気相部の蒸気量を表す。

前のグラフから蒸発速度＞凝縮速度のために結局、気層質量は時間と共に増加する。蒸発速度は dG_{vt}/dt から求まる。

本図の場合全体の平均蒸発速度は $k0.1$ のときはおよそ $(1450-1150)\,\mathrm{kg}/50\,\mathrm{h}=6\,\mathrm{kg/h}$ となる。前図とも横置き円筒タンクの場合は単位長さあたり kg/hm、kg/m で示す。

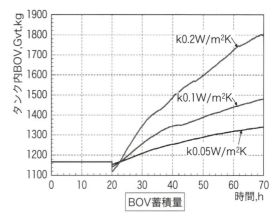

一例として LNG、球形タンク、積付率 FR (filling ratio) 98％、$k=0.05\,\mathrm{W/m^2 K}$、$t=70\,\mathrm{h}$ における液層の温度分布を示す。

　表層に明らかな高温成層が形成されており、トップ温度はおよそ沸点よりも 2.1℃の上昇となっている。バルク液層は +0.1℃オーダーの上昇である。液層全体の平均温度は前ページの最初のグラフ T_m から読み取れる。

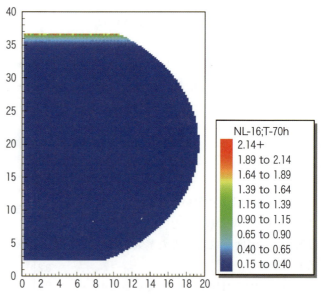

温度と同じく液層の流速ベクトルを表す。形は見やすいように横方向に拡大している。

表層 10 列程度を見るとその下の垂直方向の速度成分を含めた流動層とは明らかに分離された様相を示しており、安定した温度成層が形成されていることが分かる。垂直流動の駆動動力源はタンク壁面での境界層でのわずかな温度上昇による浮力である。

最大流速は 0.028 m/s($k0.05$) −0.054 m/s($k0.2$) 程度である。

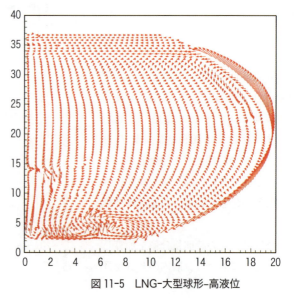

図 11-5　LNG-大型球形-高液位

LNG-1:（2）大型横置き円筒タンク：高液位 −70 時間 −k 値変化（0.05, 0.1, 0.2 W/m²K）

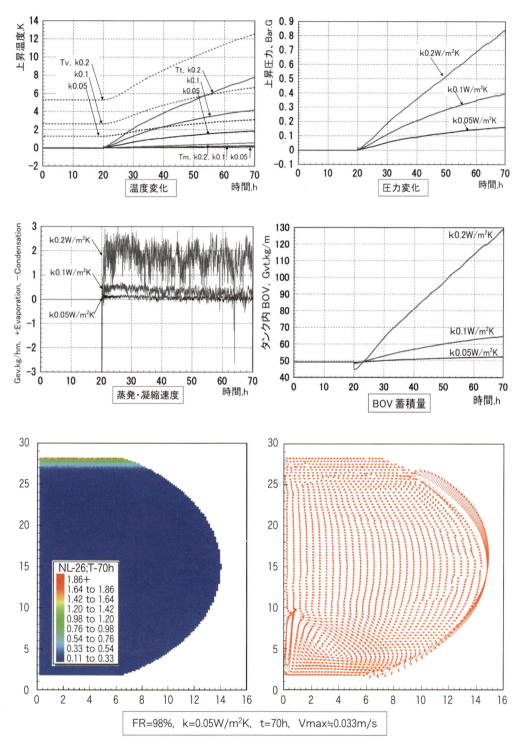

図 11-6　LNG-大型横置き円筒-高液位

LNG-1：(3) 大型縦置き円筒タンク：高液位－70時間－k値変化（0.05, 0.1, 0.2 W/m²K）

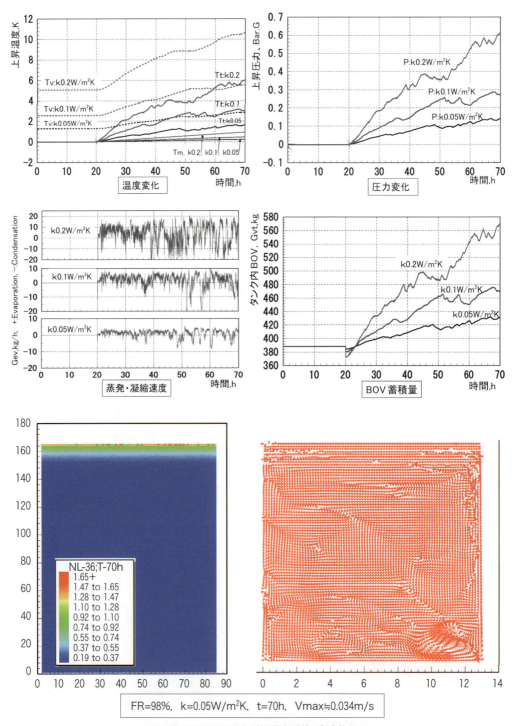

図11-7　LNG-大型縦置き円筒-高液位

LNG-1：（4）大型 SPB タンク：高液位－70 時間－k 値変化（0.05, 0.1, 0.2 W/m²K）

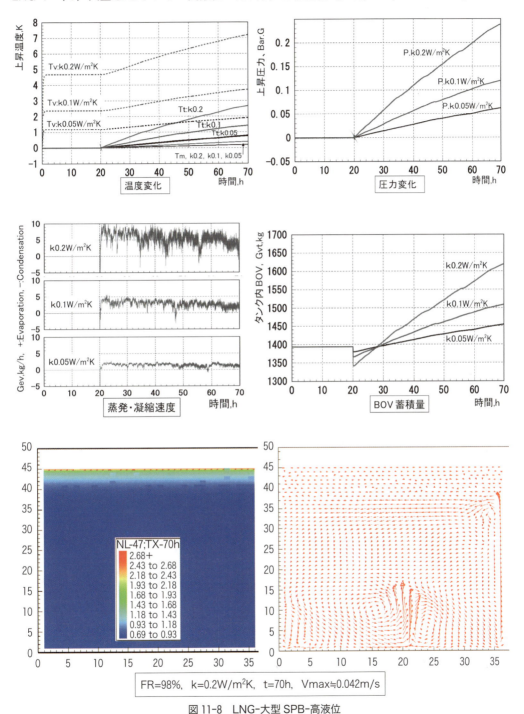

図 11-8　LNG-大型 SPB-高液位

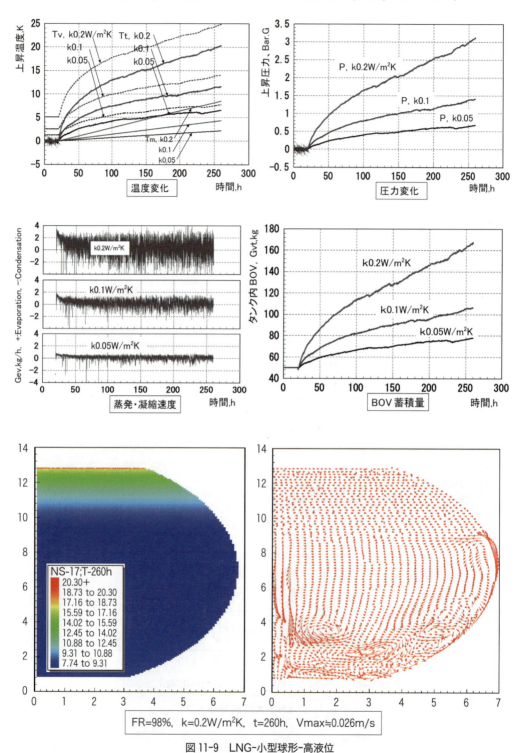

図11-9 LNG-小型球形-高液位

11-4 LNG・LH2、4タンク形式、大型・小型タンク、高液位・低液位の条件別数値計算　199

LNG-2：(2) 小型横置き円筒タンク：高液位－長時間－k 値変化（0.05, 0.1, 0.2 W/m²K）

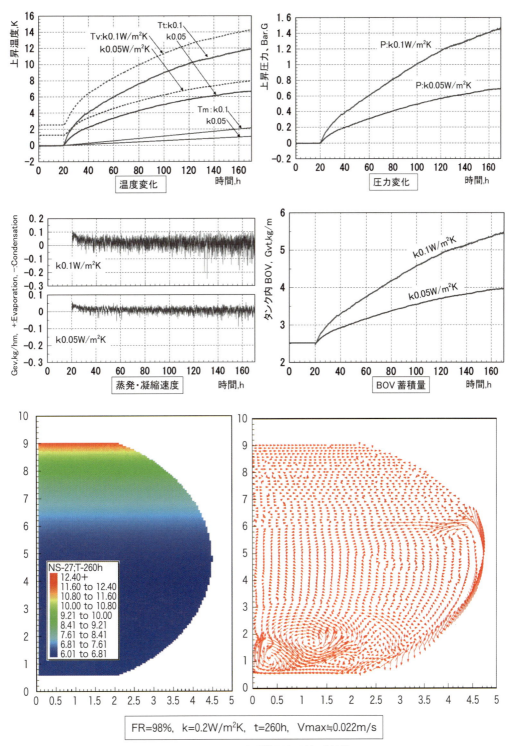

図 11-10　LNG-小型横置き円筒-高液位

LNG-2：（3）小型縦置き円筒タンク：高液位－長時間－k値変化（0.05，0.1，0.2 W/m²K）

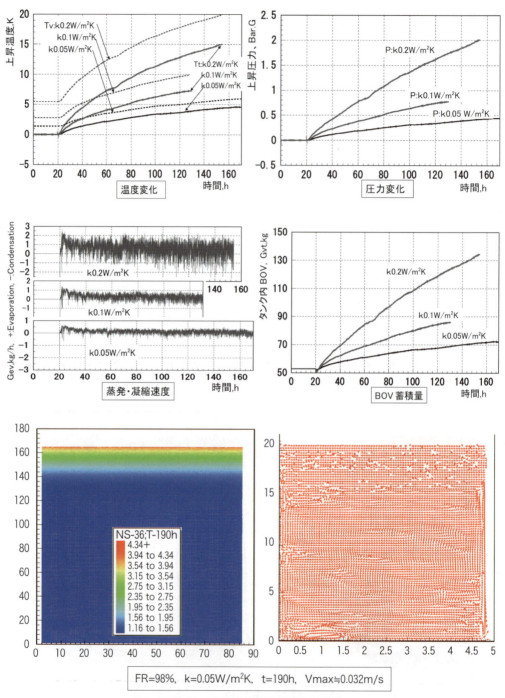

FR=98%, k=0.05W/m²K, t=190h, Vmax≒0.032m/s

図11-11　LNG-小型縦置き円筒-高液位

LNG-2:（4）小型 SPB タンク：高液位－長時間－k 値変化（0.05, 0.1, 0.2 W/m²K）

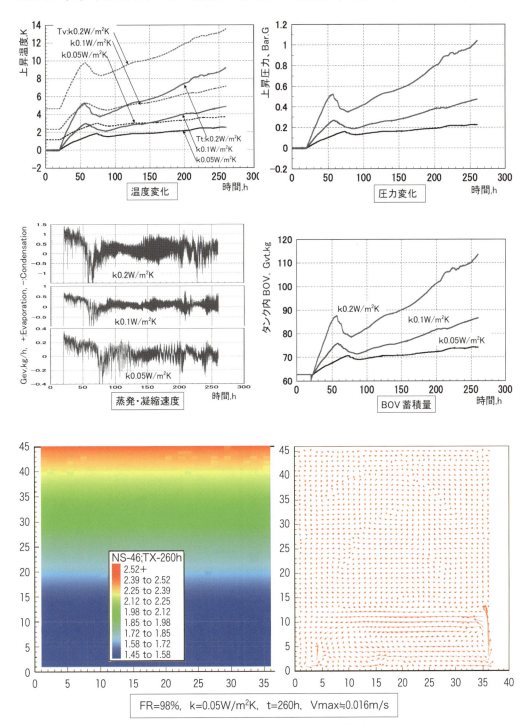

図 11-12　LNG-小型 SPB タンク：高液位

LNG-5：（1）大型球形タンク：低液位－70時間－液位変化（30，20，10％）

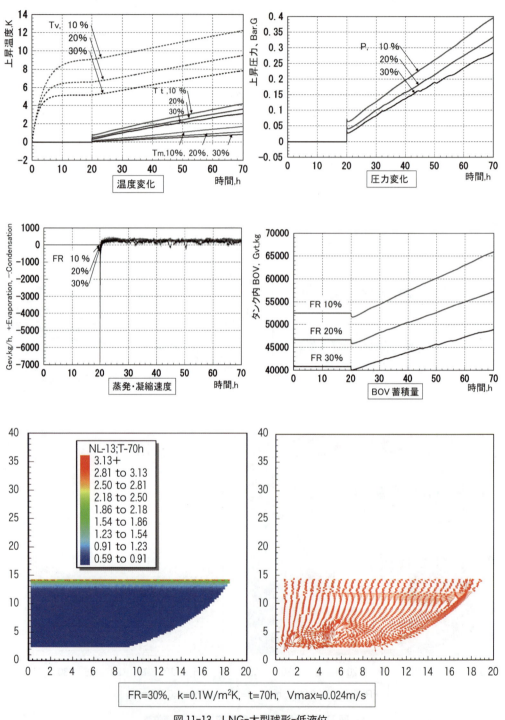

図11-13　LNG-大型球形-低液位

11-4 LNG・LH2、4タンク形式、大型・小型タンク、高液位・低液位の条件別数値計算　203

LNG-5：（2）大型横置き円筒タンク：低液位－70時間－液位変化（30, 20, 10 %）

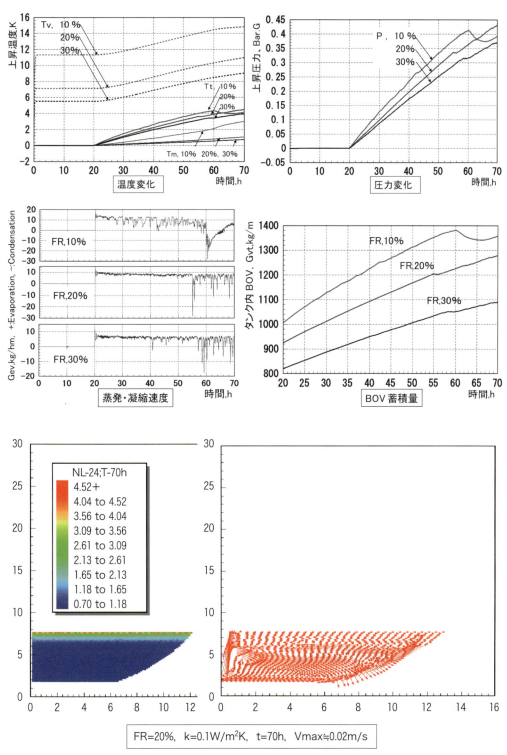

FR=20%, k=0.1W/m²K, t=70h, Vmax≒0.02m/s

図11-14　LNG-大型横置き円筒-低液位

LNG-5：（3）大型縦置き円筒タンク：低液位－70 時間－液位変化（30, 20, 10 ％）

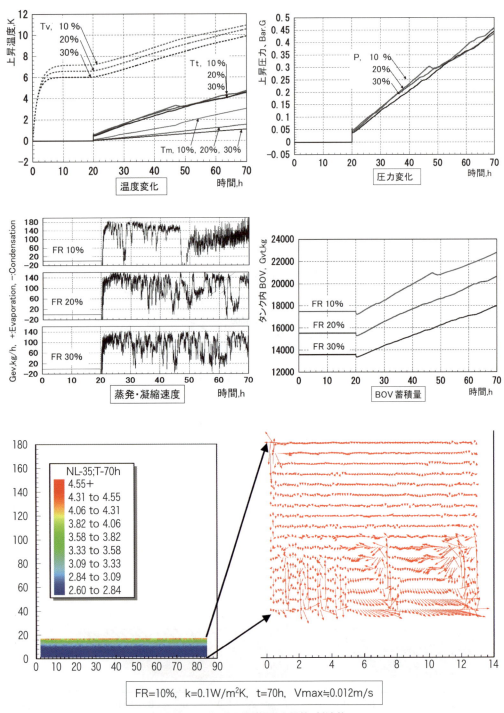

図 11-15　LNG-大型縦置き円筒-低液位

11-4 LNG・LH2、4タンク形式、大型・小型タンク、高液位・低液位の条件別数値計算　205

LNG-5：(4) 大型 SPB タンク：低液位－70 時間－液位変化（30, 20, 10 %）

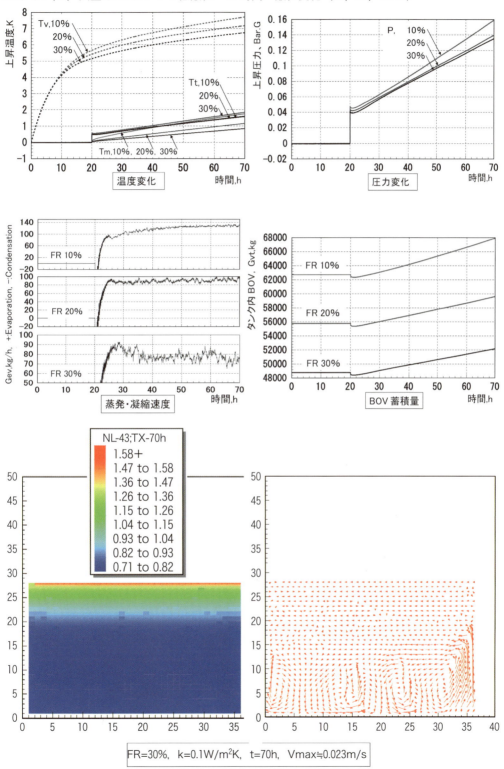

図 11-16　LNG-大型 SPB-低液位

11-4-2 LH2タンクのグラフ

LH2-1：（1）小型球形タンク：高液位－長時間－k値変化（0.002, 0.003 W/m²K）

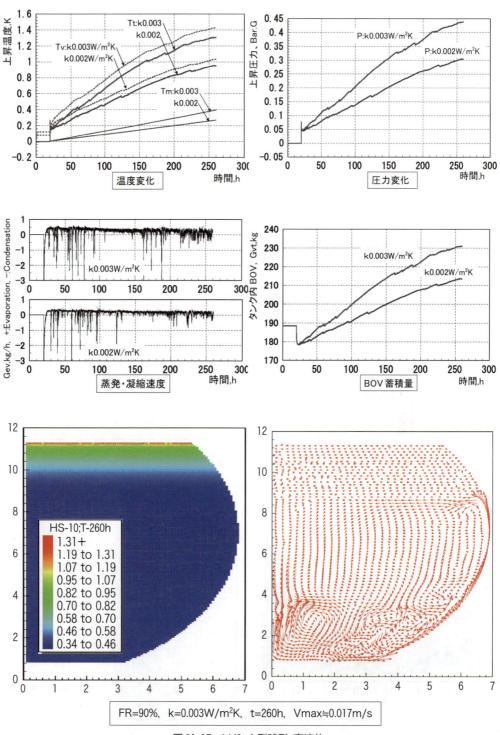

図11-17　LH2-小型球形-高液位

LH2-1:（2）小型横置き円筒タンク：高液位－長時間－k 値変化（0.002, 0.003 W/m²K）

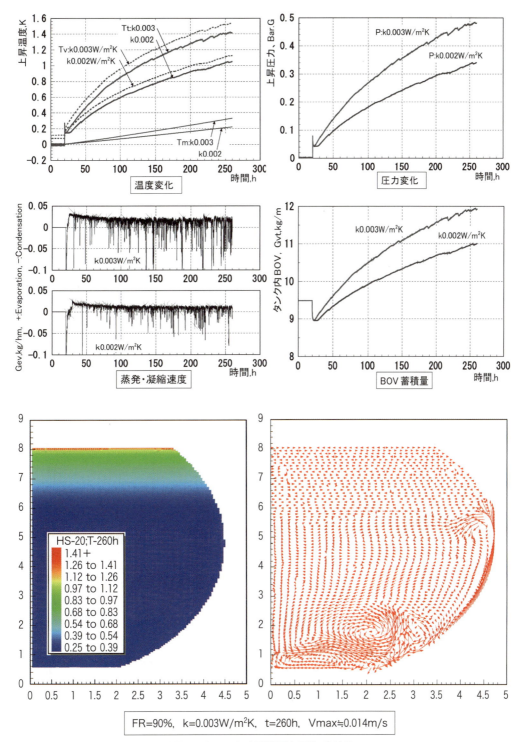

FR=90%, k=0.003W/m²K, t=260h, Vmax≒0.014m/s

図 11-18　LH2-小型横置き円筒-高液位

LH2-1：（3小型）SPB タンク：高液位－長時間－k 値変化（0.002，0.003 W/m²K）

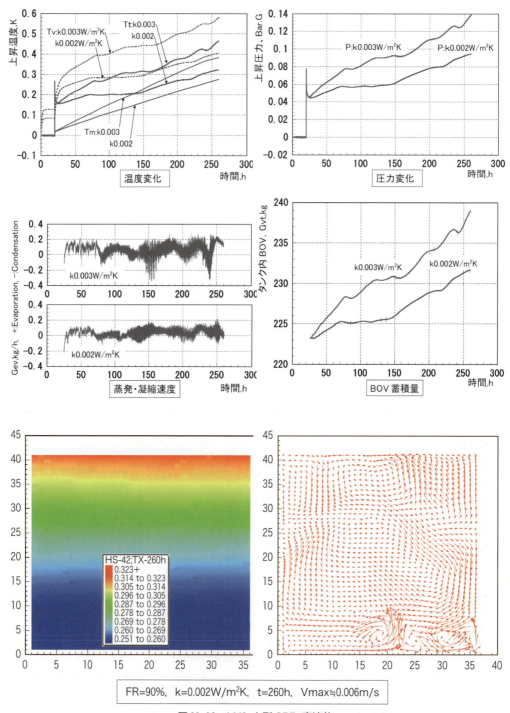

図 11-19　LH2-小型 SPB-高液位

11-4 LNG・LH2、4タンク形式、大型・小型タンク、高液位・低液位の条件別数値計算　209

LH2-2：(1) 小型球形タンク：低液位－長時間－k値固定（0.003 W/m²K）

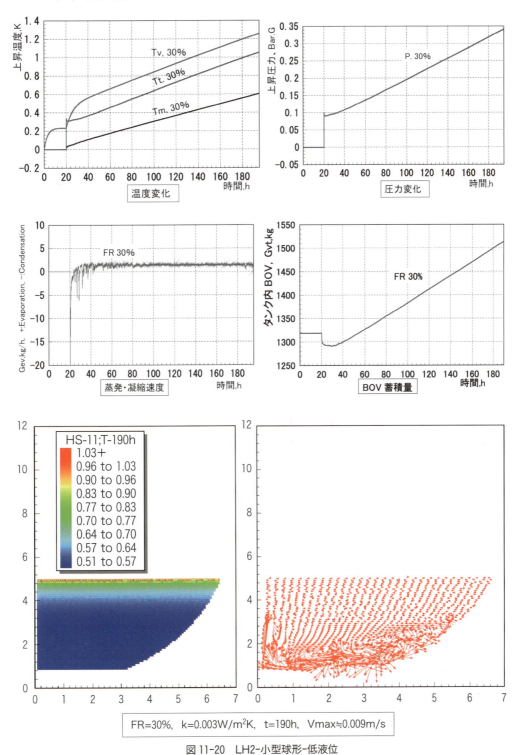

図 11-20　LH2-小型球形-低液位

LH2-2：(2) 小型横置き円筒タンク：低液位－長時間－k 値固定（0.003 W/m²K）

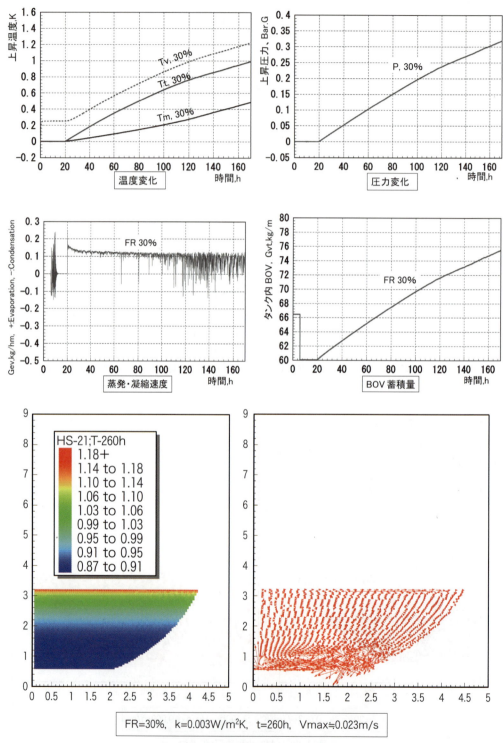

図 11-21　LH2-小型横置き円筒-低液位

LH2-2:(3) 小型SPBタンク:低液位−長時間−k値固定 (0.003 W/m²K)

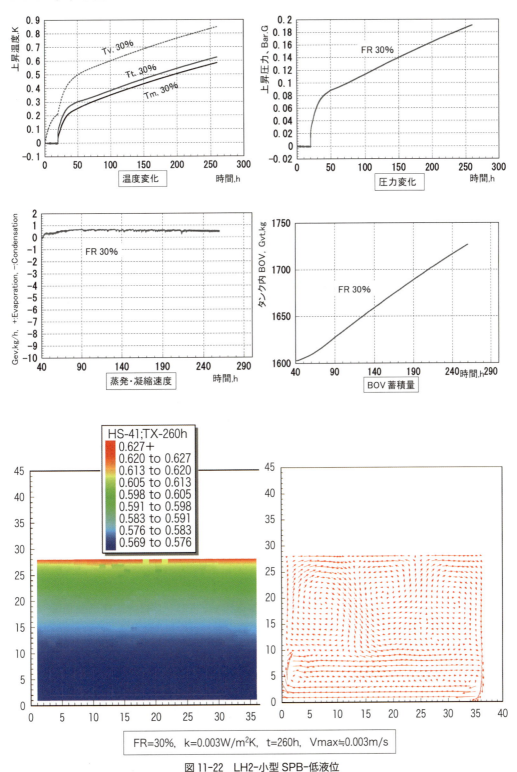

図 11-22 LH2-小型 SPB-低液位

11-5　昇圧に伴うLNG・LH2内の垂直方向温度分布

第5章では自然蒸発時にLNGおよびLH2の液中に生じる垂直方向の温度分布について述べたが、本節では蓄圧に伴う温度成層形成によって生じるLNGおよびLH2内の垂直方向の温度分布について触れたい。液の表面温度は時間とともに上昇し、成層液とそれに続くバルク液で一つの連続した分布を形成し、それが時間と共に成長していく。この様相をLNGでは液位が98％の場合、大型球形タンクを対象に3種類の断熱値で、LH2では小型の球形タンク、液位90％で見る。さらに断熱値を固定して4種のタンク様式ごとの結果を示す。表示する温度はいずれも沸点からの変化値で表す。

タンクの要目は表11-3および表11-5に示したもので、20時間のNBO自然蒸発状態から蓄圧に入るとして両操作を連続して示す。蓄圧時間は50時間とし、合計70時間の変化を5時間刻みで示す。いずれの場合も温度分布は水平断面の面積重みを付けた平均温度である。

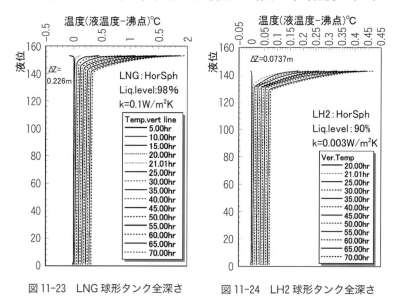

図11-23　LNG球形タンク全深さ　　図11-24　LH2球形タンク全深さ

垂直方向の深さは格子分割の番号で表しており、実際の深さはそれぞれのグラフ中に示した1格子の間隔ΔZを乗じて求まる。

（1）球形タンクで全深さにわたった分布

LNGタンク断熱値$k=0.1$ W/m^{2}K、液位98％を図11-23に、LH2タンク断熱値$k=0.003$ W/m^{2}K、液位90％を図11-24に示す。NBOでのわずかな過冷却状態であったのが蓄圧に入ると直ちに沸点まで昇温復帰して、あとはほぼ時間にリニアに昇温していく。温度成層の深さも昇温と並行して成長していくのが読み取れる。バルク液温度もほぼ時間に比例して上がって行き、深さ方向にはほとんど一様になっている。LNG、LH2共に20時間まではほぼ同一線上にある。LH2では高断熱であるためにすべての数値がLNG比で小さくなる。

（2）球形タンクで断熱値ごとにトップ層の拡大分布

LNGタンク断熱値$k=0.05$ W/m^{2}K、0.1 W/m^{2}Kおよび0.2 W/m^{2}Kの場合を、それぞれ図11-25、図11-26および図11-27に示す。深さは上半層のみとする。熱貫流率が大きくなるにつ

れて成層温度は高くなりその深さも増している。同時にバルク液温度の上昇も早い。

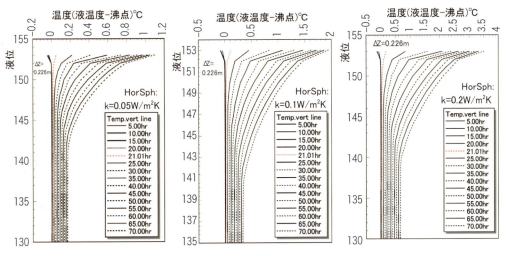

図 11-25　LNG 球 k=0.05 W/m²K　　図 11-26　LNG 球 k=0.1W/m²K　　図 11-27　LNG 球 k=0.2W/m²K

（3）タンク様式によるトップ層の分布

　LNG タンク断熱値 $k=0.1$ W/m²K の場合で横置き円筒タンク、縦置き円筒タンクおよび SPB タンクをそれぞれ図 11-28、図 11-29 および図 11-30 に示す。高液位の場合、自由液面の面積が減少する。球形タンクおよび横置き円筒タンクでは、単位面積あたりの入熱量が大きくなり昇温度に反映されると思われるが、図 11-26、図 11-28 を図 11-29、図 11-30 と比較すると、わずかながらその差が表れている。

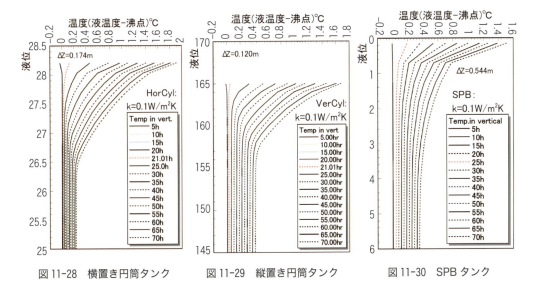

図 11-28　横置き円筒タンク　　図 11-29　縦置き円筒タンク　　図 11-30　SPB タンク

（4）LH2 球形タンク

　図 11-31 に示すように高断熱のため温度上昇は LNG に比べて小さく、高温層厚さの成長も小さい。格子分割の深さが 7 cm と LNG のときの 1/3 と小さいのが一つの特徴であるが、LNG 球

形の 23 cm あるいは SPB の 54 cm のときと比べて全体的には大きな相違は見られない。

いずれのケースでもタンク閉鎖 1 時間における圧力上昇は LNG、LH2 共にそれ以降の上昇速度に比べて大きく、いわゆる初期圧力上昇を物語っている。

過熱度の上昇、すなわち温度勾配は最初の第 1 層で大きく、あとは緩やかに変化する。すなわち気液界面の薄い層に温度上昇は最も集中し、下層になるにつれてなだらかに繋がりながら高温成層の深さが発達していく。この温度分布からも温度成層内の流体は安定しており、内部対流は起きにくいことが分かる。しかしながらこの温度分布は全体水平面積での平均値である。したがってタンク近辺と中央部では異なった温度になっており、タンク壁面近傍ではより高く中央部では低くなっている。この水平方向非平衡が何らかの対流をもたらすことは考えられる。

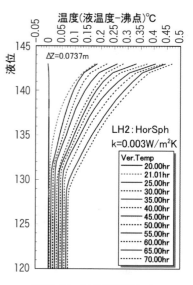

図 11-31　LH2 球形タンク

11-6　総合考察

11-6-1　高温成層破壊による圧力解消

ここでは図 11-32 に示す 2 つの方法で高温成層の破壊を考える。

一つは比較的低温のタンク低部の液をポンプで汲み上げて、液表層にスプレイする方法である。これは表層の高温液が低層の低温液と触れることにより、両者の温度差によって蒸発が促されて、表層を冷却することによる。冷却によって表層温度は降下し、一方低温蒸気の蒸発によって気層部の温度も低下し同時に質量増加で圧力が上昇する。したがって最終的に落ち着く圧力はこれら 3 つの要素①液表層温度の降下、②気層部の温度低下および③気層部の質量増加に伴う圧力上昇、の平衡したレベルになる。もう一つの方法は、やはり低層の低温液をポンプで汲み上げて、液層の中を

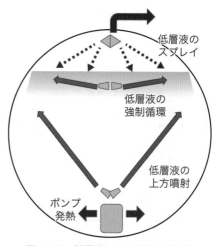

図 11-32　低層液による温度成層解消

表層に向けて吹き上げる形で流す方法である。これは低温液によって表層が冷却される顕熱冷却効果を狙うものである。最終的には両液の混合体が平衡する温度までは圧力降下が期待される。同様にタンク液の撹拌[10]による高温層の解消も可能であろう。

これら 2 方法はいずれも自タンクのポンプを利用するのであれば、ポンプ駆動による発熱分に相当する液温の上昇があることを考慮に入れておく必要がある。またタンク全体の内部エネルギーの変化の総量は変わらないから、液温が全体にならされるだけであることから中層から低層の液温は逆に上昇することになる。

11-6-2　蓄圧開放後の BOV とタンク状態

　数時間あるいは数日間の蓄圧を維持した後には必ずタンク開放が続くことになる。このとき当然 NBO とは異なる大きな蒸発蒸気が噴出することになるが、受け入れ側のタンクあるいは処理システムの受け入れ容量と安全性の観点から噴出量は安全レベル内に制御しなければならない。同時に蓄圧されていたタンク内では開放と共にどのような変化が起きているのだろうか。図 11-33 にこの間のタンク状態を示す。

　タンクからの吐出量は蒸気を取り扱う圧縮機および加熱器の容量に制限を受けるが、ここでは蓄圧された蒸気は陸側タンクに送り出されると想定して、本船の Low duty gas compressor の能力に支配されるとした。High duty gas compressor の能力では吸入蒸気量が大きすぎてタンクを負圧にする恐れがある。圧縮機の運転でタンクの気層部にある蒸気は最初の短時間のうちに搬送され、高温成層をなした液本体が残るから、実質的にはこの状態で吸入が始まると考えればよい。この間においても NBO は生じているから吸入量は NBO を上回る量に設定する。以下詳細については、第 13 章の負圧時の強制蒸発と過冷却液の項にて述べることにする。

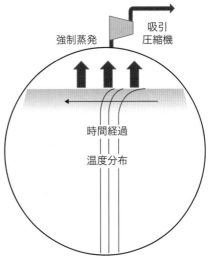

図 11-33　強制蒸発による温度成層解消

11-6-3　タンク閉鎖直後の初期圧力上昇

　自然蒸発時にはタンク天井面からの入熱は蒸発蒸気の昇温に大部分が消費されて、そのままタンク外部へと持ち去られていたのが、タンク閉鎖と同時に昇温蒸気はタンク内に留まり、気液界面での熱伝達によって液層への入熱量を増す。同時にタンク壁面からの放射熱とバルク液からの移流熱が存在する。気層部圧力の急上昇は液面での凝縮も引き起こし、凝縮熱を液面に与える。これらの複合的な作用によって図 11-34 に示すように NBO 時に過冷却状態にあった液表面は小さい値であるが急速に温度上昇し、それに伴って圧力も上昇する。これは液表面の過冷却が解消するまで続く過渡的な現象とみられ、本書では初期圧力上昇と呼ぶ

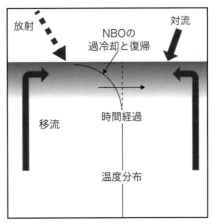

図 11-34　閉鎖直後の過冷却層の解消

ことにする。これは実際のタンクでも観察されている。5-5 節および 11-5 節で示した垂直方向の温度分布で NBO から蓄圧に移る過程で、過冷却状態から沸点にさらに過熱温度に至る変化が短時間のうちになされることが本現象を物語っている。また 11-5 節（3）で示したようにタンク様式による違いも見られる。

第12章　ロールオーバー現象を紙上再現する

12-1　ロールオーバー現象の概要

　実際のタンクへのLNG積載に際しては常に同種のLNGを満載することのほかに、一旦一種のLNGを部分積載した後に異なった種類や産地のLNGを再度積み増しすることがある。両者が全く物理的な特性や、成分などが同じものであればお互いに混合され、事なきを得て、通常のBOVを生じながら時間の経過をたどることになる。しかしながらLNGはいくつもの炭化水素系および窒素の混合物であり、その組成および沸点、密度などの物性値は生産地によって異なる。またタンク内で自然蒸発のままに貯蔵されていた期間が異なるなど、タンクに積み増しするまでの時間的な履歴によって、第10章で述べるような成分の変化が生じ、温度や密度の性状も変化する。したがって後から積載するLNGは異種のものと考える方が実体に則している。異なった性状のLNGを積載する場合になんらかの方法で両者を混合[1][2][3][4][5][6][7][8]しながら積み込まれれば問題ないが、あるいは密度の小さいLNGがタンクの底部から積載される、あるいは密度の大きいものが上部から積載される場合には、いずれも積載時の密度差によって生じる自然対流によって混合がなされて密度成層の形成は少なくなるが、増し積みする場合に逆に高密度をタンク底部あるいは低密度をタンク上部から、かつ撹拌がなされないような状態で積載された場合には、重力的に安定な密度成層が形作られる。一般に異種の液体をそのまま静置した場合には、自ら容易には混じり合わないことが実際に確認されており（海水で見られるのもその一例）、LNGについても同様である。本章では、2種の超低温液化ガスが安定な密度成層をなした状態で一定期間貯蔵された場合の現象[9][10][11]であるロールオーバーを論じようとするものである。

　それならばLH2についてはこの現象は表れないのであろうか。実際のLH2タンクでの事例は報告されていないが、これはLH2を大量に、しかも時間をおいて2種のものを積み増すなどといった操作の機会もないためであろう。しかし、例えば過冷却状態で液化された水素をタンクの底部から静かに積載するとか、過冷却LH2の上にノーマルな沸点状態の水素を積載するなどの事態が生じた場合を考えると、LH2が単成分物質であることを除けば事象はLNGとなんら変わるところはない。この場合に、体積膨張率がLNGの5倍以上あるLH2ではなにが起こるのであろうか、この視点のもとにLNGと同様に論じたい。

　以下ではNBO：Normal boil off 通常の自然蒸発、BOV：Boil off vaporと略称する。

　実際の事故例[12][13]としては1971年のイタリアのLaSpeziaでの陸上タンクが有名であり、その後多くの研究がなされている。ここで一例をあげるとまず実験により現象の再現と理論解との関係を掴もうとしたものとして塩水を用いた実験[14][15]、エタノール水溶液を用いた実験[16][17][18][19]、LNGによる実験[20][21]などがある。現象の基礎的な研究としては、LNGの表面張力影響[22]、初期濃度差[23]に注目したもの、流体の挙動を見たもの、シミュレーションおよび予測法[24][25][26][27][28][29][30][31][32]などである。

　本書では上記の諸考察とは異なった視点での解析手法を用いた。すなわち、状態の異なる上下2つの領域での独立した運動と界面での拡散、隔離限界後の両液の移流・貫流による合体化とそ

れに引き続いて、下層領域内に蓄積された内部エネルギーを自由界面で異常蒸発の形で放出、放出終了後の安定化として捉えて、一連の現象をNavier-Stokes方程式、状態の異なった2液種の拡散方程式およびエネルギー方程式で表した。この間のタンク内気液の状態変化の全プロセスをCFD解析によって追跡し、ロールオーバーの準備段階から発生〜沈静化までをシュミレートして数値を表示した。

12-1-1　ロールオーバー発生前後の状態変化

　ロールオーバーの状態を図12-1に示す。両液体は水平面をなして相接するが、界面での成分や温度の相互拡散はせいぜい分子拡散がなされる程度で積極的な混合や渦拡散等はなされない。もちろん垂直方向の速度成分もゼロである。したがって両液体は界面を境にしてそれぞれ独立に存在し、それぞれの領域の内部で前述の超低温液体特有の熱流動を独自に行うことになる。つまり上部層ではほとんタンク側面のみからの熱侵入によって対流を起こし、侵入熱に相当するBOVを生じてタンク外部へと流れる。このときLNG

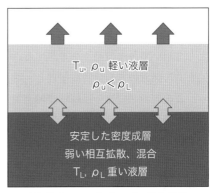

図12-1　ロールオーバー発生条件

タンクの場合には低沸点・低密度のメタンから先に蒸発するために、わずかな割合であるが次第に残液全体の密度は大きくなっていく。一方下層部では、タンク側面およびタンク底面からの侵入熱によって同じく熱対流を生じるが、上部の液層の存在のためにそれを突き抜けて上昇する流れはなく、結局下層部内にだけに制限された対流に甘んじることになる。

　この状態が続けば、下層部では侵入熱は内部エネルギーの蓄積として消費され、液自体の温度を上昇させ、大気圧基準で見た場合には飽和温度を超えた過熱液として蓄積されることになる。時間経過とともに、下層液は温度上昇および界面での拡散に伴う密度降下で両液の界面での密度が接近していき、ある時点において等しくなり、さらに逆転する。この逆転時点を境にして下層液が上層液を突き抜けて対流を起こし、上部液体の表層面である気液界面にまで達する。下層液はそこで過熱液として蓄えていた熱エネルギーを一挙に放出して、この時の蒸発潜熱で冷却されて高密度となり再び下方へと流下する。次第に下層液全体にこの流れがおよび、今まで有していた内部エネルギーを蒸発の形で開放し、冷却され再び下降するというタンク全体を流場とする流れが発生する。

　過熱液は元々不安定な状態であり、これが上層液による高圧力（水頭圧力）のもとに準安定状態を保っていたのが、浮上して気液界面に達して高圧からの束縛から解かれて蒸発を起こし、元の安定な状態に戻る現象と考えることもできる。通常この時の蒸発量はNBOに比べ数倍に大きいためにタンク内圧の異常上昇、安全弁の作動、異常に大きいBOVの処理などの対応が生じ、場合によってはタンクシステムの破損の危険性さえある。以上述べた異常現象がロールオーバーである。実際の発生例[12][13]は概要の項で記した通りである。

　ロールオーバー発生後は上下層の液は次第に混合し、混合割合は変化するものの、一体となって運動することになる。この転覆流によって下層液は液表面まで上昇し、蓄積されていた大きい

内部エネルギーは液表面での蒸発によって次第に消費されて行き、大部分が開放されるまでこの異常蒸発は継続する。

本章ではこれらの現象を著者の計算モデルによって表し、第4章で述べた各種タンクの数式モデルと組み合わせた上で論じ、数値計算を行って紙上での現象再現を試みる。

ロールオーバーは一種の液体の転覆現象であるとも言われているが、Navier-Stokes 方程式は連続変化を表す式であるために、このような突発的はあるいは不連続的な変化を同じ時間軸上で扱うことはできない。本書ではこの急激な転換を、2種の流体の温度変化と成分混合による密度変化を伴う時間的に連続した変化であると捉えて Navier-Stokes 方程式を用いて論じることにする。上下液層の混合状態を見るため、新たに下層液の濃度を変数として加え、これをパラメータとして用いて各層の動きを追跡する。すなわち独立に変化と流動を行っていた上下層が、時間経過と共に両液の界面で密度接近し、さらに逆転したのち両層は混合しながら一体化した動きになる。この間の諸変化を連続時間軸上でとらえることによりロールオーバー発生の前過程および後過程を通して、移流および拡散による下層内および上層内での各液の運動状態、濃度変化、ならびに温度変化の追跡が可能となる。

ロールオーバー現象時の蒸気発生量とその時間変化量を前もって把握しておくことは、タンク本体の安全上、更には蒸発蒸気を扱う圧縮機およびヒーターからなる処理システムの作動上重要である。エネルギー源であると同時に CO_2 の 30 倍にも上る GWP を持つ温暖化ガスでもあるメタンガスの相当量を大気に逃がさざるを得ないのか、緊急時の処理方法はあり得ないのか、本件についても熱平衡モデルによっていくつかの想定した条件下で、タンク様式ごとに緊急蒸発量の定量化を行う。

12-1-2　ロールオーバー発生直前から消滅までの状態変化を 5 段階に分解

前項で述べた経過を時間を追って下記の5つの段階に分解してまとめ、タンク内の貨物の状態変化を時間を追って図12-2～図12-5のように想定する。

（1）2種の液が積み込まれてからロールオーバー発生直前まで：図12-2

上下に液が積み込まれ、上層液は通常の温度、密度の状態でNBOを維持している。下層液の温度は上層液より低い状態にあり、密度はより大きい状態にあって、上層液の液水頭のために蒸発は抑えられ周囲からの入熱によって独自の流動と温度上昇をたどっている。下層液への入熱は内部エネルギーを大きくし、次第に高温成層が最上部に形成されていく。時間経過とともに最上層の温度は上昇し、一方上層液の自然蒸発による冷却効果で上層液の最下部には低温液が積層されていく。この状態が続くと、両層の界面においては温度の接近が生じ、結果として下層液の密度の降下、上層液の密度の上昇となり、ついには両液の密度が等しく、更には逆転するに至る。しかしながら、下層液の大部分は過冷却のままである。

（2）ロールオーバー発生時直後：図12-3

両液の界面において密度が逆転すると、その部分を突破口として下層液の上昇が始まり、過冷却状態の下層液が徐々に上層液を貫通して気液界面にまで達する。気液界面の最上層液は第5章で述べたように、若干の過冷却状態にはなっているが下層の低温液に対しては十分の高温域にあり、この温度差によって下部の過冷却液の蒸発が促されると考える。本プロセスを通して（1）

の状態で蓄積していた内部エネルギーを蒸発の形で放出し、自身は冷却されて下方へと対流降下していく。この場合の蒸発はいわゆる自然蒸発とは異なる、いわば Extra 成分であり、自然蒸発に加算されたものであるために異常な蒸発増加現象として現れる。

(3) ロールオーバー経過中：図 12-4

下層液の上昇は続き、次第に大きくなっていく。それにつれて気液界面での蒸発量も大きくなり、NBO の数倍に達する場合も出てくる。しかしながらタンクの安全弁が作動するために、最大量は安全弁の最大吐出量に制限されて続くことになる。こうして下層液の蓄積エネルギーの放出が続く。

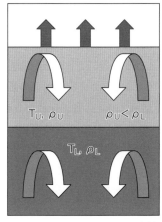
図 12-2　ロールオーバー発生前

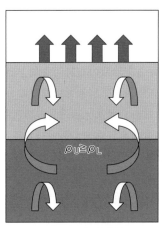
図 12-3　発生直後

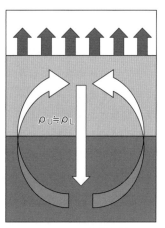
図 12-4　発生経過後

(4) ロールオーバー終了：図 12-5

下層液中に蓄積されたエネルギーは（1）の状態でのもので限定された量である。したがって（3）の状態での蒸発により消費されて次第に小さくなり、ついには底をつく。すなわち過熱分を放出してしまうのである。このときをロールオーバー終了時点と名付けた。その後は通常の NBO 状態が継続する。上下層の流動阻止のバリアーは解消されているために、上下液の一体流動が続く。ただし、これはあくまで流動に視点を置いたものであり、下層液の過冷却状態は完全には解消していない。上下液の温度差および密度差も依然として存在するが、時間経過とともにこれらの差は次第に弱くなりついには解消していく。

(5) ロールオーバー消滅後

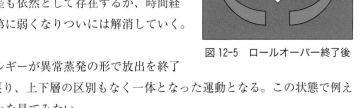
図 12-5　ロールオーバー終了後

蓄積されていた内部エネルギーが異常蒸発の形で放出を終了したあとは通常の NBO に戻り、上下層の区別もなく一体となった運動となる。この状態で例えば数日の経過がどうなるのかを見てみたい。

数値計算では LNG および LH2 を対象に、球形タンク、横置き円筒タンクおよび SPB の 3 つのタンク形態を取り上げ、前二者についてはロールオーバー終了後 100 時間までの追跡を行った。

貨物の挙動を見るためにはロールオーバー発生前の上下層の物性の相違度と、発生の引き金に

なる条件の設定が必要となる。そこで現実にありうる貨物の性状を具体的に数値として与えることにする。

まずタンクの状態を、上記3種類のタンクを対象にタンク断熱の熱貫流率 $0.1W/m^2K$、積み付け率 80 %、90 %および 98 %として、液位の 1/2 レベルに性状の異なる 2 種の LNG あるいは LH2 を積載したとする。上下液密度差は $2\sim5\,kg/m^3$、下層液の過冷却度は-3K とする。逆転現象が生じる上下液密度差は、プログラム上では両層の界面部において下層液の密度が上層液に対しておよそ 0.01 %小さくなった時としている。タンク毎の詳細仕様は 12-4 および 12-5 節に記す。

12-2 計算モデル

12-2-1 2種液の拡散と混合

本プロセスを通して上層液に対する下層液の相対的な動きが重要となる。そこで下層液の動きとその量を追跡するために、いま下層液を上層液とは異なる一つの別種として考え、下層液の濃度を変数として扱うことにする。これを無次元値 S（初期濃度は下層液 1.0、上層液 0 となる）とし、移流および拡散による S の変化を保存式で表せばタンクの座標系ごとに 3-8 節の表記に従って次式のようになる。数値計算の段階ではこれらの式を第 4 章で述べた操作を経て BFC システムに変換して用いることになる。

ただし t：時間、x,y,z：座標系、u,v,w：それぞれ方向の速度、D_e：渦拡散係数である。

（1）水平球形タンク HorSph および垂直円筒タンク VerCyl

$$\frac{\partial S}{\partial t}+\frac{1}{z}\frac{\partial zuS}{\partial x}+\frac{1}{z}\frac{\partial zwS}{\partial z}=\frac{1}{z}\frac{\partial}{\partial x}\left(D_e\frac{\partial zS}{\partial x}\right)+\frac{1}{z}\frac{\partial}{\partial z}\left(zD_e\frac{\partial S}{\partial z}\right) \tag{12-1}$$

（2）水平円筒タンク HorCyl および 2 次元矩形タンク SPB-2D

$$\frac{\partial S}{\partial t}+\frac{\partial uS}{\partial x}+\frac{\partial wS}{\partial z}=\frac{\partial}{\partial x}\left(D_e\frac{\partial S}{\partial x}\right)+\frac{\partial}{\partial z}\left(D_e\frac{\partial S}{\partial z}\right) \tag{12-2}$$

（3）3 次元矩形タンク SPB-3D

$$\frac{\partial S}{\partial t}+\frac{\partial uS}{\partial x}+\frac{\partial vS}{\partial y}+\frac{\partial wS}{\partial z}=\frac{1}{\partial x}\left(D_e\frac{\partial S}{\partial x}\right)+\frac{1}{\partial y}\left(D_e\frac{\partial S}{\partial y}\right)+\frac{1}{\partial z}\left(D_e\frac{\partial S}{\partial z}\right) \tag{12-3}$$

境界条件はタンク壁面および上層の気液界面において濃度の供給・消費がないこと、ロールオーバーが発生する以前においては上下層の界面で垂直方向速度ゼロとするために、移流による移動がないこと、拡散については界面においては分子拡散のみが行われることとして先に述べた連続の式、Navier-Stokes 方程式、エネルギー方程式、異種貨物種（下層液を対象として）の拡散方程式、k-ε 乱流方程式と連立させて解くことになる。

また上層液は NBO に伴うメタン蒸発により重質化するが、ロールオーバーに至るまでの時間は $10^0 \sim 10^1$ オーダーの時間と短いためにこれに伴う成分変化および密度変化を本書では無視する。

ロールオーバーに至るまでに数日の長時間が予想される場合には、メタン蒸発に伴う成分変化と密度変化を本書の第 10 章で述べた多成分液体の蒸発の項を時間の関数として定式化し、計算モデルに書き加えることによって表現可能である。これについては読者の応用問題として残しておきたい。

12-2-2　2種液の一体化後の熱流動

いま上下層の区別をそれぞれ添え字 U および L で表すことにして、垂直方向の運動に関する Navier-Stokes 方程式において必要となる体積力（浮力）B_U および B_L は温度を T、上下層に存在する下層液種の濃度を S、重力の加速度を g、上層 ρ_0 に対する下層の密度増加割合を D_r $(=\Delta\rho/\rho_0)$、上下層の最初の積み込み時点の温度をそれぞれ T_{U0}, T_{L0}、LNG、LH2 の温度膨張率を β とすれば下記式となる。これはロールオーバーが発生する以前においては、上下層で初期温度が異なること、上下層それぞれ独立した環境下で変化することを考慮して与えたものである。S は実際に残存する下層液の割合 η を乗じるが、10時間程度の短時間では $\eta\fallingdotseq1$ で変化は小さく、100時間等の長スパンにおいては実質的に影響を持ってくる。

$$B_U = \beta(T-T_{U0})(1.0+D_r \cdot S)g \tag{12-4}$$

$$B_L = \beta(T-T_{L0})(1.0+D_r \cdot S)g \tag{12-5}$$

ロールオーバーが発生した以降においては、両層は一体化した動きとなるために浮力は共通の基準温度 T_{L0} で考えて下記となる。

$$B_U,\ B_L = \beta(T-T_{L0})(1.0+D_r \cdot S)g \tag{12-6}$$

次に上下層の密度は、基準とする上層液の密度を ρ_0 として次のように表す。

$$\rho_U = (1.0+D_r \cdot S)(1.0-\beta(T-T_{U0}))\rho_0 \tag{12-7}$$

$$\rho_L = (1.0+D_r \cdot S)(1.0-\beta(T-T_{L0}))\rho_0 \tag{12-8}$$

対象領域を差分法によって離散化したとき、垂直方向の分割にセル番号を付し、上下層の垂直方向領域を下層を $i=1 \sim MS$、上層を $i=MS+1 \sim M$ とすれば、図12-6 に示す上下層の相接する界面での密度差 $\Delta\rho$ は次式で表され、この大きさが一定の限界を超えたときが両層間のロールオーバー発生の引き金となる。

$$\Delta\rho = \rho_{U(MS+1,k)} - \rho_{L(MS,k)} \tag{12-9}$$

$\Delta\rho$ がある限界値よりも小さくなった時、すなわち下層の界面密度が小さくなり、あるいは上層の界面密度が大きくなった時点でそれまで安定に成層化していた密度成層が崩壊し、下層の一部が上層液を突き抜けて上昇、あるいは上層の一部が下層液を突き抜けて降下して、両層間の混流が開始される。本書ではこの時点をロールオーバー発生時点と呼ぶことにする。すなわち急激な上下層の転覆現象ではなく、両層単独の動きから、両層が一体となったものへと変化する連続した動きとして捉えることにする。

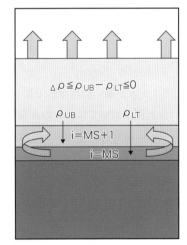

図12-6　成層破壊の限界密度

限界 $\Delta\rho$ の大きさについては理論上はゼロより大きければ良いわけであるが、実際には若干の余裕を取った密度差が必要であることを勘案して決めればよい。この時の両界面での密度はそれぞれの水平面全体での平均値で考えることにする。

12-3　蓄積エネルギーによるBOV

次にロールオーバーに関するBOVの変化については次のように考える。まずBOVの対象となる下層部LNG、LH2であるが、NBOなしに一定時間下層に閉じ込められていた液はその間の入熱を内部エネルギーの増加として蓄え、液温を上昇させ、過熱液として成長している。

この過熱液はロールオーバー発生を契機に自然対流によって数十秒〜数分かけてタンク液面まで浮上し、そこで一挙に蓄えられた内部エネルギーを蒸発によって放出し、安定な状態に戻る。あるいは浮上して遭遇する最上層液は第5章で述べたように、若干の過冷却状態にはなっているが下層の低温液に対しては十分の高温域にあり、この温度差によって下部の過冷却液の蒸発がなされると考えることもできる。いずれの考えによっても、ロールオーバー発生時に図12-7に示すトップ層に上昇した次式で表される下層液の合計量がロールオーバー発生に伴う蒸発量Extra-BOV（kg/s）となる。

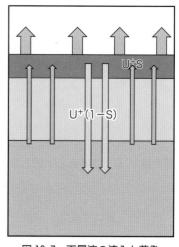

図12-7　下層液の流入と蒸発

$$\text{Extra-BOV} = \Sigma U^+{}_{Mk} S_{M-1k} A_{Mk} \rho \quad (12\text{-}9)$$

$U^+{}_{Mk}$：最上層液層への垂直上方流速成分（最上層への流入となる＋値のみを取る）（m/s）、本数値はCFDによる流動計算によって求められる。

S_{M-1k}：同流速中の下層液濃度（-）

A_{Mk}：同流速流路面積（m^2）

ρ：同密度（kg/m^3）

Σ：トップ層の面積全体で集計する（kg/s）

液表面においては、この蒸発に伴う蒸発潜熱Lev（kJ/kg）が奪われて表層液を冷却することになる。冷却速度をQev（kJ/s）とすれば次式となる。

$$Qev = \text{Extra-BOV} \cdot Lev \quad (12\text{-}10)$$

一方、ロールオーバー発生直前の下層液の過熱度ΔT（K）と総過熱量Q_{SH}（kJ）は次式で表される。

$$\Delta T = T - T_{L0} \quad (12\text{-}11)$$

$$Q_{SH} = \Sigma \Delta T \Delta V \rho c_{pl} \quad (12\text{-}12)$$

T：ロールオーバー発生直前の下層液の体積要素温度（K）

T_{L0}：下層液の初期の温度（K）

ΔV：下層液の体積要素（m^3）

c_{pl}：LNG、LH2比熱（kJ/kgK）

Σ：下層液の体積要素全体で合計する

数値計算での1時間ステップ$\Delta\tau$間に蒸発する量は上式のExtra-BOV値に$\Delta\tau$を乗ずれば得

られるから、これを連続的に時間を追って追跡すれば、各時点での蒸発量（kg/step）が求まり、さらに時間ステップごとに集計することでロールオーバー発生後の各時点までの蒸発累積量（kg）の集計がなされる。

最初の過熱総量 Q_{SH}（kJ）から液界面での蒸発に伴う蒸発潜熱放出による熱消費量 $Qev\Delta\tau$（kJ）を差し引いて行けば、下層液に蓄積されていた過熱量の残存量および残存割合 SHTe（-）が得られる。

$$SHTe=(Q_{SH}-\Sigma Qev\Delta\tau)/Q_{SH} \qquad (12\text{-}13)$$

$SHTe=0$ になった時点が下層液の過熱量が全部消費された時点、すなわちロールオーバーによる異常蒸発が終了する時点と考える。数値計算もこの時点で終了する。この間に発生するLNG、LH2の蒸発は相当の流量になり、これを処理できる後流の圧縮機やヒーターおよび管系統のシステム、あるいは再液化機がない場合には安全弁からの放出以外になく、その場合には大きなLNG、LH2の蒸発ロスが生じることになる。LNGの場合には基地の運営上、また地球温暖化の視点からも避けねばならない。

12-4　ロールオーバー全体を通しての数値計算：LNGタンク

前の章で述べたタンク様式ごとに作った熱流動式に本章のロールオーバーの要素を組み合わせて、本現象の数値解析を行う。タンク要目およびLNG特性は表12-1のように設定する。圧力逃し弁の流量は適当に設定したものである。

表12-1　LNGタンク要目およびロールオーバー発生前の状態

タンク様式	球形 HorSph	水平円筒 HorCyl	垂直円筒 VerCyl	矩形 SPB
D：直径 m, L：長さ m V：容積 m^3	$D:40$ $V:33,600$	$D:30-L$ $V:700\times L$	$D:26, H:21$ $V:11,000$	$L, B:15, H:8$ $V:40,000$
タンク断熱 k, W/m^{2}K	0.1	0.1	0.1	0.1 & 0.2
貨物積載率 FR	80 %, 90 %	90 %, 98 %	98 %	98 %
NBO時のBOV, kg/h	680	14 (kg/hm)	380	970
上下液層の境界線位置	液位の1/2	液位の1/2	液位の1/2	液位の1/2
下層液初期過冷却度 ΔT	$-3K$	$-3K$	$-3K$	$-3K$
初期密度差、kg/m^3 $\Delta\rho_0=\rho_L-\rho_U$ ρ_L：下層密度、ρ_U：上層密度	5 *	5	5	5
RO発生時の界面での上下液密度差、kg/m^3 $\Delta\rho_r=\rho_{LM}-\rho_{UM+1}$ ρ_{UM+1}, ρ_{LM}：上下層界面密度	-5.0×10^{-4}	-5.0×10^{-4}	-5.0×10^{-4}	-5.0×10^{-5}
圧力逃し弁の最大放出能力想定値、kg/h	10,000	50,000/40	30,000	20,000

＊：$\Delta\rho_{LNG}=\beta\Delta T\rho=3.6e\text{-}3K^{-1}\cdot 3K\cdot 450\,\text{kg/m}^3=4.86\,\text{kg/m}^3$：液密度のおよそ1.1%に相当する。

ロールオーバーの計算結果をタンク様式および種々の条件ごとにまとめて表12-2に示す。

ここで、T_{st}：ロールオーバーの開始時間、T_{ex}：同終了時間、M_S：上下層の境界位置でM/2は全液深さの半分を意味する。ΔT（K）：下層液の過熱度、$\Delta \rho_0 = \rho_L - \rho_U$：上下液相の初期密度差、kg/m³、$\Delta \rho_r = \rho_{LM} - \rho_{UM+1}$：ロールオーバー発生時の界面での上下液密度差（計算値による）、kg/m³。追跡 TR は計算で追った時間を示し、Ⅰ：ロールオーバー終了まで、Ⅱ：ロールオーバー終了を経て100hまでを意味する。

表12-2　LNG性状およびロールオーバー発生と消滅の時間

No	Tank	k W/m²K	FR %	M_S	ΔT K	$\Delta \rho_0$ kg/m³	$\Delta \rho_r$ kg/m³	T_{st} h	T_{ex} h	TR
1	HorSph	0.1	80	M/2	−3	5	5×10⁻⁴	3.32	4.13	Ⅱ
2	HorCyl	0.1	98	M/2	−3	5	5×10⁻⁴	1.7	3.6	Ⅱ
3	SPB	0.1	98	M/2	−3	3	5×10⁻⁵	4.58	5.51	Ⅰ

以下タンクのそれぞれの様式ごとに時間を追った諸量の変化を横一列に並べてグラフ表示する。グラフでは次の諸量を表す。

（1）全体の温度分布
（2）下層液の濃度分布
（3）上層液および下層液の流速ベクトル
（4）ロールオーバー消滅後の温度分布
（5）ロールオーバー消滅後の濃度分布
（6）ロールオーバー消滅後の密度分布
（7）それぞれのロールオーバー前、発生後および終了後の時間変化

もう一方、時間を追った諸元の変化をモデル化して、別の様式で一つのグラフにまとめて見ると図12-8のようになり、タンク様式ごとに示した。これには下記項目の一連の流れを示す。

①暫時上下層独立した動きをし、この間に下層液には周囲からの侵入熱による蓄熱と温度上昇および密度減少
②上下層の密度の変化と逆転発生
③下層液の蓄熱と密度の逆転を契機とした上層液部への流入と蒸発
④タンク圧力異常上昇
⑤圧縮機の緊急作動による異常蒸発分の吸収
⑥あるいは安全弁の作動による蒸気の大気へのリリーフ
⑦それに伴う蒸発潜熱での冷却による蓄熱分の消費と減少
⑧蓄熱分の消滅
⑨ノーマルな状態に鎮静化

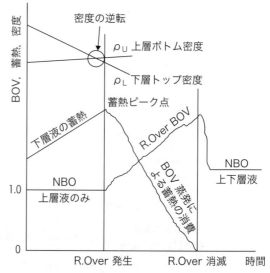

図12-8　ロールオーバー前後の諸量の変化モデル

BOVの量を見れば、それまでは上層液からの蒸発のみであったのが逆転を契機として、下層液からの蒸発が加わる。下層液の流入流速の加速化と共に大幅に増加していく。下層液の過熱度は蒸発潜熱によって消費されて行き、ついには消滅してその時点でロールオーバーの異常蒸発現象は止まってタンク全体でのNBOに落ち着いて行く。

以下グラフにおいてそれぞれの項は、

RO：Roll over

BOV_{RO}/NBO (-)：NBOに対するRO発生時のBOV量の比

温度：LNG、LH2の沸点を基準として考える。

下層液過熱度：下層液のRO発生時の最大過熱度に対する各時点での過熱度 (-)

上下層端液密度：基準とする上層液の密度を ρ_0 として式 (12-7) および式 (12-8) で表した上下液層の界面での密度 (kg/m^3)

安全弁最大容量：著者が想定した安全弁の最大放出容量 (kg/h) を意味している。

12-4-1 球形タンク

No	Tank	k W/m^{2}K	FR %	M_S	$\varDelta T$ K	$\varDelta\rho_0$ kg/m^3	$\varDelta\rho_r$ kg/m^3	T_{st} h	T_{ex} h	TR
1	HorSph	0.1	80	$M/2$	-3	5	5×10^{-4}	3.32	4.13	II

（1）温度変化

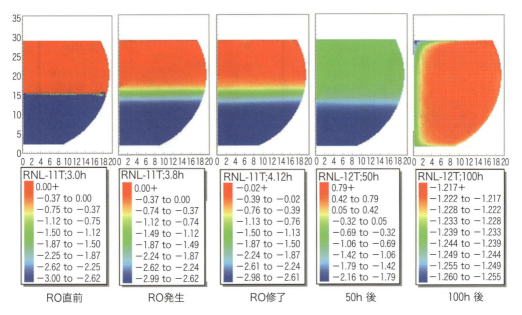

図 12-9 HorSph 温度

下層上面の温度上昇、上層下面の温度降下に続き、上下の温度が一様に近づきながら上昇して行く。100 h ではほぼ一様である。

(2) 濃度変化

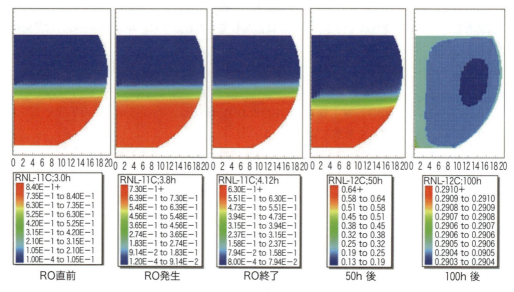

図12-10　HorSph 濃度

下層液中の濃度が減少しながら、上層液中の濃度は次第に上昇して行く。50 h で同じオーダーになり、100 h では一様となる。

(3) 密度変化

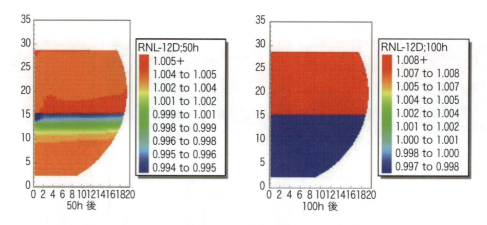

図12-11　HorSph 密度

時間と共に不規則な変化であるが、50 h で上下界面部に最も低い密度が集中している。100 h 後には軽重が逆転している。

(4) 諸元の変化

およそ 3.5 時間を経て、上下層の接面での密度の逆転および超過が起きて RO が発生する。

同時に BOV の増加が始まり、あと加速度的に増加していく。

NBO 量との比で表すと、最大値は 15 倍以上になる。

この間に圧力逃し弁の最大容量を超える点が出てくる。実際の作動においてはタンク圧力が上昇するために、この最大作動レベルのかなり手前で弁が開放されて蒸気のリリーフがなされることになる。4 時間を超えた時点で下層液の余剰蓄熱は解消されて RO が消滅する。

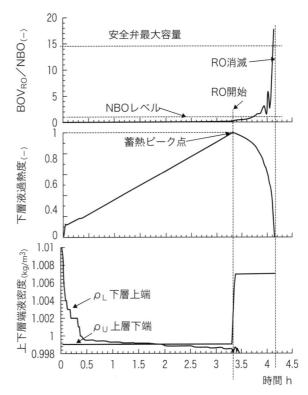

図 12-12 HorSph のロールオーバー経過

（5）流速ベクトル

流速分布を5段階で示す。

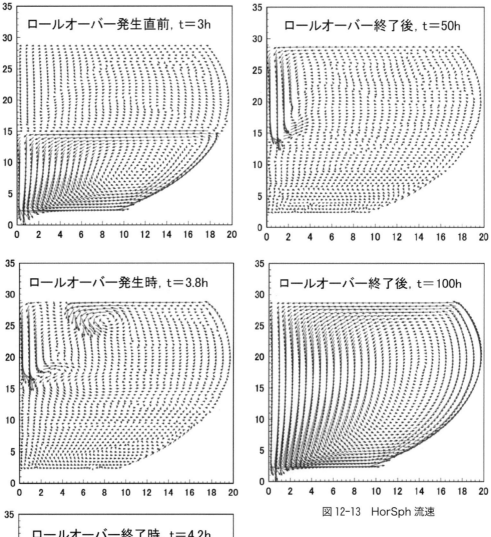

図 12-13　HorSph 流速

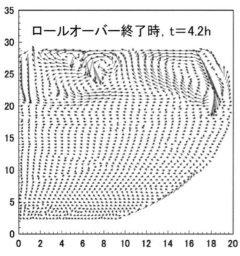

　RO 発生前においては上下層の流れが完全に分離しており、両層の界面において上下に、またがる速度成分はない。これは CFD における境界条件でもあり、グラフ上で矛盾なく再現されていることを示す。RO 前は下層液の規則的な流れに比べて上層液の流れが静かである。これは熱の供給量の違いである。RO 発生と同時に上層液の流れが活発化し支配的となる。消滅後はタンク全体の一体化した流れになる。

12-4-2 横置き円筒タンク

No	Tank	k W/m²K	FR %	M_S	ΔT K	$\Delta\rho_0$ kg/m³	$\Delta\rho_r$ kg/m³	T_{st} h	T_{ex} h	TR
2	HorCyl	0.1	98	$M/2$	-3	5	5×10^{-4}	1.7	3.6	II

(1) 温度変化

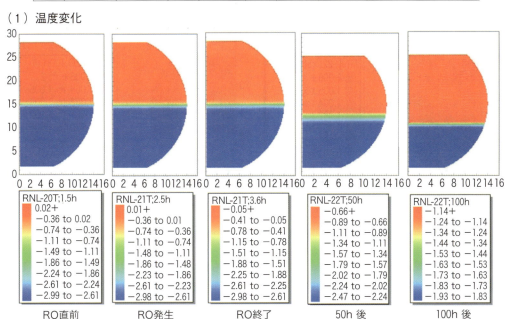

図 12-14 HorCyl 温度

下層上面の温度上昇、上層下面の温度降下に続き、上下の温度が一様に近づきながら上昇して行く。100 h ではほぼ一様である。

(2) 濃度変化

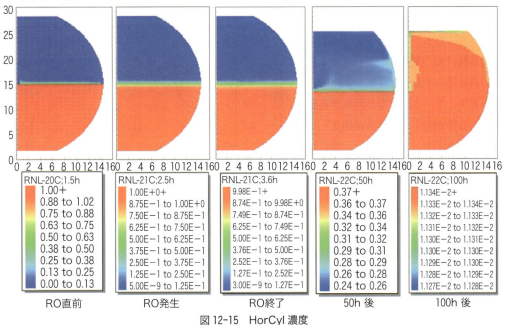

図 12-15 HorCyl 濃度

下層液中の濃度が減少しながら、上層液中の濃度が次第に上昇して行く。50 h で同じオーダーになり、100 h では一様となる。

(3) 密度変化

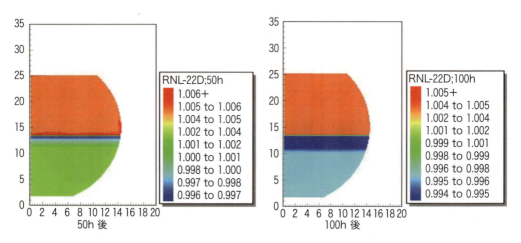

図 12-16　HorCyl 密度

時間と共に不規則な変化であるが、上下界面部に最も低い密度が集中している。50 h で上下が逆転し、100 h 後にはそれらの傾向がより強くなる。

(4) 諸元の変化

およそ 1.5 時間を経て、上下層の接面での密度の逆転と超過が起きて RO が発生する。

同時に BOV の増加が始まるが、助走期間が長く、顕著な増加は 1 時間を経てからである。これは下層液が上層を突き抜けて、気液界面まで上昇するための流動の始動には時間を要することを意味している。すなわち異常蒸発が起こる前からすでに準備が始まっていることを示す。あとは加速度的に増加していく。NBO 量との比で BOV を表すと最大値は 14 倍程度になる。この間にタンク圧力の上昇と圧力逃し弁の作動があるため、実際は弁の最大容量点での開閉の繰り返しとなろう。

3.5 時間を超えた時点で下層液の余剰蓄熱は解消されて RO が消滅する。

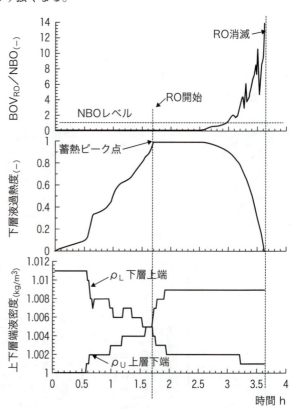

図 12-17　HorCyl のロールオーバー経過

（5）流速ベクトル

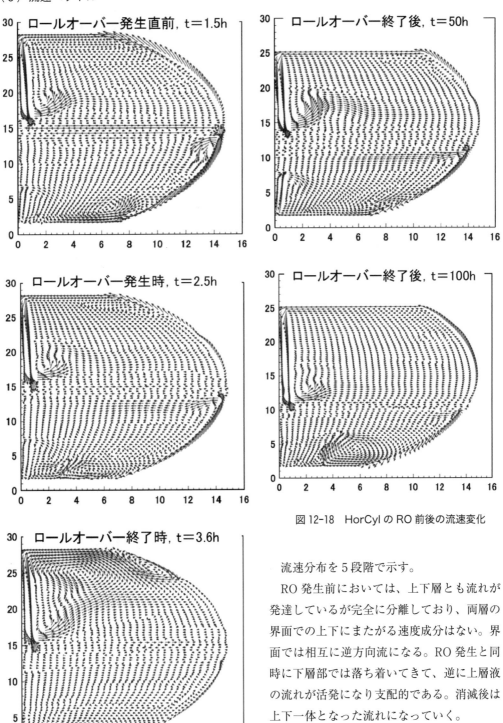

図 12-18　HorCyl の RO 前後の流速変化

流速分布を5段階で示す。

RO発生前においては、上下層とも流れが発達しているが完全に分離しており、両層の界面での上下にまたがる速度成分はない。界面では相互に逆方向流になる。RO発生と同時に下層部では落ち着いてきて、逆に上層液の流れが活発になり支配的である。消滅後は上下一体となった流れになっていく。

12-4-3 SPB タンク

No	Tank	k W/m²K	FR %	M_S	ΔT K	$\Delta \rho_0$ kg/m³	$\Delta \rho_r$ kg/m³	T_{st} h	T_{ex} h	TR
3	SPB	0.1	98	$M/2$	-3	3	5×10^{-5}	4.58	5.51	I

(1) 温度変化

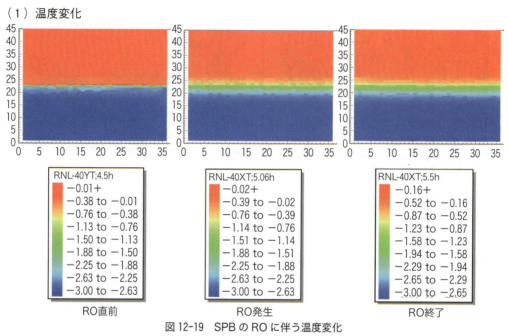

図 12-19　SPB の RO に伴う温度変化

下層上面の温度上昇、上層下面の温度降下に続き、上下の温度差が徐々に小さくなっていく。

(2) 濃度変化

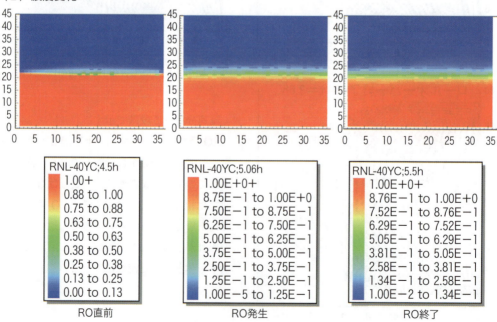

図 12-20　SPB の RO に伴う濃度変化

下層液中の濃度が減少しながら、上層液中の濃度が次第に上昇して行く。これらは基本的には前の球形タンクおよび横置き円筒タンクと同じである。

(3) 諸元の変化

およそ 4.5 時間を経て、上下層の接面での密度の逆転と超過が起きて RO が発生する。

同時に BOV の増加が始まるが、助走期間が必要で顕著な増加は半時間を経てからである。球形タンクと同様に下層液が上層を突き抜け、気液界面まで上昇する流動には若干の時間を要することを意味している。後は加速度的に増加していくのは球形および円筒タンクと同様である。NBO 量との比で表す BOV は最大値では 20 倍を軽く超えている。本図では安全弁の作動ラインを記したが、実際のタンクではこの時点の前にタンク圧力が上昇し、設定圧力を超えた時点で圧力逃し弁が作動して、弁の最大容量の蒸気のリリーフがなされることになる。

5.6 時間を超えた時点で、下層液の余剰蓄熱は解消されて RO が消滅する。

BOV の発生とタンク圧力の関係を示すと図 12-22 のようになることが予想される。この関係は全タンク様式を通して共通な現象である。

ロールオーバーに伴う異常 BOV ⇒ タンク圧力上昇⇒圧力逃し弁の作動⇒蒸気の放出⇒タンク圧力降下を繰り返しながら経過すると考えられる。

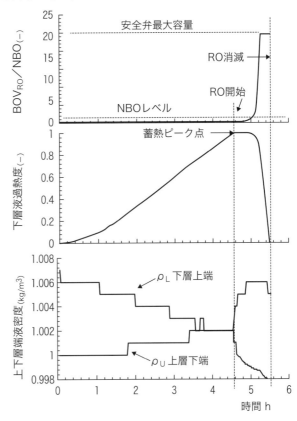

図 12-21 SPB のロールオーバー経過

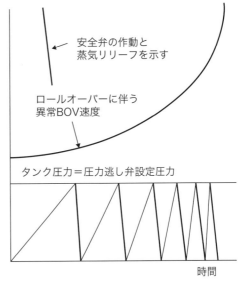

図 12-22 RO BOV－弁作動－タンク圧力の関係

（4）流速ベクトル

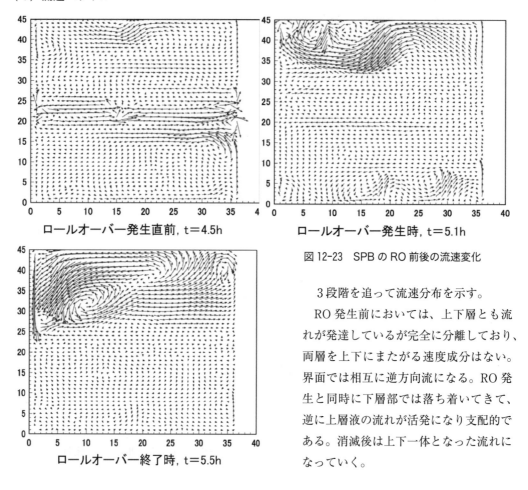

図12-23　SPBのRO前後の流速変化

3段階を追って流速分布を示す。

RO発生前においては、上下層とも流れが発達しているが完全に分離しており、両層を上下にまたがる速度成分はない。界面では相互に逆方向流になる。RO発生と同時に下層部では落ち着いてきて、逆に上層液の流れが活発になり支配的である。消滅後は上下一体となった流れになっていく。

12-5　LH2タンクのロールオーバーを考える

　LH2の場合には単一成分であるため、密度および温度変化はなんらかの操作での過冷却に伴うものであろうと想像される。そこでLNGと同様に-3Kの過冷却液がタンクの下部に積載され、その上に通常の沸点のLH2が積載されたと想定する。密度差は過冷却に伴う体膨張によるもののみとなる。この状態で各種の小型タンクで時間と共にどのような変化が生じるであろうか。表12-3の条件のもとにLNGと同様のプロセスで数値計算を行うことにする。この場合にLH2本体の物性値およびLH2タンク特有な特性としていくつかあげられる。

　（1）液密度が小さい
　（2）液比熱が大きい
　（3）液体膨張係数が大きい
　（4）熱伝導率が小さい
　（5）タンクには高断熱が施工されている
　（6）小型タンクである

これからまずLNGとの温度上昇率の相違を考えると、液温度の上昇速度はおよそ1/10であり、高温成層の生成力はおよそ1/2であるが、タンクの大きさを考慮すると下記式のように逆に1.5-1.6倍となる。すなわちLNGとLH2の実用的なタンクサイズの相違を考慮に入れて、上下層の液が同程度の温度差および密度差の場合、LH2の方が時間的に早くロールオーバーを起こすと言える。

高温成層の生成ポテンシャル
≒ 温度上昇速度比 × 高温層への上昇速度比 × タンクサイズ（面積、体積）比

$$= \frac{[\Delta T_{LH} k_{LH} Cpl_{LN} \rho_{LN} \beta_{LH} A_{LH} V_{LN}]}{[\Delta T_{LN} k_{LN} Cpl_{LH} \rho_{LH} \beta_{LN} A_{LN} V_{LH}]}$$

=1.5（球形タンク）、1.6（横置き円筒タンク）

ただし ΔT：外気と貨物との温度差、k：断熱材の熱貫流率、Cpl：液比熱、ρ：同密度、β：体積膨張係数、A：タンク表面積、V：タンク容積、添え字 LH：LH2、LN：LNG

タンクの要目およびロールオーバー発生前の状態を表12-3に、ロールオーバーの開始時間 T_{st} および終了時間 T_{ex} の計算結果を条件ごとにまとめて表12-4に示す。

表12-3 LH2タンク

タンク様式	球形 HorSph	水平円筒 HorCyl	垂直円筒 VerCyl	矩形 SPB
D：直径 m, L：長さ m V：容積 m^3	D：14 V：1430	D：9.6, L V：72×L	D：9.6, H：21 V：1520	L：15, B：15, H：8, V：1800
タンク断熱 k, W/m2K	0.003	0.003	0.003	0.003
貨物積載率 FR	90 %	90 %	90 %	90 %
NBO時のBOV, kg/h	4.2	0.21, kg/hm	5.3	6.4
上下液層の境界線位置	液位の1/2	液位の1/2	液位の1/2	液位の1/2
下層液初期過冷却度 ΔT	$-2K$, $-3K$, $-4K$	$-2K$, $-3K$	$-3K$	$-3K$
初期密度差、kg/m^3 $\Delta \rho_0 = \rho_L - \rho_U$ ρ_L：下層密度、ρ_U：上層密度	2.7 4.05 * 5.4	2.7 4.05	4.05	4.05
RO発生時の界面での上下液密度差、kg/m^3 $\Delta \rho_r = \rho_{LM} - \rho_{UM+1}$ ρ_{UM+1}, ρ_{LM}：上下層界面密度	-5.0×10^{-4}	-5.0×10^{-4}	-5.0×10^{-4}	-5.0×10^{-4}
圧力逃し弁の最大放出能力想定値、kg/h	4,000	4,000/20	4,000	4,000

* : $\Delta \rho_{LH2} = \beta \Delta T \rho = 1.9e\text{-}2K^{-1} \cdot 3K \cdot 71 \text{ kg/m}^3 = 4.05 \text{ kg/m}^3$, 5.7 %

表12-4 LH2性状およびロールオーバー発生と消滅の時間

	Tank	k W/m^{2}K	FR %	M_S	ΔT K	$\Delta \rho_0$ kg/m^3	$\Delta \rho_r$ kg/m^3	T_{st} h	T_{ex} h	TR
1	HorSph	0.003	90	$M/2$	3	4.05	5×10^{-4}	0.80	1.85	I
2	HorCyl	0.003	90	$M/2$	3	4.05	5×10^{-4}	0.42	2.0	I

12-5-1　球形タンク

（1）温度変化

下層上面の温度上昇、上層下面の温度降下に続き、上下の温度が一様に近づきながら上昇する。

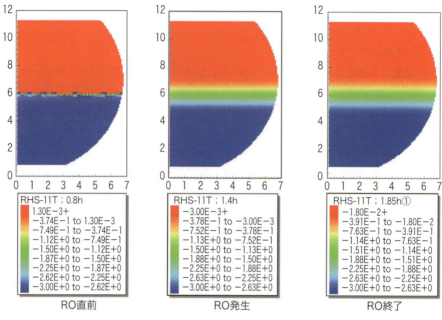

図 12-24　HorSph 温度分布

（2）濃度変化

下層液中の濃度が減少しながら、上層液中の濃度が次第に上昇して行く。

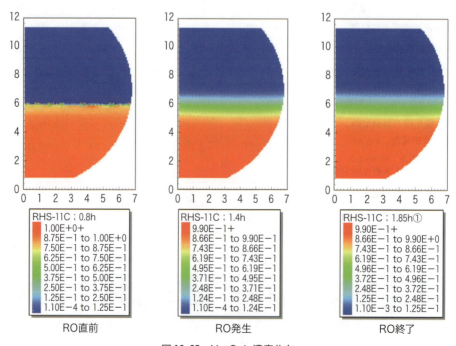

図 12-25　HorSph 濃度分布

（3）流速ベクトル

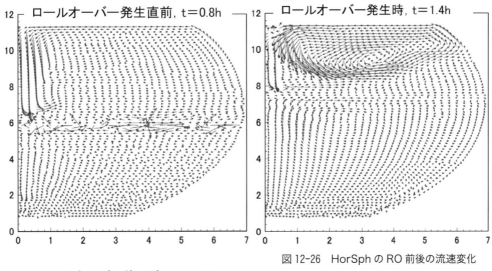

図12-26　HorSphのRO前後の流速変化

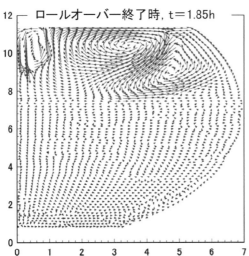

RO発生前においては、上下層とも流れが発達しているが完全に分離しており、両層を上下にまたがる速度成分はない。界面では相互に逆方向流になる。RO発生と同時に上層液の流動が大きくなる。相対的に下層部の流動は小さい。この傾向はRO終了時まで継続する。

（4）諸元の変化

およそ 0.8 時間で、上下層の接面での密度の逆転と超過が起きて RO が発生する。

同時に BOV の増加が始まるが、助走期間が長く、顕著な増加は半時間以上を経てからである。これは、それまで両層の界面で垂直方向成分がゼロであった下層液が上層を突き抜けて、気液界面まで上昇するための駆動源となる密度の差が小さいことに起因する。その後は加速度的に増加していく。NBO 量との比で表す BOV は最大値は 20 倍程度になる。

この間にタンク圧力の上昇と圧力逃し弁の作動があるために、実際はタンクの設定圧力までの上昇と降下、すなわち弁の最大容量点での蒸気の開放と再閉鎖の繰り返しとなろう。1.8 時間を超えた時点で下層液の余剰蓄熱は解消されて RO が消滅する。

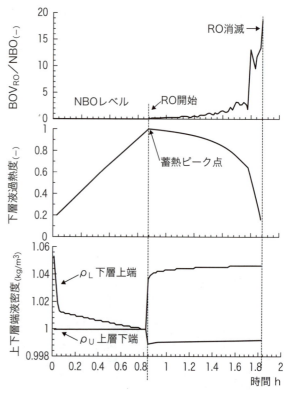

図 12-27　HorSph のロールオーバー経過

12-5-2　水平円筒タンク

（1）温度変化：上下界面での温度接近後、上下の温度が一様に近づきながら上昇して行く。

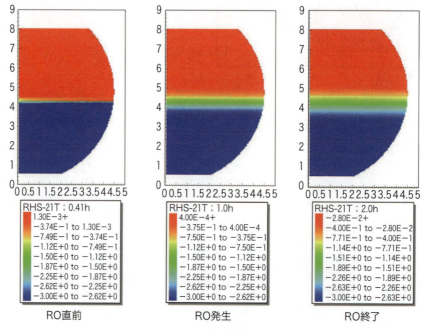

図 12-28　HorCyl 温度分布

(2) 濃度変化

下層液中の濃度が減少しながら、上層液中の濃度が次第に上昇して行く。

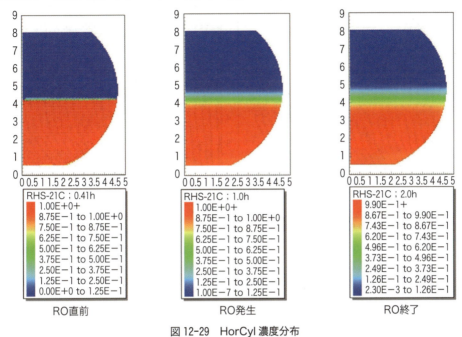

図 12-29　HorCyl 濃度分布

(3) 諸元の変化

およそ 0.4 時間で、上下層の接面での密度の逆転と超過が起きて RO が発生する。

同時に BOV の増加が始まるが、助走期間が長く、顕著な増加は 1 時間を経てからである。それまでは下層液の過熱度の解消もほとんどない。これは下層液の上層速度が特に小さいことを意味する。その後の増加が短時間で大きいため、NBO 量との比で表す BOV は最大値は 50 倍程度になる。

したがって異常な BOV の増加は ROV 現象の極後期に起こり、そのことは非常に激しい蒸発速度になることを物語っている。2 時間を超えた時点で RO が消滅する。

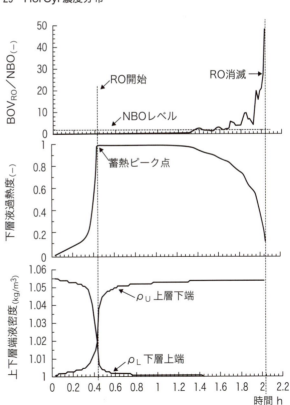

図 12-30　HorCyl のロールオーバー経過

(4) 流速ベクトル

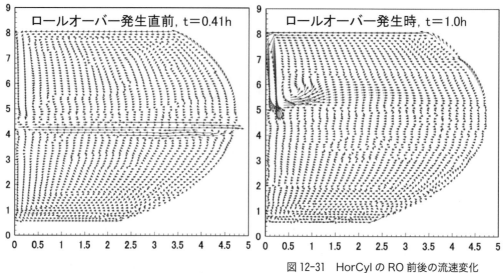

図12-31 HorCyl の RO 前後の流速変化

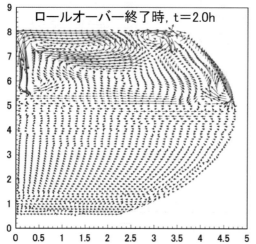

3段階を追って流速分布を示す。

RO 発生前においては、上下層とも流れは穏やかで完全に分離しており、両層を上下にまたがる速度成分はない。界面では相互に逆方向の水平流になる。RO 発生と同時に上層部で流れが発達し、上層全体でのかなり大きい流れがみられる。相対的に下層部は静かである。これが初期の過熱度解消が弱いことの原因と考えられる。終了時には上層液の流れの活発化と共に過熱液の気液界面への誘導も大きくなり、過熱度解消に寄与している。

第13章　負圧時の強制蒸発と過冷却液

13-1　LNG・LH2 タンク内を負圧にした時の現象

　LNG や LH2 のような沸点状態にある液体タンクを大気圧に対して負圧にした場合、一つには人為的に蒸発を促すための場合がある。自然現象としては台風などの低気圧遭遇により、大気圧基準で運転されている圧縮機吸入圧力が結果として負圧になることもありうる。この場合にタンク内の液体にはどのような現象が起きるのであろうか。図 13-1 に示すように、液面から蒸気圧に相当するある深さまでの沸騰領域においては、過熱液の状態になっていわゆるフラッシュ蒸発現象が起きているのか。本章では常時自然蒸発を生じている沸点状態の液体に対して、更にタンクを飽和圧力よりも下げた場合に液体内に生じる変化、吸入ポンプ（吸入圧縮機）との関係について論じることにする。この問題は液体の挙動の視点のみならず、負圧に対してはある程度の強度を有する独立型タンクであっても、また Inter barrier space がタンク圧力に対して正圧になることには弱いメンブレンタンクのように、タンク側の負圧に非常に敏感な場合などタンク自体の安全面からも無視できない事である。他にも負圧になった場合の気密不完全部分からの空気侵入がある。高濃度の貨物蒸気の中への侵入であるから、空気が一定濃度に至るには時間を要するものの、部分的な危険濃度領域が生成される可能性もある。こういった安全面の問題がある一方で、タンクの様式によっては蒸発促進のために貨物操作の一つとして積極的に行われる場合もあろう。

　本現象の一つの応用として、過冷却液の製造がありうる。すなわち強制蒸発を継続することで、液表面からの冷却を促した後、圧力を通常の正圧に戻せば沸点以下の過冷却液が製造される。適当な冷媒による冷凍システムを用いた大規模設備での冷却技術による製造に比べて、必要な設備が負圧吸引の圧縮機の動力追加のみというシステムの簡素化が可能であり、操作とコスト上のメリットが期待できる。ただし強制蒸発に伴う液の目減りは伴う。

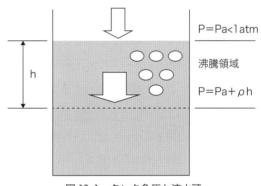

図 13-1　タンク負圧と液水頭

　負圧がさらに進み、高真空といった特別の場合には気体の分子運動論[1]に至る議論が必要となるが、ここでは分子挙動のミクロの領域には踏み込まずに、あくまで熱移動論で考察できる範囲内の低負圧問題としていくつかの異なった伝熱モデルを想定して取り上げることにする。なお常温におけるフラッシュ蒸発現象は海水の淡水化分野で利用されているものである[2][3][4]。

13-2　現象の理論考察と 3 種のモデル想定

　気液界面での分子運動をミクロな視点で見た場合について、高真空中においては分子運動論で表される次式がある。LNG を純メタンと考えて、飽和蒸気圧 Ps より低い圧力 P でタンク気層

部圧力を維持した時の蒸発量の増加分 G_s（g/cm²sec）は、分子運動論から次式にて表わされる[5][6][7]。

$$G_s = 44.3(P_s - P)(m/T)^{\frac{1}{2}} \tag{13-1}$$

ただし Ps、P：atm、m：分子量、T：温度 K である。

この理論式は気層、液層が界面で平衡状態にあり、かつ界面での拡散抵抗がないといった理想条件でのものであり、実際には拡散抵抗の存在によってこの値よりもかなり小さい値となる。本書では分子動力学に基づいた高真空域の低圧には言及せず、境膜における圧力差に基づいた移動速度論で考えることにする。

この考え方に基き、常温の真空中の水の蒸発については凝縮係数 α を用いて、

$$G_s = 44.3(P_s - P)(m/T)^{\frac{1}{2}}\alpha \tag{13-2}$$

と表して、実験から α の値を求めると 10^{-4} のオーダーであることが示された論文[8]もある。常温の水と超低温のLNGあるいはLH2とを同一には扱えないが、一つの手掛かりとして本数値を用いてLNGの場合の移動係数を算出してみることにする。

$m=16$（メタン）、$T=111$ K、$\alpha=10^{-4}$ として単位を kg/(m²hbar) で表せば、上式は次のようになる。

$$G_s = 44.3(P_s - P)\left(\frac{16}{111}\right)^{\frac{1}{2}}/1000 \cdot 3600 \cdot 10^4 \cdot 10^{-4} = 60.5(P_s - P) \text{ (kg/(m²hbar))}$$

すなわち蒸気圧差 bar を基準とした蒸発速度係数（＝境膜での移動速度）を考えた場合には、[1〜10]のオーダーであることが分かる。この値を参考にして以下の計算を行う。

負圧タンクの場合、圧力を決定するのは圧縮機あるいは真空ポンプの吸引量に基づいており、

$$[外部へ取り出す蒸気量 - NBO（断熱材経由入熱分）] > 0 \tag{13-3}$$

この差の分がタンク圧力を大気圧よりも低く維持している原動力であると考える。次に負圧力と蒸発速度との関係については、いわゆるフラッシュ蒸発理論があるが、本書ではマクロ的な発想から一般の蒸発の考え方を延長して、駆動力は圧力差であるとした。すなわち負圧力と、それと接している液体の蒸気圧の差が駆動力になるとし、それに気液界面の境膜での移動速度係数と気液界面での液の表面積を乗じることで定量化することにした。したがって液体内部の気泡発生での蒸発面積の増加など、フラッシュ蒸発特有の現象については移動係数に含めて考えたことになる。これによって圧力との関係が単純ではあるが明解となり、バルク液との関係など、後の取り扱いが容易となる。

すなわち以下において、負圧における蒸発速度 q は蒸気圧力差に比例するとして次式で表す。

$$q = kA(P_s - P_v) \text{ ; kg/s} \tag{13-4}$$

ここで、P_s：飽和蒸気圧、P_v：蒸発物質の分圧、k：境膜物質移動係数、A：面積である。P_s は液表面の温度に平衡した蒸気圧であり、P_v は与えられたタンク内の圧力（$P_v < 1$ bar、$P_v < P_s$）である。このような形で蒸発速度を定義した場合、境膜物質移動係数 k の値については著

者の見る限り、LNG および LH2 についての具体的な数値は見当たらない。実測あるいは実験により求めざるを得ないのが実態のようである。

熱伝達との類似性からコルバーンのアナロジー則によって S_c：シュミット数、P_r：プラントル数を用いたルイスの関係式 $h/k=c_p(S_c/P_r)^{2/3}$ があるが、これも係数 c_p については実験からの推定が必要になるし、今回のような沸騰状態での蒸発現象への適用法は明らかでない。

そこで本書では先の水での実験値を参考にして、次に示すような範囲内で k 値を与えて、タンク内負圧 3 ケースにおける蒸発速度 kg/hm^2 および入熱に基づいた NBO（侵入熱による自然蒸発速度）に対する割合を試算することにした。したがってこの分が NBO におけるタンク周囲からの入熱による BOV に加算されるとする。

$$P_v=-0.025、-0.05、-0.1 \text{ barG},\ k=0.01, 0.1, 1.0, 10.0, 100.0 \text{ kg/m}^2\text{h}$$

P_s はバルク液全体の CFD 計算による液表面温度に対応した蒸気圧力である。

一方 CFD 計算における気液界面での熱平衡については、著者による簡易化された異なる 3 種の平衡モデルを想定し、それぞれのモデルでの負圧と蒸発速度との関係について述べる。

なお本現象は減圧は緩やかに行われるとして、一定負圧に到達した定常状態での挙動について論じる。初期の減圧途中の蒸発挙動、すなわち減圧速度と蒸発速度との過渡的な関係[9][10]については論じない。

（1） バルク液の流動および温度分布を無視したフラッシュ蒸発層のみを対象としたモデル A
（2） バルク液との連成を考慮し NBO の蒸発はバルク液面から、フラッシュ蒸発はフラッシュ領域全体からとし、流動はバルク液のみとするモデル B・・・ロールオーバー発生前のモデルと類似
（3） バルク液との連成を考慮し NBO の蒸発およびフラッシュ蒸発共にフラッシュ領域全体からとし、流動は両領域全体を通して考えるモデル C・・・ロールオーバー発生後のモデルに類似

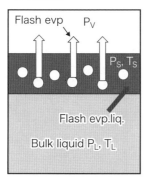
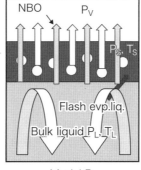
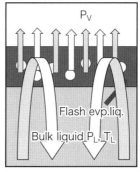

図 13-2　負圧蒸発＝フラッシュ蒸発モデル

それぞれのモデルに共通事項として蒸発量全体としては NBO におけるタンク周囲からの入熱による BOV に負圧蒸発による追加蒸発が加わり、マクロ的に見たタンク全体としては合計の蒸発潜熱が奪われるとする。液表面に対する気層部からの対流熱および放射熱について、常時新鮮

な BOV が供給される状態では蒸気温度、タンク壁温度共に温度上昇は小さいために無視する。

　沸騰が生じている場合には、液面の波うちによる面積増加や液面の運動による界面温度の攪乱などによって静止時とは異なった状態が予想されるが、ここでは静止状態での面積ならびに界面近傍の温度分布で考える。

　以上の前提でタンク形式ごとに、下記の条件でのフラッシュ層の温度変化、同圧力変化、フラッシュ蒸発量、同 NBO に対する割合、バルク液の温度分布、同流動状態について計算を行う。

　LNG の積載率・・・90 %（HorSph、VerCyl）、90 %（HorCyl）、90 %（SPB）
　タンク断熱・・・0.1W/m2 K

　実際の適用にあたってはまず、沸点状態液体でのモデルの適合性、LNG や LH2 のような超低温液体での負圧蒸発での蒸発速度係数の妥当性の確認が必要で、このためには LN2 などによる実験での検証が望まれる。

13-3　フラッシュ蒸発層のみ考慮：モデル A

　フラッシュ蒸発の特徴を顕在化するため、フラッシュ液からの蒸発のみを考える。いま NBO 状態にあるタンクで気層部圧力が P_v（＜ 1 bar）に下げられたとする。液密度を ρ とすると、液面から下記式で表される h の深さまでは過熱液（温度が飽和温度以上に上がった液）の状態になる。

$$P_v + \rho h = 1 \tag{13-5}$$

　液面からこの深さまでの液は内面からも沸騰を始める、いわゆるフラッシュ蒸発が生じることになる。上記の深さ h までは沸騰状態で攪乱された状態にあり、温度は一様だと仮定して液温度に対応した飽和圧力を P_s、液表面積を A とすると液表面からの蒸発速度 G_{cs} は、蒸気圧の差に比例するとして気液界面での移動係数 k を用いて、前節で示したように次式で表される。

$$G_{cs} = kA(P_s - P_v) \tag{13-6}$$

　操作中、圧縮機はタンク圧力 P_v を維持しながらこの量を吸引して外部に取り出せる能力を有して運転されているとする。気層部の圧力が変わらない限り過熱液の深さ h は不変であるから、圧縮機で外部に取り出した分は下方のバルク液（温度 T_L とする）から同量の供給がある。すなわち常時蒸発量と同量のバルク液の供給がなされながら、同時にエネルギー的には液面での蒸発潜熱による冷却があって液面が徐々に低下して行くモデルとなる。バルク液は一定の沸点温度に維持されているとして時間変化や温度分布は無視する。

　フラッシュ蒸発量は NBO とはリニアに分離されるものとし、NBO による蒸発潜熱はタンク液全体としてタンク壁からの入熱とバランスしているから今回のフラッシュ蒸発領域についての諸保存式からは除外する。

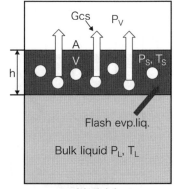

図 13-3　モデル A

13-3-1 過熱液域の形成までの非定常過程

既述のように過熱液については領域全体での沸騰状態にあるために、攪乱作用によって全体が一様温度にあると考える。いま微小時間 $\Delta\tau$ における温度変化 ΔT_s を考えたときに上記モデルの状態をエネルギー保存式に表せば次式となる。

$$(G_{cs}T_L c_{ps} - G_{cs}T_s c_{ps} - G_{cs}L_{ev})\Delta\tau = V_s\rho_s c_{ps}\Delta T_s \tag{13-7}$$

ここで G_{cs}：蒸発速度＝圧縮機吸引速度、T_L：バルク液温度、大気圧相当の沸点にあるとする。T_s：フラッシュ液温度、V_s：フラッシュ液体積、c_{ps}：バルク液比熱、ρ_s：バルク液密度、L_{ev}：蒸発潜熱、k：境膜物質移動係数であり、温度変化幅は小さいので諸物性値は一定であるとする。G_{cs} として先に圧力差と移動係数で表した式を代入して整理すれば、次の微分方程式を得る。

$$V_s\rho_s c_{ps}\frac{dT_s}{d\tau} = kA\left[(P_s - P_v)(T_L c_{ps} - T_s c_{ps} - L_{ev})\right] \tag{13-8}$$

蒸気圧力については沸点を通り、沸点より低温側にあるを温度 T_s [K] の2次関数として次式で表す。

$$P_s = (aT_s^2 + bT_s + c)/100.0 \quad [barG] \tag{13-9}$$

LNG についてメタンと仮定して温度範囲 $100\,\text{K} \leq T_s \leq 120\,\text{K}$ で定数 a、b および c を求めると次のようになる[5-[1]]。本定数は第11章の式（11-6）より温度範囲を狭くして新たに近似したものである。

$$a = 0.273、b = -52.46、c = 2555.4 : 100\,\text{K} \leq T_s \leq 120\,\text{K}$$

先の式を差分式に直し、初期条件 $\tau = 0$ において $T_s = T_L = -161.545 + 273.15$ の元に数値解を求めると、フラッシュ液温度の時間を追った変化が得られる。

$$dT_s/d\tau = kA\left[(P_s - P_v)(T_L c_{ps} - T_s c_{ps} - L_{ev})\right]/V_s\rho_s c_{ps} \tag{13-10}$$

時間刻みを n で表して差分式に変換する。

$$T_s^{n+1} = T_s^n + \left[kA(P_s - P_v)(T_L c_{ps} - T_s^n c_{ps} - L_{ev})/V_s\rho_s c_{ps}\right]\Delta\tau \tag{13-11}$$

同時に蒸気圧力が得られ、これから時間を追った蒸発量が求まる。
式（13-9）を項別に見ると

$P_s - P_v > 0$

$$T_L c_{ps} - T_s c_{ps} - L_{ev} = c_{ps}\left(T_L - T_s - \frac{L_{ev}}{c_{ps}}\right) = \left\{-162 - (-162) - \frac{513}{3.47}\right\}c_{ps} \fallingdotseq -148 c_{ps} < 0 \cdots \text{LNG}$$

$$= \left\{-253 - (-253) - \frac{450}{9.76}\right\}c_{ps} \fallingdotseq -46.1 c_{ps} < 0 \cdots\cdots \text{LH2}$$

ゆえに式（13-10）で $\quad\left[(P_s - P_v)(T_L c_{ps} - T_s c_{ps} - L_{ev})\right] < 0、dT_s/d\tau < 0 \tag{13-12}$

となり、過熱液温度 T_s は時間と共に低下していくことを表している。
更に各項別にみると積分形はそれぞれ指数関数となり、時間と共に増加と減少である。

$$P_s - P_v \cdots exp(k_1 t), k_1 > 0, \quad T_L c_{ps} - T_s c_{ps} - L_{ev} \cdots exp(k_2 t), k_2 < 0 \quad (13\text{-}13)$$

したがってその積は指数関数の積の形となり結局、過熱液温度 T_s はある一定温度に漸近しながら低下することが分かる。T_s と連動する P_s も同じ経過をたどり、結局蒸発速度も時間とともに低減する。すなわちモデル A の場合には負圧維持によるフラッシュ蒸発現象は非定常の変化であり、圧力を一定に維持したとき蒸発量は時間と共に小さくなって行き、次第に NBO に漸近する過程を追うことになる。

13-3-2　各種タンクでの数値計算

積載率 90％、断熱熱貫流率 $0.1 W/m^2 K$ で 4 種類のタンク様式について、LNG を対象として移動係数 k を下記の範囲で仮定し、負圧 P_v を 3 ケース与えた場合の計算結果をグラフに示す。

$$k = 0.01, 0.1, 1.0, 10.0, 100.0 \text{ kg/m}^2\text{h}, \quad P_v = -0.025, -0.05, -0.1 \text{ barG}$$

過熱液温度についてはまず T_s を求め、沸点（$-161.545℃ = 111.605 K$）からの変化量を ΔT_s としてグラフ表示している。すなわち

$$\Delta T_s = T_s + 161.545 - 273.15 = T_s - 111.605 \text{ [K]}$$

である。90％における液表面積、NBO における BOV はおよそ次表となる。SPB については対称性から 1/4 タンク分を示す。HorCyl：横円筒は単位長さあたりで示す。

表 13-1　4 種類のタンクの NBO での蒸発速度

LNG Tank	HorSph：球	HorCyl：横円筒	VerCyl：縦円筒	SPB/4
A, m^2, $FR=90\%$	803.0	22.0 m^2/m	531.0	400.0
NBO, kg/h	674	13 kg/hm	372	241

フラッシュ蒸発の過熱液深さ h は液密度を 450 kg/m^3 として全タンク様式に共通で、タンク圧力 P_v に対して次のようになる。容積は垂直壁の場合は液面積に深さを乗じて得られ、HorSph および HorCyl についてはタンクが深さ方向に曲面を持つため液位によって異なり、およそ次表のようになる。

表 13-2　4 種類のタンクの過熱液状態の深さと体積

P_v, barG	−0.01	−0.02	−0.025	−0.05	−0.075	−0.1
h, m	0.222	0.444	0.556	1.11	1.67	2.22
HorSph：V, m^3	201	436	536	1005	1541	2044
HorCyl：V, m^3/m	5	10	13	27	40	52
SPB：$V/4$, m^3	89	178	222	444	668	888

まず、タンクを負圧にした初期 $t=0$ の状態におけるフラッシュ蒸発速度 Gcs/A [kg/m^{2}h] を物質移動係数 k ごとに示すと、タンク様式に共通で表 13-3 および図 13-4 のようになる。

13-3 フラッシュ蒸発層のみ考慮：モデルA

表 13-3 負圧初期の単位面積あたりフラッシュ蒸発速度 G_{CS}/A [kg/m²h]；HorSph, HorCyl, VerCyl, SPB 共通

P_v, barG	k [kg/m²hbar]				
	0.01	0.1	1.0	10.0	100
−0.025	2.5×10^{-4}	2.5×10^{-3}	2.5×10^{-2}	0.25	2.5
−0.05	5.0×10^{-4}	5.0×10^{-3}	5.0×10^{-2}	0.50	5.0
−0.1	1.0×10^{-3}	1.0×10^{-2}	1.0×10^{-1}	1.0	10.0

次に移動係数を $k=10$ kg/m²bar と仮定し、$P_v=-0.05$ barG の場合について諸量を求め、図 13-5 および図 13-6 に示す。球形タンクおよび横置き円筒タンクについては液面積も初期状態のまま一定とする。時間と共に蒸気圧力が低下するために圧力差は小さくなり、蒸発速度も低下して行く状況をタンク様式ごとに示す。

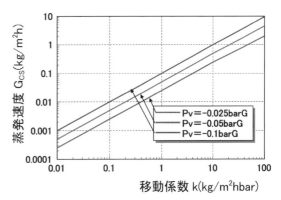

図 13-4 初期の単位面積あたり蒸発速度

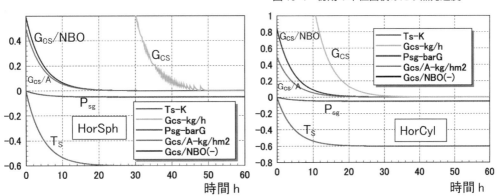

図 13-5 負圧蒸発時の蒸発速度、温度変化など、HorSph（左）、HorCyl（右）

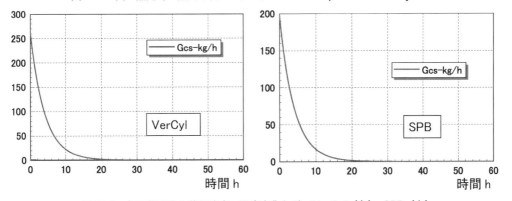

図 13-6 負圧蒸発時の蒸発速度、温度変化など、VerCyl（左）、SPB（右）

液面全体からの蒸発量 G_{CS}（kg/h）をタンクを代表させて VerCyl と SPB の場合で示すと、図 13-7 のようになる。

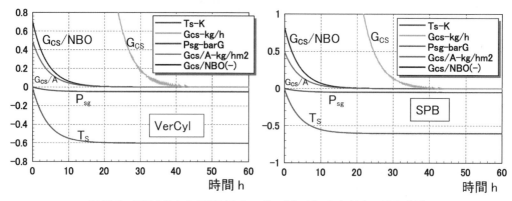

図 13-7　液面全体からの蒸発量 G_{CS}（kg/h）、VerCyl（左）、SPB（右）

　全体を見渡すと時間と共に過熱液全体の温度が低下して行き、それと連動する蒸気圧も下がってくる。低下要因は液面での蒸発に伴う蒸発潜熱の奪取であり、このぶんは外部からの熱供給はなく、液自身の内部エネルギーを消費することで賄われるためである。領域底面からのバルク液の移流に伴う顕熱供給は続くが、そのぶんを上回る冷却効果があることを意味している。このためにタンク内の負圧との差が小さくなり、差圧に比例した蒸発速度も低下する。

　液の蒸気圧力が圧縮機による吸入圧力であるタンク内負圧にまで低下すると、理論上はフラッシュ蒸発は止まり、通常の NBO に落ち着く。フラッシュ蒸発が止まるまでの時間は全タンク様式に共通でほぼ 20 時間であり、このあとも強制蒸発を続けるためにはタンク内負圧をさらに下げる必要がある。単位面積あたりの蒸発速度は基本的にタンク様式によらずにタンク圧力を設定すれば決まるので、タンクによる違いは液表面積の大きさによると言える。球形タンクおよび横置き円筒タンクの場合は蒸発に伴う液位低下と共に面積が増す（計算では一定としている）ので、長時間に及ぶ操作の場合には考慮が必要になる。

13-4　バルク液蒸発とフラッシュ液蒸発を分離：モデル B

　前節ではフラッシュ蒸発独自の特徴を顕在化するために NBO を無視して扱ってきたが、LNG や LH2 のような沸点液体の場合、本操作は通常の BOV に重なって起こるものであり、実際には両者を連成させる必要がある。すなわちバルク液の流動およびバルク液とフラッシュ液の接面での熱移動を考慮し、NBO 蒸発とフラッシュ蒸発を同時に、しかし独立して扱う。

　すなわち、バルク液との連成を考慮し NBO の蒸発はバルク液面から、フラッシュ蒸発はフラッシュ領域全体からとし、流動はバルク液のみとするモデルである。今まで沸点状態（表面は若干の過冷却域にはなっているが）にあった液は大気圧で蒸発するから、上部に液ヘッドが掛かっても気層部の圧力が負圧であれば蒸発面は下方に移動し、先に記した式 $P_v + \rho h = 1$ によって決まる深さ h の位置で蒸発が起こると考える。これと独立してそれより上方のフラッシュ層では負圧に応じた蒸発 $G_{cs} = kA(P_s - P_v)$ が起こるとする。

　したがってフラッシュ域には下方からの NBO の蒸発蒸気の通過と、蒸発量と同量のバルク液

の流入を受け入れながら、同時に全域でフラッシュ蒸発が起きている状態となる。この状態でフラッシュ層は沸騰撹拌によって全領域が一様な温度にあるとしている。図13-8に本モデルの概念を示す。

バルク液内の液流動はフラッシュ領域内には貫通せず、その下面までで循環しているとする。第12章の発想で言えば、ロールオーバー発生前の状態と類似である。

バルク液からの流入液温度は若干の過冷却領域にあるが、その値は小さいために沸点の T_L にあると仮定すれば、フラッシュ層での熱平衡式はモデルAと同じく式（13-14）となる。

$$dT_s/d\tau = k\,A\,[(P_s-P_v)(T_L c_{ps}-T_s c_{ps}-L_{ev})]/V_s \rho_s c_{ps}$$
(13-14)

バルク液についてはフラッシュ層との接面において温度の境界条件が成立し、同時にNBOの蒸発による潜熱冷却が伴う。

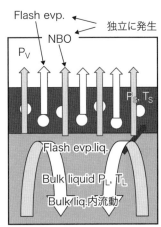

図13-8　モデルB

13-4-1　球形タンクおよび矩形タンクでの数値計算

タンクの負圧力は $P_v=-0.05$ barG、移動係数 $k=10\,\text{kg/m}^2\text{bar}$ としてHorSphとSPBタンクを取り上げる。フラッシュ層についてはモデルAと同じとなるために省略して、バルク液の状態について記すことにする。30時間にわたりそれぞれのタンクでの液温度分布およびバルク液内での流動状態などを図13-9～図13-16に示した。数値計算時の領域の分割数およびフラッシュ蒸発の深さは下記である。

HorSph：144（Flash zone depth：5）×31
SPB：44（Flash zone depth：3）×36×36

（1）球形タンク

まず図13-9にタンク全体としてのフラッシュ蒸発速度 G_{cs}（kg/h）を示す。

これは液の表面積に比例した値となるが、フラッシュ層の温度低下と共に低減していき30h程度でほぼゼロとなる。バルク液からの熱供給が両層での熱伝導のみによっているからである。

次に図13-10にフラッシュ層の温度 T_s、蒸気圧力 P_{sg}、単位面積あたりのフラッシュ蒸発速度 GA_r、同速度のNBO比 G_r を示すが、フラッシュ層の温度は上述の理

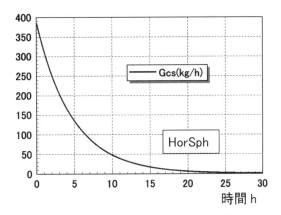

図13-9　HorSphno 液面全体からの蒸発量

由で低下していき気層部の真空圧に相当する温度までに至る。これと連動して蒸気圧力 P_{sg} も低下する。

蒸発速度の変化は圧力変化と連動したものであり、NBO比で見た場合、初期には0.6程度の

大きな蒸発量となっている。同右グラフは温度 T_{sf}、蒸気圧力 P_{sg} の変化を拡大図したもので、フラッシュ層の蒸気圧力は最終的には気層部の圧力 $P_v=-0.05\,\mathrm{barG}$ に漸近していく。

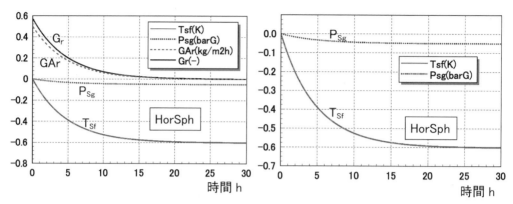

図 13-10　HorSph 負圧蒸発時の蒸発速度、温度変化等、全体（左）、拡大（右）

図 13-11 に $t=30\,\mathrm{h}$ におけるバルク液の流動状態を示す。この上部に接してフラッシュ層があり、バルク液の流れはフラッシュ層に貫流することなく循環しているのを示している。すなわちバルク液からの流体の供給は蒸発した分のみである。

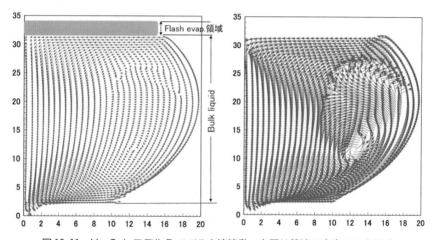

図 13-11　HorSph モデル B でバルク液流動、右図は等速で方向のみを示す

図 13-12 に $t=5$、10、15、30 h におけるバルク液およびフラッシュ層の温度分布を示す。凡例内の数値は沸点からの低下温度を表していて、時間と共に両層共に温度が低下している。上部の変色部分がフラッシュ層であり、このモデル B の場合にはではバルク液と明らかな温度差が付くことになる。

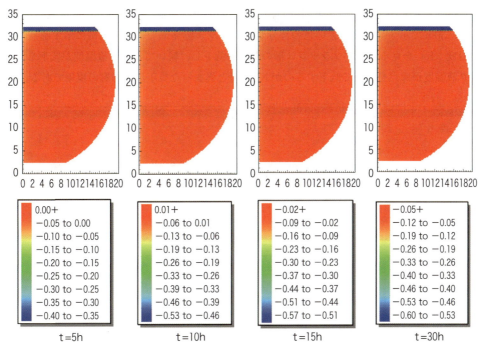

図 13-12　HorSph モデル B でバルク液およびフラッシュ液温度分布と変化

（2）矩形タンク

負圧条件および移動係数値は HorSph と同じである。まず図 13-13 に 1/4 タンク全体としてのフラッシュ蒸発速度 G_{cs}（kg/h）を示す。次に図 13-14 にフラッシュ層の温度 T_{sf}、蒸気圧力 P_{sg}、単位面積あたりのフラッシュ蒸発速度 GAr、同速度の NBO 比 G_r を示す。HorSph の場合と同様に真空圧力が $P_v = -0.05$ barG、移動係数が $k = 10$ kg/m^{2}bar の場合はおよそ 30 時間でフラッシュ層の温度は飽和状態まで低下する。

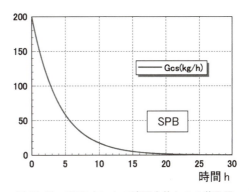

図 13-13　SPB タンクで液面全体からの蒸発量

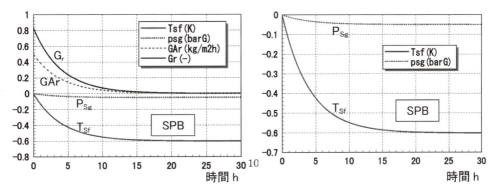

図 13-14　SPB タンク負圧蒸発時の蒸発速度、温度変化等、全体（左）、拡大（右）

図13-15に1/4タンクの長手方向中心線に平行の中央部断面での両液層の温度変化を $t=5$、10、15、30 h で示す。表層の青い色の部分がフラッシュ蒸発部であり、凡例に示す沸点からの変化温度（K）を見るとまずフラッシュ層の温度が低下し、続いてバルク液温度が低下している。バルク液温度が沸点を超えて低下するのがNBO時と異なった負圧蒸発特有の現象である。

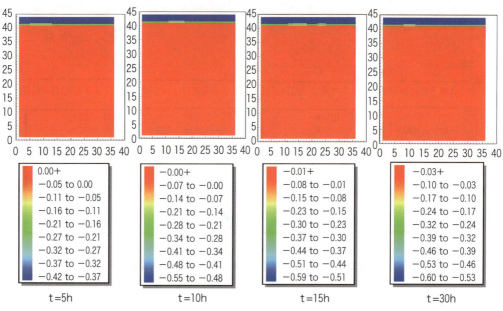

図13-15　SPBモデルBでバルク液およびフラッシュ液温度分布と変化

図13-16に、$t=30$ h における1/4タンクの長手方向中心線に平行の中央断面でのバルク液の流動状態を示す。幅方向断面でもほぼ同じである。流れのパターンは刻々変化しており、図は30 h における一つの様相を示すものである。上部にあるフラッシュ層との関係、およびバルク液の流れはフラッシュ層に貫流することなく循環しているのはHorSphと同じである。最大速度は図の右側のタンク側壁に沿った上昇流でタンク底部からおよそ2/3ほどの高さ位置における0.075 m/s 程度である。

以上のモデルBの場合で言えることは、バルク液の主流となる流れがフラッシュ層に貫通して流入しないために、移流による温暖流体の流れ込みがフラッシュ層にもたらされ

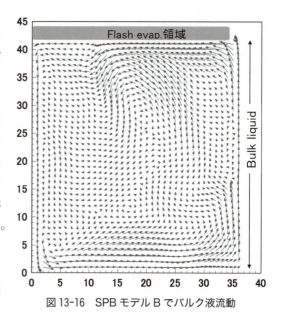

図13-16　SPBモデルBでバルク液流動

ない。このためにフラッシュ層はフラッシュ蒸発による潜熱冷却によって、温度低下が早く真空圧力に相当する飽和温度まで低下してしまう。

もちろん、温度低下速度は液層と気層間の蒸発速度を支配する移動係数 k の大きさと関係しており、

k 値の増加と共に大きくなる。今回の数値は $k=10\,\mathrm{kg/m^2bar}$ の場合であることを留意する必要がある。全体から沸騰蒸発が発生しているフラッシュ層と、整然とした対流循環がなされているバルク液層とでは全く異なった流れの様相であり、両層がどのように相互干渉するのか、またここで取り上げたモデルの流動状態が成立するのはどのような条件であるのかについては実験も含めた確認が必要である。

13-5　バルク液とフラッシュ液とが完全連成で蒸発：モデル C

　バルク液およびフラッシュ層からなる2層構造で、上下層の温度差および密度差が小さくなり、一定条件を満たしている場合にはそれぞれの独立した運動維持の状態が崩れて、その結果としてバルク液がフラッシュ層を貫流するであろう。その後に起こるバルク液＋フラッシュ液の両層が一体となった流動を考えたモデルであり、モデル B よりも流れに制約条件が少なく、普遍性を持つように思われる。ロールオーバーで言う発生後の状態を想定していることになる。モデルの概念を図 13-17 に示す。フラッシュ蒸発の領域の深さは負圧の大きさで決まるものであり、この間では既述のように全体での沸騰蒸発が起きていて潜熱奪取が行われている。

　このモデルではバルク液と一体となった流動を考えるために、NBO 蒸発もフラッシュ層内で発生し、またフラッシュ液内の温度も一様でなく、深さおよび水平方向共に分布を持ったものとなる。この状態でもフラッシュ蒸発速度は液表面温度の飽和蒸気 P_s に支配されるから $G_{cs}=kA(P_s-P_v)$ となり、一方 NBO での蒸発速度を G_{NBO} とすれば、結局フラッシュ層での単位体積あたりの蒸発潜熱奪取量 Q_{LH} は下記式で表される。

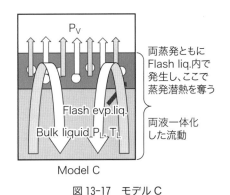

図 13-17　モデル C

$$Q_{LH}=(G_{cs}+G_{NBO})\frac{L_{ev}}{V_{FE}} \qquad (13\text{-}15)$$

　ただし、L_{ev}：蒸発潜熱、V_{FE}：フラッシュ層全体積である。

　モデル A および B で行ったフラッシュ層独自の温度計算に代わって、本モデルでは式 (13-14) をフラッシュ層全体の境界条件として採用し、バルク液層と一体となった計算を行う。すなわちフラッシュ層はバルク液層の一部が特殊な境界条件におかれたとするのである。これによって CFD 計算を両層の区別なしに連続して行える。フラッシュ蒸発に伴って、熱変動に対する熱容量が大きくなるために諸元の時間変化も小さくなり、したがって長時間にわたった観察が必要になる。

　CFD 計算を行う対象とするタンクは 13.3.2 で述べたタンク要目の HorSph および SPB とする。数値計算のための領域の格子分割数およびフラッシュ蒸発部の深さは下記である。フラッシュ蒸発部の深さはタンク負圧 $P_v=-0.05\,\mathrm{barG}$ に対応した LNG の深さ約 1.2 m に相当する垂直方向の格子数のラウンドナンバーである。

　HorSph：垂直方向 143（Flash zone depth：5）× 水平方向 31
　SPB：垂直方向 41（Flash zone depth：3）× 長さ方向 36 × 横方向 36

13-5-1 球形タンクおよび矩形タンクでの数値計算

対象として前節と同様に HorSph と SPB タンクを取り上げる。50 時間にわたりそれぞれのタンクでの液温度分布およびバルク液内での流動状態などを図示した。

（1）球形タンク

図 13-18 にタンク全体としてのフラッシュ蒸発速度 G_{cs}（kg/h）を示す。フラッシュ層の温度低下と共に低減して行くが、このモデルの場合には全バルク液が蒸発潜熱の対象となるためにモデル B に比べて低減の速度は小さい。極初期に急速な低減があるが、これは熱供給源となるバルク液の流動が始まるのに時間を要していることを示している。

図 13-19 にフラッシュ層の平均温度 T_{meanf}、最上層の温度 T_{mtop}、蒸気圧力 P_{sg}、単位面積あたりのフラッシュ蒸発速度 GAr、同速度の

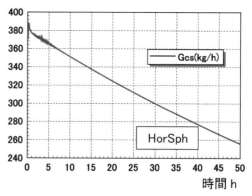

図 13-18 HorSph で液面全体からの蒸発速度

NBO 比 G_r を示すが、いずれもほぼ直線的変化である。ごく初期に見られる大きな変化は、上述のバルク液の定常的な流動に至るまでの初期変動である。フラッシュ層の平均温度 T_{meanf}、最上層の温度 T_{mtop} はほとんど同じ値で、グラフ上は重なっていて区別がつかない。これはフラッシュ層での蒸発が全体積で一様に発生しているとしているために、フラッシュ層の温度は全深さにわたって同じレベルになっていることを示している。同図の右グラフは温度 T_{meanf}、T_{mtop}、蒸気圧力 P_{sg} の変化を拡大したものである。

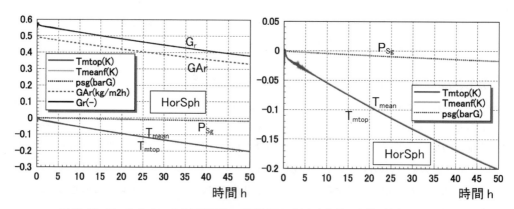

図 13-19 HorSph タンク負圧蒸発時の蒸発速度、温度変化等、全体（左）、拡大（右）

図 13-20 に t=10 h、30 h、50 h におけるバルク液およびフラッシュ層の全体の温度分布とその時間変化を示す。凡例内の数値は沸点からの低下温度を表す。液面から格子数で 5 層（深さ約 1.2 m、全深さの 3.5 ％）がフラッシュ蒸発領域であり、上部に低温領域があるのは見えるが、バルク液との明瞭な区別はなく完全に一体化していることを示している。すなわちフラッシュ層で生じた低温液は対流によってタンクの中心部に沿って下流していき、全体と混じることで時間と共に全体が一様に低下している。タンクに中心部には比較的温暖な領域が残されている。

NBO時と異なった負圧蒸発特有の現象として、バルク液温度が沸点を超えて低下するのを見ることができる。

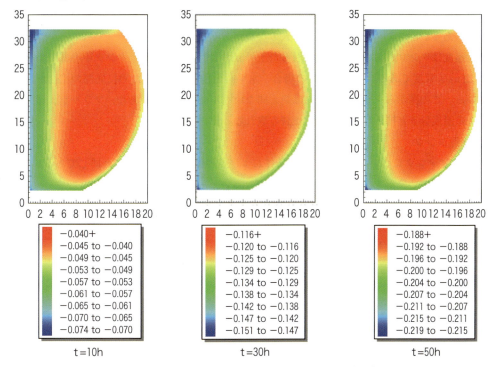

図13-20　HorSph、モデルCでバルク液およびフラッシュ液温度分布と変化

図13-21に $t=30$ h におけるバルク液の流動状態を示す。

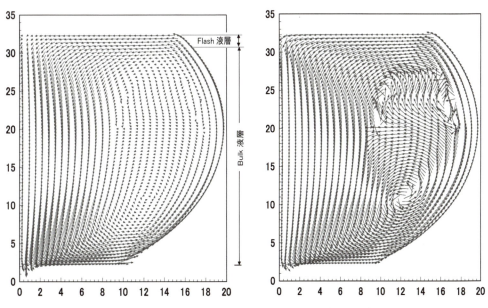

図13-21　HorSph、モデルCで全体液の流動、右図は等速で方向のみを示す

左の図は流速に比例したベクトル長さで表す。上部の5層、約1.2 m がフラッシュ層であるが、バルク液と一体となった流動が生じていることが分かる。すなわちバルク液の流れはフラッシュ層を貫流して循環しているのを示している。右図は全ベクトルを速度と関係なく等長で示したものであるが、タンク壁寄りの部分に大きな渦があるのが見える。

最大速度はタンク底部のタンク壁に沿った上昇流およびタンク底部のタンク中心部での下降流で 0.22 m/s 程度である。球形タンクの場合、水平断面積が変化するために底部の流速が増速されている。この図からフラッシュ層には絶え間ないバルク液の供給があり、フラッシュ層での蒸発による温度低下と拮抗していることが読み取れる。

(2) 矩形タンク

次に SPB タンクについて述べる。負圧条件および移動係数値は HorSph と同じである。

まず、図 13-22 に 1/4 タンク全体としてのフラッシュ蒸発速度 G_{cs} (kg/h) を示す。HorSph との違いは主として液表面積の差である。次に図 13-23 に液最上層の温度 T_{mtop}、フラッシュ層の平均温度 T_{meanf}、蒸気圧力 P_{sg}、単位面積あたりのフラッシュ蒸発速度 GA_r、同速度の NBO 比 G_r を示す。フラッシュ層の平均温度と最上層温度がほとんど同じであることなど傾向としては HorSph の場合と同じである。

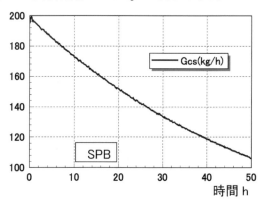

図 13-22 SPB で液面全体からの蒸発速度

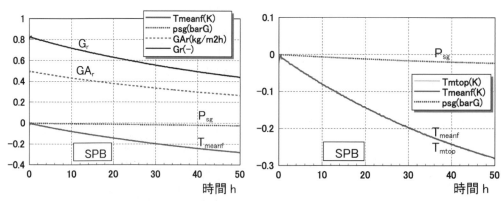

図 13-23 SPB タンク負圧蒸発時の蒸発速度、温度変化等、全体(左)、拡大(右)

図 13-24 に 1/4 タンクの長手方向中心線に平行の中央断面での両液層の温度変化を $t=10$ h、30 h、50 h で示す。液表面から3層、約1.2 m がフラッシュ蒸発層となる。

HorSph と同様に時間と共にタンク全体の液温度が低下していき、液表面近傍に低温層が現れるが水平成層を形成することなく、バルク液の流入によって混合されていることが分かる。例えば 30 h で両タンクを比較すると、HorSph のおよそ -0.15 K に対して SPB ではおよそ -0.2 K とより低温化しているのは液表面積の差が影響している。

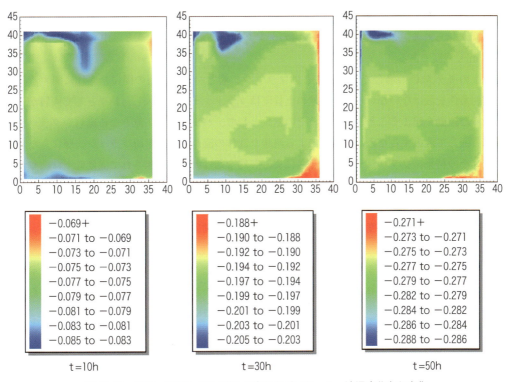

図13-24 SPB、モデルCでバルク液およびフラッシュ液温度分布と変化

図13-25に$t=30\,\mathrm{h}$における、同じく1/4タンクの長手方向中心線に平行の中央断面での液の流動状態を示す。右図は速度に関係なく流れ方向のみを等速で表したものである。幅方向断面でもほぼ同じである。流れのパターンは刻々変化していて、図は30 hにおける一つの様相を示すものである。フラッシュ層への貫流によってバルク液と一体となっての流れとなっているのが分かる。HorSphと同様に上から約$1.2\,\mathrm{m}$の深さがフラッシュ液層である。

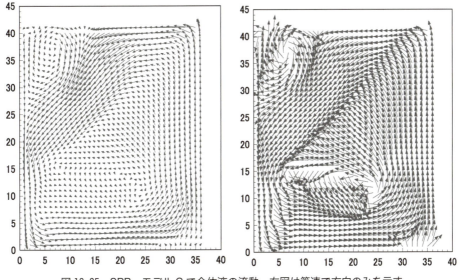

図13-25 SPB、モデルCで全体液の流動、右図は等速で方向のみを示す

中央斜め、タンク中心に向かって下方向に収束した流れがあり、それを挟んで上方と下方に大きな渦が見られる。最大速度は図の右側のタンク側壁に沿った上昇流と、中心部での下降流で 0.07 m/s 程度である。

以上のモデル C の場合で言えることはフラッシュ層とバルク液層の間に、流れに関する特別の制約条件を設けないならばバルク液の上昇流はフラッシュ層に流入し、結果として両層が一体となった運動を起こすことが分かる。その結果として、バルク液の主流となる流れがフラッシュ層に貫通して流入するために、移流による温暖な液体の流れ込みが常時フラッシュ層にもたらされる。その結果、フラッシュ層での蒸発による潜熱冷却は大幅に緩和されて温度低下は緩やかになる。しかしながら限られた質量のバルク液であるために温度低下は存在し、本対象タンクの場合には 30 h 程度ならタンク全体の平均温度としておよそ -0.15 K～-0.2 K となる。この場合も温度低下速度は蒸発速度を支配する液層と気層間の移動係数 k の大きさと関係しており、k 値の増加と共に大きくなる。

今回の数値は既述のように全ケース共に物質移動係数として $k=10$ kg/m^{2}bar の場合を示していて、実際の LNG あるいは LH2 においてどのような大きさになるのかについては、なんらかの形での確認が必要であり、実液による検証は難しい場合には LN$_2$ などによる実験が望まれる。

第14章　LNGタンクの断熱設計とBOR最小化

14-1　概　　要

　LNGやLH2タンクの特性として重要なことの一つは、温度レベルに視点を置くと超低温液であるため、外部との大きな温度差によってタンクへの入熱が避けられずに入熱分に相当する蒸発現象があることである。次にタンク外部に視点を置いてみると、上記のように周囲から熱を奪うため周辺構造の低温化を招くことである。前者はエネルギー商品として、数百時間にわたる航海後においてもLNGやLH2の量確保の点から重要な項目であり、後者はタンクを格納している船体構造の安全性から重要な事項になる。この2つの事柄を技術的に解決し、超低温貨物タンカーとしての機能を維持する手段がタンク断熱である。特に最近のLNGCの傾向として、貨物の蒸発量を極力小さくして商品量の確保を図ること、および主機の高熱効率化に伴う燃料需要の減少があり、タンクの断熱および支持構造も含めて高断熱機構の重要性が増している。LH2についても貨物の物理的な特性からLNGに比べて蒸発量が多くなり、更なる入熱量の制限が望まれている。

14-2　船体の安全上および材料としての断熱の役割と規則

　タンク断熱の役割はLNGと周囲との伝熱的な遮断であり、遮断の程度に応じてLNGの蒸発速度が決まり、周辺への熱影響の度合いが決まる。LNGCの商品輸送能力としての機能と、船体構造上の安全性を支配する要素、この2つの鍵を握る断熱であるために、特に後者の船体構造上の安全性の観点からその機能を担保するために多くの国際法的な規則が課せられている。そこで貨物の蒸発率BORに繋がる断熱材の熱的な機能を述べる前に、まずIMOでの規則について記す。IMOの条文はLNGの蒸発率などの熱的な視点にも影響を及ぼすために、ここで一つの節を取って述べることにする。著者の訳文・訳語も付けているが、正式にはIMO（IGC Code, International Code for the Construction and Equipment of Ships Carrying Liquefied Gases in Bulk, 2016 Edition, IMO）の条文を参照されたい。

　LH2については未発効であるが、第16章にて述べるように基本的な思想と要件はLNGとなんら変わるところはない。詳細については今後順次整備され、発効していくことが予想されている。

14-2-1 断熱全体へのIMO条文

断熱全般への要求事項として下記が規定されている[1]。

No	IMO条文	解釈
1	−10℃を下回る貨物では船体構造の温度は最低設計温度 minimum allowable design temperature, MADT を下回らないこと	LNGはこれに該当し、船体構造部材の温度分布を計算する必要がある
2	国際海域の船舶では設計温度は大気5度、海水0℃とする（＊本条件をSPBに適用した場合の計算結果を7-6節、表7-9に示す：著者注記）	内航LNGC以外はこれに該当し、BOR計算とは別に、厳しい温度条件での温度分布計算が必要となる。
3	大気5度、海水0℃の設計温度条件で横隔壁温度が許容値を下回る場合には加熱手段を設けてもよい	横隔壁は大気および海水部から最も遠く隔離されている。さらに前後のLNGタンクに挟まれていて最も厳しい条件にある
4	さらに低い大気温度が規定される場合には縦隔壁にも加熱手段を設けてよい。スタンバイ加熱手段も設ける。大気温度は International Certificate of Fitness に記載される。	更に低温の航路従事の場合には縦隔壁についても温度計算をして加熱手段設ける。温度検知によるon-offのスタンバイ加熱手段も設ける。
5	2次防壁を設ける場合には構造材がMADTを下回らないことを確認すること	2次防壁構造に接する船体構造部材について
6	温度計算は静止空気、静止海水および加熱手段なしをベースに行うこと。このとき漏洩貨物からの蒸発蒸気による冷却効果を考慮に入れること	静止条件は熱伝達率を自然対流条件で計算することになり、大気や海水からの加熱効果が低減する。加熱手段なし＋漏洩LNGの蒸発によるによる潜熱および顕熱負荷を計算に入れる。
7	断熱の厚さは許容BOR、船上搭載の再液化機、主機あるいは他の温度制御システムに基づくこと	断熱特性はBOR、液化能力、主機でのガス消費量あるいは許容温度範囲内から決める

14-2-2 断熱材料へのIMO要求事項：原文のまま掲載する[1]。

No	条文	著者訳
1	Compatibility with the cargo	貨物との適合性
2	Solubility in the cargo	貨物への溶解性
3	Absorption of the cargo	貨物の吸収性
4	Shrinkage	収縮性
5	Aging	経年性
6	Closed cell content	独立気泡率
7	Density	密度
8	Mechanical properties	機械的特性（熱収縮・膨張性）
9	Abrasion	擦過性
10	Cohesion	凝集性
11	Thermal conductivity	熱伝導率
12	Resistance to vibrations	振動耐性
13	Resistance to fire and flame spread	火や炎延性への抵抗性
14	Resistance to fatigue and crack propagation	疲労破壊や亀裂伝播の抵抗性

上記に加えて LNG の場合には −196℃以下での必要はないが、設計最低温度 −5℃での低温テストの実施が要求される。メンブレン型に用いられるパーライトのような粉体材料では振動テストでコンパクト化沈降がないことの確認が求められる。

タンク内部に設ける断熱方式の場合にはさらに追加して次の事項が要求される[2]。

No	条文	著者訳
1	Bonding (adhesive and cohesive strength)	接着力（接着や凝集）強さ
2	Resistance to cargo pressure	貨物の圧力に対する抵抗力
3	Fatigue and crack propagation properties	疲労や亀裂伝播特性
4	Compatibility with cargo constituents and any other agent expected to be in contact with the insulation in normal service	貨物成分および通常の使用状態で接触が予想される他の成分との適合性
5	Where applicable the influence of presence of water and water pressure on the insulation properties should be taken into account	適用可能な場合、水や水圧の断熱材の特性への影響を考慮すること
6	Gos de-absorbing	貨物蒸気の吸収性のないこと

（IGC Code 2016 Edition では Internal insulation：内部断熱の項が消えている）

14-2-3　IMO の 2 次防壁、Secondary barrier

IMO では大気圧下で −10℃以下の貨物の場合、独立タンク Type B に対しては 1 次防壁からの漏洩時に一時的貯蔵機能を持つ Secondary barrier、つまり 2 次防壁が要求される。これは独立タンク、Type B の場合の重要な要件である。大気圧下での貨物温度が −55℃以上で、下記の 2 つの条件を満足する場合には船体構造が 2 次防壁の機能を持つことができる。

（1）船体材料が適正なこと
（2）低温化で船体応力が許容値以内のこと

Secondary barrier、2 次防壁に対するタンクのタイプ別の要件を次の表に示す[1]。

表 14-1　Secondary barrier への要求事項

Cargo temperature at atmospheric pressure	−10℃ and above	Below −10℃ down to −55℃	Below −55℃
Basic tank type	No secondary barrier required	Hull may act as secondary barrier	Separate secondary barrier where required
Integral		Tank type not normally allowed[1]	
Membrane		Complete secondary barrier	
Semi-membrane		Complete secondary barrier[2]	
Independent			
Type A		Complete secondary barrier	
Type B		Partial secondary barrier	
Type C		No secondary barrier required	
Internal insulation			
Type 1		Complete secondary barrier	
Type 2		Complete secondary barrier is incorporated	

（IGC Code 2016 Edition では Internal insulation：内部断熱の項が消えている）

Type B タンクの場合、高精度のタンク構造解析を前提として "Leak before failure" の概念に基づいた "Small leak protection system" と名付けられる設計思想が採用される。すなわち文字通り "タンクが破壊に至る十分前にタンクからの貨物の微小漏洩を検知し、漏洩貨物は安全に貯蔵し、船体を防護する" という意味である。この条件のもとに2次防壁は "Reduced secondary barrier" すなわち軽減された構造が許容される。このための2次防壁に対する機能上の具体的な要求事項は次の通りである。

（1） 推定される貨物の漏洩を15日間貯蔵できること
（2） 貯蔵時に漏洩による船体構造の低温化を防止できること
（3） 1次防壁が破壊時に2次防壁が破損しないこと、逆の場合についても同じ
（4） 30度の静的 Heel でも上記機能を持つこと
（5） 部分防壁 Partial secondary barrier を設ける場合
　　　範囲は1次防壁の初期リーク検知後の漏洩に適合したものであること
　　　このとき、貨物蒸発、漏洩速度、ポンプ容量を考慮することができる
　　　あらゆる場合、タンクに隣接した内底板 Inner bottom は漏洩貨物から保護されること
（6） Spray shield を設ける
　　　漏洩した貨物を1次防壁と2次防壁の間の隙間に流下させるため
　　　および船体温度の低下防止のため
（7） 下記の方法による定期的な有効性のチェックができること
　　　Pressure/vacuum test，目視検査、政府許可を条件としたその他の方法

2次防壁：部分防壁の場合の構造概念図を図14-1に示す。要件は下記のとおりである。

　（1）Splash shield：1次防壁亀裂からの漏洩貨物を安全に Drip pan に導き、船体構造を安全な温度レベルに維持する
　（2）Drip pan：15日間の漏洩貨物を格納保持

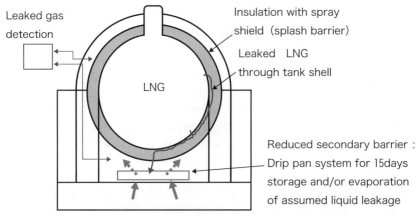

図14-1　LNG の Partial secondary barrier の概念

14-3 BOR 最小化の視点で見る断熱機構

　タンク断熱の主要機能の一つは、船体構造の保護であることは前節で述べた通りである。もう一つの重要機能が貨物蒸発を必要レベルに抑えるということである。LNGC の場合、一定の外界温度条件下でタンクからの LNG の最大蒸発量は第7章7.4節で述べたように BOR の数値の形で押さえられている。これを満足するように断熱の様式と仕様を決めることが求められる。

　この場合において、より合理的な方法、あるいは従来の形式にとらわれない新しい発想に基づく方法がないのかについて考えたい。ここでは球形タンクを対象に考えるが、他のタンク形式についても同様の考え方が可能である。

　タンク本体の主要箇所で断熱部分を分けると次のようになる。
　　・タンク本体
　　・スカート支持材
　　・スカートとタンクとのつなぎ部
　　・ドーム（タンクトップの管類貫通部）

　最大の熱侵入部はタンク本体であり、次がスカート支持材である。そこでまずタンク本体について次のような発想転換で考えてみる。現在 BOR はなるべく抑えて、商品としての LNG の輸送中のロスを小さくする発想が主流を占めている。一方ディーゼル主機の高熱効率化で、燃料として従来のような BOV 量を必要としてない点もある。または再液化する場合には、なるべく BOR は小さく抑えたいという要求もある。これに対応するには高断熱性能を持たせればよいが、最も早い対応策は断熱材の厚みを増す方法である。しかしながらタンクと船体構造との間の限られた空間内での増厚は、施工上の問題をはじめとして制限が多い。

　熱の侵入を考えると、大気または海水から、まず船体のタンクカバーないしは内底板を経由している。特に太陽光の直射を受けるタンクカバーは数十度の高温にさらされている。そこで対応策として出てくる発想の一つが、より高温の熱源側に断熱機能を持たせる案、すなわち断熱機能を分解してタンク本体とタンクカバーとで分担する案である。外部に面するそれらの構造には多くの骨材がついており、これらは伝熱上は熱の流れを促進する一種のフィン構造とみなすことができる点にも注目する必要がある。これらに注目してタンクカバー断熱施工についての得失を考えたい。

　さらに発想を転換し、自然発生している低温の蒸発蒸気を逆に利用して、これに断熱機能を持たせることはできないのか。あるいは全く新しい断熱メカニズムの適用もありうる。

　タンク本体の次に熱流量を占めているのがスカートである。タンクの支持構造材としての重要機能を持つと同時に、タンクへの熱流を最小化したいという要求を満たすためになしうることはなにかを考える。以下において、まず共通事項となる船体への太陽放射の影響から始めて、これらの新しい発想に基づく断熱構想について順次具体的に論じたい。

14-4 太陽放射の影響

　太陽放射を直接に受けている面の高温化は日常我々が経験することであるが、遮るものが何もない大洋面を日中に航走する LNGC の突出したタンクカバー上においては、その影響は大きい。

結果としてカバー材の高温化、内部空間の空気の高温化からタンクへの侵入熱量の増大につながってくる。夜間においては逆に天空への逆放射が生じ、タンクカバーの冷却が起きていると想像される。船体は航行している状態であるから、タンクカバーの外面は放射と同時に強制対流にさらされており、対流影響を加味する必要もある。一日の中でサイクルとして繰り返されるソーラーからの放射およびソーラーへの逆放射について、その影響度を定量的に求め、対策も併せて考えることにしたい。

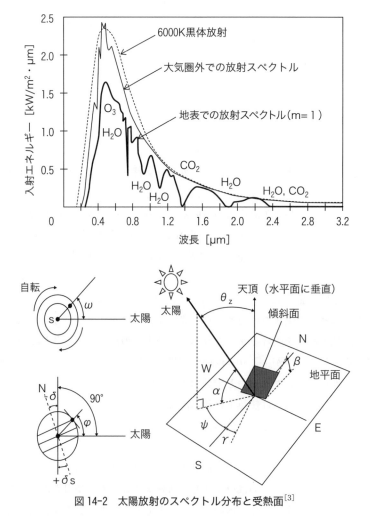

図14-2 太陽放射のスペクトル分布と受熱面[3]

14-4-1 太陽放射熱の定量化

(1) 太陽放射のモデル

図14-3に示すような太陽放射を垂直に受ける船体およびその内部のLNGタンクからなる系を想定し、全体の熱平衡を考えることにする。船体周囲には気流も存在し、大気との熱伝達も同時に考慮する必要がある。これから未知数であるホールドの平均温度 T_h、タンクカバーの温度 T_c、断熱表面温度 T_i を求める。

ここで、T_L：LNG 温度、K、T_a：外部の大気温度、h_i：断熱表面の熱伝達率 $=h_c$、h_c：タンクカバー内面の熱伝達率（船殻スティフナーのフィン効果あり）、f：スティフナーのフィン影響係数（h_c あるいはタンクカバーの表面積に乗じる）、h_a：タンクカバー外面の熱伝達率、k：断熱材の熱貫流率、q_s：太陽放射率、q_c：タンクカバーから大気への放射率、q_i：タンクカバーからタンク断熱への放射率、Q_s：実際の緯度および季節での太陽放射強さ、$α_s$：タンクカバー上での太陽放射の吸収率、$α_a$：タンクカバーから大気への低温放射の放射率（＝吸収率）、$α_i$：タンクカバーから断熱材への低温放射の放射率（＝吸収率）、$σ$：Stefan-Boltzmann 定数

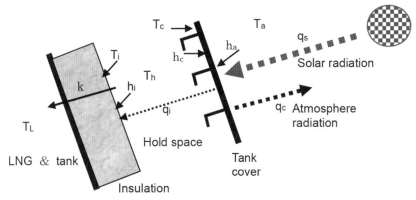

図 14-3　太陽放射と強制対流下のタンクカバーとタンクのモデル

（2）熱平衡式：

太陽放射および低温放射強さ：

$$q_s=α_sQ_s、\quad q_c=α_aσ(T_c^4-T_a^4)、\quad q_i=α_iσ(T_c^4-T_i^4) \tag{14-1}$$

放射影響を考えた場合の平衡式：ホールド空気は放射熱に対して透明とする。

タンクカバー：　　　　$h_a(T_a-T_c)+q_s-q_c-q_if-h_cf(T_c-T_h)=0$ 　　　（14-2）

ホールドスペース：　　　　$h_cf(T_c-T_h)-h_i(T_h-T_i)=0$ 　　　（14-3）

タンク断熱：　　　　$h_i(T_h-T_i)+q_if-k(T_i-T_L)=0$ 　　　（14-4）

放射影響を考えない場合の平衡式

タンクカバー：　　　　$h_a(T_a-T_c)-h_cf(T_c-T_h)=0$ 　　　（14-5）

ホールドスペース：　　　　$h_cf(T_c-T_h)-h_i(T_h-T_i)=0$ 　　　（14-6）

タンク断熱：　　　　$h_i(T_h-T_i)-k(T_i-T_L)=0$ 　　　（14-7）

以上の式を T_i：断熱表面温度、T_h：ホールドの平均温度、および T_c：タンクカバーの温度を未知数として解けばよい。

（3）数値計算

$T_L=-162℃$（111 K）,$T_a=45℃$（318 K）、h_i：自然対流（スティフナーのフィン効果なしの場合）3.6 W/m²K、h_c：自然対流（同）3.6 W/m²K、f：h_c および q_i に乗じるフィン影響係数 1.3、h_a：強制対流 15.3 W/m²K、k：断熱材の熱貫流率 0.0515 W/m²K、t：断熱材厚さ、Q_s：日本における年間での平均強さ 700～800 W/m²、$α_s$：太陽放射の吸収率、白色タンクカ

バー 0.12、黒色タンクカバー 0.96、α_a：低温放射率、白色タンクカバーあるいは赤レンガ色のタンクカバー 0.9、α_i：2面間の全低温放射係数 $1/(1/0.1+1/0.9-1)=0.1$、($\varepsilon_1=0.1$：断熱材のアルミ表面材、$\varepsilon_1=0.9$：鋼製のタンクカバー内面)、$\sigma=5.669\times10^{-8}$ W/m^{2}K^4

太陽放射および低温吸収率については表 14-2 を参照する。

表 14-2　太陽放射および低温放射の吸収率[4]

Surface	Absorptivity=emissivity	
	For solar radiation ($\lambda\sim0.5\,\mu$m)	For low temperature radiation$\sim$25 ℃ ($\lambda\sim10\,\mu$m)
Aluminum, highly polished	0.15	0.04
Copper, highly polished	0.18	0.03
Copper, tarnished	0.65	0.75
Cast iron	0.94	0.21
Stainless steel, no. 301, polished	0.37	0.60
White marble	0.46	0.95
Asphalt	0.90	0.90
Brick, red	0.75	0.93
Gravel	0.29	0.85
Flat black lacquer	0.96	0.95
White paints, various types of pigments	0.12−0.16	0.90−0.95

太陽光および低温放射の項は次のようになる。

$$q_s=\alpha_s Q_s=0.12\times700=84\ (\text{white})\ \text{or}\ 0.96\times700=672\ (\text{black})$$

$$q_c=\alpha_a\sigma(T_c^4-T_a^4)=0.9\times5.669\times10^{-8}(T_c^4-318^4)=5.102\times10^{-8}(T_c^4-318^4)$$

$$q_i=\alpha_i\sigma(T_c^4-T_i^4)=0.1\times5.669\times10^{-8}(T_c^4-T_i^4)=0.5669\times10^{-8}(T_c^4-T_i^4)$$

以上の数値を平衡式に代入し整理すると次式が得られる。

$$4865.4-15.3T_c+84\ \text{or}\ 672-5.102\cdot10^{-8}T_c^4+521.7-0.7370\cdot10^{-8}T_c^4$$
$$+0.7370\times10^{-8}T_i^4-4.68T_c+4.68\,T_h=0 \quad (14\text{-}8)$$
$$1.3T_c-2.3T_h+T_i=0 \quad (14\text{-}9)$$
$$3.6T_h-3.6T_i+0.7370\times10^{-8}T_c^4-0.7370\times10^{-8}T_i^4-k\,T_i+111k=0 \quad (14\text{-}10)$$

未知数 T_i、T_h、および T_c の 4 次方程式に断熱材の特性を入れて、繰り返し法によって数値解を求めればよい。

(4) 解と結論

数値解法の結果を表 14-3 に示す。表に示すように太陽光を直接に受けて定常状態に達した後のタンクカバー、ホールド空気、断熱表面のそれぞれの温度をタンクカバーの色別に見ることができる。実際の船体の場合は全体で見た場合、太陽高度が時間とともに変化することと、船体自体が、例えばタンクカバーは最初から部位に応じて傾斜を持っている、あるいは太陽直射面と影面とがあることなどのためにこれらの数字よりは小さくなるが、この表は最大値としてとらえることができる。

14-4 太陽放射の影響

表14-3 太陽放射を受ける垂直面の温度

太陽放射	タンクカバー表面色	温度、deg. C			備考
		タンクカバー T_c	ホールド空気 T_h	断熱材表面 T_i	
あり	黒	73	70	66	外面の温度が支配的な影響を持っている
	白	49	48	46	タンクカバー表面色の影響が大きい
なし	-	44	42	39	外気温度が支配的

　この結果から太陽放射はホールド温度に相当の影響を持っていて、その結果 BOR への影響も大きいことが分かる。影響度の支配要素はタンクカバーの外表面色であり、白色、理想的には研磨したものが太陽放射の低吸収率および低温放射の高放射率の点から好ましいことがわかる。タンクカバー温度は 20 ℃以上の差であり、その結果、ホールド空気も 20 ℃、断熱表面も 20 ℃程度の温度差が生じる。上半球のみで見れば 20/190≒0.1、すなわち 10 %程度の侵入熱増加となる。船体においては先述のように放射角度の 90 度の面は限られているために、カバー全体にこの温度を適用するのは合理的ではないがタンクカバー、あるいは船体外板のある割合の面積にこの数値を適用して BOR を推定することは十分に合理的である。

　図 14-4 のように典型的な球形タンクで、代表区画①～⑧を取った場合の温度分布を放射考慮の有無で比較すると表 14-4 のようになる。

表14-4 太陽放射有無によるタンク周囲温度

区画番号 V-	位置	区画温度 deg. C	
		太陽放射なし	太陽放射考慮
V1	タンクカバー内部	43.7	47.6
V2	サイドタンク水線上	37.6	42.3
V3	船底タンク	32.0	32.4
V4	サイドタンク水線下	37.3	41.7
V5	船側スカート横	35.4	39.9
V6	対角スカート横	36.4	40.9
V7	前部スカート横	35.6	40.3
V8	タンク底部下	31.7	33.9

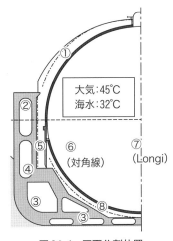

図14-4 区画分割位置

(5) 各種規則や法規

　太陽放射について次の2つの規則や法規および基準について記す。

　まず ISO は太陽放射による大気温度の修正は、亜熱帯気候での最も極端な平均温度であり、一日の中で最高温度とする。太陽放射のない場合を 35 ℃として、これを基準に表面色および面の角度によって放射影響を下記のように加算する[5]。

　　Light color の対象面
　　　　Vertical surface　　：　　　35+12=47 deg. C
　　　　Horizontal surface：　　　35+16=51 deg. C

Dark surface の対象面

  Vertical surface ：   35＋29＝64 deg. C

  Horizontal surface：   35＋32＝67 deg. C

日陰や遮蔽物で直射日光の当たらない部分については放射角度 45 度で計算する。

次に IMO IGC Code は最高設計温度は大気 45 ℃および海水 32 ℃とする[1]。

本書の表 14-3 に示す計算による結果は ISO の基準との合致が見られる。白色面では本書は ISO の垂直面と水平面の平均値となっている。ダーク色面では本計算書のほうが大きく見積もることになる。実船のタンクカバーは淡い色にすることが有利であることがこれから分かる。

表 14-5 太陽放射を受ける面の表面温度比較

表面色	本書計算，垂直面，℃	ISO, Horizontal, ℃	ISO, Vertical, ℃
White paint	49	51	47
Black lacquer	73	67	64

これらの結果から、太陽光放射を受ける LNGC ではタンクカバー温度を 49 ℃程度として、タンクの侵入熱量を計算することは十分に合理的である。また安全係数を取る意味からカバー全体をこの条件で見ることも妥当であろう。

（6）夜間の天空放射影響[6]

夜間においては、昼間とは逆にタンクカバーから天空に向かっての逆放射が起きている。この影響を考えることにする。太陽放射 $q_s=0$ とおき、昼間の大気温度が分かっているのに代わって、タンクカバーから天空へ向かって放射される熱流の大きさ q_c を有効天空温度 T_s で評価する。

熱平衡式：放射影響を考えた場合

タンクカバー： $h_a(T_a-T_c)+q_s-q_c-q_if-h_cf(T_c-T_h)=0$ (14-11)

ホールドスペース： $h_cf(T_c-T_h)-h_i(T_h-T_i)=0$ (14-12)

タンク断熱： $h_i(T_h-T_i)+q_if-k(T_i-T_L)=0$ (14-13)

太陽放射および低温放射強さ：

  $q_s=0$・・・夜間はゼロとおき有効天空温度 T_s の項で置き換える。

$$q_c=\alpha_a\sigma(T_c^4-T_s^4) \quad (14\text{-}14)$$

$$q_i=\alpha_i\sigma(T_c^4-T_i^4) \quad (14\text{-}15)$$

T_s：有効天空温度は次式で定義される[6]。

$$T_s=T_a[0.711+0.0056T_{dp}+0.000073T_{dp}^2+0.013\cos(15t)]^{\frac{1}{4}} \;(\text{K}) \quad (14\text{-}16)$$

T_a：温度 K、T_{dp}：露点温度（－20～30 ℃）、t：真夜中からの経過時間 h

計算例：

$T_a=30+273=303$ K、$t=0$ h、$T_{dp}=21$ ℃（30 ℃，50 ％）のとき、有効天空温度 T_s は次のようになる。

$$T_s=303[0.711+0.0056\cdot21+0.000073\cdot21^2+0.013]^{\frac{1}{4}}=303\cdot0.768^{\frac{1}{4}}=303\cdot0.936=283 \text{ K}, \;10 \text{ ℃}$$

すなわち大気との温度差は $\varDelta T = T_a - T_s = 303 - 283 = 20\,\text{K}$ となり、タンクカバーからは大気温度より低温の 10℃ の天空に向かって放射されることになる。この温度差は hot, moist climate では 5 K, cold, dry climate では 30 K となる。これらをもとに夜間での天空放射の影響を評価できる。

14-4-2　太陽放射熱の実験

実際の太陽放射がどのような大きさを持つものかを夏季の晴天時に実験を行った。受光体はアルミの 30 cm 角程度の薄板の太陽面に各種塗料あるいは遮光体を施し、大気温度とともに表面温度変化を計測したものである。図 14-5 の実験体の全体図、図 14-6 に温度変化の状態を示す。

黒表面は黒色塗料を塗布したもの、水スプレーは単にスプレーをして一時的に水膜を作ったもの、光触媒+水スプレーは光触媒の親水性を利用して表面に一様な薄水膜を設けたものである。

大気温度の変化と並べて見ると、黒表面、黒表面+水スプレー、光触媒+水スプレーおよび日陰部の各種表面状態の温度変化が読み取れる。特に光触媒+水スプレーの場合には少量の水量で全面に水膜形成がなされて蒸発潜熱による冷却効果が大きいことが分かる。当然のことながら日陰部では温度上昇は小さいから、両面の影響を受ける実船の場合には考慮の必要あろう。

図 14-5　太陽放射熱実験

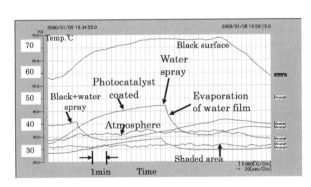

図 14-6　太陽放射下の温度変化

14-5　タンク断熱とタンクカバー断熱の組み合わせ

LNGC では商品である LNG の輸送量の最大化、すなわち輸送中の蒸発量の最小化を図ることは基本的な要件である。更に最近の主機熱効率の向上に見合う燃料需要量の減少によって、蒸発割合 BOR は徐々に小さい値が要求されるようになってきた。一方、例えば再液化を行う場合の初期投資と運転時の経済性から機器の小型化、あるいは港内での蓄圧時の圧力上昇の緩やかさなどからも BOR は小さい値が有利である。LNGC が建造され始めたころには 0.25 %/day/5 タンク程度だった数値も現在は 0.08 %/day/4 タンクといった数値も出現するようになった。例えばタンクの容量が 80,000 m³/5 タンクから 160,000〜200,000 m³/4 タンクとおよそ 2.5 倍になったとしても、タンク寸法は 1.36 倍程度であり、したがって 2.3 倍（$0.25/0.08 \times 1.36^2/2.5$）以上の断熱値の向上が求められていることになる。同じ特性の断熱材を用いるならば厚みは例えば 200 mm×2.3≒500 mm 程度の超厚構造になる。これを断熱構造や断熱工事の施工の観点から、あるいは船体寸法的にどう判断するかは実際の LNG プロジェクトごとに議論の余地のあるとこ

ろである。こういった高断熱値の要求に対する回答として何がありうるのか、システム的に、構造的に論じたい。本節ではタンクと船体で断熱機能の分担、すなわちタンクカバー断熱について球形タンクを対象に論じるが、これらの発想は矩形タンクについても応用が可能である。

14-5-1 船殻構造材のフィン効果とタンクカバー断熱効果

（1）防撓材の伝熱モデル化

一般に現在のタンク断熱は、タンク本体に断熱材を取り付けて必要な断熱値を確保している。その結果、最近の超低 BOR に対しては上記のような超厚構造の仕様にならざるをえないのが実態である。ここで熱の流入経路を考えると、特に侵入量が大きい上半球に注目する。まずはタンクカバーが外気の高温度を受けて、既述のように日中の太陽放射がある場合には相当の高温度になり、それをホールドに伝えている。そこで流入の源で熱流を抑制することを考えてみる。すなわち、まず外気からの高温を1次断熱で受けて一旦弱くし、それをタンク本体の高断熱で必要レベルまで下げてタンクに流す考え方である。換言すれば断熱構造を1次断熱と2次断熱とに分割した上で機能を分担し、2次側のタンク断熱に対する超厚構造要求を緩和しようとするものである。

タンクカバーにその内側に断熱施工を図る場合、特徴的なことは多くの防撓材が内面に設けてあることである。これらは伝熱的には一種のフィン効果として働き、一枚の平板に比べて相当量の熱を伝える機能を持っている。したがってタンクカバーに断熱施工を行うことはこのフィン効果を抑えることにもなり、断熱機能としての有効度が増す。そこで以下にフィン機能について記す。

【計算モデル】図 14-7 のようにタンクカバーに取り付けられた防撓材をモデル化して、寸法、温度等の諸元を取ることにする。左の図が防撓材に断熱なし（以下モデル1と称する）、右図が断熱施工時（モデル2と称する）を示す。

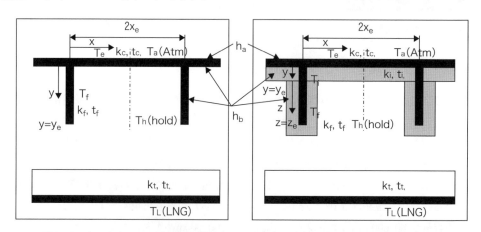

図 14-7　タンクカバーの防撓材に断熱なし、モデル1（左）、断熱あり、モデル2（右）

図 14-8 はアングル材、あるいは T 型材を伝熱的に等価なフラット材に置き換えた場合を示す。防撓材に断熱有無のそれぞれの場合について、タンクカバーおよび防撓材のそれぞれについて伝熱方程式を立てて、境界条件の元に解き、温度分布を求め、その結果として防撓材およびカバー

材からホールドへの伝熱量を計算する。

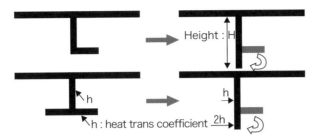

図14-8 アングル（上）、T型（下）をフラット型に等価置き換え

（a） 図14-7の断熱なしの場合、モデル1

タンクカバー T_c および防撓材 T_f の伝熱方程式はそれぞれ次のようになる。

$$\frac{d^2T_c}{dx^2} - p_c^2 T_c = -p_c^2 T_{mc} \tag{14-17}$$

$$\frac{d^2T_f}{dy^2} - p_f^2 T_f = -p_f^2 T_{mf} \tag{14-18}$$

ここに

$$p_c^2 = \frac{h_a + h_b}{k_c t_c}, \quad p_f^2 = \frac{2h_b}{k_f t_f}, \quad T_{mc} = \frac{T_a h_a + T_h h_b}{h_a + h_b}, \quad T_{mf} = T_h \tag{14-19}$$

積分定数を C_1、C_2、C_3 および C_4 として解は

$$T_c = C_1 \exp(p_c x) + C_2 \exp(-p_c x) + T_{mc} \tag{14-20}$$

$$T_f = C_3 \exp(p_f y) + C_4 \exp(-p_f y) + T_{mf} \tag{14-21}$$

境界条件を次のように定める。

$$x = x_e : \quad \frac{dT_c}{dx} = 0 \tag{14-22}$$

$$x = 0 \text{ and } y = 0 : \quad T_c = T_f, \quad -k_c t_c \frac{dT_c}{dx} - \frac{k_f t_f}{2}\frac{dT_f}{dy} = 0 \tag{14-23}$$

$$y = y_e : \quad -\frac{k_f t_f}{2}\frac{dT_f}{dy} - \frac{h_b t_f}{2}(T_f - T_h) = 0 \tag{14-24}$$

これから積分定数 C_1、C_2、C_3 および C_4 が順次得られる。

$$C_3 = \frac{(T_{mc} - T_h)T_4 \tanh p_c x_e}{(T_4 + T_3)\tanh p_c x_e - (T_4 - T_3)p_t}, \quad C_4 = \frac{T_3}{T_4}C_3 \tag{14-25}$$

$$C_1 = \frac{1}{2}[(1-p_t)C_3 + (1+p_t)C_4 + T_h - T_{mc}], \quad C_2 = \frac{1}{2}[(1+p_t)C_3 + (1-p_t)C_4 + T_h - T_{mc}]$$

ここに

$$p_t = \frac{t_f p_f}{2 t_c p_c}, \quad T_3 = \exp p_f y_e \left(\frac{k_f p_f}{h_b} + 1\right), \quad T_4 = \exp(-p_f y_e)\left(\frac{k_f p_f}{h_b} - 1\right) \tag{14-26}$$

(b) 図14-7の断熱ありの場合、モデル2

タンクカバー T_c、断熱内の防撓材 T_i および外に突出した防撓材 T_f の伝熱方程式は

$$\frac{d^2T_c}{dx^2} - p_c^2 T_c = -p_c^2 T_{mc}, \quad \frac{d^2T_i}{dy^2} = 0, \quad \frac{d^2T_f}{dz^2} - p_f^2 T_f = -p_f^2 T_{mf} \quad (14\text{-}27)、(14\text{-}28)、(14\text{-}29)$$

$$p_c^2 = \frac{h_a + h_b}{k_c t_c}, \quad p_f^2 = \frac{2h_b}{k_f t_f}, \quad T_{mc} = \frac{T_a h_a + T_h h_b}{h_a + h_b}, \quad T_{mf} = T_h \quad (14\text{-}30)$$

解は

$$T_c = C_1 \exp(p_c x) + C_2 \exp(-p_c x) + T_{mc} \quad (14\text{-}31)$$

$$T_i = C_3 y + C_4, \quad T_f = C_5 \exp(p_f z) + C_6 \exp(-p_f z) + T_{mf} \quad (14\text{-}32)$$

境界条件として

$$x = x_e: \quad \frac{dT_c}{dx} = 0 \quad (14\text{-}33)$$

$$x = 0 \text{ and } y = 0: \quad T_c = T_i, \quad -k_c t_c \frac{dT_c}{dx} - \frac{k_f t_f}{2} \frac{dT_i}{dy} = 0 \quad (14\text{-}34)$$

$$y = y_e \text{ and } z = 0: \quad T_i = T_f, \quad \frac{dT_i}{dy} - \frac{dT_f}{dz} = 0 \quad (14\text{-}35)$$

$$z = z_e: \quad -\frac{k_f t_f}{2} \frac{dT_f}{dz} - h_b(T_f - T_h) = 0 \quad (14\text{-}36)$$

同様に積分定数は順次定まる。

$$C_4 = \frac{[(B+1-p_f y_e (B-1)] A T_{mc} - (B-1) p_f T_h}{(B+1) A - (B-1) p_f (A y_e + 1)}, \quad C_6 = \frac{A(C_4 - T_{mc})}{p_f (B-1)}$$

$$C_5 = B C_6, \quad C_3 = A(C_4 - T_{mc}), \quad C_1 = \frac{E}{1+E}(C_4 - T_{mc}), \quad C_2 = \frac{(C_4 - T_{mc})}{1+E} \quad (14\text{-}37)$$

ここで

$$A = \frac{2 p_c t_c}{t_f} \tanh(p_c x_e), \quad B = \frac{k_f p_f - h_b}{k_f p_f + h_b} \exp(-2 p_f z_e), \quad E = \exp(-2 p_c x_e) \quad (14\text{-}38)$$

(2) フィンを考慮したタンクカバー断熱効果

タンクカバー単位面積あたりの熱流束は、防撓材1スパンあたりの総侵入熱量を積分によって求め、それを相当面積で除して求まる。これを q_i と表せば次式となる。ただし積分定数 C_1、C_2 はそれぞれのモデルでの値である。

$$q_i = \frac{h_a}{x_e} \int_0^{x_e} (T_a - T_c) dx = \frac{h_a}{x_e} \left[(T_a - T_{mc}) x_e - \frac{C_1}{p_c}(\exp p_c x_e - 1) + \frac{C_2}{p_c}(\exp(-p_c x_e) - 1) \right] \quad (14\text{-}39)$$

積分定数を代入して整理すると、q_i は外気とホールドの温度差 $T_a - T_h$ に比例した形になる。

$$q_i = \Gamma [T_a - T_h] \quad (14\text{-}40)$$

Γ は定数であり、この場合は断熱材の有無に応じて防撓材間の1スパン幅で平均されたタンク

カバーの熱貫流率に相当することを意味している。

一方、基準の熱流束を防撓材を無視した平板のみのタンクカバーの場合として、その値 q_0 とする。q_0 に関してはタンクカバー単独の熱貫流率を K_0、タンクの表面積に対するタンクカバーの面積割合を e_a（＞1.0）として、次式となる。

$$q_0 = K_0 \cdot e_a(T_a - T_h) \tag{14-41}$$

両者の比をとると、タンクカバーに断熱施工、あるいは防撓材付きによる熱流束の増加割合が得られる。言い換えればタンクカバーに断熱施工、あるいは防撓材付きにしたことよる熱貫流率の増加割合が得られる。これを k とすれば

$$k = \frac{q_i}{q_0} = \frac{\Gamma}{K_0 \cdot e_a} \tag{14-42}$$

基準構造をもとにしたそれぞれの構造での熱貫流率が $k \cdot K_0$ になるから、この時の外気、ホールドおよびタンク間の熱平衡式は

$$kK_0 e_a(T_a - T_h) = k_t(T_h - T_L) \tag{14-43}$$

となりこれからホールド温度は次のようになる。

$$T_h = \frac{kK_0 \cdot e_a T_a + K_t T_L}{kK_0 \cdot e_a + K_t} \tag{14-44}$$

14-5-2 タンクカバー断熱有無による侵入熱量およびホールド温度比較

(1) 断熱配置の各種組み合わせ

基本構造および条件として：$T_a = 45$ degC、$T_L = -162$ degC、$h_a = 16$ W/m^{2}K、$h_b = 4$ W/m^{2}K、タンク断熱：低断熱、高断熱の2種類、タンクカバー断熱厚さ：0～200 mm、タンクカバー板厚 $t_c = 20$ mm、防撓材の寸法 $y_e = 300$ mmH×20 mmt、同設置間隔 $2Xe = 0.6$ m～2.0 m、タンクカバーとタンクとの表面積比 $e_a = 1.18$、鋼製タンクカバーおよび防撓材熱伝導率 $kc, kf = 53$ W/mK、防撓材間隔 $2X_e = 0.6$～2.0 m、断熱施工範囲を各種与えて計算し、外気からホールドへの侵入熱量の割合 k、およびホールド温度 T_{h1}（タンク低断熱）、T_{h2}（タンク高断熱）の値についてカバー断熱なし、および防撓材影響無視の場合と比べて以下の6種の表で示す。

表14-6 カバー断熱厚さによる熱流およびホールド温度

構造 (カバー、防撓材断熱なし、防撓材間隔変化)							
$2Xe$（防撓材間隔、m）	0.6	0.8	1.0	1.2	1.4	1.6	1.8	2.0
k（Atm ⇒ Hold 熱流割合）	**1.52**	**1.39**	**1.32**	**1.27**	**1.23**	**1.20**	**1.18**	**1.16**
T_{h1}（低断熱）	42.1	41.8	41.6	41.5	41.4	41.3	41.3	41.2
T_{h2}（高断熱）	43.0	42.8	42.7	42.6	42.5	42.5	42.4	42.4

表14-7 断熱施工なしの防撓材の間隔と侵入熱量およびホールド温度

構造 （防撓材影響は無視 カバー断熱有無）	Atmosphere, $h_a=16W/m^2K$ Hold, $h_b=4W/m^2K$ q_0 $T_h=$ deg.C LNG → q_1							
t_i（カバー断熱厚さ、mm）	0	25	50	75	100	125	150	200
k（Atm ⇒ Hold 熱流割合）	**1.0**	**.223**	**.126**	**.087**	**.067**	**.046**	**.039**	**.035**
T_{h1}（タンク低断熱）	40.6	26.6	14.6	3.6	−6	−22	−29	−34
T_{h2}（タンク高断熱）	42.0	32.1	23.1	14.8	7.4	−6	−12	−17

表14-8 断熱施工ありの防撓材間隔よる侵入熱量およびホールド温度

構造 （防撓材のみ断熱あり、50 mm、間隔変化）	断熱厚 50mm → q_3							
$2Xe$（防撓材間隔）	0.6	0.8	1.0	1.2	1.4	1.6	1.8	2.0
k（Atm ⇒ Hold 熱流割合）	**1.08**	**1.06**	**1.05**	**1.04**	**1.04**	**1.03**	**1.03**	**1.03**
T_{h1}（低断熱）	40.9	40.8	40.8	40.8	40.8	40.7	40.7	40.7
T_{h2}（高断熱）	42.4			42.1				42.1

表14-9 防撓材断熱厚さによる侵入熱量およびホールド温度

構造 （防撓材のみ断熱あり、厚さ変化間隔1 m）	断熱厚さ変化 間隔 1 m → q_3							
t_i（防撓材に断熱厚さ、mm）	0	25	50	75	100	125	150	200
k（Atm ⇒ Hold 熱流割合）	**1.32**	**1.09**	**1.05**	**1.04**	**1.03**	**1.02**	**1.02**	**1.02**
T_{h1}（低断熱）	41.1	40.2	40.1	40.0	40.0	39.9	39.9	39.9
T_{h2}（高断熱）	42.3	41.7			41.5			41.5

表14-10 カバーおよび防撓材に断熱施工、防撓材間隔と侵入熱量およびホールド温度

構造 (カバーおよび防撓材断熱 50 mm、間隔変化)	断熱厚さ 50mm q_4						
$2Xe$(防撓材間隔)	0.6	0.8	1.0	1.2	1.4	1.6	1.8	2.0
k(Atm⇒Hold 熱流割合)	**.226**	**.201**	**.186**	**.176**	**.169**	**.164**	**.159**	**.156**
T_{h1}(低断熱)	26.8	24.8	23.4	22.3	21.4	20.8	20.1	19.7
T_{h2}(高断熱)	32.2	30.7	29.7	28.9	28.2	27.8	27.3	27.0

表14-11 カバーおよび防撓材断熱施工、断熱厚さと侵入熱量およびホールド温度

構造 (カバーおよび防撓材断熱変化、間隔1m)	断熱厚さ変化 間隔 1m q_4						
t_i(防撓材断熱厚さ、mm)	0	25	50	75	100	125	150	200
k(Atm⇒Hold 熱流割合)	**1.32**	**.334**	**.186**	**.127**	**.094**	**.074**	**.060**	**.042**
T_{h1}(低断熱)	41.6	32.4	23.4	14.8	6.1	−2.0	−10	−26
T_{h2}(高断熱)	42.7	36.2	29.7	23.3	16.7	10.3	3.8	−10

(2) フィン効果およびタンクカバー断熱の評価

　数値計算で明らかなように、フィンによるカバー本体の見かけの熱貫流率増加は大きく、その大きさは当然のことながら、防撓材の設置間隔によって大きく変化する。例えば300 mm 深さ、20 mm 厚が1m間隔で設けられている場合にはおよそ1.3倍になる（表14-6）。その防撓材のみに断熱を施すとフィン効果は大きく減じる。例えば前述の防撓材に50 mmの断熱を施すと、見かけの熱貫流率増加は5％に減じる（表14-8、表14-9）。一方タンクカバーに断熱を施工した場合には熱抵抗に大きく影響する。50 mm 断熱を例に取ると、見かけの熱貫流率は10％程度に減じている（表14-7）。1 m 間隔の防撓材付のカバーで考えた場合には、50 mm 断熱を全面に施工すると見かけの熱貫流率はおよそ20％に小さくなる。以上のように防撓材の影響は大きいことを認識しておくことは重要である。同時に低BOR仕様に対応してタンク本体断熱を増厚する場合に設計上あるいは施工上の制限がある場合には、タンクカバーおよび防撓材断熱は一つの有効な解決手段と言える。最後にタンクカバーの断熱および太陽放射の有無によるホールド温度および、それから予想されるBORの大きさの順位をまとめて表14-12に示した。表中のV1～V8はおおよそ図14-4に示す各区画の位置を示す。

表14-12 カバーの断熱および太陽放射の有無によるホールド温度

Case No.	1	2	3	4
Tk. Cover 断熱有無	球形 なし	連続多角形 なし	連続多角形 50 mm	連続多角形 100 mm
太陽放射 考慮				
V1	47.6 ℃	47.5	30.5	20.1
V2	42.3	38.1	37.0	36.3
V3	32.4	31.7	31.5	31.4
V4	41.7	33.8	31.0	29.3
V5	39.9	34.1	33.0	32.4
V6	40.9	31.8	29.5	28.1
V7	40.3	29.5	27.6	26.5
V8	33.9	30.3	29.4	28.8
太陽放射 考慮なし				
V1	43.7	42.9	26.7	16.7
V2	37.6	33.9	32.6	31.8
V3	32.0	31.4	31.3	31.2
V4	37.3	31.1	28.4	26.7
V5	35.4	30.7	29.5	28.8
V6	36.4	29.4	27.2	25.8
V7	35.6	27.5	25.6	24.4
V8	31.7	28.9	28.0	27.4
BOR 順位	1	1	2	3

14-6　タンク支持構造、スカート断熱：複合構造採用

　ここでは球形タンクの支持構造からの入熱低減について論じる。球形タンクの場合、支持構造は円筒形のスカートである。材料として用いるアルミニウム合金の場合には、構造体としての必要な板厚が大きいこと、材料の熱伝導率が大きいこと、およびタンクとの接合近傍での温度勾配が大きいことの3条件が揃っているために、スカートからタンクへの侵入熱量がかなり大きくなる。これの減少を図ることは液化ガスの蒸発量を抑えるうえで重要な意味を持っている。

　現在採用されているステンレス鋼を用いたサーマルブレーキ構造に加えて、低熱伝導率の非金属材料として強化木材を組み合わせた複数の材料からなる複合体での支持構造を考え、液体窒素を用いた模型実験での低温伝熱実験を行った。いずれの構造でもスカートのタンク接合部での温

度勾配を従来方式の 1/2 から 1/3 以下に小さくできること、その結果良好な熱流遮断効果が得られることが確認されている。また伝熱量を支配する材料の温度分布は非定常の伝熱方程式で精度よく推定可能である。これらのことから必要な強度を持った低熱伝導率の非金属材料を適切に組み合わせることによって、現在のスカート構造を伝熱的に浮かせたサーマルフローティング構造にすることの可能性が見えてくる。

　現在のスカート構造と伝熱特性については MOSS 方式の LNG タンカーでの球形タンクのスカート様式は図 7.5 の概念図に示すように、アルミ材と軟鋼との中間にステンレス材をインサートしたサーマルブレーキ構造が採用されている。これはステンレス鋼の低温靭性と低熱伝導率を利用したものでタンクへの侵入熱量の制限に一応の成果をあげているが、それでもタンク全体の侵入熱量のおよそ 10～20 %がスカート構造から流れている。

14-6-1　ハイブリッド構造の様式と伝熱方程式

　スカートからの伝熱量を押さえることは LNG の場合、蒸発量の低減に有効であり、一方将来の LH2 タンカーにとっては温度差や貨物密度の違いから同容量で同じタンク断熱構造では LNG 比でおよそ 11 倍の蒸発量となるため、タンク断熱の高度化と同時にタンク支持構造からの熱遮断により一層重要となる。現状のスカート構造で考えられる方策としては、タンク接合部近傍での温度勾配を小さくする、あるいは熱伝導率を更に下げるかのいずれかである。前者は単にスカート長さを増すことで行うことは配置面から不可能であり、後者はアルミ材を使う限り不変である。したがって他の手段による温度勾配の低減に注目せざるを得ないが、赤道部の温度勾配を小さくすることは同時に熱応力緩和の観点からも有利となる。そこで独立型 LPG タンクの支持構造あるいはメンブレン型 LNG タンクの断熱材として実績を持つ非金属材である木材の利用を取りあげた。材料の組み合わせとしてはタンク赤道材のアルミ合金に、ステンレス鋼、木材、軟鋼をつなぎ低熱伝導率のステンレス鋼と木材での二重構造で熱遮断を行うことにした。

【スカート構造の熱伝導方程式の誘導】

　いま実際のスカートと実験構造とを共通記号で扱い、T：スカート温度、T_a：周囲空気温度、k：同断熱材の熱貫流率、λ：同熱伝導率、c：同比熱、ρ：同密度、A：同断面積、S：同周囲長、x：タンクとの接合部および異種材料との接合点を原点に取ったスカートの長さ方向の距離、添え字 L：LNG、材料ごとに設けた符号として図 14-9 および図 14-10 に示すようにスカート構造をモデル化し、任意位置 x での微小長さ Δx の部分について微小時間 $\Delta\tau$ 間の

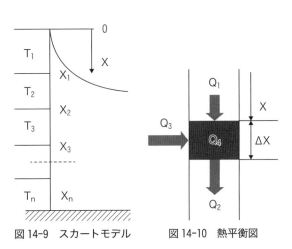

図 14-9　スカートモデル　　図 14-10　熱平衡図

熱収支を考える。この微小要素に Fourier の法則を適用して熱流束 $Q1$～$Q3$ および熱容量 $Q4$ および全体熱収支を表すと次のようになる。なお実構造で設けられる水平ガーダーは省略している。

$$Q_1 = -\lambda A \frac{\partial T}{\partial x} \Delta \tau$$

$$Q_2 = -\left[\lambda A \frac{\partial T}{\partial x} + \frac{\partial}{\partial x}\left(\lambda A \frac{\partial T}{\partial x}\right)\Delta x\right]\Delta \tau$$

$$Q_3 = Sk(T_a - T)\Delta x \Delta \tau$$

$$Q_4 = A\Delta x \rho c \Delta T$$

$$Q_1 - Q_2 + Q_3 = Q_4 \tag{14-45}$$

整理すると、周囲との熱授受を伴う次の非定常1次元の伝熱方程式が得られる。

$$A\rho c \frac{\partial T}{\partial \tau} = \frac{\partial}{\partial x}\left(A\lambda \frac{\partial T}{\partial x}\right) + Sk(T_a - T) \tag{14-46}$$

上式がスカートの材料、構造寸法および断熱様式の異なる区間ごとに成立することになる。

初期条件は全構造で常温であるとし、一方境界条件は赤道部でのタンクとの接続部、異種部材間での連続条件、および Foundation deck との放熱条件によってそれぞれ次のようになる。

$$(T_1)_{x=0} = T_L \tag{14-47}$$

$$-\lambda_i A_i \left(\frac{\partial T_i}{\partial x}\right)_{xi} = -\lambda_{i+1} A_{i+1} \left(\frac{\partial T_{i+1}}{\partial x}\right)_{xi} \tag{14-48}$$

$$-\lambda_n A_n \left(\frac{\partial T_n}{\partial x}\right)_{xn} = 0 \text{ or } (T_n)_{xn} = T_a \tag{14-49}$$

式（14-46）を与えられた初期条件および境界条件の元で有限差分法によって解き、非定常の数値解を求め、与えられた収斂条件を満たした時に定常解とする。

14-6-2　実験による検証[7]

実験の供試体として図 14-11 に示すように6種類の構造を使用した。比較のためのアルミ合金の 5085-O 材および SUS304L の無垢材、現状の実船構造のアルミ + SUS + MS の組み合わせ構造、および今回提案する木材（図中黒く着色した部分）を長さと位置を変えて間に挟んだ構造の3種類である。船体基礎部の構造としては 400 mm 直径の放射板を設けて、大気からの放射熱および対流熱によって常温復帰を図った。低温と常温の上下位置が実際と逆になるが、周囲を断熱して対流影響は無視できるために伝熱上は支障ない。

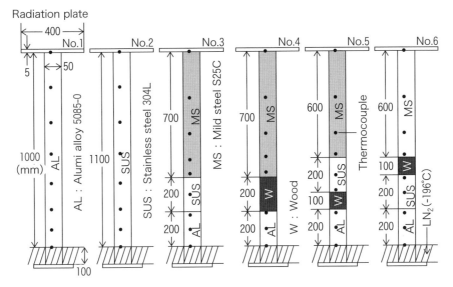

図14-11 スカート伝熱試験体

ステンレス鋼と木材の取り付け位置の順序はそれぞれを低温側に置いた2種類とし、木材長さも長・短2種類とした。実験に用いた木材は低温実績を持ったアピトン（クルイン）材とほぼ同等の特性を持つシナ材を使った。伝熱実験の供試体としては図14-11に示すようにそれぞれ直径50 mmの丸棒材とし、それぞれの材料の組み合わせを考えて計6個を用いた。各材料の接合部には伝熱的に抵抗とならないようにねじを切って嵌合（はめ合わせ）すると同時に、接合面部には熱の良導体の金属マスチックを入れ接続した。それぞれの材料は温度域に応じて異なった厚さの断熱材を設けたが、断熱材の設置の

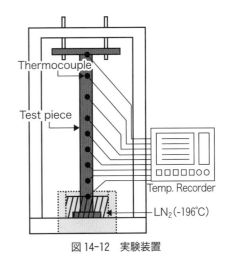

図14-12 実験装置

有無で2通りの実験を行った。図14-12に示す実験装置を使い、低温源としでは液体窒素（−196℃）を用いて、この中に供試体の低温側を置いてタンクとの赤道部における熱的接合条件を与え、実船のFoundation Deckとの接続部は、供試体の他端にアルミ合金の平板を取り付けて大気へと放熱することで実船条件を伝熱的にシミュレートする。

部材の長さ方向の温度分布を図示のような計5〜9個の熱伝対を円柱材料の中心部に設置して計測する。実験は常温状態から冷却を開始し、全体の温度分布がほぼ定常状態になる6〜7時間継続した。実験の室内温度は28℃前後、空気の流れは自然対流のみの状態である。

解析については長手方向に各種材料、板厚および断熱有無からなる複合材構造の非定常1次元の伝熱方程式を立て、差分法による数値解析を行って得られた温度分布と実験値との比較を行う。熱伝導率値 λ は図14-13に示すように温度領域が常温から超低温域まで広がるため、アルミ材料では近似的に温度 T の2次関数として与えた。木材は異方性材である

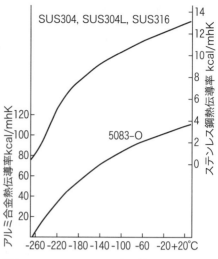

図14-13　SUS・アルミ合金材の熱伝導率

が、圧縮強度を考えて今回の実験で配置した繊維方向の値で示した。304Lについては比較的温度範囲が小さいために一定値で近似した。

Alumi-5083材：　　　$\lambda = 98.0 + 0.1438T - 5.469 \times 10^{-4} T^2$（kcal/mh℃）
Stainless steel-304L：$\lambda \fallingdotseq 10.0$（kcal/mh℃）
木材（全乾時）：　　$\lambda = 0.02 + 0.346\gamma$（kcal/mh℃），（$\gamma=$ 材料密度 kg/m^3）　(14-50)

代表的な供試体No.3、4、5および6の定常時における温度分布を実験結果と数値解析結果で図14-14に示した。また図14-15に供献体No.5およびNo.6の非定常時の温度変化を示した。

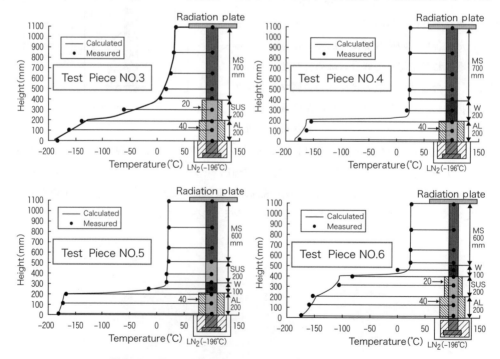

図14-14　Test piece No. 3、4、5および6の定常温度分布

これらを見ると、いずれの試験体も新たに挿入した木材部には従来の金属材料には見られない急激な温度勾配が形成され、木材部の放熱板側（実船の Foundation deck 側）はいずれの場合もほとんど常温まで温度復帰していて低熱伝導率と、その結果としての良好な断熱効果を示している。この結果、液体窒素側のアルミ部材内の温度勾配はかなり小さくなり、そのぶんだけ液体窒素（実船タンク）への熱流束が小さくなることを示している。木材部が低温側にあるほど、すなわち中間にステンレス材を設けずにアルミ材に直接接合した方がこの傾向は大きく、断熱効果が大きいことを示している。このことはタンクとの接合部になるべく近い所に、最も低熱伝導率の材料を配置した方がよいことを示していて、したがって構成としては：タンク - 木材 - ステンレス材 - 軟鋼材、あるいはタンク - 木材 - 軟鋼の順で置くのが有利である。

木材部の長さは内部の温度勾配がほぼ一定と考えられるので、長さによって木材先端の温度が決まるために端部を常温まで復帰させることを考えるならば、実験に用いた最低 0.1 m 程度は必要となろう。その場合、木材部の常温側ではほとんど常温まで温度復帰しているために低温用材料としてのステンレス鋼は意味を持たないことになる。

スカート材の低温部の周囲に発泡断熱材を設けた場合と裸の場合とを比較すると、低温側に設けるほど温度勾配を小さくする効果が大きく、その重要さが示された。

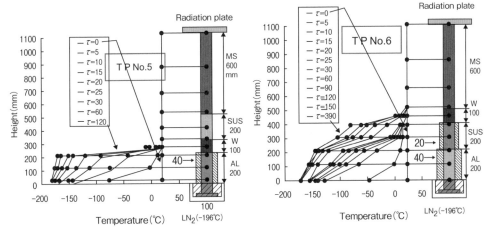

図 14-15　Test piece No. 5 および 6 の非定常温度分布

表 14-13 に液体窒素浸漬部（タンク接合部）でのアルミ材内の実験値の温度勾配（℃/m）を示した。これらから熱遮断効果を最大に発揮し、かつコスト的にも有利なスカートの断熱構造としては、供試体 No. 5 のアルミ材の次に木材部を設け、その下に軟鋼材を置く方式が考えられる。この場合木材部が金属材料以上の断熱機能を発揮するために、従来のいわゆるサーマルブレーキ材としてのステンレス鋼の省略も可能となろう。

表 14-13　タンク接合部での温度勾配

試験体	1	2	3	4	5	6
温度勾配 ℃/m	abt. 350	abt. 1070	abt. 260	abt. 110	abt. 80	abt. 130

木材本体内に急激な温度勾配がつく場合の温度分布と応力状態の関係も含めて、強度上および具体的な構造の検討を要するが、以上の結果から断熱機能に視点を置いた LNG タンクおよび

LH2タンクのスカート構造の概念図を図14-16に示した。

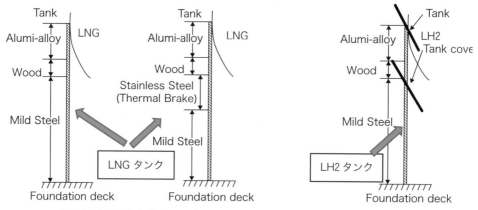

図14-16　LNGおよびLH2タンク用の木材使用ハイブリッド構造スカート

　以上のようにLNGやLH2タンカーの球形タンク支持構造であるスカートの断熱改善に視点を置き、従来のサーマルブレーキ方式を更に進めて、木材を用いたハイブリッド構造の検討結果を示した。液体窒素を用いた各種スカートの材料および構造での低温伝熱実験を実施し、いずれの構造の場合も木材部での顕著な熱遮断効果が得られることが確認され、また温度分布は1次元の伝熱方程式で精度良く推定可能なことも確認された。

　これらの結果から、従来のスカート構造である赤道部材のアルミ材とステンレス鋼との間に木材を設置することによって大幅な熱遮断効果が得られることが分かる。木材の適当な長さを確保できればステンレス鋼の省略も可能となる。

　断熱材料の面から言えば本書では木材を対象に取り上げたが、最近の新しい機能を持った素材開発は目覚ましいものがあり、それらの中から圧縮強度があって低熱伝導の材料は今後の有力な候補として俎上に上るものである。一方、今後出現が期待されるLH2タンクの場合には貨物が軽量のために圧縮強度上の選択の範囲も広がるであろう。

　また数種類の複合材を一体にして接合する方法については、ボルト締めのサンドイッチ構造がすぐに浮かぶ案であろうが、常温と低温状態との熱サイクルの繰り返しで生じる大きな熱収縮とそれに随伴する熱応力を吸収し、20年レベルの長期にわたり、安全にタンクを支持できるための具体的な構造についての検討が必要である。これらの諸課題については読者諸賢の一層の研究と検討にまちたい。今後さらに素材の特性面、強度面および構造面からの研究を進めれば、文字通りのThermally floating support structureの出現も夢ではないと考える。

第15章　BOV冷熱回収と外部冷却機による BOR制御と部分再液化

15-1　ベーパー断熱システムの概念とメカニズム

　LNG船およびLH2船の場合、タンクへの入熱分は蓄圧する以外は蒸発蒸気としてタンク外部へと出てくる。本書ではこれをBoil off vapor, BOVと称しているが、この蒸気は当然のことながら超低温レベルにあり、現在は再液化をしない限り外部エネルギーによっていったん昇温して常温のガス燃料として主機へと送られる。ここで注目すべきは超低温のBOVの昇温のために新たな熱媒体を必要としていることである。すなわちBOVの顕熱分を単に無駄にするどころか外部のエネルギーまで消費しているところである。タンクへの入熱は極力押さえる（－）一方で、他方では人為的に熱を与えて（＋）いる。

　そこで、これらの（－）熱と（＋）熱とを相互に利用できないかとの発想が生じてくる。つまりBOVの超低温の顕熱分をタンクに戻して入熱量を減じ、同時にその間の大気からのBOVへの入熱分でBOVの昇温を図るのである。この発想システムをVapor Insulation System, VISと称することにする。以下にVISの構造様式を2種類提案し、VISの理論とこれを実際の球形タンクおよび矩形タンクに適用した場合の具体的な形と解析方法およびその評価を述べる。

　実際のタンクの場合、BOVを直接にタンクスペースへ導くことは安全上ならびにタンクからの漏洩LNGの検知機能を損なう点からは好ましくないために、実際にはBOVで熱交換して冷却された乾燥空気あるいは窒素ガスを閉回路で流すことにする。本書では循環する気体をGN2と称することにする。

　まず第一の方法はタンク断熱の適当な中間位置に空間を設け、そこに低温のGN2を導きタンクの周囲を上方向あるいは下方向に流す方式である。GN2は流れに伴ってタンク外部の周囲温度とGN2の温度差によって入熱が発生し、一方タンクの内部側にはGN2とLNGの温度差による伝導熱がタンク側に流れる。この間にGN2は自己の持つ低温を外部からの入熱で消費（昇温）しながら、同時にその低温によってタンクへの入熱を制限する機能を発揮することになる。タンクから出ていくときには自分が保有していた低温の顕熱分を消費した昇温状態となり、BOVとの熱交換器へと流れて再度冷却される。一方GN2と熱交換したBOVは

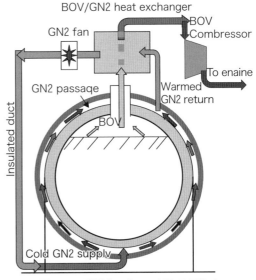

図15-1　球形タンクでのVISモデル-1

昇温されて圧縮機を通り主機の燃料として送られる。圧縮機から見れば吸引ガスの温度が上がるために必要動力は大きくなる一方、従来必要としていた蒸気加熱器の容量は大幅に低減される。

この間の流れと熱挙動を表すための熱解析モデルを球形タンクについて図15-1 に、矩形タンクについて図15-3 に示す。本モデルでは上方向流れの場合を示すが、逆方向の場合についても同様の考え方が成立する。実際の GN2 の流れ挙動を考えると、下方流れの場合には低温気体の重力による短絡流れ（＝偏流）が生じる恐れがあるために、タンク表面での一様な流れ場を作るためには上方向流れ（一種のピストン流）が効果的であると考えられる。あるいは GN2 の供給口に適当な流路分配器を設けることにすればいずれの方向にも対応可能となる。

15-2　ペーパー断熱の簡易計算

15-2-1　球環内の流れ解析

設計にあたる実務者の便を考えれば、より実用的なアプローチが望ましい。そこで本項では下記の条件を考慮の上で、より簡易型のモデルと計算法を示す。最初に球形タンクを対象にして、図15-2 に示す計算モデルによって球環内を流れる GN2 の挙動を解析的に求める。下半球まで含めることも可能であるがここでは上半球の部分を対象とした。

薄いスリット状の空間での流れ、および温度はスリットの深さ方向に一様とする。流れ方向の気体自身の熱伝導伝達は小さいために無視し、外部とは2つの断熱表面での伝達熱の授受を考える。流れは外部ファンによる強制押し込み流とする。スリット内の重力による自然対流は無視する。よって乱流影響は流路壁面でのヌセルト数（結局は熱伝達率）に表れるのみで流れの解析には現れない。この

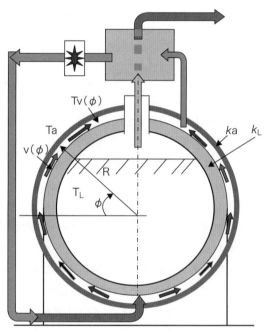

図15-2　球形タンクでのモデル

条件の元では流速は質量保存則（連続の条件）から決まり、温度はエネルギー保存則（熱平衡の条件）から決まる。

記号の意味は下記の通りである。

T：温度、k：断熱部の熱貫流率、v：流速、G：質量流速、ρ：密度、c_p：比熱、b：スリット深さ、R：スリット中心線半径、ϕ：本図の場合水平位置から測った緯度、τ：時間、添え字、v：GN2、a：周囲空気、L：LNG、BOV：蒸発蒸気、0：初期条件、i：入口位置、e：出口位置

流れに沿って任意の緯度 ϕ において微小要素を取り出し、その部分の非定常の熱平衡式を作り整理すると次の微分方程式が得られる。

$$G_v c_{pv} \frac{dT_v}{d\phi} = 2\pi R^2 \cos\phi [k_a(T_a - T_v) - k_L(T_v - T_L)] \tag{15-1}$$

今回の場合、境界条件を $T_v = T_{v0}$ at $\phi=0$ として次の解が得られる。

$$T_v = T_{aL} - (T_{aL} - T_{v0})\exp\left[-\frac{2\pi R^2(k_a + k_L)}{G_v c_{pv}}\sin\phi\right] \tag{15-2}$$

$$T_{aL} = \frac{k_a T_a + k_L T_L}{k_a + k_L}$$

出口温度 T_e は $\phi = \pi/2$ で得られる。

$$T_e = T_{aL} - (T_{aL} - T_{v0})\exp\left[-\frac{2\pi R^2(k_a + k_L)}{G_v c_{pv}}\sin\phi_e\right] \tag{15-3}$$

出口温度 T_e を与えた場合には GN2 の流量 G_v は次式となる。

$$G_v = \frac{\dfrac{2\pi R^2(k_a + k_L)}{c_{pv}}\sin\phi_e}{ln\dfrac{T_{aL} - T_{v0}}{T_{aL} - T_e}}, \quad (ln = \log_e) \tag{15-4}$$

本式の対数項 lnX で $X>1$、分子 >0 であるから分母 >0 でなければならない。これから次の出口温度あるいは断熱値についての条件が出てくる。あるいは、それらが与えられた場合には GN2 循環量の最大許容値が求まる。

$$\frac{k_a}{k_L} > \frac{T_e - T_L}{T_a - T_e} \tag{15-5}$$

一方 BOV/GN2 熱交換器での条件として、温度変化をそれぞれに BOV：$T_L \Rightarrow\Rightarrow T_e - 10$、GN2：$T_i \Rightarrow\Rightarrow T_e$ として、交換熱量の等価則から GN2 の最大流量 G_v が次のようになる。

$$G_v = \frac{(T_e - 10 - T_L)c_{pBOV}}{(T_i - T_e)c_{pv}}G_{BOV} \tag{15-6}$$

以上与えられた第1層、第2層の断熱値およびBOV量のもとで、GN2流量とGN2温度変化に関して上記の3つの条件を満足するように決めればよい。

GN2 の密度 ρ は気体法則に従うとして流速 v は次式で表される。

$$v = \frac{G_v}{2\pi Rb\rho\cos\phi}, \quad \rho \fallingdotseq \frac{341}{T_v + 273} \tag{15-7}$$

スリットのGN2流からタンクに侵入する熱流はタンク表面積 $\phi = 0 \sim \phi_e$ にわたって積分すれば得られる。

$$Q_T = 2\pi R^2 k_L \int_0^{\phi_e}(T_v - T_L)\cos\phi\, d\phi \tag{15-8}$$

一方、VIS がない場合の同じくタンクへの侵入熱流は

$$Q_0 = 2\pi R^2 k_L(T_a - T_L) \tag{15-9}$$

となり、VIS 採用による熱流の減少割合 ε は次式となる。

$$\varepsilon = (Q_0 - Q_T)/Q_0 \tag{15-10}$$

15-2-2 矩形タンクでの流れ解析

球形タンクの場合と同様の考え方で、矩形タンクの断熱内に設けたスリット内の流れを図15-3に示すモデルにしたがって一連の関係式を作る。記号の意味は、B：タンク側壁の幅、x：流れに沿って測った距離で、その他は球形タンクの場合と同じである。流れの温度変化を表す非定常の熱平衡式を作り、整理すると次の微分方程式が得られる。

$$G_v c_{pv} \frac{dT_v}{dx} = B[k_a(T_a - T_v) - k_L(T_v - T_L)] \tag{15-11}$$

境界条件を $T_v = T_{v0}$ at $x=0$ として次の解が得られる。

$$T_v = T_{aL} - (T_{aL} - T_{v0}) \exp\left[-\frac{B(k_a + k_L)}{G_v c_{pv}} x\right] \tag{15-12}$$

出口温度 T_e は流路の距離を $x=H$ として次式となる。

$$T_e = T_{aL} - (T_{aL} - T_{v0}) \exp\left[-\frac{BH(k_a - k_L)}{G_v c_{pv}}\right] \tag{15-13}$$

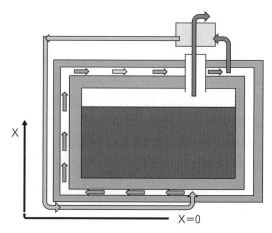

図15-3 球形タンクでのモデル

球形と同じく対数部の分母>0 の条件から GN2 の最大流量 G_v に次の条件が設けられる。

$$G_v = \frac{\dfrac{BH(k_a + k_L)}{c_{pv}}}{ln\dfrac{T_{aL} - T_{v0}}{T_{aL} - T_e}} \tag{15-14}$$

対数項 lnX で $X>1$ であるから次の出口温度、あるいは断熱値についての条件が出てくる。

$$\frac{k_a}{k_L} > \frac{T_e - T_L}{T_a - T_e} \tag{15-15}$$

一方 BOV/GN2 熱交換器において BOV と GN2 との交換熱量の等価則から GN2 の最大流量 G_v が次のようになる。

$$G_v = \frac{(T_e - 10 - T_L)c_{pBOV}}{(T_i - T_e)c_{pv}} G_{BOV} \tag{15-16}$$

以上を満足する諸要目を決めた上でGN2 の流速 v は次式で表される。

$$v = \frac{G_v}{bB\rho}, \quad \rho \fallingdotseq \frac{341}{T_v + 273} \tag{15-17}$$

スリットの GN2 流からタンクに侵入する熱流はタンク表面積 $x=0 \sim H$ にわたって積分すれば得られる。

$$Q_T = k_L B \left[\frac{G_v c_{pv}}{(k_a+k_L)B}(T_{aL}-T_{v0})\left\{\exp\left(-\frac{BH(k_a+k_L)}{G_v c_{pv}}\right)-1\right\} + \frac{k_a H(T_a-T_L)}{k_a+k_L} \right] \quad (15\text{-}18)$$

一方 VIS がない場合の同じくタンクへの侵入熱流は次式となる。

$$Q_0 = k_L BH(T_a - T_L) \quad (15\text{-}19)$$

したがって VIS 採用による熱流の減少割合 ε は次式となる。

$$\varepsilon = (Q_0 - Q_T)/Q_0 \quad (15\text{-}20)$$

15-3 数値計算結果と評価

表15-1 に今回計算の条件として設定したタンク、断熱層および GN2 の温度等の諸元を示し、表15-2 に計算結果としての GN2 の諸数値、さらに得られる断熱効果等を球形タンクと矩形タンクについて表した。

表 15-1　VIS の要目

	項目	球形タンク	矩形タンク	備考
タンク要目	タンク大きさ	$R=20\,\text{m}$	$L40\,\text{m} \times B37\,\text{m} \times H22\,\text{m}$	
	容積	$32{,}800\,\text{m}^3$ (98%)	$32{,}000\,\text{m}^3$ (98%)	
	表面積	$5{,}030\,\text{m}^2$	$6{,}350\,\text{m}^2$	
	VIS 計画表面積	$2500\,\text{m}^2$（上半球のみ）	$880\,\text{m}^2$（側壁面のみ）	
BOV 要目	BOR	0.14 %/day	0.14 %/day	
	BOV/tk	870 kg/h	850 kg/h	
2層断熱要目	第1層断熱 k	0.1 W/m²K	0.1 W/m²K	Tank 側
	第2層断熱 k	0.6 W/m²K	0.6 W/m²K	Hold 側
	スリット深さ	5 cm	5 cm	
	ホールド温度	30 ℃	30 ℃	
GN2 温度	GN2 入口温度 θ_{v0}	-145 ℃	-145 ℃	$-150+5$
	GN2 出口温度 θ_{v0}	0 ℃	0 ℃	
	LNG 温度 θ_L	-162 ℃	-162 ℃	

表15-2　VISによる断熱効果

	項目	球形タンク	矩形タンク	備考
GN2流量	GN2循環量、最大値	0.483 kg/s	0.472 kg/s	BOVとの熱平衡値
	同上、VIS計画値	0.40 kg/s（83 %）	0.15 kg/s（32 %）	安定条件による
断熱効果	VISなしの侵入熱量	48,300 W	16,900 W	
	VIS時の侵入熱量	32,600 W	11,200 W	
	VISによる低減率	−33 %	−33 %	

以上球形および矩形タンクに対してVIS適用結果を示したが、ここで総合的な評価を記す。

球形タンクに対する評価：

VIS対象のタンク面積が大きいためにGN2循環容量のほぼ全量を使う。その結果、本システムを適用している部分（上半球）に相当する侵入熱量はおよそ30 %の低減となり、全体のBOR低減に寄与できる。

矩形タンクに対する評価：

対象面積を1側面のみとしたため、VISに使用するGN2循環量は全容量のおよそ3割になり、残りの7割ほどは他の側面、例えば反対側の側面や前後の壁面に利用することができる。球タンクと同様にVIS適用面での侵入熱量はおよそ30 %の低減となり、2側面に適用した場合には相当するBOR低減が期待できる。

VIS効果を大きくする方法としては次のことがあげられる。

（1）　なるべく低温のGN2を利用する。すなわちBOVとの熱交換を良くして低温を回収すること、VIS入口までのGN2導入管あるいはトランクは断熱を十分に行い誘導途中での温度上昇を抑える。

（2）　GN2の流量を大きくする。BOVとの熱交換器の性能と関連するが、GN2の温度降下量と流量とはトレイドオフの関係にあり、本書での計算例では最大温度降下を優先して行っているが温度降下をもっと緩やかにして、その代わりに流量を上げてタンク壁面での流れの一様さを確保するという考え方もありうる。

（3）　安定条件の許す範囲で、出口温度はホールド温度に近いところに取る。これはGN2が有する顕熱を極力利用しようという考え方である。

（4）　タンク周囲の流れは極力一様に面を覆うように流し、偏流とならないようにする。本書の検討例ではタンクの下面から入れて上昇させることにしているが、これは上面からの導入の場合に高密度の低温蒸気が重力によって最短距離を集中して下流することを懸念してのことである。更に全体にわたる流れを確保するためには流路内に旋回流を起こすような螺旋状のガイドを設ける、あるいはGN2の出口に適当な流量分配器を設けることも考えられる。

（5）　本システム適用に伴ってBOV流量の減少に伴う圧縮機の必要動力は減少する。一方、入口温度上昇に伴い同機の動力は大きくなるが、その後に設ける加熱器が大幅に小型化されることによってLNG燃料系のシステム全体の規模としては相殺される。

（6）　VISによる断熱効果は$c_p(T_a-T_L)/L$の値が大きいほど大きく、LH2の場合はLNGと比較しておよそ10 %大きくなる。（c_p：蒸気比熱、T_a：周囲温度、T_L：液体温度、L：蒸発潜熱）

15-4　実験による検証[1][2]

　低温源として −79 ℃ の固体 CO_2 を用い、低温気体による断熱効果を確認する簡単な実験を行ったので結果を示す。図 15-4 に実験装置の概略図を示すが、両側にそれぞれ高温層（〜50℃）および低温層（〜0℃）を設け、中間に設けた 3 cm の空間に昇華した CO_2 の低温蒸気を流した。CO_2 の流量と温度変化から両側の熱源との熱授受を計算し、同時に常温空気の場合および気相がない場合の熱流を計算によって求めた。

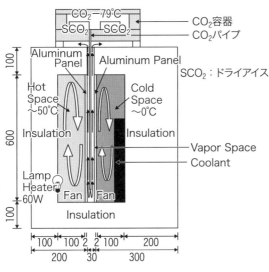

図 15-4　CO2 実験装置

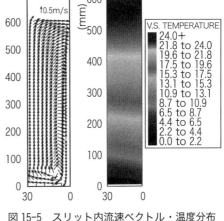

図 15-5　スリット内流速ベクトル・温度分布

　得られた CO_2 データの一例を図 15-6 に示すが、温度分布の実測値と図 15-5 の計算値はよく合っている。断熱層による遮熱効果は、単なる常温空気充填ではおよそ 30 %、低温 CO_2 の場合にはおよそ 20 % となった。この差 10 % は低温気体効果と考える。ただ、この断熱効果については実験装置上の問題および熱流量に計算による推算が多いためにデータ精度が高くないことを付記しておく。

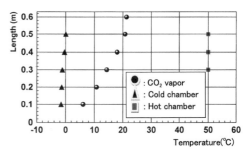

図 15-6　スリット内の CO2 温度分布

15-5　厳密解による取り扱い[3]

　前項までで VIS の簡易解法について述べたが、厳密に考えればいくつかの簡略思考を採用しており、実際の熱流動体としては厳密さに欠けるところがある。そこで本項では現象を実態に合わせてより忠実に取り扱う場合について触れることにする。読者にとっては要求される精度、あるいは取り扱いの厳密さの必要度合いに応じて使い分けることができよう。対象を球形タンクとしているが、矩形タンクの場合においても考え方は同じであり、むしろ座標系の簡易さからより簡便に展開することが可能である。

両端が常温と超低温の壁面境界を持った長い距離を流動する気体の流れを取り扱う場合、低速流であっても流れの途中での温度変化が大きいために密度が変化し、同時に他の物性値、例えば熱伝導率や粘度も温度依存性に伴って変化する。したがって超低速の密度変化流体としての考慮が必要になる。ただ低速であるために運動エネルギー、粘性散逸項および粘性せん断力による摩擦仕事は無視できることは従来通りである。

本理論をその内側に超低温貨物を持った球環内で強制対流と、密度変化に伴って発生する自然対流が併存する流れの場に適用して、球座標系での熱流動の基礎方程式を導き、これを k-ε 2方程式モデルによる乱流流れの式に変換する。

さらにMOSS型LNG CarrierおよびLH2 Carrierの球形タンクに応用し数値計算を実施する。実船の場合には球環内の流体としては安全上およびB型タンクの設計概念に基づけばBOVの蒸気は直接には使用できないため、前項と同じくBOVと熱交換して得られる超低温の窒素ガス（GN2）を用いる。計算結果に基づき、新しい超低温タンク断熱方式としての検討とシステムの概念設計を示す。

15-5-1 球座標系での熱流動基礎式の誘導

（1）基礎式

図15-1および図15-2に示すタンク周囲の球環での流れの場合、コリオリの力は無視して外力は重力のみを考慮する。よって経度方向の変化を無視して、半径と緯度方向の2次元の球座標系 (r,ϕ) で扱うことができる。密度に関しては温度変化に伴う変化が大きいために保存系とする必要がある。以上での粘性流体の基礎式を示すと次のようになる。ただし時間を τ とし r、ϕ 方向の流速を u,v、温度を T、圧力を p、粘性係数を μ、密度を ρ、定圧比熱を c_p、熱伝導率を λ、単位体積あたりの発熱量を q とし、r、ϕ 方向の重力の加速度を g_r,g_ϕ、および球半径を R とする。状態方程式に関しては理想気体として取り扱い、気体定数を R とする。

【連続の式】

$$\frac{\partial \rho}{\partial \tau}+\frac{1}{r^2}\frac{\partial}{\partial r}(\rho r^2 u)+\frac{1}{r\sin\phi}\frac{\partial}{\partial \phi}(\rho v \sin\phi)=0 \tag{15-21}$$

【運動方程式】

$$\frac{\partial}{\partial \tau}(\rho u)+\frac{1}{r^2}\frac{\partial}{\partial r}(\rho r^2 u^2)+\frac{1}{r\sin\phi}\frac{\partial}{\partial \phi}(\rho u v \sin\phi)-\frac{\rho v^2}{r}=-\frac{\partial p}{\partial r}+\frac{2}{r^2}\frac{\partial}{\partial r}\left(\mu r^2 \frac{\partial u}{\partial r}\right)-\frac{2}{3r^2}\frac{\partial}{\partial r}\left\{\mu \frac{\partial}{\partial r}(r^2 u)\right\}$$

$$-\frac{2}{3r^2 \sin\phi}\cdot\frac{\partial}{\partial r}\left\{\mu r \frac{\partial}{\partial \phi}(v \sin\phi)\right\}+\frac{1}{\sin\phi}\frac{\partial}{\partial \phi}\left\{\mu \sin\phi \frac{\partial}{\partial r}\left(\frac{v}{r}\right)\right\}+\frac{1}{r^2 \sin\phi}\frac{\partial}{\partial \phi}\left(\mu \sin\phi \frac{\partial u}{\partial \phi}\right)$$

$$-\frac{2\mu}{r^2}\frac{\partial v}{\partial \phi}-\frac{4\mu u}{r^2}-\frac{2\mu v}{r^2}\cot\phi+\frac{4\mu}{3r^3}\frac{\partial}{\partial r}(r^2 u)+\frac{4\mu}{3r^2 \sin\phi}\frac{\partial}{\partial r}(v \sin\phi)+\rho g_r \tag{15-22}$$

$$\frac{\partial}{\partial \tau}(\rho v)+\frac{1}{r^2}\frac{\partial}{\partial r}(\rho r^2 u v)+\frac{1}{r\sin\phi}\frac{\partial}{\partial \phi}(\rho v^2 \sin\phi)+\frac{\rho u v}{r}=-\frac{1}{r}\frac{\partial p}{\partial \phi}+\frac{1}{r^2}\frac{\partial}{\partial r}\left\{\mu r^3 \frac{\partial}{\partial r}\left(\frac{v}{r}\right)\right\}+\frac{1}{r^2}\frac{\partial}{\partial r}\left(\mu r \frac{\partial u}{\partial \phi}\right)$$

$$+\frac{2}{r^2 \sin\phi}\frac{\partial}{\partial \phi}\left(\mu \sin\phi \frac{\partial v}{\partial \phi}\right)+\frac{2}{r^2 \sin\phi}\frac{\partial}{\partial \phi}(\mu u \sin\phi)-\frac{2}{3r^3 \sin\phi}\frac{\partial}{\partial \phi}\left\{\mu \sin\phi \frac{\partial}{\partial r}(r^2 u)\right\}$$

$$-\frac{2}{3r^2\sin\phi}\frac{\partial}{\partial\phi}\left\{\mu\frac{\partial}{\partial\phi}(v\sin\phi)\right\}+\mu\frac{\partial}{\partial r}\left(\frac{v}{r}\right)+\frac{\mu}{r^2}\frac{\partial u}{\partial\phi}-\frac{2\mu}{r^2}cot\phi(u+vcot\phi)$$

$$+\frac{2\mu cot\phi}{3r^3}\frac{\partial}{\partial r}(r^2u)+\frac{2\mu cot\phi}{3r^2\sin\phi}\frac{\partial}{\partial\phi}(v\sin\phi)+\rho g_\phi \tag{15-23}$$

【エネルギー方程式】

$$\frac{\partial}{\partial\tau}(\rho c_p T)+\frac{1}{r^2}\frac{\partial}{\partial r}(\rho r^2 u c_p T)+\frac{1}{r\sin\phi}\frac{\partial}{\partial\phi}(\rho v\sin\phi c_p T) \tag{15-24}$$

$$=\frac{1}{r^2}\frac{\partial}{\partial r}\left(\lambda r^2\frac{\partial T}{\partial r}\right)+\frac{1}{r^2\sin\phi}\frac{\partial}{\partial\phi}\left(\lambda\sin\phi\frac{\partial T}{\partial\phi}\right)+q$$

【状態方程式】

$$\rho=\frac{p}{R(T+273.0)} \tag{15-25}$$

以上の式を k-ε 2方程式モデルによる乱流流れの式に変換し、結果をベクトル表示すると下記のようになる。

$$\frac{\partial Q}{\partial\tau}+\frac{1}{r^2}\frac{\partial E}{\partial r}+\frac{1}{r\sin\phi}\frac{\partial F}{\partial\phi}+\frac{\partial P_1}{\partial r}+\frac{\partial P_2}{r\partial\phi}=G \tag{15-26}$$

$$Q=\begin{bmatrix}\rho\\\rho u\\\rho v\\\rho c_p T\\\rho k\\\rho\varepsilon\end{bmatrix},\ E=\begin{bmatrix}\rho r^2 u\\\rho r^2 u^2\\\rho r^2 uv\\\rho r^2 u c_p T\\\rho r^2 uk\\\rho r^2 u\varepsilon\end{bmatrix},\ F=\begin{bmatrix}\rho v\sin\phi\\\rho uv\sin\phi\\\rho v^2\sin\phi\\\rho v\sin\phi c_p T\\\rho v\sin\phi k\\\rho v\sin\phi\varepsilon\end{bmatrix},\ P_1=\begin{bmatrix}0\\p\\0\\0\\0\\0\end{bmatrix},\ P_2=\begin{bmatrix}0\\0\\p\\0\\0\\0\end{bmatrix},$$

$G=$ [Terms of Diffusion, Coriolis force, Gravity force, Thermal diffusion, Production of turbulence energy and Consumption of turbulence energy]

（2）境界条件および初期条件

流速：球環入口 $\phi=\phi_0$ において、一様な緯度方向流速 v_0、半径方向流速ゼロを与え、出口流速は連続条件から自動的に決定される。球環の両壁部における緯度方向流速については、高レイノルズ数モデルを採用して1/7乗則で表し、これで粘性底層部をまたいで壁面と乱流混合部をつなぐ壁法則を適用する。初期条件は任意に与えることができるが、ここでは緯度方向の断面積に反比例させて $v=v_0\sin\phi_0/\sin\phi$ とした。

圧力：出口での外圧を大気圧と設定する以外は、入口および両壁部圧力共に上記の境界面に垂直方向の流速条件を満足するように運動方程式より決定される。

温度：入口の流体温度 T_0 を与え、出口温度は温度傾斜がゼロとする。両側壁部では外部からの入熱量に相当する発熱が流体内部に存在するとして与えた。

初期条件は内部全体が静止で一様温度とする。緯度方向流速については外部仮想セル流速を壁面セル流速の5/7にとる。

（3）実船対象の数値諸元および数値計算

　数値計算の対象として、LNG Carrier および LH2 Carrier の球形タンクを選び表 15-3 に示す概略諸元で計算を行う。同時に外側の第 2 層の断熱厚さを種々変えて次の VIS 効率を示した。

$$\text{VIS 効率} = \frac{\text{VIS によるタンクへの侵入熱量}}{\text{同 VIS なしの値}}$$

表 15-3　VIS 適用諸元

		LNG タンク	LH2 タンク	備考
タンク直径		40 m	30.6 m	
BOR		0.15 %/day	0.05 %/day	VIS ない状態
BOV 流量		890 kg/h	22.1 kg/h	VIS ない状態
1、2 層合計断熱厚さ		220 mm	900 mm	
断熱層熱貫流率		abt.0.11 W/m²K	abt.0.0028 W/m²K	
VIS 適用範囲緯度 φ	上半球	90 度～170 度	90 度～170 度	タンク底部を原点
	下半球	5 度～75 度	5 度～75 度	
第 2 層断熱厚さの範囲	上半球	20～180 mm	50～200 mm	第 1 層は差となる
	下半球	60～180 mm	50～600 mm	
低温流体		GN2	GN2	
GN2 層深さ		100 mm	100 mm	計算上の条件
GN2 流量		0.52 kg/s 0.21 m³/s −140 ℃	0.086 kg/s 0.019 m³/s −196 ℃	
GN2 入口温度		−140 ℃	−196 ℃	LN2 温度 −196℃ 以上に維持
GN2 出口温度		−90 ℃	−170 ℃	冷熱余力が残る
熱交通過後の BOV 昇温		−160 ℃ ⇒ 0 ℃	−250 ℃ ⇒ 0 ℃	熱交換器要目から
VIS 効率、侵入熱量比率 = VIS 設置/VIS なし		0.69～0.84	0.40～0.55	断熱効率最大値が存在
断熱効率最大になる厚さ組合せ 1 層・2 層	上半球	140 mm-80 mm	100 mm-800 mm 組合せは多数あり	第 2 層比率小さく
	下半球	180 mm-40 mm	400 mm-500 mm	第 2 層比率大きく

　低温の窒素ガスは下半球の底面緯度 5 度の位置から流入し、スカート下まで流れ、球環よりいったん外部に出て、次に上半球の赤道部から球環内に誘導されドーム部から外部へと取り出される。計算例の場合、LNG 蒸発量は約 890 kg/h/tk、LH2 蒸発量は約 22 kg/h/tk となる。

　これを LNG の場合、−162℃ から 0℃ まで、LH2 の場合は −250℃ から 0℃ まで昇温させる間に窒素ガスが LNG の場合 0℃ から −140℃ に、LH2 の場合は 0℃ から −196℃ に降温するような熱交換を行なう。

　全断熱厚さを第 1 層と第 2 層とに振り分けて中間に GN2 流動層を設ける。1 層と 2 層の厚さを変化させ、それぞれの場合のタンクへの侵入熱量を VIS なしの場合の比率で表すと LNG では

図15-7、LH2では図15-8のようになる（LNGとLH2とで横軸とパラメーターの取り方が逆になっているので注意のこと）。図中に○マークで示すように明らかに侵入熱量が最少となる組み合わせが存在する。第2層の断熱厚さに関しては、表面温度が周囲空気の結露点以上であることも必要である。

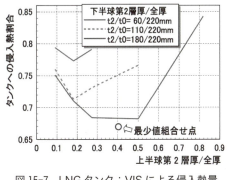

図15-7　LNGタンク：VISによる侵入熱量

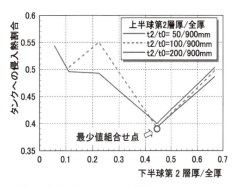

図15-8　LH2タンク：VISによる侵入熱量

表15-3に示す侵入熱量が最小となる断熱層の組み合わせでのGN2層の温度分布と流速ベクトルを、LNGおよびLH2の場合でそれぞれ図15-9および図15-10に示す。

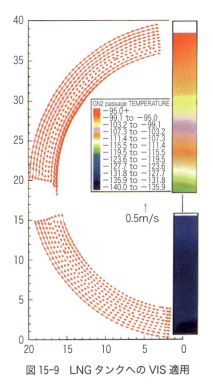

図15-9　LNGタンクへのVIS適用

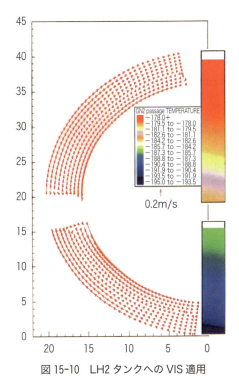

図15-10　LH2タンクへのVIS適用

GN2の流路深さが小さい場合には断面の温度および流速は近似的に流路平均値で表すことができる。この時のGN2の温度変化は15-2節で示したように簡易計算で求めることもできる。

このように表すと流路平均温度 T_v を断熱の第1層および第2層の熱貫流率 k_a, k_L の関数で表せる。$T_v\,(\phi\,or\,x, k_a, k_L)$ とすれば、タンクへの侵入熱量 Q は dA を面積要素として

$$Q=\int_A k_L(T_v-T_L)dA \qquad (15\text{-}27)$$

となり、k_L値をパラメーターとして数値計算し、Qを最小とするk_L値、すなわち断熱厚さをより簡単に求めることが可能である。

一方GN2の出口温度を見ると表15-3、あるいは図15-9および図15-10に示されるようにLNGで−90℃、LH2で−170℃とまだ十分な低温を持っており、これの有効活用も可能である。そこで考えられるのが図15-11に示すような常温側の外側に複数層の空間を設けて再循環させる多層システム構造である。構造および流路計算も複雑になるが水素ガスが持つ、特に大きな比熱（14.2 kJ/kgKとメタンガスの約6倍）を有効に活用することは有意義である。

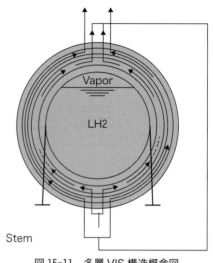

図15-11　多層VIS構造概念図

15-5-2　実船構造への応用

BOVの混焼系統と組み合わせたシステムの概念図を図15-12に、球形タンクへの適用時の全体構造を図15-13示す。新たな装置としてLNG/GN2熱交換器、GN2循環用ファンおよび管系統が設けられる一方、従来のBOVヒーターが縮小〜不要になる。

Gas compressorは入口ガス温度が上昇するが、ガス流量が減るためサイズアップおよび必要

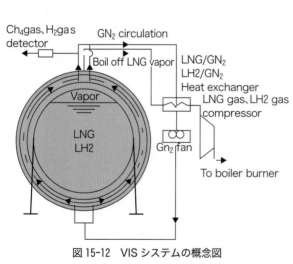

図15-12　VISシステムの概念図

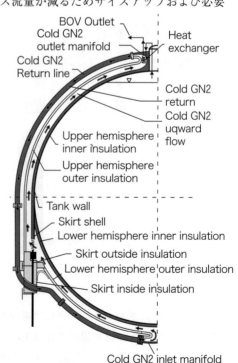

図15-13　球形タンクでのシステムの概略

駆動力の増加は押さえられる。ライン内にガス検知装置を設置すれば、従来に比べてより迅速なタンクからのLNG漏洩ガス検知が可能となり、Type Bタンクの要求項目を補強することになる。

本システムを採用したタンクの外部は従来、一様な常温の外界温度（例えば20℃）であったのに対して、見かけの外部温度が球環内の低温流体の温度に置き換えられると考えればよい。

15-6　ベーパー断熱の展開：タンクカバー断熱との組み合わせ

15-6-1　基本構造

本節の内容は今まで述べてきた断熱材の中に低温ガスを循環させる方式を更に展開し、VIS-2モデルとして外側の断熱層を船体側に設ける方式である。基本的な構想は同じであるが、外側断熱をより外部の熱源に近い方に設けて熱の流入を2段階で制限しようとするもので14-6節のタンク断熱とタンクカバー断熱の組み合わせをベースとして、更にベーパー断熱をもう一段組み込んだものである。すなわちこの方式では図15-14に示すように、熱源側にある船体構造そのものに設けた第1層の軽量断熱（薄厚）でまず熱源入熱を制限すると同時に軟鋼材の温度低下を防ぐ、次にタンク本体に設けた第2層目の重量断熱（重厚）で直接低温側への入熱を抑え、2つの断熱層で挟まれた空間に低温のガスを循環させて最終的にタンクへの入熱を必要なレベルまで下げることを考える。

船体側の断熱の範囲については、球形タンクを対象に考えれば上半球は防撓材も含めたタンク

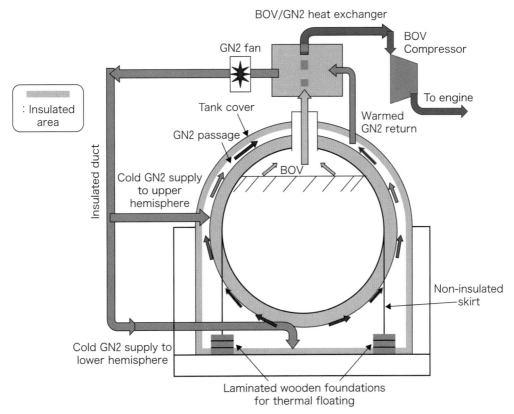

図15-14　タンクカバーおよび内底板断熱とベーパー断熱の組み合わせ構造モデル-2

カバーが主体となり、更にバラストタンクの側壁を含める。下半球は内底板が主体となる。スカートについては内底板から積層断熱木材による熱的に船体から浮かした（＝遮断した）構造として、スカート本体の断熱部はタンクとの接合部の赤道部近傍のみとし、それより下は無しとする。横隔壁については、前後の両タンクに挟まれて断熱状態になっているために船側から1/4程度までに止め、中心部については施工の必要はない。矩形タンクの場合には、対象とするタンクの面を選定して、それに対応した船体部に対して同様に考えることが可能となる。

15-6-2　断熱効果の解析

BOVとの熱交換で得られた低温GN2を断熱層の空間にどのように効率よく循環させるかについては、ファンによる強制循環も考えられるが、船体底部に導入してあとは昇温に伴う自然対流に任せて上昇させる自然循環が一つの方法である。いずれの場合も広大な空間での流動であるために、最終的には上昇流を主体とする自然対流での流れになる。これを次のようにタンク壁に沿った流れと考えて熱流動式で表すことにする。球形タンクの場合には、上下半球に対してそれぞれに成立する。矩形タンクでは内底板上と上甲板下の区画について成立する。

球形タンクの場合について、横方向の諸分布を考慮してより厳密に解こうとすれば第4章で述べたように、4-3-2の軸対称3次元直角座標系のBFCシステムHorSph、あるいは同じく軸対称3次元円筒座標系LatHld-3を用いる方法がある。同じく横置き円筒タンクの場合には、2次元直角座標系のBFCシステムHorCylとなる。

ここでは今回の流路が比較的狭いものであることを考慮して、下記のように流路断面で質量流量が一定で、流路直角方向は温度、流速共に一様であるとして、流路面積が変化する軸対称1次元の熱流動に簡略化した場合について述べる。記号の意味は図15-15に示すように、xをGN2の投入位置を原点にとり、流れに沿った適当な中心流路で測った距離として、添え字jを流路x

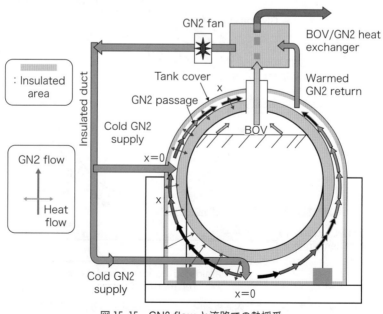

図15-15　GN2 flowと流路での熱授受

における横方向で伝熱要素が異なる各要素位置を表す。

以下、次のように記号を定める。A_{xj}：船体側の第1層断熱側のx位置での伝熱要素jの水平方向長さ、B_{xj}：タンク側壁のx位置での伝熱要素jの水平方向長さ、k_{axj}：船体側の第1層断熱側のx位置での伝熱要素jの熱貫流率、T_{axj}：船体側のx位置での伝熱要素jの外部温度、k_L：タンク断熱熱貫流率、T_L：タンク温度、T_v：GN2温度、G_v：GN2質量流速、c_{pv}：GN2比熱。

ここで、GN2の熱伝導率は小さいため、GN2内の流れ方向の熱伝導を断熱材を通った横方向（流路直角方向）からの熱流に比べて無視すれば、流れの温度変化を表す熱平衡式が次のように得られる。

$$G_v c_{pv} \frac{dT_v}{dx} = A_{xj} k_{axj}(T_{axj}-T_v) - B_{xj} k_L(T_v - T_L) \tag{15-28}$$

本式内のA_{xj}, B_{xj}, k_{axj}およびT_{axj}の項は流路に沿った変化をするから、上式は解析的には解けない。したがって本式を差分式に直し、境界条件$T_v = T_{v0}$（熱交換した低温GN2の出口温度）at $x=0$のもとにx方向に積分していけば、全流路にわたったGN2の温度分布についての数値解を得ることができる。出口温度T_eは流路の距離を$x=H$から求まる。

このときタンクへの入熱は流路に沿った要素jごとに集計して次式で表される。

$$Q = \sum_{j=1}^{n} Bx_j k_L(T_{vj} - T_L) \Delta x \tag{15-29}$$

15-7 BOV冷熱による部分再液化でBOR制御

15-7-1 部分再液化システムの概要

昨今の主機の熱効率の向上から燃料として必要とされるLNGの所要量は低下傾向にあり、一方、本船運航状態への追随性、例えば低速走行の場合には少なくても済む燃料要求への対応も必要である。燃料供給側から見れば、BORは断熱仕様と外気条件が決まればほぼ一定値に収まるために、これを下回った場合には余剰分のLNGはSteam dumpにせよ大気放出にせよ無駄に廃棄することになる。前節で述べたように、現状の断熱様式の延長によるBOR抑制は船内スペースや施工性からほぼ限界にきており、低BOR要求に対しては何らかの別手段によらざるを得ない。同時に主機からの要求に対しては段階状の流量制御ではなく、連続した最適値の可変制御が望ましい。一つの方法としては再液化装置を運転して、液化率の調整によって対応することもありえるだろうが、装置の大型化および経済性からの問題を伴う。

そこで本節では図15-16に示すようにBOVを昇圧後にBOVの低温を利用して冷却した低温の超臨界圧流体、あるいは過冷却液をJoule-Thomson弁によって1 barまで減圧膨張して-162℃の沸点液を作る部分再液化機、すなわち自己冷媒による自己冷却方式を提案し、その機能と能力について述べる。

冷熱源としてBOVを用いるためにBORの抑制範囲は10％～30％と小さく、適用上の限界はあるが装置も小型になり、かつ操作も全液化機に比べて格段に容易である。

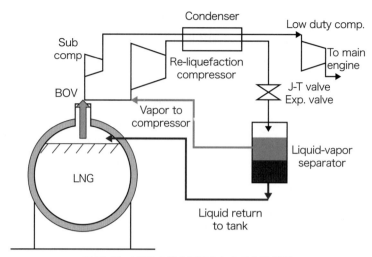

図15-16　LNGの部分再液化システム系統図

15-7-2　再液化率と所要動力計算

　圧縮後のBOVが超臨界圧領域にまで及ぶ場合と、飽和蒸気領域内に収まる場合の3つの具体例を述べ、最大の機器であるBOV圧縮機の動力諸元を14万m^3型LNGCへの適用時について示す。なお以下において、BOVの成分はメタンガスで近似する。図15-17は1 barのBOVを適当な多段の断熱圧縮機で圧縮した後、次の3ケースで考えた場合のメタンのp-h線図であり、太線で示したサイクルを描く。

Case 1：図中C-1で示す。臨界点を超えた50 barまで適当な多段圧縮を行い、高温のメタンガスをまず海水で常温まで冷却し、その後さらに超低温のBOVによって120 K程度まで冷却した高圧、低温の超臨界流体を膨張弁（Joule-Thomson弁）を通し、等エンタルピー変化を経て1 barまで減圧して得られる気液混相流から、気液分離器で液体を取り出す場合である。メタンガスの場合、超臨界域におけるJule-Thomson効果による温度低下はほとんどゼロであるが、飽和領域に入っての液化率（乾き度の逆）はおよそ92 %となる。

Case 2：図中C-2で示す。飽和領域内で10 barまで圧縮し、その後海水での冷却なしにBOVによって120 K程度まで冷却する。後はCase 1と同じである。

Case 3：図中C-3で示す。飽和領域内で3 barまで圧縮し、その後海水での冷却なしにBOVによって120 K程度まで冷却する。後はCase 1と同じである。

　全ケース共に最初の高圧ガスの冷却に用いたBOVは昇温後は主機の燃料として用いられることになる。この分の液化はできないため、結果として部分再液化とならざるを得ない。

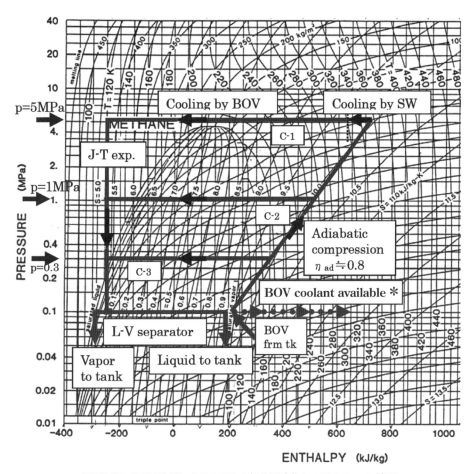

図15-17 BOV冷却によるLNGの部分再液化システムのp-h線図

　図中の＊マークは冷却源に用いるLNG BOVの冷却器あるいは凝縮器内での変化を示し、3つの矢印の位置は左側からCase 1、Case 2およびCase 3のそれぞれの高温ガスの温度に応じた有効エンタルピーである。実際の設計においては冷却器内の圧損に応じた小圧力比（例えば1.01〜1.02）の圧縮機で昇圧するから、若干の温度上昇が生じる分は差し引き考慮しなければならない。本プロセスにおける冷却器を中心とした質量およびエネルギー平衡のモデルを図15-18に示す。

　ここでG：質量、h：比エンタルピーを表し、次の平衡式が成り立つ。

$$G_T = G_C + G_L \tag{15-30}$$

$$G_C \Delta h_C = (G_V + G_L) \Delta h_L \tag{15-31}$$

$$G_V = \alpha G_L \tag{15-32}$$

α：J-T弁における等エンタルピー変化後の液に対する未液化率

これらから全供給BOV量に対する再液化率ηが次のように求まる。

$$\eta = G_L/G_T = 1/[1+(1+\alpha)\Delta h_L/\Delta h_C] \tag{15-33}$$

本プロセスにおける諸元を Case1, 2 および 3 ごとに表 15-4 に示す。

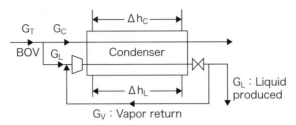

図 15-18　冷却器における質量および熱平衡モデル

表 15-4　BOV 冷媒による部分再液化成績表

	項目	Case1 超臨界域	Case2 飽和域	Case3 飽和域	備考
1	圧縮機入口	1 bar, 115 K	1 bar, 115 K	1 bar, 115 K	沸点+α
2	圧縮機出口	50 bar, 355 K	10 bar, 250 K	3 bar, 170 K	K：絶対温度
3	圧縮機仕事	510 kJ/kg	300 kJ/kg	140 kJ/kg	断熱圧縮/η_{ad}＊1
4	圧縮機必要動力	567 kJ/kg	333 kJ/kg	155 kJ/kg	項3/η_m＊2
5	冷却機、凝縮器出口	50 bar, 120 K	10 bar, 120 K	3 bar, 120 K	若干の圧損あり
6	冷却機、凝縮器冷却負荷、Δh_L	880 kJ/kg	750 kJ/kg	600 kJ/kg	水冷分は除く
7	BOV 冷却能力、Δh_C	430 kJ/kg (−160⇒＋30)	280 kJ/kg (−160⇒−40)	110 kJ/kg (−160⇒−110)	下段は BOV の 利用温度範囲
8	J-T 弁後の液化率	460/500＝0.92	0.92	0.92	p-h 線図より あるいは α＝0.087
9	冷却負荷/冷却能力	2.05	2.68	5.45	項6/項7
10	全 BOV 比の液化率 η	30 %	25 %	14 %	項8/(1.0＋項9) あるいは式(15-33)
11	主機への BOV 流量比	70 %	75 %	85 %	1.0−項10

圧縮機＊1：断熱効率 η_{ad}＝0.8、＊2：機械効率 η_m＝0.9

実船適用の一例として 140,000 m³ 型 LNGC、BOR 0.1 %/day の場合に当てはめて圧縮機の必要動力を求めると表 15-5 となる。ここで BOV は全タンク合計で下記である。

$$\text{BOV 量} = 140{,}000 \times 450 \times 0.1/100 \times 1/(24 \times 3600) = 0.73 \text{ kg/s ship} \quad (15\text{-}34)$$

なお Case1-1 として中間条件の飽和域での圧縮機圧力を 20 bar とした場合の結果を示した。

表 15-5　140,000 m³、BOR0.1 %/day LNGC での圧縮機必要動力

項目	Case1 超臨界域	Case1-1 飽和域	Case2 飽和域	Case3 飽和域	備考
圧縮機圧力、温度	50 bar, 355 K	20 bar, 355 K	10 bar, 250 K	3 bar, 170 K	
液化率 %	30 %	28 %	25 %	14 %	
圧縮機必要動力 1 船あたり	414 kW	360 kW	244 kW	114 kW	前表項4× 0.73 kg/s
液化率あたりの動力	13.8 kW/%	12.9 kW/%	9.8 kW/%	8.2 kW/%	

大まかに言えば1船あたりの見掛けのBORを30％低減したい場合には50～20 bar＋420～360 kW、20％低減の場合には10 bar＋250 kW、10％低減したい場合には3 bar＋120 kW程度の圧縮機の設置および消費電力によって可能となる。

15-7-3　多段階液化とした場合の再液化率と所要動力計算

前節での各ケースの結果を表15-4でチェックすると、第7項のCoolantとしての利用温度範囲が示すようにCase 1の超臨界域ではBOVの冷熱をほぼ100％使い切っている。しかし、Case 2およびCase 3ではBOVはまだ余力を残していることが分かる。そこで本項では図15-19に示す系統図によってBOVのCoolant能力を余す所なく使い切る多段階再液化装置について述べる。

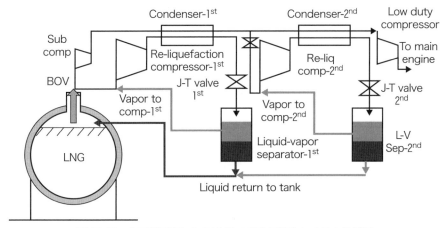

図15-19　2段階圧縮によるLNGの部分再液化システム系統図

多段とは言え実用上は2段～3段階圧縮程度となる。本書での検討例の場合、Case 2については冷却源となるBOVのCoolant自身がすでにメタンの液化領域上限である臨界温度（−83℃，190 K）を超えているために適用を除外し、未だ飽和蒸気領域にあるCase 3を対象にする。

図15-19で第1ステージの凝縮器を出たBOVは温度上昇しているが、まだ十分な低温域にある。この低温BOVはバルブによって流量配分を調節して、第2ステージの圧縮機と凝縮器へそれぞれ供給されて再び再液化がなされる。第1ステージおよび第2ステージを通した全体の質量平衡とエネルギー平衡のモデルを図15-20に示す。さらに各ステージでのp-h線図を図15-21に1次を実線で、2次を点線で示す。

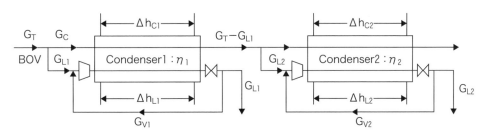

図15-20　全体を通した冷却器における質量および熱平衡モデル

各ステージでの再液化率は式（15-33）がそのまま適用されて次のようになる。

$$\eta_1 = 1/[1+(1+\alpha_1)\Delta h_{L1}/\Delta h_{C1}] \tag{15-35}$$

$$\eta_2 = 1/[1+(1+\alpha_2)\Delta h_{L2}/\Delta h_{C2}] \tag{15-36}$$

したがって再液化量は各ステージで

$$G_{L1} = G_T \eta_1 \tag{15-37}$$

$$G_{L2} = (G_T - G_{L1})\eta_2 = (G_T - \eta_1 G_T)\eta_2 \tag{15-38}$$

すなわち G_T ベースでの第2ステージの再液化率を η_3 とすれば

$$\eta_3 = G_{L2}/G_T = (1-\eta_1)\eta_2 \tag{15-39}$$

よって、全体を通した再液化率 η_T は次式で表される。

$$\eta_T = \eta_1 + \eta_3 = \eta_1 + (1-\eta_1)\eta_2 \tag{15-40}$$

同様に運転要目を表 15-6 に示す。

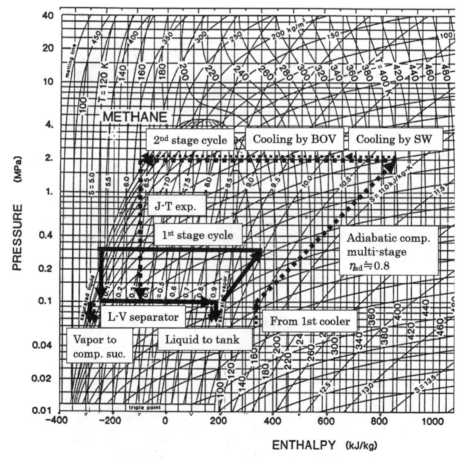

図 15-21　2段階圧縮再液化システム

15-7 BOV冷熱による部分再液化でBOR制御

表15-6 2段階圧縮再液化システム

	項目	Case 3 飽和域	備考
1	圧縮機入口	1 bar, 163K	1段目の凝縮器出口温度
2	圧縮機出口	20 bar, 400K	
3	圧縮機仕事	500 kJ/kg	断熱圧縮/η_{ad} *1
4	圧縮機必要動力	556 kJ/kg, 406 kW	項3/η_m *2 0.73 kg/s/ship
5	冷却器、凝縮器出口	20 bar, 160K	若干の圧損あり
6	冷却器、凝縮器冷却負荷 Δh_L	740 kJ/kg	水冷分は除く
7	BOV冷却能力 Δh_C	294 kJ/kg ($-110 \Rightarrow 30℃$)	BOVの利用温度範囲 下限は凝縮器出口温度
8	J-T弁後の液化率	0.64	p-h線図より、あるいは$\alpha=0.563$
9	冷却負荷/冷却能力 $\Delta h_L/\Delta h_C$	2.52	項6/項7
10	供給BOV比の液化率 η_2	20 %	項8/(1.0+項9) あるいは式(15-36)
11	1段、2段合計液化率 η_T	31 %	式(15-40)
12	主機へのBOV流量比	69 %	1.0−0.31=0.69
13	液化率あたりの動力	16.8 kW/%	(114 kW+406 kW)/31 %

圧縮機 *1：断熱効率 $\eta_{ad}=0.8$、*2：機械効率 $\eta_m=0.9$

　本表から分かるように2段階液化による全体の液化率は31 %と倍増するが、追加の所要動力は406 kWで、合計520 kWとなる。すなわちCase 1と比較すると液化率はほぼ同じで、より大きい動力を必要とすることが分かる。ただ圧縮機の圧力は50 barに対して20 barと半分以下になる。

　以上を全体でみると液化分のBOVおよび圧縮機後のガス冷却用BOVの合計、すなわち液化に要する全BOV量あたりの再液化率は圧縮をどこまで行うかによって異なり、今回のケースの場合およそ30 %～14 %となる。その時のBOR制御範囲（BOR低減範囲）は70 %～86 %になる。高圧縮の方が高い液化率、すなわち高いBOR低減率になるが、50 barの数値は一瞬のためらいは感じる。一方液化率%あたりの所要動力は圧力が低いほど小さくなる。

　Case 3のように凝縮器を出た後のBOVの温度がまだ低く、十分な冷熱を有している場合にこれを用いてさらに液化を行う直列2段階液化は、全液化率が31 %と倍増以上となる。圧縮機の合計所要動力はかなり大きくなるものの、圧縮機圧力はCase 1に比べて半分以下に下がる。

　したがって仕様決定に際してはどこまでBORを制御するのか、所要動力の大きさ、および圧縮機の運転操作の3者の総合判断によることになろう。なお15-7-2のCase 1、Case 2、および15-7-3の2段階液化の各場合で、最終的に冷却器（凝縮器）に使用しているBOV冷熱の一部を多段圧縮機の中間冷却に用いれば吸入温度の低下と共にシステム全体の所要動力の低減が可能となる。特に2段階液化の場合は改善が大きい。読者の応用問題として残しておきたい。

15-8 ベーパー断熱の展開：外部冷却機による BOR 制御

15-8-1 システムの概要

以上のように見掛けの BOR 抑制率を 10 %～30 % 程度とする場合には BOV の冷熱を利用して部分再液化を行い、タンク外へ出る BOV 量を制御することによって可能である。

そこで本節では断熱機能への直接作用、すなわちタンクへの入熱量を制御することで、その結果として BOV の量を可変に制御する方法を述べる。そのための手段として VIS の場合には BOV の冷熱を有効利用したが、ここでは冷熱源を別のシステムによって作り出し、その冷熱を有効

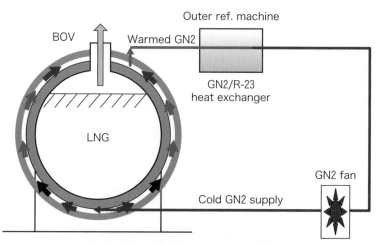

図 15-22　外部冷却方式のベーパー断熱

活用して断熱構造に作用させ、タンクへの入熱を制御しようとするものである。図 15-22 に外部冷熱単体での全体の系統図を示す。この場合、今までの BOV/GN2 の熱交換器を外部冷却器で置き換えた形態となる。これを今までの BOV 冷熱方式とそれぞれ独立に併存させた並列系統方式を図 15-23 に示す。冷却系統が独立しているため、GN2 の温度および流量ともにそれぞれの冷却システムで自由に選べて設計の自由度は高い。

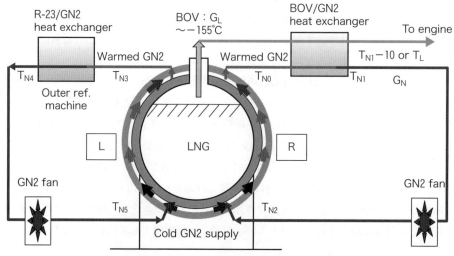

図 15-23　BOV 冷熱（右系統）と外部冷却（左系統）の並列組み合わせ

さらにこれを発展させ、BOV 冷熱利用との組み合わせを BOV 冷熱＋外部冷熱の直列系統方

式にした場合を図 15-24 に示す。この場合には一旦タンクの特定エリア（例えば上半球あるいは右側壁）を冷却して昇温した GN2 を BOV 冷熱による熱交換によって冷却し、低温再生された GN2 を他のエリア（例えば下半球あるいは左側壁）に流し、そこでの昇温 GN2 を外部冷却機で再度低温再生して最初のエリアに戻すもので、両者でタンク全体をカバーするものである。GN2 流量は全体を通して一定になるため、両冷却源での再生温度はお互いに影響し合って決まることになる。したがって基本計画として GN2 流量を重視するのか、あるいは供給する低温度を重視するのかによってシステム性能が大きく異なってくる。このため設計は複雑となる。

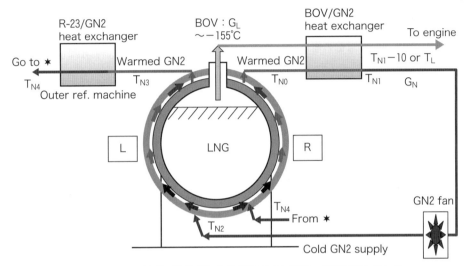

図 15-24　BOV 冷熱（左系統）と外部冷却（右系統）の直列組み合わせ

15-8-2　外部冷却装置

現在のところ LNG 温度に相当する一般的な冷媒は窒素ガス（GN2）のみであり、いわゆるフロン系のものは存在しない。N2 ガスによる多段カスケード冷却によって超低温を得ることは可能であるが、そこまでやるならば最初から再液化装置として搭載したほうがストーリーとしては簡潔である。ここではそこまでの低温は目標としないが、装置としてより単純、扱いやすい、経済的なシステムを目標とする。そこで出現するのが低温向けのフロン冷媒の組み合わせである。1 種では圧縮機動力など、実用上無理があるために図 15-25 に示す 2 種類の冷媒を用いた 2 元冷媒冷却方式を考えることにする。冷媒としては高温側に一般的な R-404A を、低温側に R-23 を用いる選定を行った。R-404A の凝縮には海水を用い、R-23 の凝縮には R-404A の蒸発熱を用いて最終的に R-23 の低圧蒸発

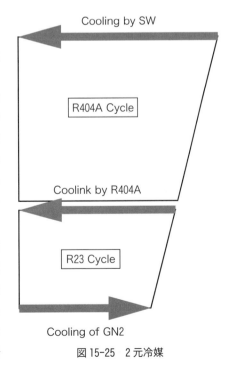

図 15-25　2 元冷媒

によって -82 ℃の低温源を生み出す。

図15-26および図15-27にそれぞれR-404AおよびR-23のp-h線図上の作動を示す。

圧縮機に関してはいずれの冷媒も1段で表示している。

飽和蒸気線近傍の等エントロピー線がほぼ直線なために中間冷却方式の多段でも動力減は期待できない。

冷媒の選定にあたっては他の組み合わせも考えられる。

また冷媒の実際の運用にあたっては運転点の圧力や温度についてエンジニアリング上の課題もあると思われるが、ここでは理論上の可能性を視点に置いて述べる。p-h線図上の作動点を基にそれぞれの冷媒の運転状態を表15-7に示す。

この表から高温側のR-404Aの圧縮機動力が高圧縮比のため、R-23の動力との比でおよそ2.4倍と大きいことが分かる。これをなんらかの手段で低減できれば全体の所要動力の軽減ができる。

本システムによって表15-7のR-23の第15項および第16項で示すように-82℃の低温源が得られることが分かる。

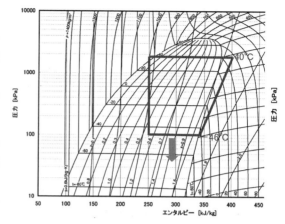

図15-26　R-404Aのp-h線図上の作動

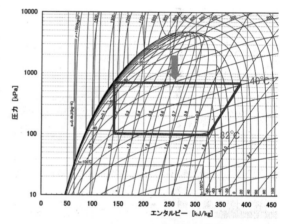

図15-27　R-23のp-h線図上の作動

循環するGN2を流量G_N kg/s、比熱をc_N kJ/kgK、冷却器内での温度変化をΔT_n ℃ kJ/kgK、そしてR-23の循環量をG_R kg/sとすれば冷却器内で次の熱平衡式が成立する。

$$186G_R = \Delta T_n c_N G_N \quad \text{あるいは} \quad G_R = \Delta T_n c_N G_N / 186 \qquad (15\text{-}41)$$

これから外部冷却機における冷媒流量と冷却対象体であるGN2の諸元、温度差および流量のうち、いずれか2つが決まれば残りの1つの値が得られ、同時に表15-7中の式（15-42）から冷却装置での主要動力源である圧縮機2基合計の所要動力P kWが求まる。

表15-7 2元冷却冷媒の運転状態

No	冷媒⇒	R-404A		No	R-23	
		圧力,温度	備考		圧力,温度	備考
1	圧縮機入口	1 bar, −46 ℃		11	1 bar, −82 ℃	
2	圧縮機出口	19 bar, 35 ℃	$\eta_{ad}=0.8$	12	7 bar, 20 ℃	$\eta_{ad}=0.8$
3	凝縮器入口	19 bar, 40 ℃	海水冷却	13	7 bar, −40 ℃	R-404A 冷却
4	凝縮器出口	19 bar, 35 ℃	5 ℃過冷却	14	7 bar, −43 ℃	3 ℃過冷却
5	蒸発器入口	1 bar, −46 ℃		15	1 bar, −82 ℃	
6	蒸発器出口	1 bar, −46 ℃		16	1 bar, −82 ℃	GN2の冷却源になる
7	圧縮機動力	59 kJ/kg	$\eta_{ad}=0.8$ * $\eta_m=0.9$	17	64 kJ/kg	$\eta_{ad}=0.8$ $\eta_m=0.9$
8	凝縮器熱負荷	153 kJ/kg		18	246 kJ/kg	R-404Aで冷却
9	蒸発器冷却能力	94 kJ/kg	R-23の冷却源	19	186 kJ/kg	
10	冷媒循環量	2.62(=項18/項9)	R-23 単位量比	20	1.0	単位量
−	圧縮機動力比	2.42 (項7/項17×項10)	R-23 単位量比	−	1.0	単位量
−	所要動力合計	$P=$R-23 循環量 $\times 64\,\text{kJ/kg} \times (2.42+1.0)$				(15-42)

＊断熱効率 $\eta_{ad}=0.8$、機械効率 $\eta_m=0.9$

15-8-3 独立した外部冷却方式

まず図15-22あるいは図15-23で示すように、外部冷却方式を独立して設けた場合について述べる。設定条件として次の3つとする。

①適用エリア：上半球の赤道部からドームまでの $\phi=0\sim80$ 度とする。
②循環するGN2流量：$G_N=1.0、2.0、3.0、4.0\,\text{kg/s}$ の3ケースとする。
③断熱材流動層への入口温度：外部冷却機R-23蒸発温度（−82℃）+10℃：$T_{N2}=-72$ ℃

これらの条件の下に下記を求める。

Ⅰ　GN2流動層の断熱材内の最大効率深さ位置：深さの $C=0.1\sim0.9$ を与えて位置を見出す。

Ⅱ　断熱材内のGN2の温度変化および出口温度：計算による。

Ⅲ　断熱効果：VISなしの場合に対する入熱量比として求める。

Ⅳ　R-23循環量 $G_R\,\text{kg/s}$：外部冷却器でのGN2とR-23の次の熱平衡式から求める。

　　GN2流量 $\times(\Delta T_n$：GN2の外部冷却器内での温度変化$)\times$GN2比熱 $=186\,G_R$

　　ただし 186 kJ/kg：R-23の蒸発器能力で表15-7の項19による。

Ⅴ　所要動力：　　　$P=$R-23 循環量 $\times 64\,\text{kJ/kg}\times(2.42+1.0)$ 　　　(15-43)

これらのベースデータとして必要となる断熱流路内のGN2温度分布 T_N は15-2-1で述べた球環内の流れ式によって、記号を若干変更して表し、赤道部から ϕ 位置においては入口 $\phi=0$ での温度を $T_N=T_{N2}$ とすれば次式で表される。

$$T_N=T_m-(T_m-T_{N2})exp[-2\pi R^2 K_{aL}\sin\phi/(c_N G_N)] \quad (15\text{-}44)$$

ただし $T_m=(k_aT_a+k_LT_L)/(k_a+k_L)$, $K_{aL}=k_a+k_L$

T_a：ホールド温度、T_L：LNG 温度、k_a：流路外側断熱の熱貫流率、k_L：流路内側断熱の熱貫流率、G_N：GN2 質量流速、c_N：GN2 比熱、R：タンク半径

断熱出口 $\phi=\phi_e$ における温度 T_{N0} は次式となる。

$$T_{N0}=T_m-(T_m-T_{N2})exp[-2\pi R^2K_{aL}\sin\phi_e/(c_NG_N)] \quad (15\text{-}45)$$

次に GN2 流に伴う断熱効果はまず VIS のない従来の構造の場合、タンクへの侵入熱量 Q_0 は断熱の熱貫流率を k_0 として次式で表される。本節の場合 ϕ は 0～80°とする。

$$Q_0=2\pi R^2k_0\int_0^{\phi_e}(T_a-T_L)\cos\phi d\phi \quad (15\text{-}46)$$

VIS 適用時の入熱量 Q は低温側の熱貫流率を k_L として次式となる。

$$Q=2\pi R^2k_L\int_0^{\phi_e}(T_N-T_L)\cos\phi d\phi \quad (15\text{-}47)$$

両者の比 Q/Q_0 を取れば断熱効果、すなわちタンクへの熱流低減割合が求められる。

以上に基づいた計算結果を表 15-8 に示す。

表 15-8 外部冷却方式の断熱効率と所要動力、半球分を示す

循環 GN2 量、kg/s ⇒	1.0	2.0	3.0	4.0
GN2 層の最適深さ,タンク側から測った深さ位置(−)	0.8	0.8	0.85	0.85
断熱層からの出口温度 T_{N0}、℃	−21.2	−36.9	−36.2	−43.0
VIS なしとの入熱量比、断熱効果(−)	0.792	0.714	0.672	0.647
R-23 流量、kg/s（R-404A については省略）	0.276	0.378	0.578	0.624
所要動力、kW	60	83	127	137

本表を評価すると例えば −72 ℃、毎秒 3 kg の GN2 を赤道部から断熱材の深さ 0.85 d の空間層に投入し、上半球全体をカバーしてドーム部の 80 度まで流して冷却機に回収する循環とした場合、出口温度はおよそ −36 ℃となり、該当面積の侵入熱量は VIS なしの約 67 ％に減じる。その時の外部冷却機では、主冷媒の R-23 の循環量は 0.58 kg/s、R-404A の分も含めた所要動力は 127 kW である。

15-3 節に記す外部動力がない VIS 単独での場合に比べて、本システムのタンクあたりの所要電力 60 kW～130 kW レベルをどう評価するかである。別の見方をすると、単純な VIS 単独に加えて本外部冷却システムを設けることによって、全球あたりの概略 BOV を 3 割程度低減できるということも意味している。

一例として GN2 流量 4.0 kg/s の場合について、GN2 の流れに沿った温度分布および GN2 流路の深さ位置による熱流割合の変化をそれぞれ図 15-28、および図 15-29 に示した。

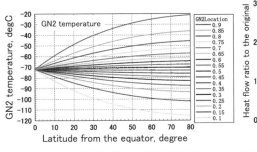
図15-28 緯度に沿った GN2 温度分布

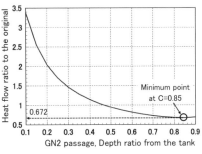
図15-29 GN2 流路の位置による熱流割合

15-8-4 外部冷却方式＋BOV 冷熱方式の直列系統

次に図 15-24 に示した外部冷却方式を、BOV 冷熱方式と直列に繋いだ場合についての2ケースについて述べる。

（1）大きめの GN2 流量で BOV 冷却機の温度はなりゆきの場合

これは外部冷却機の機能発揮に重点を置いて、まずメイン機能として外部冷却機でタンクの一面を冷却し、その結果昇温した GN2 をサブ機能として BOV で冷却し、タンクの他面を冷却しようとするものである。R-23 における低温は -82 ℃の一定値とした上で、独立方式と同様に GN2 の流量をいくつか与えて、それぞれの場合での GN2 温度、断熱効果および所要動力について調べる。BOV 冷熱で得られる温度は GN2 流量によって異なった値となる。

実船適用の一例として同じく 140,000 m³ 型 LNGC、BOR 0.1 %/day、4tanks の場合に当てはめて、まず1タンクあたりの BOV を求めると下記である。

$$\text{BOV 量} = 140{,}000 \times 450 \times 0.1/100 \times 1/(24 \times 3600)/4 = 0.183 \text{ kg/stk}$$

表 15-9　外部冷却＋BOV 冷熱方式の直列流での断熱効率と所要動力、その1

機器	循環 GN2 量、kg/stk ⇒	0.3	0.4	0.5	0.75	1.0	2.0
R	外部冷却機出口温度 T_{N4}、℃	−72.0	−72.0	−72.0	−72.0	−72.0	−72.0
	GN2 層の最適深さ位置（−）	0.75	0.75	0.75	0.75	0.8	0.8
	断熱層からの出口温度 T_{N0}	−18.6	−19.8	−21.5	−26.7	−21.2	−36.9
	VIS なしとの入熱量比	0.916	0.892	0.870	0.826	0.792	0.714
L	BOV 熱交換後の温度 T_{N1}	−80.4	−72.0	−66.6	−59.5	−48.9	−50.5
	GN2 層の最適深さ位置（−）	0.70	0.75	0.75	0.80	0.85	0.85
	断熱層からの出口温度 T_{N3}	−28.5	−19.8	−21.1	−14.4	−5.5	−17.7
	VIS なしとの入熱量比	0.903	0.892	0.883	0.861	0.866	0.799
	GN2 温度変化 $\Delta T_n: T_{N3}+72$	43.5	52.2	50.9	57.6	66.5	54.3
	R-23 流量、kg/stk	0.0702	0.112	0.137	0.232	0.358	0.584
	外部冷却機所要動力、kW/tk	15.4	24.6	30.0	50.8	78.3	128
	全体断熱効果、上下球平均値	0.910	0.892	0.877	0.844	0.830	0.757

冷熱回収の対象とするBOV流量G_Lは断熱効果向上に伴うBOR低減を考慮してBOVの3/4とする。すなわちG_L=0.183×3/4=0.137 kg/stk、BOVの温度は－155℃とする。GN2循環量を0.3～2.0 kg/stkの間で与えて、両冷却機での主要数値、およびタンク全面での平均冷却効果をまとめると表15-9のようになる。表中のLおよびRは図15-24に示すタンクの左側および右側の冷却系統を意味する。R-23循環量G_R kg/s、および所要動力P kWの算出法は前項に述べた通りである。本表から分かるように全球で10％程度のBOR低減であれば25～30 kW、15％程度であれば50 kW程度の動力であり、20％程度であれば100 kW程度の圧縮機動力を必要とする。

(2) 小さめのGN2流量でBOV冷熱からの低温度（約－150℃）を固定した場合

この方式はBOV冷却機の超低温機能を重視して－150℃レベルのGN2温度を固定する。タンクの1面を冷却し、これをメイン機能とする。次に昇温したGN2を外部冷却機で冷却してタンクの他面に流し、これをサブ機能とする。結果のみを示すと表15-10になる。

表15-10　外部冷却＋BOV冷熱方式の直列流での断熱効率と所要動力、その2

機器	循環GN2量、kg/stk ⇒	0.1	0.2	0.3	0.4	0.5	0.6
L	BOV冷却器出口温度 T_{N1}	－150.0	－150.0	－150.0	－150.0	－150.0	－150.0
	断熱層からの出口温度 T_{N3}	－56.4	－56.9	－68.7	－63.4	－68.2	－73.0＊1
	GN2層の最適深さ位置（－）	0.55	0.55	0.50	0.55	0.55	0.55
	外部冷却機出口温度 T_{N4}	－72.0	－72.0	－72.0	－72.0	－72.0	－72.0
	VISなしとの入熱量比	0.907	0.824	0.747	0.679	0.622	0.575
R	断熱層からの出口温度 T_{N0}	－18.0	－18.1	－18.6	－19.8	－21.5	
	GN2層の最適深さ位置（－）	0.75	0.75	0.75	0.75	0.75	
	VISなしとの入熱量比	0.969	0.942	0.916	0.892	0.870	
	GN2温度変化 ΔT_n：T_{N3}+72	15.6	15.1	3.3	8.6	3.8	
	R-23流量、kg/stk	0.0084	0.017	0.0054	0.019	0.011	
	外部冷却機所要動力、kW/tk	2	4	2	5	3	
	BOV冷却器出口NG温度 T_L	－114.2	－68.4	－23.1	20.8＊2	63.0＊3	
	全体断熱効果、上下球平均値	0.938	0.883	0.832	0.786	0.746	
	採用可否	可	可	可	不可	不可	不可

不可の項目と理由：＊1：－73.0＜－72.0、＊2、＊3：T_L＞T_{N0}

本表から分かるようにBOR低減が全球で15％程度であれば数kW程度の動力で可能である。

15-8-5　それぞれの単独システムをタンク上下で直列に繋ぐ

最後に単独の外部冷却方式、あるいはBOV冷熱方式をタンクの上下または左右で分割して直列に繋ぐ方式について述べる。すなわちタンクの1面で消費し切れない余剰の冷熱をタンクの残った面で利用するのである。

例えば外部冷却機で1面を冷却後に2 kg/s、－36.9℃のGN2を再度残りの面に投入すれば、

その面の断熱効果は 0.852 になる。BOV 冷却機で 1 面を冷却後に 0.3 kg/s、−68.7 ℃ の GN2 を再度残りの面に投入すれば、同じくその面の断熱効果は 0.921 になる。このように残余冷熱を有効に利用すれば、その面で 10 % 前後の断熱効果のゲインを稼ぐことができる。

以上いくつかの組み合わせ例を示したが、それぞれの特徴を生かして細かく組み合わせを考えてみるとより有効で興味深い結果が得られる可能性がある。それぞれの繋ぎ方には多くの形態があり得て、最適の断熱効果を求めるためにはトライ＆エラーは避けられないが、ターゲットをどこに置くのか、すなわち断熱効果最大化、所要動力最低化、運転の容易化、メインテナンスの簡易化、あるいは機器コスト低減などにあり、視点を決めて取り組む必要がある。

以上 BOR を低減する技術的な手段をいくつか述べてきたが、ここで全体を通して総括したい。BOV 低減の手段として 2 つの方法すなわち① BOV の持つ冷熱、あるいは外部で作った冷熱をタンクに返す方法、および② BOV の部分再液化でタンクに戻す方法について論じた。

まず①の BOV そのものを減ずるための手段として、低温 BOV の冷熱を回収してそれをタンクに戻す VIS がある。装置としては BOV/GN2 の熱交換器が主要機器で単純である。ただし低温 GN2 を流すための断熱構造が必要となる。さらに効果を上げるために外部冷却装置を付加することもできて、その場合には 2 元冷媒のフロン冷却装置が主要機器となり、所要動力も大きくなる。しかし、両者を合わせれば全球あたりの BOV は 10 % ～ 30 % 低減も可能となる。両者の組み合わせ方には種々あり、目的別の最適化がありうる。更なる BOV 低減には窒素などの特殊冷媒による低温製造と循環が必要になり、所要動力は大きい。

一方②の見掛けの BOR を低減する手段としては BOV を一部タンクに戻す、すなわち BOV 部分再液化の方法である。この場合には BOV の圧縮、冷却、膨張、液化および気液分離のサイクルによるが、冷却過程に BOV の持つ冷熱をフルに活用することで最終的に外に出て行く BOV の 10 % ～ 30 % の低減が可能となる。主要機器は圧縮機で、高圧域から超臨界域まで扱うと BOV による中間冷却方式の高圧多段圧縮となる。装置としては単純であり、所要動力も比較的小さい。上記以上に部分液化率を上げるためには、冷却過程に必要な冷熱源を外部機器によって作ることが求められる。この場合、技術的にはいくつかの方法があるが装置の大型複雑化、所要動力の増加は避けられない。

断熱本体については伝導、対流および放射の伝熱 3 要素に更に踏み込んだ上で、材料と構造の 2 面から革新的な技術開発の可能性も今後は注目しておく必要がある。同時にタンク本体と並行してタンク支持構造からの入熱制限も、材料と構造の両面からの改良が考えられる。

第16章　LH2タンクシステムの概念設計

16-1　概　　　要

　地球規模での環境問題の拡大、昨今のエネルギー資源価格の下落はあるが化石燃料の世界地域依存性とその有限性に変わりはない。地球環境に優しく、かつ大規模に得られ、安全性の高い新しいエネルギー源の開発が重要視されるゆえんである。我が国のエネルギー安全保障上からも重要な視点である。同時にこの新エネルギーは核融合エネルギーが現実のものになるであろう今世紀末までの短期的な繋ぎの役割に留まらず、それ以降においてさえエネルギー源の安全保障のため多様化および分散化の意味からも重要な意味合いを持つ。その一つの候補として挙げられるのが水素エネルギーである。我が国でもサンシャイン計画において、その製造と利用技術に関しての研究がなされた経緯がある。

　過去においては、1993年度よりニューサンシャイン計画の一環としてプロジェクトが展開されている[1]。水素は水原料からも得られること、分子構成から燃焼時には水蒸気が生成されるのみで環境汚染物質を発生せず、かつ発熱量が大きく高効率の熱機関媒体でもあるなどの優れた特性を有するが、自然界には天然資源としては存在しない。産業界で産出される副生水素を除くと、再生可能エネルギーなどの一次エネルギーを消費することによって製造される二次エネルギーとして存在する特殊性を持っている。したがってその経済性は一次エネルギーのコストに大きく依存するため、現在可能性のある生産地域は、赤道や砂漠地域の太陽エネルギー、カナダなどの豊富な水力エネルギー地域、あるいは褐炭やメタンガスなどの産出地域である。ここで得られる安価な電力を用い、水の電気分解、あるいはメタン改質を行って水素を製造して、これを他の物質と合成してメタノールやメチルシクロヘキサンなどを製造し消費地へ輸送する、あるいはそのような化学合成過程を経ずして直接水素を液化して液化水素（LH2と略称する）として輸送するなどいくつかの輸送形態が考えられる[2][11]。輸送形態別の競争力は生産基地、消費基地での設備、輸送手段などを総合して判断されるべきであるが、LH2は有機ハイドライドの形と並んで有力な形態である[3]。既に水素サプライチェーンとしてグローバルな計画[4]も進展している。その場合に海上輸送に携わる船舶としてはタンクシステムを中心としてLNGを超えた新しい技術開発が必要となり、高付加価値船の一つとして位置付けられる。本章ではLH2輸送船の新しいタンクシステム[5]について述べる。

16-2　水素の特性とLH2の特徴および技術対応

　液化水素のタンクシステムの機能設計を行なう上で必要な水素の一般特性ならびにLH2の特殊性と、それらに対する技術的対応について概論する。

（1）沸点が約 −253℃（20K）と極低温である

　空気の沸点よりも低温であるため、容器に空気が触れると窒素や酸素の液化を生じ、両者の沸点の差によって液化窒素が先に蒸発した後、高濃度の酸素雰囲気が作られる。液にHeガスを除くあらゆる気体が触れると、固体化しパイプ類の内部での閉塞を起こし、機能停止を生ずる恐れ

がある。したがってタンクや諸機器類の断熱は必然的に高真空断熱方式となり、それらの内部は最終段階では水素ガスによる完全なパージが必要になる。一方 20K 程度の極低温では金属物性値に大きな変化を生じ、熱伝導率や比熱が $10^{-1} \sim 10^{-2}$ のオーダーで小さくなる。このことは材料機能上、好・不都合の両面を持っているため、材料選定や機器設計に際しては十分な留意が必要である。

(2) 液体比重量が約 71 kg/m³ と小さい

LNG の約 1/6 以下であり、船舶では満載時の喫水確保に注意を要する。蒸発潜熱は LNG 並みであるため、体積あたりの蒸発速度は LNG 比で 1 桁大きい。

(3) 分子量が 2 と小さい

気体圧縮に際して、遠心式やターボ式の高速回転型では困難であるために往復式やスクリュー式の容積型が適している。

(4) 気体の比熱が大きい

メタンガス比でおよそ 6 倍、窒素ガス比でも 13 倍と大きく、低温顕熱の有効利用が可能である。すなわち冷熱回収とその活用が望まれる。

(5) 安全上の注意

漏洩しやすい、拡散しやすい、爆発限界が広い、液体の体積膨張率が大きい、などが挙げられる。

一方、重量あたりの発熱量はメタンの約 2.5 倍と大きいために熱機関の出力が大きい。

以上のような LH2 の優れた特性にもかかわらず、現存するプラントは軍事用、宇宙基地用の小～中規模のものがほとんどで、今後は発展が見込まれるが民生用は僅かである。これは水素発生装置も含めた大規模化に伴う技術的問題とコストによるものである。同時に今までは、大規模な需要の発掘がなされていなかったことによる開発インセンティブ不足の面も否めない。我が国の水素技術開発は国の後押しもあり[2]、地球規模での地球環境問題や新エネルギー開発の追い風に乗った諸技術問題の克服と開発促進が期待される。

本章では LH2 輸送船を対象に水素特有の技術的問題に対して、現状の技術レベルで解決可能なシステムであること、なるべく本船の装備で機能する自己完結型であることを目標として、LH2 輸送技術の目玉となるタンク断熱およびハンドリング機器を含めたタンクシステムについて述べる。

まず実現するのは小規模のタンクシステムからであろう。ここでは検討のための一つのリファレンスとして中規模システムをとり上げ、タンク容量は 15,000 m³×4 球形タンク=60,000 m³、タンクサイズは直径 30.6 m とし、内殻材料は alumi alloy 5083-0、外殻材料は底面部を除き軟鋼の場合を俎上に載せて論ずることにする。

16-3 タンク断熱システム

LH2 タンクについては、LNG タンクと同等の BOR を維持しようとすれば同一タンク容積の場合、BOR 倍率＝温度差比×蒸発潜熱比×密度比＝273/182×507/448×450/71≒11 となり、およそ 1/10 以下の侵入熱量となるような断熱性能を持たせねばならない。実際にはこれにタンクの容積比×面積比＝タンクの寸法比＝(容積比)$^{1/3}$ が乗じられて、更に高い断熱性能が要求され

る。熱貫流率とは別に安全上空気（酸素ガス）の凝集と液化をさせない必要もあり、したがって必然的に伝熱の伝導、対流、放射の3要素を遮断し、空気を排除した真空断熱になる。

真空断熱には積層断熱などいくつかの種類[6]があるが、図16-1に一例としてパーライト粉末＋GW、MWの組み合わせからなる真空システムを示した[5]。

真空度は10^{-4}Torr（mmHg）程度とする。残留気体の平均自由行程に対する空間の大きさを小さくして熱伝導を抑えるとともに、無数の粉末シールド効果によって放射熱を遮断する。

GWあるいはMWはタンク材の熱サイクル沈降による内殻への過大な荷重発生を防止するためである。必要に応じて次節で述べるSplash barrierを設ける。

断熱性能が1オーダー以上高くなると、LNGの場合には2次的としていた伝熱要素が重要なファクターを持ってくる。まずタンクの断熱支持構造の在り方、例えば球形タンクの場合、従来のサーマルブレーキ構造のスカートでは支持構造からの熱侵入が相対的に大きくなる。ドームや管類からの伝導熱や放射熱の処理も必要である。

－253℃という極超低温からの周辺構造の保護は2次防壁構造との関連でも考慮が必要になる。断熱構造の真空が切れた場合

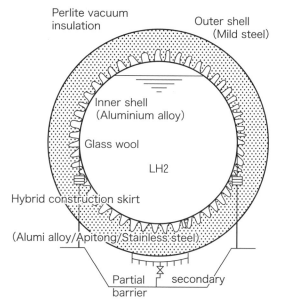

図16-1　タンクの真空断熱構造

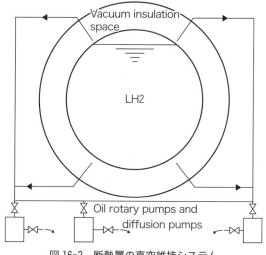

図16-2　断熱層の真空維持システム

の緊急時の対策としての2次断熱、すなわち最大蒸発量を抑えることができるFail safe insulation systemをどうするかの視点も必要である。これは同時に隣接構造の低温化を防ぐ機能も兼ねることにもなる。

真空維持の場合、断熱材料から放出されるガスに対して高真空を維持するために、図16-2に示すような内部圧力を検知して自動発停する排気システム[5]も必要になる。これは初期の真空のメイクアップに使用されると同時に、上述のFail safe insulation systemの構成要素とする。

真空断熱の場合には断熱設計と同時に、超低温容器としての熱応力と熱変形等の構造体[12]としての設計も重要となる。

タンク支持をスカート構造で行う場合、14-8節で述べるような断熱性を高めるためにアピト

ン材の高圧縮強度と金属材にない低熱伝導率を活用したサンドイッチ状の3重構造からなるハイブリッド構造を採用した[5]。図16-3に概念を示す。

GH2の超低温BOVと熱交換した低温GN2により、さらに断熱機能を上げたVISシステムを採用した場合については16-5-4項にて述べる。

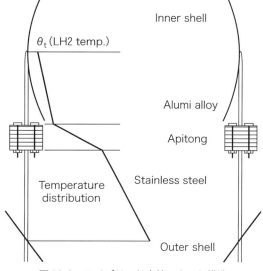

図16-3 ハイブリッド支持スカート構造

16-4 タンク断熱の2次防壁構想

LH2に対しては未だIMO規定はないが、タンクシステムの合理性を考えるとLeak before failuerを基本思想とするReduced secondary barrierの考えは必然となる。ただLH2の場合、真空断熱となるために漏洩水素ガスによる断熱層内での瞬時蒸発と真空破壊、それに引き続く断熱機能の崩壊、およびタンク内LH2の蒸発速度の破壊的な増加といった問題を構造的にどのように解決するのかが課題となる。高真空断熱をベースとしているためにLNGのような外置きの開放型Drip pan方式は成立しない。

そこで本書では図16-4に示すようなMinimum damage secondaty barrierあるいは図16-5に示すQuick diffusion detection systemを提案する。

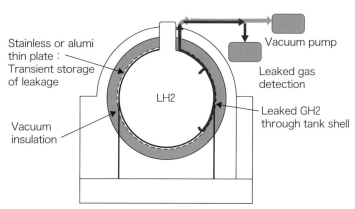

図16-4 LH2のMinimum damage secondary barrierの概念

前者はタンク全体を包むようにステンレスあるいはアルミ合金の極薄板で気密のバリアーを設け、タンクとの隙間も含めて真空とする。漏洩水素はタンクとの隙間に瞬時に拡散し、瞬時の検知が可能となる。これによりバリアー外側の真空断熱層の損傷を最小に抑え、断熱機能はほぼ完

全なまま維持できるために LH2 の安全な貯蔵が維持される。漏洩の検知と同時に隙間のガスは真空ポンプで吸引し圧力上昇を防いで、バリアーの圧力破壊を防ぐ。

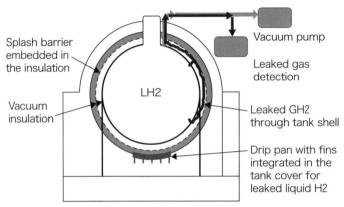

図 16-5　LH2 の Quick diffusion detection system の概念

後者は水素ガスの拡散速度の速さを利用するもので（空気中の水素の拡散係数はメタンガスの 3〜4 倍である）、真空断熱層にごく微量漏洩した水素ガスは瞬時に蒸発し拡散する。これをガス検知して、同時に真空ポンプ吸引で圧力上層を抑え、真空破壊を最小限にするものである。必要な場合には断熱の深さの途中に LNG の場合の Splash barrier に相当するの噴射液防壁を設けることもできる。

いずれの案でも水素ガス検知機能と真空ポンプとの組み合わせ[5]は不可欠で、Systemized minimum secondary barrier となるであろう。真空ポンプの容量はタンク材料の破壊メカニズムから想定される漏洩速度を基に算定すればよい。水素ガス検知については昨今の燃料電池の普及から高感度＋高機能のものが既に汎用化されている。大量の液漏洩を想定する場合には外郭のタンクカバーの底部は低温材料として、そこに一時溜めた上で外部からの熱流と真空により強制蒸発させて真空ポンプで吸引する。

16-5　LH2 ハンドリングシステムおよび燃料電池発電システム

一方、断熱の程度に関わらず発生する BOV の対応、処理法、有効利用法も考えたい。LH2 の特性を考慮した諸ハンドリング機能についても工夫ができる。本書では LNG にはないいくつかの新しい機能を LH2 のタンクシステムとして提唱[5]する。各システムの趣旨は陸上施設に頼らず本船機能で処理する自己完結型、既存の proven な機器で処理すること、貨物としての LH2 質量を極力保持すること、蒸発 BOV の冷熱を回収し利用すること、および高断熱機能を極力活かすことである。すなわち LNG の場合の Ship/Shore の閉サイクルに対して LH2 の Ship/Shore の各独立サイクルを基本として、同時に Ship/Shore 間の極低温 LH2 あるいは VH2（水素蒸気）の搬送に伴う熱ロスの最小化も図る。

16-5-1　自己凝縮積荷

LH2 積み込み時にはタンクの熱容量、パイプからの入熱および貨物の排除容積分にあたる大量の蒸気を陸上へ圧送しなければならないが、低分子量のガスをハンドリングする大容量・高圧

力の圧縮機は技術的難しさがある。そこで図16-6にシステム概念を示すように、積み込み液の容積相当の押しのけ蒸気および発生蒸気を積み込まれる低温液の冷却効果によって凝縮、液化してタンクに戻すことにする。陸上基地から送られてくる液化水素は本船の閉鎖タンクに積み込まれ一定の圧力まで上昇すると、気相部の蒸気は、タンク頂部に設けられた、内部を飽和温度より低温のLH2が流れる一種のCondenserの凝縮機能によって液化される。

したがって陸上へ搬送する蒸気はなく、いわゆるLNGCの場合のHigh duty gas compressorは設けない。

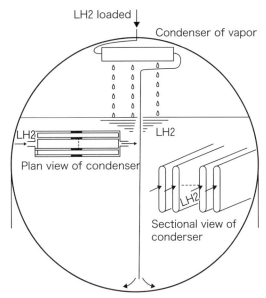

図16-6 タンク内凝縮ローディングシステム

Condenserは垂直平板状の矩形断面パイプ構造として並列に設置する。

Condenser外面での総凝縮量W_0、必要伝熱面積Aについては、Condenser内を温度変化しながら流れる貨物液w_hとの凝縮熱平衡を考慮することにより、次のようになる。ここで単位面積、時間あたりの蒸気凝縮量をw_1、蒸気比熱をc_p、液比熱をc_h、凝縮潜熱をL、蒸気温度と凝縮温度T_sとの差をΔT、低温液の入口温度をT_0、Condenserの断面周長をs、同流れ方向長さをx、凝縮熱伝達率をhとする。

$$W_0 = \int_0^x sw_t dx = \frac{w_h c_h (T_s - T_0)}{c_p \Delta T + L}\left[1 - \exp\left(-\frac{sh}{w_h c_h}x\right)\right] \quad (16\text{-}1)$$

$$A = sx = \frac{w_h c_h}{h} ln \frac{w_h c_h (T_s - T_0)}{w_h c_h (T_s - T_0) - W_0 (c_p \Delta T + L)} \quad (16\text{-}2)$$

凝縮熱伝達率は鉛直面上における単一成分飽和蒸気の膜状凝縮として扱う。液膜および蒸気境界相の流れは、主として重力に支配される体積力対流凝縮であるとすれば、一様伝熱面温度の場合、層流液膜のヌセルト数Nuは次式で表される[7]。ただし、G_{al}：ガリレオ数、l：長さ、g：重力の加速度、ν_L：液体動粘性係数、Pr：液プラントル数1.14、P_h：相変化数、c_{pl}：液比熱、T_w：壁面温度、T_s：飽和温度、Δh：凝縮潜熱である。

$$Nu = 0.94\left(\frac{G_{al} Pr}{P_h}\right)^{\frac{1}{4}} \quad (16\text{-}3)$$

$$G_{al} = \frac{l^3 g}{\nu_L^2}, \quad P_h = \frac{c_{pl}(T_s - T_w)}{\Delta h} \quad (16\text{-}4)$$

同様に強制対流乱流液膜の場合は次式で表される[7]。ただし、ρ：密度量、μ：粘性係数、u_∞：蒸気流速添え字L：液、V：蒸気である。

$$Nu = 0.156 Pr^{\frac{1}{3}} R^{-\frac{1}{2}} P_h^{\frac{1}{15}} Re^{0.8} \tag{16-5}$$

$$R = \left(\frac{\rho_L \mu_L}{\rho_V \mu_V}\right)^{\frac{1}{2}}, \quad Re = \frac{u_\infty l}{v_L} \tag{16-6}$$

凝縮熱伝達率 h は次式より求まる。

$$h = Nu\lambda/l \tag{16-7}$$

タンク圧力を $P=210\,\mathrm{kPaG}$（以下特記ない限りゲージ圧力を示す）に保った場合、蒸気温度は $T_s = -250\,°\mathrm{C}$ となり、陸上配管での液温上昇を $0.3\,°\mathrm{C}$ とすれば、積み込まれる LH2 の温度は $T_w = -253 + 0.3\,°\mathrm{C} = -252.7\,°\mathrm{C}$ となる。これより層流液膜、乱流液膜での値の平均値として凝縮熱伝達率を求めると $h = 856\,\mathrm{W/m^2K}$ となる。

一方、LH2 積載時の発生蒸気量 W_0 を時間平均値として見積ると1タンクあたり次のようになる。条件として積載時間 12 h、タンク冷却温度 $-246\,°\mathrm{C}$、スカートを含めた内殻タンク質量 $3.1\times10^5\,\mathrm{kg}$、断熱材質量 $2\times10^5\,\mathrm{kg}$、内殻材料 alumi alloy 平均比熱 $0.031\,\mathrm{kJ/kgK}$（$-246\sim-253\,°\mathrm{C}$）、断熱材平均比熱 $0.628\,\mathrm{kJ/kgK}$ とすれば $W_0 = 3,050\,\mathrm{kg/h}$ となる。これより Condenser の必要長さを求めると 1.5 m height×90 m、すなわち例えば 1.5 mH×9 mL を 10 個並べることになる。タンクに積み込まれる LH2 は Condenser 内で昇温され、その大きさは次式によって表される。

$$T = T_s - (T_s - T_0)\exp\left(-\frac{sh}{w_h c_h}x\right) \tag{16-8}$$

数値計算によれば、この時の液温は $-251.0\,°\mathrm{C}$、飽和圧力は $172.2\,\mathrm{kPa}$ になる。

16-5-2 自然蒸発再液化装置

航行中に自然蒸発する水素蒸気を処理する方法としては（1）再液化、（2）タンク内蓄圧、（3）H2/O2 燃焼ガスタービン、（4）燃料電池発電、（5）ディーゼル主機混焼、（6）水素吸蔵合金による吸蔵などが考えられ、それぞれ技術的および経済的な難易度と得失がある。特に（3）および（4）は水素の特性を利用した高効率の出力が期待される方式でもある。ここでは LH2 の蒸発量が少量であることおよびコスト的にも高密度エネルギーであることを考慮して、航行中なるべく目減りさせないとの方針で（1）、（2）および（4）について述べる。

再液化の冷却サイクルとしてはリンデサイクルやクロードサイクルなどいくつかの方式[8][9]があるが、高圧ヘリウムガスをタンクからの戻り低温 He 蒸気で冷却し、さらに Expander で断熱膨張させて極低温ヘリウム蒸気を発生し、水素を冷却液化させる Helium-Brayton cycle とし、諸元も含めて図 16-7 にシステムの系統図、図 16-8 にヘリウムの p-h 線図上のプロセスを示した[5]。本サイクルは安全性が高く、高効率でもある。具体的には次のような方針でシステム計画を行なう。

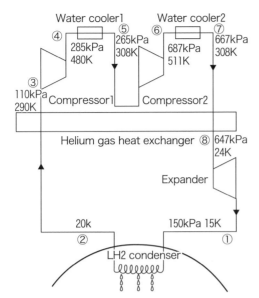
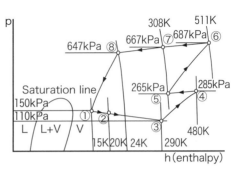

図 16-7 He-Brayton サイクルによる再液化システム　　図 16-8 p-h 線図で表したプロセス

（1）He ガス 2 段圧縮とし、吐出ガスは各段で水による外部冷却により常温 308K まで冷却する。各段の圧縮比をほぼ等しくとると、吸入圧力 P_1 を 110 kPa とした場合、それぞれ各段の吐出圧 P_2 は 285 kPa、687 kPa となる。断熱圧縮の理論吐出温度 T_2 は κ を He ガスの比熱比として $T_2 = T_1(P_2/P_1)^{(\kappa-1)/\kappa}$ から求まり、各段での吸入温度 T_1 を 290K、308K とした場合、実際の吐出温度は断熱効率を考慮してそれぞれ 480K、511K となる。

（2）タンクからの戻り He 蒸気によって、2 段目の He ガス熱交換器の吐出ガスを極低温まで冷却する。戻り He 蒸気温度を 20K として、熱交換器通過後の He ガス温度は 24K とした。

（3）（1）および（2）によって得られる高圧、低温の He ガスを膨張タービンにより断熱膨張させて、水素ガスの氷点以下にならないレベルの極低温蒸気を得る。水素ガスの三重点は 13.95 K、54 Torr であるから、これから大気圧近辺での氷点以下とならないように 15K まで冷却する。ただし、理論吐出ガス温度は圧縮機と同様に求まり 13.4 K である。タービン吐出圧力はタンク内凝縮器、熱交換器、およびパイプ内の圧力損失を見込んで 150 kPa とした。

（4）膨張冷却された He 蒸気は LH2 タンク内の LH2 凝縮器内へと導かれ、LH2 の BOV を液化した後、およそ 20K まで昇温して再び熱交換器へと流れる。

圧縮機の必要電力 W_C、実際の吐出温度 T_{DC}、膨張機での仕事量 W_E、実際の吐出温度 T_{DE} はそれぞれ次式で表される。

$$W_C = \frac{\kappa}{\kappa-1} R T_1 \left\{ 1 - \left(\frac{p_2}{p_1}\right)^{\frac{\kappa-1}{\kappa}} \right\} / (\eta_m \eta_{AD}) \tag{16-9}$$

$$T_{DC} = T_1 + (T_2 - T_1)/\eta_{AD} \tag{16-10}$$

$$W_E = \frac{\kappa}{\kappa-1} R T_1 \left\{ 1 - \left(\frac{p_2}{p_1}\right)^{\frac{\kappa-1}{\kappa}} \right\} \eta_m \eta_{AD} \tag{16-11}$$

$$T_{DE} = T_1 - (T_1 - T_2)/\eta_{AD} \qquad (16\text{-}12)$$

ただし R：気体定数、η_m：機械効率 0.9（圧縮機、膨張機）、η_{AD}：断熱効率 0.70（圧縮機）、0.85（膨張機）とした。$\kappa=1.66$：He ガスの比熱比である。

タンクおよび断熱の要目から LH2 の $BOV=26$ kg/h/tk、過熱度を 3K として He ガス循環量 GHe を求めると、再液化能力の熱交換効率 100 % とした場合の理論値が次のようになる。

$$GHe = BOV_{LH2} \Delta h_{LH2}/\Delta h_{GHe} = 26(450.3 + 11.9 \times 3)/27 = 468 \text{ kg/h} \qquad (16\text{-}13)$$

以上の計算条件によって得られた 1 タンクあたりの数値諸元を次表に示す。GHe の熱落差が小さいために膨張機による動力回収は小さく、これを圧縮機の加勢に回すことは実用上意味がないことも分かる。法規上、本船には各タンクに予備 1set を含めてこれを 2set 設ける。

表 16-1　LH2 BOV 再液化機要目（BOV_{LH2}=26kg/h/tk、GHe=468kg/h/tk）

機器	LH2 蒸発速度あたり動力原単位 kW/kg/hH2	GHe 循環量あたり動力原単位 kW/kg/hHe	所要動力 kW/tk
第 1 段圧縮機	5.52	0.306	143
第 2 段圧縮機	5.91	0.326	153
膨張機	0.184	0.010	−4.8
冷却水	12.7 kg/kg/hH2	0.706 kg/kg/hHe	330 kg/h

16-5-3　タンク内蓄圧による蒸発抑制

満載タンク 90 % の場合は小型タンクで見ると 11 章の図 11-17、18、19 から推定ができる。球形タンクの場合で見ると、10 日間蓄圧後の圧力上昇はおよそ 0.45 bar である。液の平均温度上昇はおよそ 0.4 ℃ となる。

部分積載 10 % の場合には球形タンクおよび横置き円筒タンクについて 16-5-6 項にて述べる。

これらの圧力上昇および LH2 の温度上昇量は LH2 積み卸し間の航行日数に左右される。また上昇許容値については本船、および陸上受け入れタンク設備との関連で判断することになる。

16-5-4　蒸発 BOV の冷熱回収と断熱機能強化

水素蒸気の特性として定圧比熱が大きいことが挙げられる。メタンガスと比較すれば 11.9/2.21 とおよそ 6 倍近い値である。GN2 と比較すれば 11.9/1.04 と 10 倍以上である。この特性を有効に利用することは意義がある。本章ではこれを 15 章で述べた VIS の形で冷熱回収してタンクからの蒸発を抑制することを考える。

システムの概念を図 16-9 に示すが、概要は下記である。

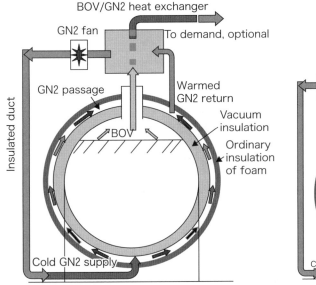

図 16-9　球形 LH2 タンク VIS 概念　　図 16-10　GN2 による VH2 の冷熱回収

（1）　LH2 の BOV 冷熱を GN2 の冷却で回収し、超低温の窒素ガスを作り、真空断熱の外側に設けた第 1 層の通常方式の断熱とタンクの真空断熱との間の空間に循環させ、外部からの入熱を GN2 によって吸収させる。

（2）　LH2 の BOV と GN2 の熱交換器の熱交換面は、GN2 の液化および固化を防ぐために適当な熱流束抵抗値を持たせた構造とする。これは通常の熱交設計とは逆思想である。

（3）　（2）との関連で GN2 の出口温度は -190℃ を下回らないように GN2 の流量調整を行う。

（4）　外部に設ける第 1 層の断熱は通常の発泡体などによる断熱構造とする。

（5）　タンク外槽は低温となるためにアルミ材などの低温材料とする。

以上をもとに下記の条件でシステム設計を行うことにする。

ここでは厳密な任意の時間・場所における微分形の局所平衡ではなく、簡略化のために図 16-10 によって時間および場所平均値での平衡条件で考える。タンクサイズは 30.6m 直径、VIS 適用前の BOR を 0.1%/day、0.2% day の 2 ケースとして、次のような条件と記号を与える。

ここで蒸気やガスの入り口、出口を意味する in および out は全て冷熱回収器での意味である。循環 GN2 の断熱層内の温度変化 $TNin$, $TNout$：パラメーターとしてシステム適合値を求める。

循環 GN2 の断熱層内の流路平均温度 TNm を入口出口の単純平均値として

$$TNm = (TNout + TNin)/2 \tag{16-14}$$

熱交内 GH2 の BOV の温度変化 THout，Thin：GH2 出口温度と GN2 との温度差を 10℃として熱交換器の様式で 2 ケース与える。

並流の場合： $THout=TNin-10$ (16-15)

向流の場合： $THout=TNout-10$ (16-16)

循環 GN2 と冷媒 GH2 の熱交内エンタルピー変化：等価熱量変換とする。

$$(THout-THin)c_{pH}W_H=(TNin-TNout)c_{pN}W_N \quad (16\text{-}17)$$

これから循環 GN2 の流量は

$$W_N=(THout-THin)c_{pH}W_H/(TNin-TNout)c_{pN} \quad (16\text{-}18)$$

タンク寸法：$D_L=30.6+2$ m，$Da=30.6+2+0.4$ m，$V=15,000$ m^3 として、諸元を以下のようにとる。

T_L：LH2 温度 -253℃，Ta：周囲温度 30℃，ka：外側第 1 層断熱熱貫流率、Aa：外側第 1 層断熱面積 3419 m^2、A_L：タンク側断熱面積 3337 m^2、W_N：GN2 の循環量、W_H：熱交での LH2 の流量、L_H：LH2 の蒸発潜熱 450.3 kJ/kg、c_{pN}：GN2 の定圧比熱 1.05 kJ/kgK、c_{pH}：GH2 の定圧比熱 11.9 kJ/kgK、ρ_H：LH2 密度 71 kg/m^3 とする。

次に原形タンクの k_L 値をスカートなど支持構造部からの入熱割合を 20% として BOR ベースで見積ると次式となる。

$$BOR=(Ta-T_L)k_LA_L\cdot 1.2\times 3600\times 24\times 100/(L_H\cdot V\rho_H)=k_L/0.0490 \text{ (\%/day)} \quad (16\text{-}19)$$

これから原形タンクの k_L 値が BOR ごとに次のように求まる。

$k_L=0.00490$ W/m^{2}K（BOR：0.1 %/day）、$k_L=0.00980$ W/m^{2}K（BOR：0.2 %/day）

同じく原形タンク LH2 の BOV 流量 BOV_{H0} を BOR から換算すると次のようになる。

$BOV_{H0}=V\cdot BOR\cdot\rho_H/(24\cdot 3600)=0.0124$ kg/s（BOR：0.1 %/day），0.0248 kg/s（BOR：0.2 %/day）

次にシステム全体の熱平衡式を作る。

$$(Ta-TNm)kaAa=(TNin-TNout)c_{pN}W_N+(TNm-T_L)k_LA_L \quad (16\text{-}20)$$

本式に式（16-14）、（16-15）あるいは（16-16）および（16-18）の関係を代入し、熱交での LH2 の流量 W_H を求めると VIS が成り立つための冷熱源、すなわち冷媒としての必要な LH2 の最低流量が次式から得られる。

$$W_H\geq[(Ta-TNm)kaAa-(TNm-T_L)k_LA_L]/[(THout-THin)c_{pH}] \text{ (kg/s)} \quad (16\text{-}21)$$

$THout$ として熱交様式ごとに式（16-15）あるいは（16-16）を代入すれば、それぞれの場合に応じて LH2 の必要最低流量が次式のようになる。

並流の場合：$W_H\geq[(Ta-TNm)kaAa-(TNm-T_L)k_LA_L]/[(TNin-10-THin)c_{pH}]$ (16-22)

向流の場合：$W_H\geq[(Ta-TNm)kaAa-(TNm-T_L)k_LA_L]/[(TNout-10-THin)c_{pH}]$ (16-23)

次にVIS適用によるLH2のBOV量BOV_Hは、支持構造からの入熱を同じく20％として次式で求まる。

$$BOV_H = (TNm - T_L)k_L A_L \times 1.2 / L_H \text{ (kg/s)} \quad (16\text{-}24)$$

式（16-22）あるいは（16-23）と式（16-24）を同時に満たすLH2の蒸発量が本システムの解であり、あるいは本システムが成り立つための$BOV_H \geq W_H$の条件をを満足する$TNout$, $TNin$の組み合わせが求まる。その時のBORは次式となる。

$$BOR = (TNm - T_L)k_L A_L \times 1.2 \times 3600 \times 24 / (L_H V \rho_H) \text{ (\%/day)} \quad (16\text{-}25)$$

原タンクのBOR、0.1％/dayおよび0.2％/dayに対して、外付する第1層断熱熱貫流率ka=0.05, 0.1および0.2 W/m²Kの各組み合わせで計算を行い、結果を向流の場合について以下のグラフ（図16-11、16-12、16-13および16-14）に示す。並流については付録に示した。

グラフにはGN2の熱交入り口温度$TNin$をベースとして次の諸量を示す。

① LH2のBOV速度、BOV（kg/s）
② LH2のBOR、BOR（％/day）
③ GN2の循環速度、WN（kg/s）
④ GN2の熱交出口温度（≒断熱層入り口温度）、TNout
⑤ GN2の断熱層入り口と出口の平均温度、TNm

原タンクのBORと外付け断熱の熱貫流率ごとに得られる新しいBORを次表に示した。

表16-2　LH2タンクにVIS適用によるBOR低減効果

原タンクのBOR（％/day）		0.1			0.2		
外付け断熱の熱貫流率 ka（W/m²K）		0.05	0.1	0.2	0.05	0.1	0.2
VIS適用BOR（％/day）	向流	0.07	0.08	不成立	0.10	0.13	0.16
	並流	0.07	0.08	不成立	0.12	0.14	0.16

熱交様式の向流と並流とでは向流のほうが有意差として低減は大きいが、オーダー的には大差はない。原タンクのBORが大きいほど低減率は大きく、例えば0.3％/day以上の場合には半減以上も期待される。

一例として原BORが0.2％/day、kaが0.05 W/m²Kの場合には上表および図16-13に示すようにBORは0.1％/dayに半減している。外付け断熱kaは低熱貫流率ほど効果が大きいが、厚さには船体構造上の制約を受けるから自ずから制限がある。上表に不成立で記すように逆にkaが大き過ぎると（低断熱の場合）本システムそのものが成り立たなくなる。

表中の着色部のケースについて以下のグラフを示す。並流については付録に示した。

（1）原タンクの BOR 0.1 %/day、向流

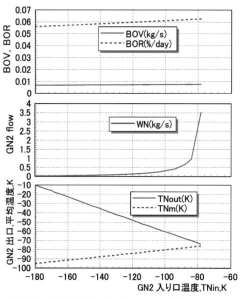

図 16-11　BOR 0.1 %/day, $ka=0.05$ W/m2K

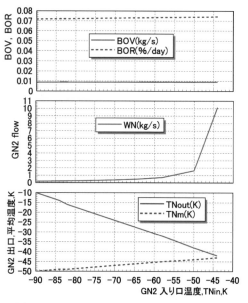

図 16-12　BOR 0.1 %/day, $ka=0.1$ W/m2K

（2）原タンクの BOR 0.2 %/day、向流

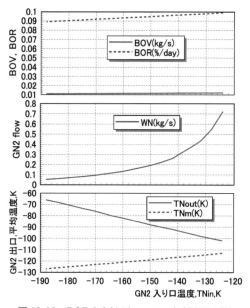

図 16-13　BOR 0.2 %/day, $ka=0.05$ W/m2K

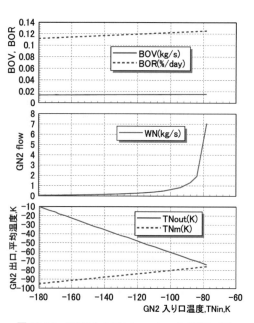

図 16-14　BOR 0.2 %/day, $ka=0.1$ W/m2K

16-5-5 加圧揚荷
（1）ヒーターパネル放射熱方式

LNG の場合の揚貨手段は通常 Submerged pump であるが、LH2 では極低温雰囲気での金属材料の問題、絶縁材料の問題などがあり、現存する LH2 ポンプは宇宙ロケット燃料の昇圧用の高圧、高回転のターボポンプである。搬送用の低圧大容量のものは未だ開発段階である[13][14]。そこで、ここでは回転機器を使わずにタンク内の昇圧水素蒸気によって圧送する方法を採用した。

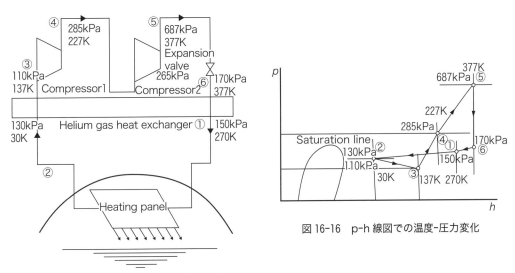

図 16-15　パネルヒーターによる昇圧システム

図 16-16　p-h 線図での温度-圧力変化

He ガス加熱装置による全体システム系統を図 16-15 に、He の p-h 線図上の温度、圧力の変化状態を図 16-16 に示した。加圧用の蒸気をつくる蒸発熱源として 16-5-2 項で述べた He ガスによる再液化装置を逆に加熱器として機能させるヒートポンプ方式を採用する。

すなわち圧縮機からの高温ヘリウム吐出ガスを利用して、タンク内に設けたヒーターパネルを加熱し、放射熱によって LH2 を昇温、蒸発して蒸気圧力上昇と蒸発蒸気メイクアップの双方からタンク内を昇圧するものである。圧縮機は 2 段とし、圧縮率も再液化サイクルと同一とする。タンクからの吸入ガスは吐出ガスとの熱交換によって、タンクからの極低温蒸気を加熱して断熱圧縮後に必要な吐出ガス温度を得る。膨張タービンに代わって減圧のための膨張弁を設けるが、ここでは等エンタルピー変化となり、ヘリウムガスの過熱度が大きいため完全ガスとして等温変化とみなした。

揚げ荷時間を 24 時間、ヘリウムガス流量は再液化時と同じく 468 kg/h、ヒーター入口と出口のヘリウムガス温度をそれぞれ 270K、30K とし、圧縮機入り口、出口での圧力は再液化サイクルの場合と同一とする。以上の条件で必要な装置要目を求めると

圧縮機動力：1 段、2 段合計 134 kW×1set、**ヒーターパネル容量**：216 kW×1set となる。

タンク内にメイクアップするガス圧力を 196 kPa、過熱度 5℃とすれば、2set からなるシステム全体の蒸気生成の容量倍率は 2.18 となり、LH2 の蒸発に寄与しない熱放射ロスなどを含めても十分の余裕率と言える。

（2） 強制蒸発器方式

（1）項のヒーターパネル方式とは別のLH2の強制蒸発と水素蒸気の圧入方式を図16-17に示した。これは貨物タンクとは独立に小型の加圧用LH2タンクを持ち、それにつながる蒸発器および小型の圧縮機から構成されるタンク加圧用システムである。この方式の場合、装置の容量は揚貨途中のタンク内での水素蒸気の凝縮現象、すなわちタンク内に圧送された水素ガスは飽和温度以下のタンク壁面および液体水素面で一部が凝縮することを考慮して決めねばならない。

まず壁面については、液面近傍の温度分布と凝縮熱平衡を考えることによりタンク頂点から緯度 ϕ なる位置での単位水平幅の凝縮量 W_t は次式で表される[15]。

$$W_t = \frac{0.812(t\lambda_t)^{\frac{3}{7}}}{L+c_p(T_V-T_S)} \left\{ \frac{L\lambda_L^3 \gamma_L^2 \sin\phi}{\mu_L(T_S-T_L)} \right\}^{\frac{1}{7}} (T_S-T_L) \qquad (16\text{-}26)$$

次に液化水素面では飽和温度の高い高圧のガスが低温の液に接するから、ここでも凝縮が生ずる。液自体の深さ方向の温度分布を考え、水平液表面にヌセルトの水膜理論を適用して凝縮熱平衡式を立てることにより、単位表面積あたりの凝縮量 W_L が次式で表される[15]。

$$W_L = \frac{-\lambda_L A_L \left(\frac{dT}{dx}\right)_{x=0} - q_{BL}}{L+c_p(T_V-T_S)} \qquad (16\text{-}27)$$

ただし、t：タンク板厚、λ_t：タンク熱伝導率、γ_L：液密度、μ_L：液粘性係数、λ_L：液熱伝導率、A_L：液表面積、T_L：液温度、$(dT/dx)_{x=0}$：液表面での温度傾き、q_{BL}：境界層からの流れこみ熱量、L：凝縮熱、c_P：ガス比熱、T_V：ガス温度、T_S：飽和温度である。

両面での凝縮速度の合計値の計算結果を Fig. 16-18 に示す。

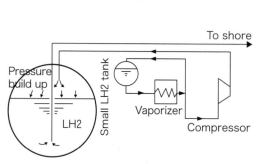

図16-17　蒸発器による強制蒸発と昇圧

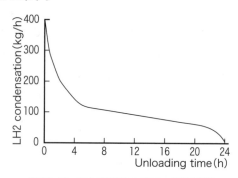

図16-18　加圧揚荷時の壁面・液面凝縮

16-5-6　バラスト航時のBOV処理

貨物積込みに先立って必要となるタンク冷却は、LH2の場合は温度レベルが低いこと、冷媒となるLH2の単位体積あたりの蒸発潜熱がLNG比1オーダー小さいことのためにより多くの冷媒と時間が必要になることが予想される。したがってバラスト航時に冷却に必要なLH2の使用量を見積もるためには、水素基地に到着後のタンク温度レベルがどの程度であるかということは重要な関心事である。換言すれば、高断熱のタンクの場合バラスト航時でもある程度の超低温

16-5 LH2ハンドリングシステム

維持効果が期待されるのではないかということである。

そこでバラスト航時のタンク内LH2の対応として、次の3つが考えられる。

(1) 自然蒸発に任せて、蒸発蒸気は主機で燃焼、あるいは昇温後燃料電池で発電し、船内給電に回す。
(2) 自然蒸発のままに任せて、再液化してタンクに戻す。
(3) 残液のままタンクを閉鎖し、蒸発蒸気はタンク内に蓄圧する。蓄圧蒸気は積地で陸へ戻す。

(1)については次節で述べ、(2)については前節にて論じた。そこで本節では(3)項の蓄圧の場合について検討し、10日後のタンク状態を見てみることにする。対象のタンクおよび断熱レベルとしては、11章で取り上げた小型タンクの球形タンク($D=14\,\mathrm{m}, V=1430\,\mathrm{m}^3$)と横置き円筒タンク($D=9.6\,\mathrm{m}, V=72\,\mathrm{m}^3/\mathrm{m}$)を対象に、残液量の液レベル10%として同章で述べた理論と諸条件のもとに荷揚げ後に閉鎖されたタンク系をモデル化し、新たに蓄圧計算を行い以下にそれぞれの結果を示す。本計算では液レベル10%が全過程において維持されると仮定しているので、実際はレベル低下と共に若干の変動があることを注記しておく。

グラフには次の諸量を時間変化として表している。

(1) タンク内のLH2蒸気の平均温度 Tv、液面の表面温度 Tt、およびLH2の平均温度 Tm、いずれもLH2の沸点からの変化温度(K)で表す。
(2) タンク内圧力、Pressure(Bar.G)
(3) 蓄圧中のタンク内での蒸発(+)あるいは凝縮(−)速度、Gev(kg/h)
(4) 蓄圧中にタンク内に累積されるVH2量、Gvt(kg)
(5) 残液内の時間を追った20hごとの垂直方向の温度変化と蓄圧開始240h後の液全体の温度分布。液中の流速ベクトルについては省略した。

11章の図11-20および図11-21の30%レベルの場合と比べると、温度上昇および圧力上昇がより大きいことが分かる。すなわち、残液量が小さいほど蓄圧の時の変化が大きい。球形と円筒ではタンクサイズが違うので一概には言えないが、円筒タンクの方が変化が大きいようである。

それぞれの7日間蓄圧後($20+24\times7=170$時間)の圧力上昇は、球および円筒でおよそ0.35 barおよび0.45 barである。液の平均温度上昇はおよそ1℃および1.3℃となる。気層部の平均温度上昇はやはり1℃のオーダーである。

液温度の上下方向分布は、最初の100時間程度は蓄圧特有の最高温度の表層から下方に行くにつれて低下する形であるが、時間と共に上下の温度差が小さくなり、ほぼ一様温度になることが分かる。低液位の一つの特徴である。

このように往航における温度上昇は1週間程度であれば1℃〜2℃のオーダーである。数字が小さいため貨物積み込み前の冷却は不要となろうが、これらの圧力上昇およびLH2の温度上昇量はLH2積み卸し航間の日数に左右されることである。また上昇許容値については最終的には本船、および陸上受け入れタンク設備との関連で判断することになる。

一方、7日間蓄圧後のLH2のBOV累積量はそれぞれのタンク様式で1950−1700=250 kg、105−75=30 kg/mとなる。再液化装置を運転すれば圧力、温度ともに上昇は止められ、さらにこれらのLH2をタンクに戻すことができる。

以下に球形タンクと横置き円筒タンクの場合の諸量を示す。

(1) 球形タンク

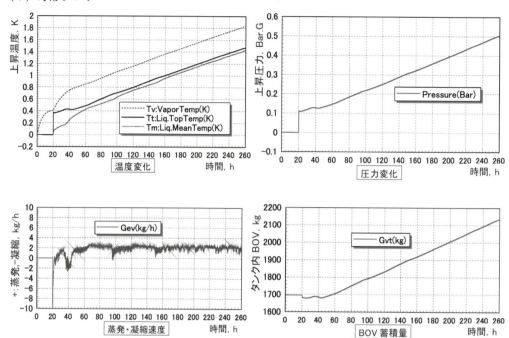

図 16-19　小型 LH2 球形タンク、液レベル 10 %、$k=0.003\ \mathrm{W/m^2K}$

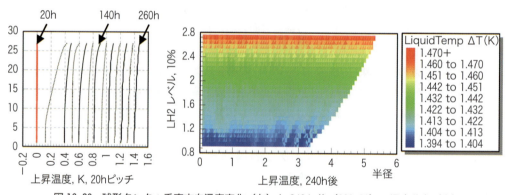

図 16-20　球形タンク：垂直方向温度変化（左）と 240 h 後（260-20）の温度分布（右）

（2）横置き円筒タンク

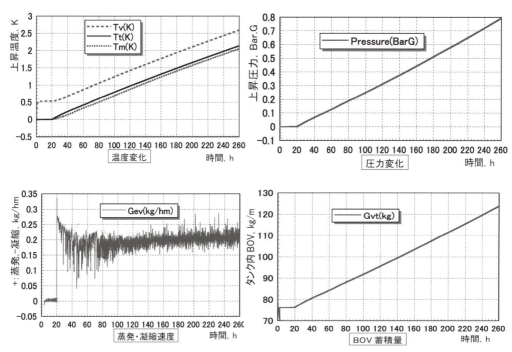

図 16-21　小型 LH2 横置き円筒タンク、液レベル 10 %、$k=0.003$ W/m^{2}K

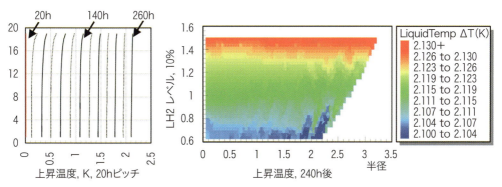

図 16-22　横置き円筒タンク：垂直方向温度変化（左）と 240 h 後（260-20）の温度分布（右）

16-5-7　燃料電池による発電と電力供給（LH2 および LNG）

最後に LH2 の BOV の有効活用の一手段として燃料電池での発電を取り上げる。燃料電池の特に固体高分子型 PEFC（あるいは PEMFC、FC カーや家庭用 FC に搭載）からみれば、LH2 からの蒸発水素ガスは全く不純物がない清純な燃料で、一酸化炭素ガスによる白金電極の被毒による起電力性能劣化もなく、これほど条件の揃った燃料はないわけである。そこで VIS によって BOV の冷熱の一部を回収し、若干の昇圧を行って温度が上昇した段階で再度加熱して、これを PEFC（PEM 型 FC）に誘導して発電を行うことにより、どれほどの発電ゲインがあるものかを見たい。システムの系統図を図 16-23[16][17] に示す。以降の系統図においては DC/AC 変換

のインバータは省略している。

燃料電池の直流出力 P_{DC}[17] は次式で計算される。

$$P_{DC}＝燃料流量×燃料の発熱量×発電効率 \quad (16\text{-}28)$$

燃料の発熱量は高位発熱量 HHV（燃料の発熱量に発生した水蒸気の凝縮潜熱を加えたもの）および低位発熱量 LHV（燃料の発熱量に水蒸気の凝縮潜熱を加えないもの）の2種類がある。

交流に変換した送電端出力 P_{AC} はこれに DC/AC のインバータの変換効率、および付属する補機類の電力消費が加わり

$$P_{AC}＝直流出力×交流変換効率 \quad (16\text{-}29)$$

となる。これから一般に我々が必要とする交流出力の大きさが得られる。本項では LH2 の場合に加えて、今まで触れなかった LNG のメタン改質の場合も含めた次の条件で数値計算を行う。

〔LH2 の場合〕

$$P_{AC}＝G_{H2}\cdot h_{LV}\cdot\eta_{FC}＝26/3600/2\ \text{kmol/s}\cdot 242,000\ \text{kJ/kmol}\cdot 0.4＝350\ \text{kW} \quad (16\text{-}30)$$

ただし G_{H2}：LH2 の BOV 流量、26 kg/h、h_{LV}：水素の低位発熱量 LHV、242,000 kJ/kmol、η_{FC}：PEFC の交流変換後の送電端効率 0.4（PEFC 単体の直流発電効率は LHV ベースで 0.5 程度である）[18]

一方 PEFC の場合には、電力出力に加えて化学反応で出てくる H_2O があり、温水が生産される。温水生産量 G_{HW} は電力変換以外の全エネルギーロスが熱に変換されるとして求める。ここで cw：水の比熱 4.18 kJ/kgK、ΔT：水の昇温度 20℃⇒80℃ である。

$$G_{HW}＝P_{AC}/\eta_{FC}(1.0-0.5)/(cw\Delta T)＝350/0.4(1-0.5)/[4.18(80\text{-}20)]＝1.74\ \text{kg/s},\ 6.3\ \text{ton/h} \quad (16\text{-}31)$$

すなわち電力とは別に 80℃ 程度の温水がおよそ 6 ton/h の割合で製造されることになる。この電力出力の大きさを他の機種と比較してみると、国内 T 社が 2016 年に発売した燃料電池車 FCV の FC 出力が同じ PEFC 型で 114 kW であるから、およそ 3 台分に相当するものである。また現在普及しつつある家庭用燃料電池[19]の出力が 0.7 kW レベルであることも本システムの大きさを想像する参考になる。

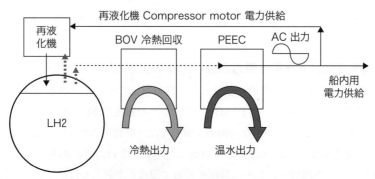

図 16-23 LH2 による PEFC 発電システム

先に述べた FC による発電力を 16-5-2 項で述べた再液化装置の動力源（消費電力 290 kW/26

kg/h）に利用するとすれば、単純計算で全蒸発量 26 kg/h を、再液化に 14.2 kg/h、発電に 11.8 kg/h 消費して再液化動力とする。すなわち全蒸発量の 11.8/26≒45 %程度を燃料とする FC の自家発電電力によって 55 %程度を再液化できることになる。諸ロスを勘案しても 5 割以上の再液化が可能となろう。

同じく 16-5-5 項で述べた加圧揚荷システムの場合には、He ガスによる 2 段圧縮ヒートポンプシステムの圧縮機動力 134 kW 用として 26 kg/h×134/350≒10 kg/h 程度の水素蒸気を揚荷中のタンクから抽出し、FC 用に消費して FC からの電力供給を行うことになる。

〔LNG の場合〕

一方 LNG の項で述べなかった件であるが、LNG の BOV を改質した上で燃料電池での活用が可能である。これについても本章で触れてみたい[20]。

この場合は直接に水素が得られないために、燃料電池の型としては BOV-LNG の超低温蒸気の冷熱を適当な形で有効回収[21]して常温まで昇温した LNG ガスとし、FC 内部で水素に改質した上で発電する固体酸化物型 SOFC になる。改質時の発生高温排ガスの利用まで行うと発電効率はより高くなる。排ガスによる 2 段階発電まで含めた全体の系統図を図 16-24 に示す。

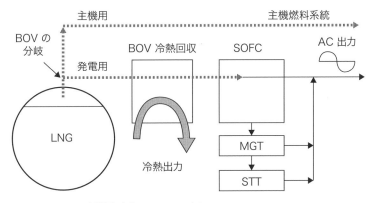

MGT : Micro gas turbine generator
STT : Steam turbine generator

図 16-24 LNG による SOFC 発電システム

一例として 120,000 m³型の LNGC で BOR が 0.15 %/day の場合を試算してみる。
諸数値は LNG の BOV での値である。

$$G_{CH_4}=120,000×0.0015/(24×3600)×450=0.937 \text{ kg/s}$$

BOV 中のメタン濃度を 90 %と仮定する。メタンの分子量 16 kg/kmol、メタンの発熱量 h_{LV}=802,500 kJ/kmol（LHV）、交流発電端効率 η_{FC}：0.5（SOFC 単体）、0.7（SOFC＋マイクロガスタービン＋水蒸気タービンのトリプルコンバインドサイクル[22][23]の場合）の 2 ケースで考える。交流発電出力 P_{AC} は

$$P_{AC}=G_{CH_4}·h_{LV}·\eta_{FC}$$
$$=0.937×0.9/16×802,500×0.5～0.7=21,100 \text{ kW}～29,600 \text{ kW}$$

と現状のSOFC能力をはるかに超えたものとなるが、現在開発段階のSOFCシステムレベル[18]の200 kWオーダーに合わせて用いるならば、BOVの数パーセント、例えば2％を燃料電池に回せば400 kW～600 kW程度の出力となり、本船搭載も現実的なものとなる。これで発電機エンジンからの排ガス中のSOxゼロによる本船内の電力需要への対応が可能となる。

この思想をさらに発展させてLNG燃料船に適用した場合の系統図を図16-25に示した。

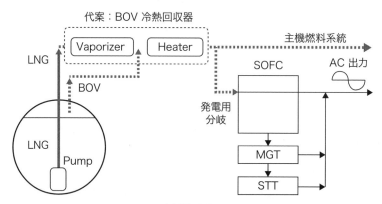

図16-25　LNG燃料船におけるSOFC発電システム

この図では主となるLNG燃料は燃料タンクからポンプで汲み出し、蒸発器（Vaporizer）によって気化した上で加熱器（Heater）によって常温まで昇温して主機燃料系統へと送る。タンクからの自然蒸発BOVは加熱器の前で合流させた上で強制LNG系統と一体化する。

この間に一部の常温LNG蒸気を分離して燃料電池系統へと導き、SOFCによる発電と同時にMGTおよびSTTによるトリプルコンバインドサイクルによって高出力を得ようとするものである。本システムのVaporizerおよびHeaterからなるLNGの蒸発および昇温過程はLNGの冷熱回収装置を組み込むことによって、超低温液体からの潜熱および顕熱の有効な冷熱回収をして熱機関あるいは冷凍機関の低温源として種々の装置・用途に活用[24][25][26][27]することが可能である。一方LH2の場合には、有している潜熱および顕熱を合わせての膨大な低温冷熱量と共に、−253℃という他では得難い極超低温に注目すると、これらの利用は液化に消費した大きな電力の回収、ならびに低温エネルギーの有効活用の点から有意義なことである。例えば空気分離装置[28]、ヘリウム液化装置[29]などの機器と組み合わせたシステムが考えられる。

以上のLH2タンクとしての諸機能をまとめて図16-26に示した。タンクの頂部にLNGにない諸機器が搭載されるが、LH2の熱膨張係数がLNGの約5倍と大きいために積み付け率は90％を超えることはできない。このために気層部の空間に余裕があることを利用する。スロッシングなどの衝撃圧に対してはLH2の密度がLNGの約1/7と小さいために有利となる。

16-5 LH2 ハンドリングシステム

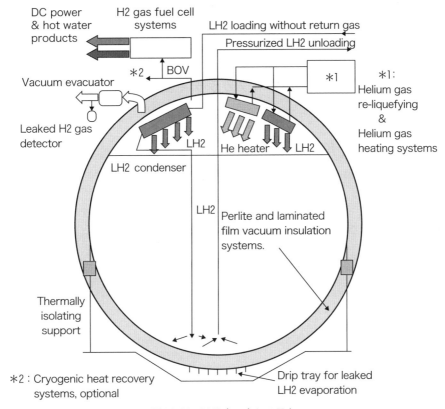

図 16-26 LH2 タンクシステム

付　　録

第10章　付録1　純粋成分のフガシティ式

自由エンタルピー g の変化 dg は次式で表される。

理想気体 (id) の等温変化： $dg_{id} = A v_{id} dP = AR_0 T d\ln P$ 　　　　　(1)

実際気体 (act) の等温変化（P の代わりにフガシティ f を用いる）：

$$dg_{act} = A v_{act} dP = AR_0 T d\ln f \tag{2}$$

ただし、A：仕事の熱当量

両式を積分すれば

$$\int_{p_0}^{p} v_{id} dP = R_0 T \ln \frac{P}{p_0} \tag{3}$$

$$\int_{p_0}^{p} v_{act} dP = R_0 T \ln \frac{f}{f_0} \tag{4}$$

式（4）－式（3）

$$R_0 T \ln \frac{f}{f_0} - R_0 T \ln \frac{P}{p_0} = \int_{p_0}^{p} (v_{act} - v_{id}) dP \tag{5}$$

あるいは式を変形して

$$R_0 T \ln \frac{f}{p} - R_0 T \ln \frac{p_0}{f_0} = \int_{p_0}^{p} (v_{act} - v_{id}) dP \tag{6}$$

$p_0 \to 0$ において $f_0 \to p_0$ であるから、$v_{act} = v$, $v_{id} = \dfrac{R_0 T}{P}$ で表せば、

$p_0 \to 0$ の極限においては式（6）は次になる。

$$R_0 T \ln \frac{f}{p} = \int_0^p \left[v - \frac{R_0 T}{P} \right] dP \tag{7}$$

本式の v の値として実際気体の状態式を代入し、右辺を計算すればフガシティの値を求めることができる。しかしながら状態式を表す場合、気体の比容積 v より圧力 P の形のほうが便利であり実用的である。そこで、式（7）の右辺の vdP を Pdv の形に等価変換することを考える。

$$\int_{p_0}^{p} v dP = \int_{p_0}^{p} d(Pv) - \int_{v_0}^{v} P dv = Pv - P_0 v_0 - \int_{v_0}^{v} P dv = Pv - R_0 T - \int_{v_0}^{v} P dv \tag{8}$$

∵理想気体（添え字0）では $P_0 v_0 = R_0 T$

第10章 付録1 純粋成分のフガシティ式

式（8）の関係を用いて式（7）を変形すれば、次のようになる。

$$\ln\frac{f}{P} = \frac{1}{R_0 T}\int_0^P \left[v - \frac{R_0 T}{P}\right]dP$$

$$= \frac{1}{R_0 T}\lim_{P_0 \to 0}\left[\int_{p_0}^{p} v\,dP - R_0 T \ln\frac{p}{p_0}\right]$$

$$= \frac{1}{R_0 T}\lim_{P_0 \to 0}\left[Pv - R_0 T - \int_{v_0}^{v} P\,dv - R_0 T \ln\frac{p}{p_0}\right]$$

$$= \frac{1}{R_0 T}\lim_{P_0 \to 0}\left[Pv - R_0 T - \int_{v_0}^{v}\left[P - \frac{R_0 T}{v}\right]dv - \int_{v_0}^{v}\frac{R_0 T}{v}dv - R_0 T \ln\frac{p}{p_0}\right]$$

$$= \lim_{P_0 \to 0}\left[\frac{Pv}{R_0 T} - 1 - \frac{1}{R_0 T}\int_{v_0}^{v}\left[P - \frac{R_0 T}{v}\right]dv - \ln\frac{v}{v_0} - \ln\frac{p}{p_0}\right]$$

$$= \frac{Pv}{R_0 T} - 1 - \frac{1}{R_0 T}\int_{\infty}^{v}\left[P - \frac{R_0 T}{v}\right]dv - \ln\frac{Pv}{R_0 T} \tag{9}$$

したがって、フガシティ f は次式で表される。

$$\ln f = \frac{1}{R_0 T}\int_v^{\infty}\left[P - \frac{R_0 T}{v}\right]dv - \ln\frac{v}{R_0 T} + \frac{Pv}{R_0 T} - 1 \tag{10}$$

第10章 付録2 多成分のフガシティ式

実際気体の等温変化のときの自由エンタルピーの変化式から成分 i について次式が導かれる。

$$R_0 T d ln f_i = V_i dP = \left(\frac{\partial n V_i}{\partial n_i}\right) dP \tag{1}$$

しかるに一般に3個の状態量（ここでは nV_i, n_i, P）の間で $P=f(nV_i, n_i)$ のとき、それぞれの偏微分係数の間には次の chain rule がある[1][2][3]。

$$\frac{\partial n V_i}{\partial n_i} \cdot \frac{\partial n_i}{\partial P} \cdot \frac{\partial P}{\partial n V_i} = -1 \tag{2}$$

したがって、

$$\left(\frac{\partial n V_i}{\partial n_i}\right) dP = -\left(\frac{\partial P}{\partial n_i}\right) d(n V_i) \tag{3}$$

これを式（1）の右辺に代入し、得られる式の両辺に $R_0 T d ln(V_i/R_0 T)$ を加えれば次式になる。

$$R_0 T d\left(ln \frac{f_i V_i}{R_0 T}\right) = -\left(\frac{\partial P}{\partial n_i}\right) d(nV_i) + R_0 T d\left(ln \frac{V_i}{R_0 T}\right)$$

$$= \left[-\left(\frac{\partial P}{\partial n_i}\right) + \frac{R_0 T}{n V_i}\right] d(nV_i) \tag{4}$$

ここで、

$$\lim_{V_i \to \infty} ln \frac{f_i V_i}{R_0 T} = \lim_{P \to 0} ln \frac{f_i}{P} = ln y_i \tag{5}$$

であるから、式（4）の両辺を積分して式（5）の関係を用いれば、次式を得る。

左辺：
$$R_0 T \int_{V_i}^{\infty} dln \frac{f_i V_i}{R_0 T} = R_0 T \left[ln \frac{f_i V_i}{R_0 T}\right]_{V_i}^{\infty} = R_0 T ln y_i - R_0 T ln \frac{f_i V_i}{R_0 T}$$

$$= -R_0 T ln \frac{f_i}{y_i} - R_0 T ln \frac{V_i}{R_0 T} \tag{6}$$

よって、

$$R_0 T ln \frac{f_i}{y_i} = \int_{V_i}^{\infty} \left(\frac{\partial P}{\partial n_i} - \frac{R_0 T}{nV_i}\right) d(nV_i) - R_0 T ln \frac{V_i}{R_0 T} \tag{7}$$

いま、$nV_i = V$（全体積）で表し、$ny_i = n_i$ なる関係を用いれば式（7）は次のようになる。

$$R_0 T ln f_i = \int_{V}^{\infty} \left\{\left[\frac{\partial P}{\partial n_i}\right]_{T, V, n_j \neq i} - \frac{R_0 T}{V}\right\} dV - R_0 T\, ln \frac{V}{n_i R_0 T} \tag{8}$$

第10章　付録3　BWRの状態式を用いたフガシティの表示-1

液相、気相の各成分の組成比率を x_i、y_i、モル数を一般的に n_i、全モル数を n とすれば各組成モル分率は次のように表される。

$$x_i \text{ or } y_i = \frac{n_i}{n} \tag{1}$$

したがって、BWRの状態式の中の定数項は次式で表される。

$$\left.\begin{aligned}
B_0 &= \frac{(\sum n_i B_{0i})}{n} \\
A_0 &= \frac{(\sum n_i^2 A_{0i} + \sum\sum M_{ij} n_i n_j A_{0i} A_{0j})}{n^2} \\
C_0 &= \frac{\left(\sum n_i C_{0i}^{\frac{1}{2}}\right)^2}{n^2} \\
b &= \frac{\left(\sum n_i b_i^{\frac{1}{3}}\right)^3}{n^3} \\
a &= \frac{\left(\sum n_i a_i^{\frac{1}{3}}\right)^3}{n^3} \\
c &= \frac{\left(\sum n_i c_i^{\frac{1}{3}}\right)^3}{n^3} \\
\alpha &= \frac{\left(\sum n_i \alpha_i^{\frac{1}{3}}\right)^3}{n^3} \\
\gamma &= \frac{\left(\sum n_i \gamma_i^{\frac{1}{2}}\right)^2}{n^2}
\end{aligned}\right\} \tag{2}$$

次にBWRの状態式において全体積を $\bar{v}$、モル数あたりの体積を v とすれば

$$\bar{v} = nv \tag{3}$$

$$\rho = \frac{1}{v} = \frac{n}{\bar{v}} \tag{4}$$

となり、このときBWR式は次のように表されることになる。

$$P = \frac{nR_0 T}{\bar{v}} + \frac{n^2\left[B_0 R_0 T - A_0 - \frac{C_0}{T^2}\right]}{\bar{v}^2} + \frac{n^3(bR_0 T - a)}{\bar{v}^3} + \frac{n^6 a\alpha}{\bar{v}^6} + \frac{n^3 c}{T^2 \bar{v}^3}\left[1 + \frac{n^2\gamma}{\bar{v}^2}\right]\exp\left[-\frac{n^2\gamma}{\bar{v}^2}\right]$$

$$
= \frac{nR_0T}{\bar{v}} + \frac{1}{\bar{v}^2}\left[n\sum n_iB_{0i}R_0T - \sum n_i^2 A_{0i} - \sum\sum M_{ij}n_in_jA_{0i}^{\frac{1}{2}}A_{0j}^{\frac{1}{2}} - \frac{\left(\sum n_iC_{0i}^{\frac{1}{2}}\right)^2}{T^2}\right]
$$

$$
+ \frac{1}{\bar{v}^3}\left\{\left(\sum n_ib_i^{\frac{1}{3}}\right)^3 R_0T - \left(\sum n_ia_i^{\frac{1}{3}}\right)^3\right\} + \frac{1}{\bar{v}^6}\left\{\left(\sum n_ia_i^{\frac{1}{3}}\right)^3\left(\sum n_i\alpha_i^{\frac{1}{3}}\right)^3\right\}
$$

$$
+ \frac{\left(\sum n_ic_i^{\frac{1}{3}}\right)^3}{T^2\bar{v}^3}\left\{1 + \frac{\left(\sum n_i\gamma_i^{\frac{1}{2}}\right)^2}{\bar{v}^2}\right\}\exp\left\{-\frac{\left(\sum n_i\gamma_i^{\frac{1}{2}}\right)^2}{\bar{v}^2}\right\} \tag{5}
$$

式（5）を本文の式（10-9）に代入し整理すれば，フガシティが温度と密度の関数として表される．すなわち液相については次式となる．

$$
R_0T\ln\frac{f_i}{x_i} = R_0T\ln\rho R_0T + \left\{(B_0 + B_{0i})R_0T - \frac{2(C_0C_{0i})^{\frac{1}{2}}}{T^2} - 2x_iA_{0i} - \sum_{\substack{j\\j\neq i}}M_{ij}x_j(A_{0i}A_{0j})^{\frac{1}{2}}\right\}\rho
$$

$$
+ \frac{3}{2}\left[(b^2b_i)^{\frac{1}{3}}R_0T - (a^2a_i)^{\frac{1}{3}}\right]\rho^2 + \frac{3}{5}\left\{a(a^2\alpha_i)^{\frac{1}{3}} + \alpha(a^2a_i)^{\frac{1}{3}}\right\}\rho^5 + \frac{3\rho^2}{T^2}(c^2c_i)^{\frac{1}{3}}\left[\frac{1-e^{-\gamma\rho^2}}{\gamma\rho^2} - \frac{e^{-\gamma\rho^2}}{2}\right]
$$

$$
- \frac{2\rho^2c}{T^2}\left[\frac{\gamma_i}{\gamma}\right]^{\frac{1}{2}}\left[\frac{1-e^{-\gamma\rho^2}}{\gamma\rho^2} - e^{-\gamma\rho^2} - \frac{\gamma\rho^2e^{-\gamma\rho^2}}{2}\right] \tag{6}
$$

気相についても式（6）の中の x_i を y_i と置いて同様の式が成り立つ．式（6）の誘導は付録4に示す．

第10章 付録4 BWRの状態方程式を用いたフガシティの表示-2

付録3の式(5)で表される状態式を本文の式(10-9)に代入して、フガシティを温度と密度の関数として表す。式(10-9)の右辺の第一項は次のように表せる。

ただし、ここでは式(10-9)の全体積Vを付録3に合わせて$\bar{v}$で表わしている。

$$\int_v^\infty \left[\left[\frac{\partial P}{\partial n_i}\right]_{\tau,v,n_{j\neq i}} - \frac{R_0 T}{\bar{v}}\right]d\bar{v} = \int_v^\infty \left[\overset{①}{\frac{R_0 T}{\bar{v}}} + \frac{1}{\bar{v}^2}\overset{②}{\left\{R_0 T(\sum n_i B_{0i} + nB_{0i}) - 2n_i A_{0i}\right.}\right.$$

$$\left. - \sum M_{ij} n_j (A_{0i} A_{0j})^{\frac{1}{2}} - \frac{2\left(\sum n_i C_{0i}^{\frac{1}{2}}\right)C_{0i}^{\frac{1}{2}}}{T^2}\right\}\overset{②}{} + \frac{1}{\bar{v}^3}\overset{③}{\left\{3R_0 T\left(\sum n_i b_i^{\frac{1}{3}}\right)^2 b_i^{\frac{1}{3}} - 3\left(\sum n_i a_i^{\frac{1}{3}}\right)^2 a_i^{\frac{1}{3}}\right\}}$$

$$+ \frac{1}{\bar{v}^6}\overset{④}{\left\{3\left(\sum n_i a_i^{\frac{1}{3}}\right)^2 a_i^{\frac{1}{3}}\left(\sum n_i \alpha_i^{\frac{1}{3}}\right)^3 + 3\left(\sum n_i a_i^{\frac{1}{3}}\right)^3\left(\sum n_i \alpha_i^{\frac{1}{3}}\right)^2 \alpha_i^{\frac{1}{3}}\right\}}$$

$$+ \frac{1}{T^2 \bar{v}^3}\overset{⑤}{\left\{3\left(\sum n_i c_i^{\frac{1}{3}}\right)^2 c_i^{\frac{1}{3}}\left[1 + \frac{\left(\sum n_i \gamma_i^{\frac{1}{2}}\right)^2}{\bar{v}^2}\right]\exp\left\{-\frac{\left(\sum n_i \gamma_i^{\frac{1}{2}}\right)^2}{\bar{v}^2}\right\} + \left(\sum n_i c_i^{\frac{1}{3}}\right)^3 \frac{2\left(\sum n_i \gamma_i^{\frac{1}{2}}\right)\gamma_i^{\frac{1}{2}}}{\bar{v}^2}\exp\left\{-\frac{\left(\sum n_i \gamma_i^{\frac{1}{2}}\right)^2}{\bar{v}^2}\right\}}\right.$$

$$\left. + \left(\sum n_i c_i^{\frac{1}{3}}\right)^3 \left[1 + \frac{\left(\sum n_i \gamma_i^{\frac{1}{2}}\right)^2}{\bar{v}^2}\right]\left(\frac{-2\left(\sum n_i \gamma_i^{\frac{1}{2}}\right)\gamma_i^{\frac{1}{2}}}{\bar{v}^2}\right)\exp\left(-\frac{\left(\sum n_i \gamma_i^{\frac{1}{2}}\right)^2}{\bar{v}^2}\right)\right\}\overset{⑤}{} - \overset{①}{\frac{R_0 T}{\bar{v}}}\right]d\bar{v}$$

$$= \int_v^\infty \left[\overset{①}{\frac{R_0 T}{nv}} + \frac{1}{n^2 v^2}\overset{②}{\left\{R_0 T(\sum nx_i B_0 + nB_{0i}) - 2nx_i A_{0i} - \sum nM_{ij}x_j(A_{0i}A_{0j})^{\frac{1}{2}} - \frac{2C_{0i}^{\frac{1}{2}}\sum nx_i C_{0i}^{\frac{1}{2}}}{T^2}\right\}}\right.$$

$$+ \frac{1}{n^3 v^3}\overset{③}{\left\{3R_0 T b_i^{\frac{1}{3}}\left(\sum nx_i b_i^{\frac{1}{3}}\right)^2 - 3a_i^{\frac{1}{3}}\left(\sum nx_i a_i^{\frac{1}{3}}\right)^2\right\}}$$

$$+ \frac{1}{n^6 v^6}\overset{④}{\left\{3a_i^{\frac{1}{3}}\left(\sum nx_i a_i^{\frac{1}{3}}\right)^2\left(\sum nx_i \alpha_i^{\frac{1}{3}}\right)^3 + 3\alpha_i^{\frac{1}{3}}\left(\sum nx_i a_i^{\frac{1}{3}}\right)^3\left(\sum nx_i \alpha_i^{\frac{1}{3}}\right)^2\right\}}$$

$$+ \frac{1}{n^3 T^2 v^3}\overset{⑤}{\left\{3c_i^{\frac{1}{3}}\left(\sum nx_i c_i^{\frac{1}{3}}\right)^2\left[1 + \frac{\left(\sum nx_i r_i^{\frac{1}{2}}\right)^2}{n^2 v^2}\right] + 2r_i^{\frac{1}{2}}\left(\sum nx_i c_i^{\frac{1}{3}}\right)^3 \frac{\sum nx_i r_i^{\frac{1}{2}}}{n^2 v^2}}\right.$$

$$\left. - 2r_i^{\frac{1}{2}}\left(\sum nx_i c_i^{\frac{1}{3}}\right)^3\left[1 + \frac{\left(\sum nx_i r_i^{\frac{1}{2}}\right)^2}{n^2 v^2}\right]\frac{\sum nx_i r_i^{\frac{1}{2}}}{n^2 v^2}\right\}\exp\left\{-\frac{\left(\sum nx_i r_i^{\frac{1}{2}}\right)^2}{n^2 v^2}\right\}\overset{⑤}{} - \overset{①}{\frac{R_0 T}{nv}}\right]ndv$$

$$= \int_v^\infty \left[\frac{1}{v^2}\left\{R_0 T(B_0 + B_{0i}) - 2x_i A_{0i} - \sum M_{ij} x_j (A_{0i}A_{0j})^{\frac{1}{2}} - \frac{2(C_{0j}C_0)^{\frac{1}{2}}}{T^2}\right\}\right.$$

$$+ \frac{3}{v^3}\left[R_0 T b_i^{\frac{1}{3}} b^{\frac{2}{3}} - a_i^{\frac{1}{3}} a^{\frac{2}{3}}\right] + \frac{3}{v^6}\left[a_i^{\frac{1}{3}} a^{\frac{2}{3}} \alpha + a_i^{\frac{1}{3}} a \alpha^{\frac{2}{3}}\right]$$

$$\left. + \frac{1}{T^2 v^3}\left\{3c_i^{\frac{1}{3}} c^{\frac{2}{3}}\left[1 + \frac{\gamma}{v^2}\right] + 2\gamma_i^{\frac{1}{2}} c \frac{\gamma^{\frac{1}{2}}}{v^2} - 2\gamma_i^{\frac{1}{2}} c\left[1 + \frac{\gamma}{v^2}\right]\frac{\gamma^{\frac{1}{2}}}{v^2}\right\}\exp\left(-\frac{\gamma}{v^2}\right)\right]dv$$

ここで、$v=1/\rho$ などの関係式を用いて積分を行うとそれぞれ次のようになる。

$$\int_v^\infty X dv = -\int_\rho^0 X \frac{d\rho}{\rho^2} = \int_0^\rho \frac{X}{\rho^2} d\rho$$

$$\int_0^\rho \rho e^{-\gamma\rho^2} d\rho = \left[-\frac{1}{2\gamma} e^{-\gamma\rho^2}\right]_0^\rho = \frac{1}{2\gamma} - \frac{1}{2\gamma} e^{-\gamma\rho^2}$$

$$\int_0^\rho \rho^3 e^{-\gamma\rho^2} d\rho = \left[\frac{\rho^2 e^{-\gamma\rho^2}}{2\gamma} - \frac{e^{-\gamma\rho^2}}{2\gamma^2}\right]_0^\rho = \frac{1}{2\gamma}\left[\frac{1-e^{-\gamma\rho^2}}{\gamma} - \rho^2 e^{-\gamma\rho^2}\right]$$

$$\int_0^\rho \rho^5 e^{-\gamma\rho^2} d\rho = \frac{1}{\gamma^2}\left[\frac{1-e^{-\gamma\rho^2}}{\gamma} - \frac{\gamma\rho^4 e^{-\gamma\rho^2}}{2} - \rho^2 e^{-\gamma\rho^2}\right]$$

$$R_0 T \ln \frac{v}{n_i R_0 T} = R_0 T \ln \frac{\bar{v}}{n_i R_0 T} = R_0 T \ln \frac{nv}{n_i R_0 T} = R_0 T \ln \frac{1}{x_i \rho R_0 T} \text{ or } R_0 T \ln \frac{1}{y_i \rho R_0 T}$$

これらの関係式を式（10-9）に代入し、整理すれば付録3の式（6）が得られる。

$$R_0 T \ln \frac{f_i}{x_i \text{ or } y_i} = R_0 T \ln \rho R_0 T + \left[(B_0 + B_{0i})R_0 T - \frac{2(C_0 C_{0i})^{\frac{1}{2}}}{T^2} - 2x_i A_{0i} - \sum_{\substack{j \\ j \neq i}} M_{ij} x_j (A_{0i} A_{0j})^{\frac{1}{2}}\right]\rho$$

$$+ \frac{3}{2}\left[(b^2 b_i)^{\frac{1}{3}} R_0 T - (a^2 a_i)^{\frac{1}{3}}\right]\rho^2 + \frac{3}{5}\left[a(a^2 \alpha_i)^{\frac{1}{3}} + \alpha(a^2 a_i)^{\frac{1}{3}}\right]\rho^5$$

$$+ \frac{3\rho^2}{T^2}(c^2 c_i)^{\frac{1}{3}}\left[\frac{1-e^{-\gamma\rho^2}}{\gamma\rho^2} - \frac{e^{-\gamma\rho^2}}{2}\right] - \frac{2\rho^2 c}{T^2}\left[\frac{\gamma_i}{\gamma}\right]^{\frac{1}{2}}\left[\frac{1-e^{-\gamma\rho^2}}{\gamma\rho^2} - e^{-\gamma\rho^2} - \frac{\gamma\rho^2 e^{-\gamma\rho^2}}{2}\right]$$

第11章 付録1：LNG、4タンク形式、大型・小型タンク、高液位・低液位の各種別蓄圧計算

LNG-3：（1）大型球形タンク：高液位－70時間－液位変化（98、90、80％）

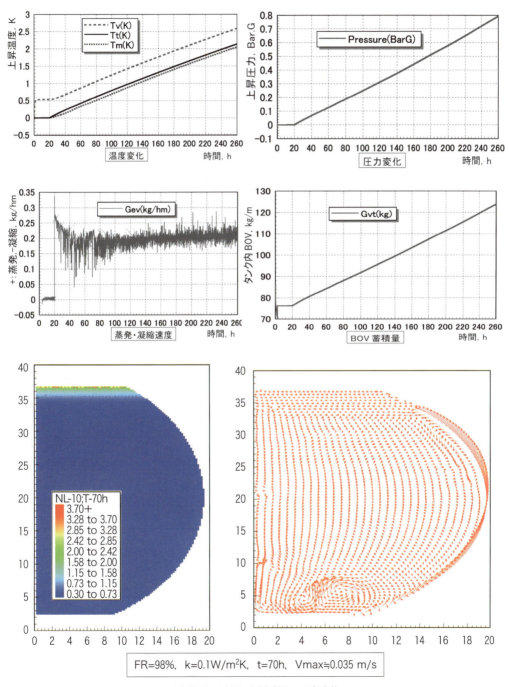

図11-1　LNG-大型球形－：高液位

LNG-3：(2) 大型横置き円筒タンク：高液位－70時間－液位変化（98、90、80％）

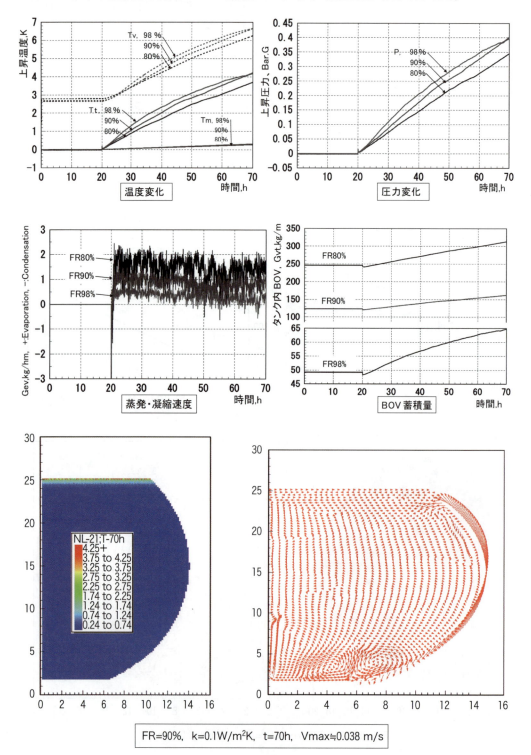

図11-2　LNG-大型横置き円筒-高液位

第11章 付録1：LNG、4タンク形式、大型・小型タンク、高液位・低液位の各種別蓄圧計算 *343*

LNG-3：（3）大型縦置き円筒タンク：高液位－70時間－液位変化（98、90、80％）

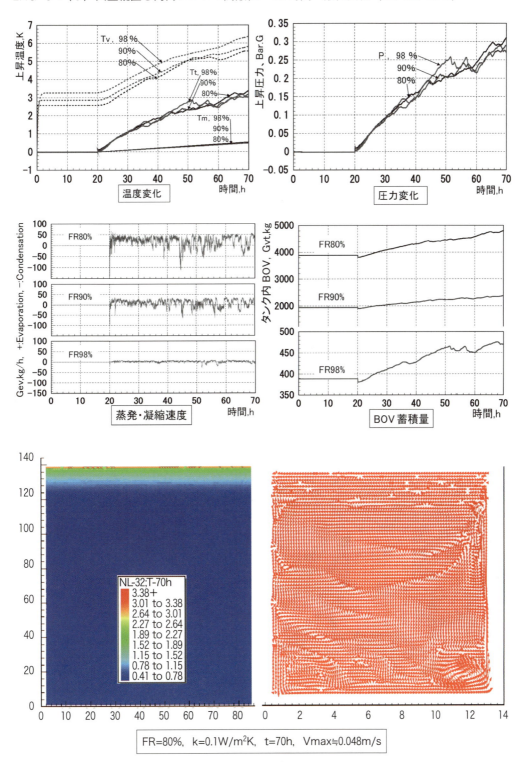

FR=80%, k=0.1W/m²K, t=70h, Vmax≒0.048m/s

図11-3　LNG-大型縦置き円筒-高液位

LNG-3：(4) 大型 SPB：高液位－70 時間－液位変化（98、90、80％）

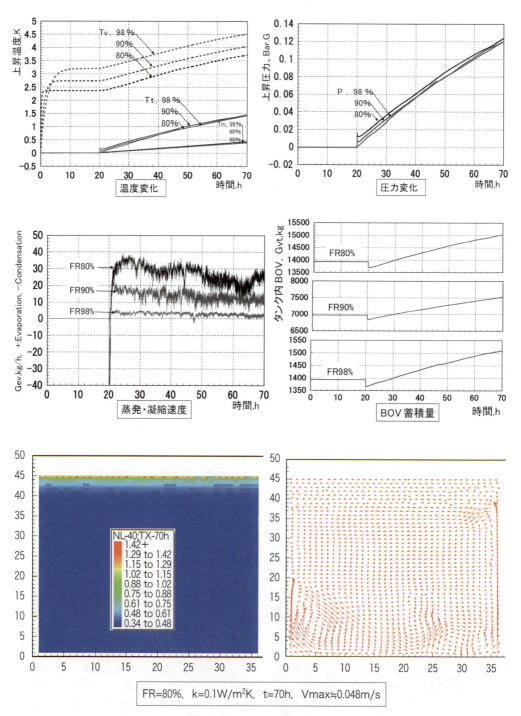

図 11-4　LNG-大型 SPB-高液位

第11章 付録1：LNG、4タンク形式、大型・小型タンク、高液位・低液位の各種別蓄圧計算 345

LNG-4：（1）小型球形タンク：高液位－長時間－液位変化（98、90、80%）

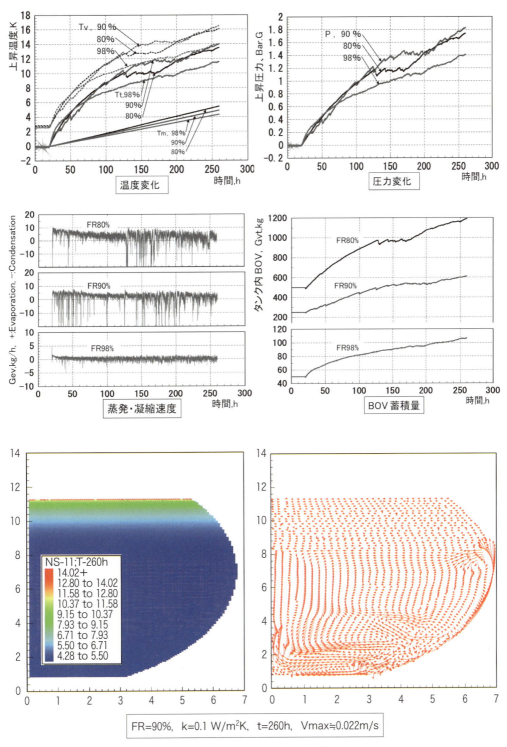

図11-5　LNG-小型球形-高液位

LNG-4：（2）小型横置き円筒タンク：高液位－長時間－液位変化（98、90、80％）

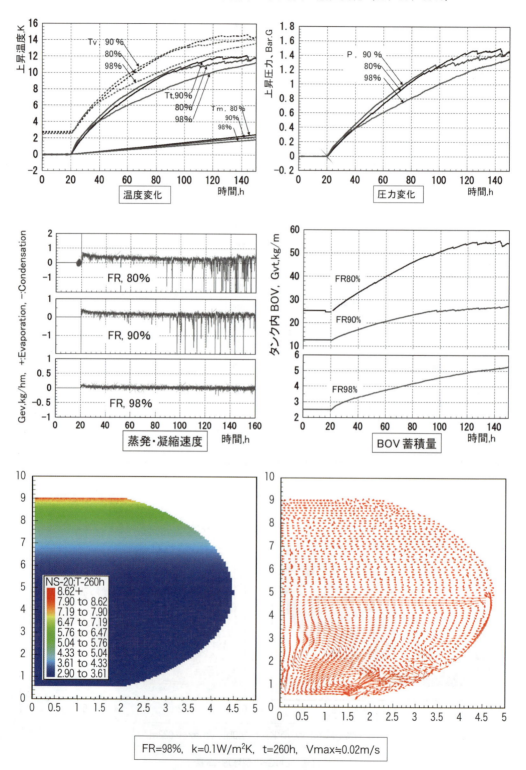

図11-6　LNG-小型横置き円筒-高液位

LNG-4：(3) 小型縦置き円筒タンク：高液位－長時間－液位変化（98、90、80%）

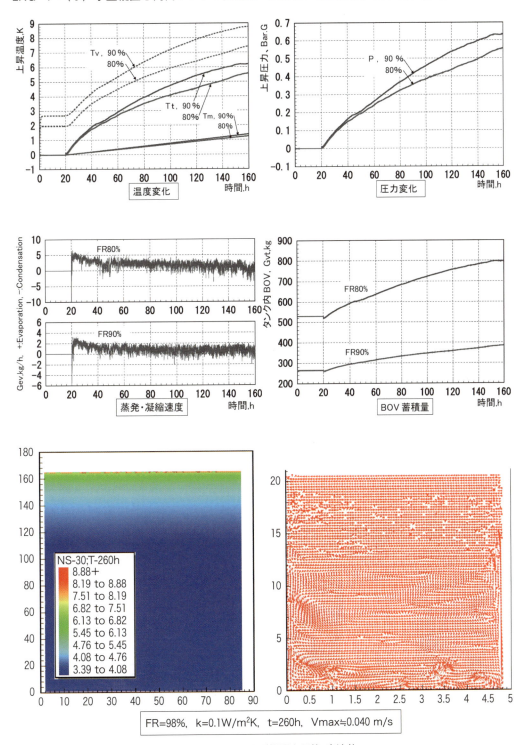

図11-7　LNG-小型縦置き円筒-高液位

LNG-4：(4) 小型 SPB：高液位－長時間－液位変化（98、90、80％）

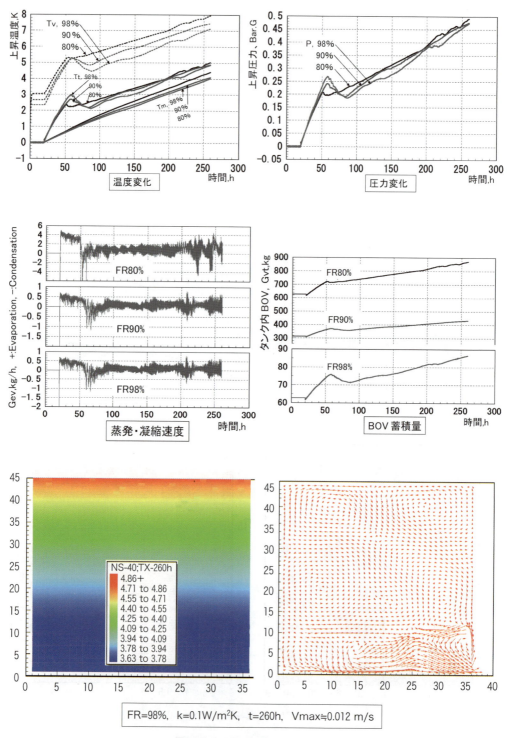

図 11-8　LNG-小型 SPB-高液位

LNG-6：(1) 小型球形タンク：低液位－長時間－液位変化（30、20、10％）

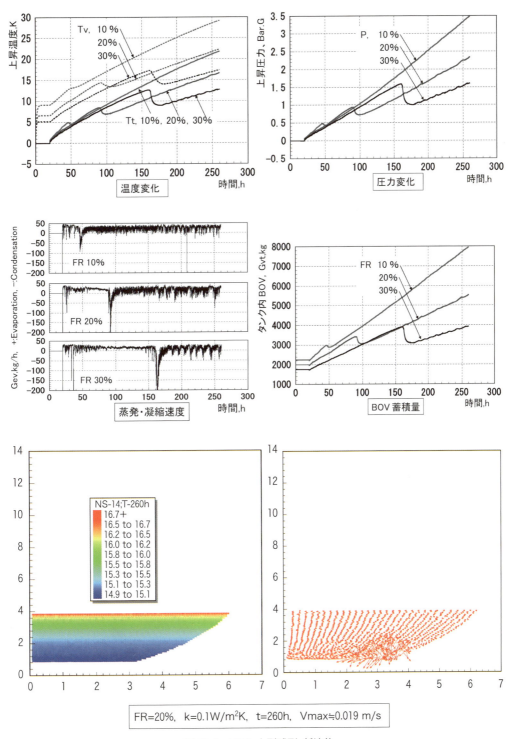

図11-9　LNG-小型球形-低液位

LNG-6:(2)小型横置き円筒タンク:低液位ー長時間ー液位変化(30、20、10%)

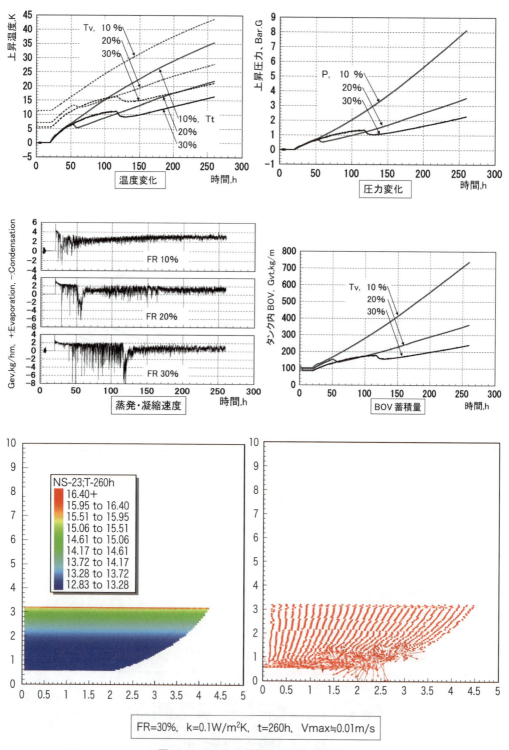

図11-10 LNG-小型横置き円筒-低液位

LNG-6:(3) 小型縦置き円筒タンク:低液位-長時間-液位変化(30、20、10%)

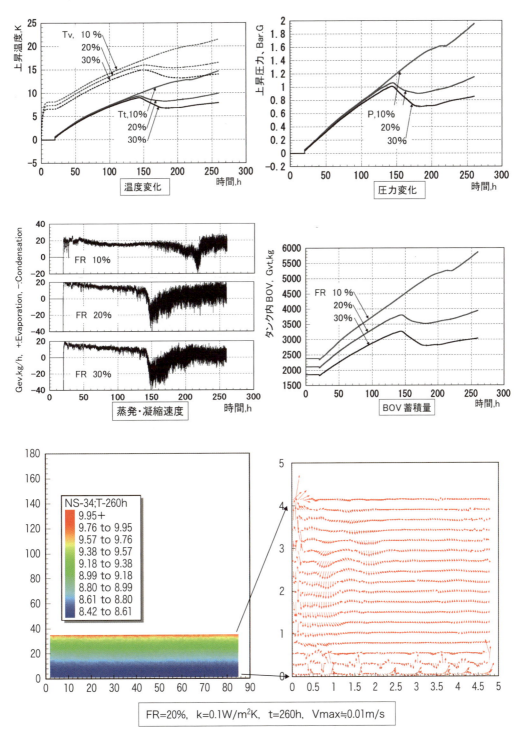

図11-11　LNG-小型縦置き円筒-低液位

LNG-6:(4)小型 SPB タンク:低液位-長時間-液位変化(30、20、10%)

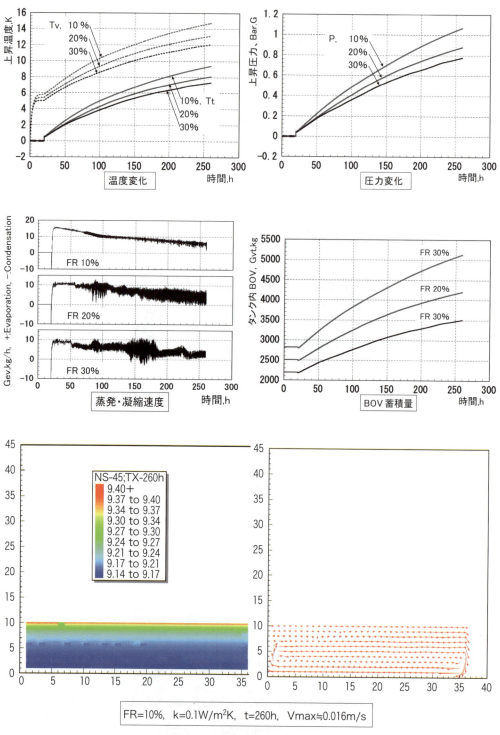

図 11-12　LNG-小型 SPB-低液位

第11章 付録2：蓄圧時の熱流動モデルと伝導主体モデルの特徴

蓄圧時の伝熱モデルとして考えられる熱流動モデルと伝導主体モデルの2方法について、特徴をまとめると次表のようになる。

表11-1 液層のモデル化とタンクへの適用

計算様式	特徴	温度分布	流速分布	難易度	計算時間	再現性
流動方式（全領域を流動計算する）	タンク全体の流動様子が把握できる タンク下部の様子も把握できる Navier-Stokes 方程式を解くために計算時間が長くかかる 曲面タンクではBFCシステムとなるために複雑なプログラムを組む必要がある 簡易法ではない	全時間、全領域で見られる 伝導モデルとの違いが出ることある	全時間全領域で見られる	操作：難しい プログラム：面倒	大変長い （計算機速度による）	高い 全体像見える
熱伝導方式（表層から下方を全領域伝導熱計算する）	表層部の特徴を表現できる 伝導熱計算のために計算時間短い 計算容易なために簡易法となる タンク下部の対流が無視される タンク下部との熱連絡が伝導のみのために影響を取り込みにくい 温度分布がやや強調されて表される	全時間で見られる タンク下部についても伝道のみとなる	見られない	操作：易しい プログラム：比較的容易	上記に比べると大変に短い	中位 表層温度が容易に見れる

第16章 付録1：並流型熱交でLH2タンクにVISを適用した場合のBOR低減割合

LH2タンクにVISを適用した場合のBOR低減割合を示す。熱交は並流型。

（1）原タンクのBOR 0.1%/day、並流

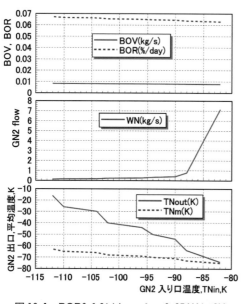

図16-1　BOR0.1%/day, ka=0.05 W/m2K

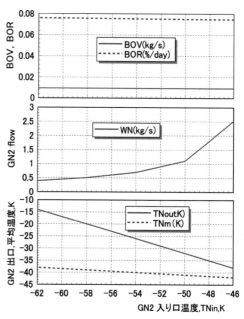

図16-2　BOR0.1%/day, ka=0.1 W/m2K

（2）原タンクのBOR 0.2%/day、並流

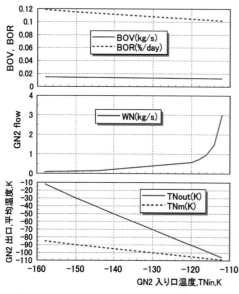

図16-3　BOR0.2%/day, ka=0.05 W/m2K

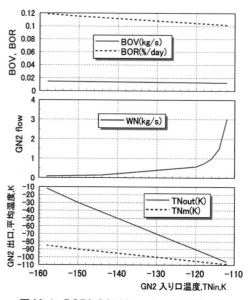

図16-4　BOR0.2%/day, ka=0.1 W/m2K

参 考 文 献

第 1 章　緒　　論

[1] Jeff Tollefson & Kenneth R. Weiss, 地球温暖化の抑制へ歴史的合意, Nature ダイジェスト Vol.13 No.3、原文：Nature（2015-12-17), Nations adopt historic global climate accord

第 2 章　LNG タンクシステムの構造

[1] http://ja.wikipedia.org/wiki/LNG%E3%82%BF%E3%83%B3%E3%82%AB%E3%83%BC
[2] 豊田昌信、楠本裕己、渡辺一夫：IHI-SPB LNG 運搬・貯蔵・燃料タンクの安全性、IHI 技報 Vol. 52 No. 3, 2012, pp. 48-55
[3] LNG Technology: Paradigm lift, The Naval Architect, 2015-10, pp. 34-39
[4] Container ships: Enter the Gas Age, The Naval Architect, 2015-7/8, pp. 53-59
[5] 知多エル・エヌ・ジー株式会社：LNG 基地の仕組み、LNG の貯蔵、http://www.chita.lng.co.jp/business/lng2.html

第 3 章　LNG・LH2 タンクシステムの伝熱、熱流動、熱物性に関する基礎式

[1] 日本機械学会：伝熱工学資料、改訂第 3 版、1975
[2] McAdams, W. H.：Heat Transmission, Third edition, McGraw-Hill, 1954
[3] 西川兼康、藤田恭伸：伝熱学、理工学社、1982
[4] 日本機械学会：伝熱工学資料、改訂第 5 版、2009
[5] VDI-WARMEATLAS ドイツ技術者協会 VDI 編：熱計算ハンドブック、日本能率協会、1989
[6] 谷下市松：工業熱力学、基礎編、裳華房、1966
[7] M. Benedict, G. B. Webb, L. C. Rubin: An Empirical Equation for Thermodynamic Properties of Light Hydrocarbons and Their Mixtures-Constants for Twelve Hydrocarbons, Chemical Engineering Progress, Vol. 47, No. 8, 1951-8, pp. 419-422
[8] John D. Anderson, JR.：Computational Fluid Dynamics, Basics with Applications, McGrawHill, 1995
[9] Dale A. Anderson, J. C. Tannehill, R. H. Pletcher, : Computational Fluid Mechanic and Heat Transfer, Hemisphere Publishing Corporation, 1984, p. 170
[10] 標宜男、鈴木正昭、石黒美佐子、寺坂晴夫：数値流体力学、朝倉書店、1994, p. 184
[11] 富士総合研究所編：汎用流体解析システム、Fuji-RIC/α-Flow, Supercomputing Technology、丸善、1993
[12] 平野博之：流れの数値計算と可視化、丸善、2001
[13] 梶島岳夫：乱流の数値シミュレーション、養賢堂、1999
[14] 荒川忠一：数値流体力学、東京大学出版会、1993
[15] 峰村吉泰：流体・熱流動の数値シミュレーション、森北出版、2001
[16] R. B. Bird, W. E. Stewart, E. N. Lightfoot：Transport Phenomena, Second edition, 2002, p. 85

第 4 章　船体およびタンク形状に適合させた熱流動の数値計算

[1] 森口繁一、宇田川、一松信：数学公式 I、岩波全書、1956, pp. 4-10
[2] 富士総合研究所編：汎用流体解析システム、Fuji-RIC/α-Flow, Supercomputing Technology、丸善、1993、pp. 203-208
[3] 峰村吉泰：流体・熱流動の数値シミュレーション、森北出版、2001、pp. 72-73, pp. 86-87
[4] Yoshihiro Kobayashi: BFC Analysis of Flow Dynamics and Diffusion from the CO2 Storage in the Actual Sea Bottom Topography, Transactions of the West-Japan Society of Naval Architects, No. 106, 2003-8, pp. 19-31

- [5] 古林義弘：球座標系による球形タンク内 LNG の熱流動解析、西部造船会報、第 85 号、1993-3, pp. 159-173
- [6] 古林義弘：k-ε 2 方程式モデルによる球形タンク内 LNG の乱流熱流動解析、日本造船学会論文集、第 173 号、1993-5, pp. 51-65

第 5 章 満載・自然蒸発時のタンク内での LNG・LH2 の挙動

- [1] 日本機械学会：伝熱工学資料、改訂第 5 版 2009、pp. 302-305
- [2] 保原充、大宮司明編：数値流体力学、基礎と応用、東京大学出版会、1992
- [3] 大野豊、磯田和男：新版、数値計算ハンドブック、オーム社、1990
- [4] 大宮司明、三宅裕、吉澤徴編：乱流の数値流体力学、モデルと計算法、東京大学出版会、1997
- [5] 標宣男、鈴木正昭、石黒美佐子、寺坂晴夫：数値流体力学、朝倉書店、1994, p172
- [6] 古林義弘：異方性 k-ε 2 方程式モデルの開発、崇城大学工学部研究報告、第 27 巻、第 1 号、2001-3, pp. 87-97
- [7] Hashemi, H. T., Wesson, H. R., : Design pressure control system for minimum pressure change in the tank of to cut boil-off losses and save money, Hydrocarbon processing, August 1971

第 6 章 部分積載・自然蒸発時のタンク内での LNG、LH2 の挙動

第 7 章 満載時の LNG・LH2 の自然蒸発率 Boil off rate の計算

- [1] 日本機械学会：伝熱工学資料、改訂第 5 版 2009、p. 139
- [2] 日本機械学会：伝熱工学資料、改訂第 5 版 2009、pp. 29-53
- [3] IMO London、IGC Code, 1993 Edition, p. 49
- [4] 谷下市松：工業熱力学、基礎編、裳華房、1966、pp. 153-169
- [5] 田中潔、荒井貞夫、フレンドリー物理化学、三共出版、2004、p. 104
- [6] 熊谷寛夫、富永五郎：真空の物理と応用、裳華房、1977、pp. 54-56
- [7] Q. S. Chen, J. Wegrzyn, V. Prasad : Analysis of temperature and pressure changes in LNG cryogenic tanks, Cryogenics 44, 2004, pp. 701-709
- [8] 平松彩、津村健司、佐藤宏一、石田聡成、岡勝、藤野義和：寒冷地向け最新鋭 LNG 船の概要と特徴、MHI 技報 Vol. 44, No. 3, 2007, p. 7

第 8 章 部分積載時の LNG の BOR 計算

- [1] M. B. McElroy: The Atmospheric Environment, Princeton University Press, 2002, pp. 55-62
- [2] 古林義弘：深冷船の非満載時の貨物蒸発率について、日本造船学会論文集、第 160 号、1986-11, pp. 569-578
- [3] 古林義弘：球形 LNG タンクの非定常温度分布について、西部造船会会報、第 75 号、1988-3, pp. 169-179

第 9 章 LNG タンク周囲区画の温度分布と熱流動解析

- [1] 永田良典、田ノ上聖、木田隆之、川合崇：LNG 燃料船用 IHI-SPB タンク、IHI 技報 Vol. 52 No. 3, 2012, p. 38
- [2] 古林義弘：k-ε 2 方程式乱流解析による FLNG ホールド 3-D 温度解析-BOR および内殻材温度への影響、日本船舶海洋工学会講演論文集、第 14 号、2012-5, pp. 495-498
- [3] http://www.khi.co.jp/hydrogen/index.html
- [4] 村上彰男、植田和男、大脇勝弥、有澤秀則、濱辺謙二、高橋伸行、神谷祥二：国内初の蓄圧式 LNG 船、KHI 技報、154 号、2004-1, pp. 12-15
- [5] MHI Press Information, 第 5294 号：次世代型 LNG 運搬船「さやえんどう」の第 1 番船を長崎造船所で

起工、2012-12-11

第 10 章　多成分混合体としての LNG の挙動解析

[1] Holland, C. D., : Fundamentals of multicomponent distillation, McGraw-Hill Chemical Engineering Series, 1981

[2] Oyre, R. V.: Prediction and correlation of phase equilibrium and thermal properties with the BWR equation of state, I&EC Process design and development Vol. 8, No. 4, Oct. 1969

[3] Walas, S. M., : Phase equilibrium in chemical engineering, Butterworth Publishers, 1985

[4] Wayne C. E.: Applied hydrocarbon thermodynamics, Gulf Publishing Company, Nov. 1961

[5] R. C. Reid, J. M. Prausnitz, T. K. Sherwood 著、平田光穂監訳：気体、液体の物性推算ハンドブック、第 3 版、マグロウヒル、1985

[6] K. J. Laidler, J. H. Meiser, : Physical Chemistry, The Benjamin/Cummings Publishing Company, Inc, 1982

[7] T. E. Daubert：Chemical Engineering Thermodynamics, McGraw-Hill International Edition, 1985

[8] R. A. Alberty, ：Physical Chemistry, 6th edition, John Wiley & Sons, 1983

[9] D. L. Katz, R. L. Lee, ：Natural gas engineering, Production and storage, McGraw-Hill International Edition, 1990

[10] R. C. Reid, J. M. Prausnitz, T. K. Sherwood: The properties of gases and liquids, Third edition, McGraw-Hill, 1977

[11] Y. A. Cengel, M. A. Boles: The Thermodynamics, An Engineering Approach, 2nd Edition, McGraw-Hill International Edition, 1994, pp. 64-76

[12] G. G. Dimopoulos, C. A. Frangopoulos: A Dynamic Model for LNG Evaporation During Marine Transportation, Int. J. of Thermodynamics, Vol. 11, No. 3, 2008-9, pp. 123-131

第 11 章　蓄圧時の圧力変化と蒸発現象：満載・部分積載時

[1] K. Kawano, H. Mieno, F. Shigemi, T. Yoshimura, Y. Yamamoto: Experiments and Developing Simulator of BOG Accumulation in LNG Tanks, LNG Conferences 2001, PO-4, pp. 1-7

[2] K. Naknishi, H. Imai, K. Watanabe, A. Murakami, K. Ueda, K. Oowaki, T. Yamamoto: Domestic LNG Supply System by Pressure Build-up Type LNG Carrier, LNG Conferences 2004, PS 3-2. pp. 1-17

[3] L. Wang, L. Yanzhong, Z. Kang, J. Yonghue: Comparison of three computational models for predicting pressurization characteristics of cryogenic tank during discharge, Cryogenics 65, 2015, pp. 16-25

[4] R. Sangeun, S. Gihum, S. Gildal, B. Junghong: Numerical study of transient natural convection in a pressurized LNG storage tank, Applied Thermal Engineering 52, 2013, pp. 209-220

[5] S. Baris, M. Kassemi: Numerical and experimental comparison of the self-pressurization behavior of an LH_2 tank in normal gravity, Cryogenics 48, 2008, pp. 122-129

[6] L. Wang, L. Yanzhong, L. Cui, Z. Zhixiang: CFD Investigation of thermal and pressurization performance in LH_2 tank during discharge, Cryogenics 57, 2013, pp. 63-73

[7] 古林義弘、中山健吾：液化ガスタンクの閉鎖後の圧力上昇について、西部造船会会報、第 64 号、1982-8, pp. 235-241

[8] 古林義弘：低沸点液体タンクの圧力上昇について、西部造船会会報、第 77 号、1989-3, pp. 147-159

[9] 古林義弘：液化ガス運搬船の加圧揚荷中の凝縮現象について、西部造船会会報、第 79 号、1990-3, pp. 155-165

[10] 高橋公紀、渡邉実：CFD を活用した攪拌装置の設計、日揮技術ジャーナル Vol. 1, No. 10, 2011, pp. 1-8

第 12 章　ロールオーバー現象を紙上再現する

[1] K. A. Smith, J. P. Lews, G. A. Randall. J. H. Meldon: Mixing and Roll-Over in LNG Storage Tanks, Advances in Cryogenic Engineering, 1973-8: pp. 124-133

[2] 三沢六朗、平田順一、高雄信吾、鈴川豊：LNG タンクのロールオーバー現象対策、日本鋼管技報 No.

88, 1981, pp. 87-94

[3] 草刈和彦、湯本正友、中村良久：LNG 貯蔵タンク内液の層状化防止、IHI 技報第 22 巻第 5 号 1982-9, pp. 332-337

[4] O. Suzuki, S. Takao: The Formation of a Non-linear Density Gradient in a Tank, Trans, ASME, 1983-WA/HT-77, pp. 1-8

[5] 内田博幸、新井達也、杉原誠、中山真理子：LNG タンクにおけるスプレイ液混合の数値解析、日本機械学会熱工学シンポジウム講演論文集、1992-7, pp. 92-93

[6] 内田博幸、新井達也、杉原誠、内河修、中山真理子：LNG の異種混合上部受入れ数値シミュレーション、IHI 技報第 35 巻第 1 号 1995-1, pp. 24-27

[7] M. Tamura, Y. Nakamura, H. Iwamoto: Prevention of LNG Roll-Over in an LNG Tank, 12th International Conference & Exhibition on LNG, 1998, pp. A. 2-1- A. 2-11

[8] 山本直紀：地下式 LNG タンクでの重質 LNG 受入れ方法確立に向けた取り組み、知多 LNG ㈱技術開発ニュース No. 144, 2012-1. pp. 1-2

[9] E. M. Drake: LNG rollover-update、Hydrocarbon Processing, 1976-1, pp. 119-122

[10] Y. Wang, B. Cormier, H. H. Wesr: LNG Rollover、Converting a Safety Problem to Tank Loading Operation Asset、AlChE Spring Meeting, 2006-4, pp. 358-370

[11] SIGTTO：Guidance for the Prevention of Rollover in LNG Ships、1st edition 2012, pp. 1-13

[12] N. Baker, M. Creed: Stratification and Rollover in LNG Storage Tanks, ICHEME Symposium series No. 139, 1995-1, pp. 621-634

[13] 国土交通省海事局安全・環境政策課：天然ガス燃料船の普及促進に向けた総合対策について、資料 1-2-3、ロールオーバー対策検討実施計画、2013-6, pp. 1-7

[14] 菅原祐三、田下誠、山形俊介、立岩幹雄、藤原誠、五十嵐薫：LNG 貯槽におけるロールオーバー現象の実験的研究、MHI 技報 Vol. 21, No. 2, 1984-3, pp. 95-205

[15] S. Enya, M. Morioka: An Engineering Simulation of LNG Tank Rollover, Advances in Cryogenic Engineering, 1986, pp. 1151-1159

[16] 棚沢一郎：成層化した二液層のロールオーバー現象に関する研究、平成 5 年度科研費補助金研究成果報告書、1997-2. pp. 1-37

[17] 有田哲一郎、片山佳裕、棚沢一郎：二液層のロールオーバー現象に関する基礎的研究、第 29 回日本伝熱シンポジウム講演論文集、1992-5. pp. 336-337

[18] M. Akiyama, H. Yanagi, S. Takayama: Observation of Roll Over in an LNG Experimental Vessel, ICEC-8, 1980-6, pp. -691

[19] 宗像鉄雄、棚澤一郎：二重拡散ロールオーバー現象に対する加熱条件の影響、第 35 回日本伝熱シンポジウム講演論文集、1998-5. pp. 139-140

[20] A. Kamiya, M. Tashita, Y. Sugawara: An Experimental Study on LNG Rollover Phenomenon, ASME 1985-HT-4, pp. 1-11

[21] 室幹雄、吉和雅雄、岩田章、安田義則、西村正弘、足立輝雄、岩田幸雄、山崎善弘：LNG の貯槽内におけるロールオーバー現象に関する研究、KHI 技報 93 号, 1986-8, pp. 1-8

[22] T. Munakata, I. Tanazawa: A Study of Surface Tension Effect on Double-Diffusive Rollover, AIAA/ASME, Vol. 2, 1998, pp. 39-46

[23] 宗像鉄雄、棚澤一郎：ロールオーバー発生に対する初期濃度差の影響、日本機械学会論文集（B 編）、60 巻 578 号, 1994-10, pp. 290-296

[24] N. Chatterjee, J. M. Geist: The Effects of Stratification On Boil-Off Rates in LNG Tanks, Pipeline and Gas Journal, 1972-9, pp. 40-60

[25] A. E. Germeles: A Model for LNG Tank Rollover, Advances in Cryogenic Engineering, 1975, pp. 326-336

[26] 北原実：LNG のロールオーバー計算、高圧ガス Vol. 14, No. 10, pp. 571-574

[27] 鈴木治、高雄信吾、三沢六朗、中森理、小倉貞夫：LNG タンカーロールオーバー現象の予測プログラムの開発、日本鋼管技報、No. 100, 1983, pp. 52-60

[28] J. Heestand, C. W. Shipman, J. W. Meader: A Predictive Model for Rollover in Stratified LNG Tanks,

AlChE Vol. 29, No. 2, 1983-3, pp. 199-207

[29] S. Bates, D. S. Morrison: Modelling the behavior of stratified liquid natural gas in storage tanks : a study of the rollover phenomenon, IHMT, Vol. 40, No. 8, 1997, pp. 1875-1884

[30] 小山和夫、シミュレーション技術がリスクを極小化し異種 LNG 混合貯蔵のメリットを生かす、石油天然ガスレビュー、Vol. 42 No. 1, 2008, pp. 27-42

[31] 高橋公紀、神谷篤志：LNG 受入れ基地のためのロールオーバーシミュレーション、日揮技術ジャーナル、Vol. 3, No. 1, 2014, pp. 1-6

[32] L. Yuxing, L. Zhenglong, W. Wang: Simulation on rollover phenomenon in LNG storage tanks and determination of the rollover threshold, Journal of Loss Prevention in the Process Industies 37, 2015, pp. 132-142

第 13 章　負圧時の強制蒸発と過冷却液

[1] 矢野猛、矢口久雄、藤川重雄：蒸発・凝縮を伴う気液界面の分子動力学、流れ 28, 2009, pp. 233-240

[2] 化学工学会、化学工学便覧、改訂 6 版：7 蒸発、丸善、p. 407

[3] 宮武修：フラッシュ蒸発の機構と促進、日本海水学会誌、第 35 巻 第 5 号、1982, pp. 255-265

[4] 宮武修、富村寿夫、井出雄一、藤井哲：スプレーフラッシュ蒸発に関する実験的研究、日本機械学会論文集（B 編）45 巻 400 号、1979-12, pp. 1883-1891

[5] T. K. Sherwood, R. L. Pigford, C. R. Wilke: Mass Transfer, McGraw-Hill International Student Edition, 1975, pp. 181-183

[6] Armand Berman: Vacuum Engineering Calculations, Formulas, and Solved Exercises, Academic Press, 1992, pp. 40-45

[7] 化学工学会、化学工学便覧、改訂 6 版：2 移動現象、丸善、pp. 143-144, 155-157

[8] 吉田順、中山久子：真空中の水の蒸発速度について、北海道大学低温科学研究所業績第 41 号、pp. 159-168

[9] D. Saury, S. Harmand, M. Siroux: Flash evaporation from a water pool: Influence of the liquid height and of the depressurization rate, International Journal of Thermal Science 44, 2008, pp. 953-965

[10] Q. Zhang, Q. Bi, J. Wu, W. Wang: Experimental investigation on the rapid evaporation of high-pressure R113 liquid due to sudden depressurization, International Journal of Heat and Mass Transfer 61, 2013, pp. 646-653

第 14 章　LNG タンクの断熱設計と BOR 最小化

[1] IMO London、IGC Code, 2016 Edition, Chapter 4, Cargo containment, 4.19.1.1, p. 51, 4.19.3.2, p. 53, 4.5, p. 42, 7.2, p. 99

[2] IMO London, IGC Code, 1993 Edition, Chapter 4, Cargo containment 4.9.7.2, p. 52

[3] 日本機械学会：伝熱工学資料、改訂第 5 版、2009, pp. 155-156

[4] J. P. Holman: Heat Transfer, 8th edition, McGraw-Hill International Edition, 1997, p. 481

[5] ISO 7549, 5. 3 Solar heat gain, for marine air conditioning system

[6] J. A. Duffie, W. A. Beckman: Solar Engineering of Thermal Processes, 3rd edition, Willey, p. 149, p. 605

[7] 古林義弘、堤俊憲：ハイブリッド構造を有する LNG、LH2 球形タンクスカートの伝熱特性、西部造船会会報、第 99 号、2000-3, pp395-402

第 15 章　BOV 冷熱回収と外部冷却機による BOR 制御と部分再液化

[1] Y. Kobayashi, A. Sorensen, T, Uryu: Experimental Verification of Vapor Insulation System and ItsApplication to LNG and LH$_2$ Tank, 2002, pp. 397-404

[2] 古林義弘：極低温液体からの蒸発ガスによるタンク断熱システムに関する基礎研究、平成 11 年度-平成 13 年度科学研究費補助金（基盤研究 C-2）研究成果報告書、2002-3, pp. 1-87

[3] Y. Kobayashi, A. Sorensen, E, Ezaki: Analysis of Vapor Insulation System for Cargo Tank of LNG and LH$_2$ Carrier, 1998, pp. 301-307

第 16 章　LH2 タンクシステムの概念設計

[1] 経済産業省：ニューサンシャイン計画各種報告書、1998-4～2000-5

[2] C. Tobe: New Era of a Hydrogen Energy Society, 10th International Hydrogen Energy Development Forum, 2016, 2016-2, pp. 1-10

[3] (独) 新エネルギー・産業技術総合開発機構：NEDO 水素エネルギー白書、日刊工業新聞社、2015-02, pp. 118-119

[4] M. Nishimura: Realization on CO2 Free Hydrogen Supply Chain, 10th International Hydrogen Energy Development Forum, 2016, 2016-2, pp. 37-46

[5] 古林義弘：液化水素輸送船のタンクシステムの研究、日本造船学会論文集、第 178 号、1996-11, pp. 649-656

[6] 神谷祥二：液体水素輸送・貯蔵技術の開発、低温工学、Vol. 38 No. 5, 2003, pp. 193-203

[7] 伝熱工学資料、改訂第 4 版、日本機械学会、1986, p. 148

[8] G. G. Haselden: Cryogenic Fundamentals, Academic Press, 1971, pp. 19-86

[9] 神谷祥二、砂野耕三、仮屋大祐、小宮俊博、山口哲、孝岡祐吉：水素液化・液化水素輸送貯蔵－来るべき水素社会に向けて－、川重技報 No. 176, 2015-10, pp. 34-39

[10] 神谷祥二：水素輸送技術（1）液体水素、日本造船学会誌、第 878 号、2004-3, pp. 169-172

[11] 神谷祥二：水素の輸送・貯蔵技術の動向、化学装置、2007-10, pp. 40-42

[12] S. Kamiya, K. Onishi, E. Kawagoe, K. Nishigaki: A large experimental apparatus for measuring thermal conductance of LH2 storage tank insulation, Cryogenics 40, 2000, pp. 35-44

[13] NEDO：世界初、超電導ポンプシステムを用いた液体水素移送に成功、NEDO News Release, 2012-5-10

[14] 川崎重工業㈱、新日鐵住金㈱：水素利用等先導研究開発事業/周辺技術（水素液化貯蔵システム）の研究開発、NEDO、平成 27 年度成果報告会要旨集 No. H1-1-5, 2015-8-31, pp. 5-8

[15] 古林義弘：液化ガス運搬船の加圧揚荷中の凝縮現象について、西部造船会会報、第 79 号、1990-3, pp. 155-165

[16] 古林義弘、渡瀬基継、立石孝浩、中里和博：水素と 2 次電池による電力貯蔵と燃料電池による動力システム、日本船舶海洋工学会、講演会論文集 第 2W 号、2006-5, pp. 39-42

[17] James Larminie, Andrew Dicks: Fuel Cell Systems Explained, Wiley, 2003, pp. 230, 375-389

[18] Y. Kitagawa: Development of the Next Generation Large Scale SOFC toward Realization of Hydrogen Society, 10th International Hydrogen Energy Development Forum, 2016, 2016-2, pp. 59-69

[19] Y. Nagata: Continuous Effort for ENE-FARM Dissimination and the Challenge toward Hydrogen Society, 10th International Hydrogen Energy Development Forum, 2016, 2016-2, pp. 71-80

[20] 古林義弘、新宅英司、安達泰之：LNG 改質燃料による港内クリーン排ガス燃料電池電力システム、日本船舶海洋工学会、講演会論文集 第 5W 号、2007-11, pp. 1-2

[21] 古林義弘：LNG Carrier の Boil off vapor を用いた燃料電池発電と低温回収発電システム、日本船舶海洋工学会、講演会論文集 第 3 号、2006-11, pp. 411-414

[22] MHI press information：固体酸化物型燃料電池（SOFC）とマイクロガスタービン（MGT）の複合発電システム型ハイブリッドシステムで世界初の 4,000 時間超連続運転を達成、2013-9-20、第 542 号

[23] 小林由則、安ത喜昌、加幡達雄、西浦雅則、冨田和男、眞竹徳久：究極の高効率火力発電-SOFC（固体酸化物型燃料電池）トリプルコンバインドサイクルシステム、MHI 技報 Vol. 48, No. 3, 2011, pp. 16-21

[24] 古林義弘、小田茂晴：LNG の冷熱および海水を用いた船舶の空気調和システム、特許第 5317000 号、2013-7-19

[25] 古林義弘、山田一俊、大澤昭一：Ship CCS 計画－主機排ガスの CO2 捕捉と固化貯蔵、日本船舶海洋工学会講演会論文集、第 15 号、平成 24 年 11 月、pp. 451-454

[26] 古林義弘、大町輝久、山田一俊：主機排ガスと LNG 燃料或いは BOV を両熱源とするバイナリ発電システムの可能性検討、日本船舶海洋工学会講演会論文集、第 18 号、平成 26 年 5 月、pp. 377-378

[27] 古林義弘、高温熱源と低温熱源の多様性と最適組合せによる Binary 発電システム、日本船舶海洋工学会講演会論文集、第 20 号、平成 27 年 5 月、pp. 331-332

[28] 大陽日酸ホームページ：空気分離装置、極低温装置、ヘリウム液化装置
http://www.tn-sanso.co.jp/jp/business/plant/products/index.html
[29] 広島大学 自然科学研究支援開発センター 低温・機器分析部門ホームページ：ヘリウム液化システム：
http://home.hiroshima-u.ac.jp/kiki/teion/He_ekika.shtml

付　　録

[1] Walas, S.M：Phase Equilibria in Chemical Engineering, Butterworth, 1985, P555
[2] 谷下市松：工業熱力学、基礎編、裳華房、1966, pp. 21, 125
[3] Cengel, Y. A., Michael, M. A.: Thermodynamics, Second ed. International ed. McGraw Hill 1994, pp. 633-634

欧文索引

〔A〕
Absorption of radiation ················· 117
Absorptivity=emissivity ················ 266
Alumi-5083 材 ······························· 280

〔B〕
Barner-Adler 式 ···························· 163
BFC 座標系 ·······················・・・・ 28, 139
BFC 式を離散化 ····························· 132
BFC システム (Boundary-Fitted Coordinate system) ············· 17, 18, 23, 24, 132, 134, 150
Boil off rate (BOR) ···················· 2, 59, 87
Boil off vapor (BOV) ····················· 12, 87
Bottom support ···························· 102
BOR 計算 ································ 100, 104
BOR 最小化 ································· 259, 263
BOR 算定 ······································ 97
BOR 制御 ····························· 297, 303, 304
BOR 値の推定 ······························· 154
BOR 低減 ···················· 3, 288, 303, 310, 323, 354
BOR の検証 ··································· 172
BOR の予測法 ································· 172
BOR 倍率 ····································· 313
BOR 評価へフィードバック ··············· 154
BOR 抑制 ·································· 92, 297
BOV/GN2 の熱交換器 ················ 304, 311
BOV$_{RO}$/NBO（−）························ 225
BOV 低減 ······································ 311
BOV 取り出しを部分的に制限 ············ 107
BOV の圧縮、冷却、膨張、液化 ·········· 311
BOV の気体組成 ······························ 163
BOV の昇温 ···································· 95
BOV の部分再液化 ··························· 311
BOV の冷熱 ································ 3, 301
BOV 搬送量を変化 ··························· 107
BOV 流量 ······································ 310
BOV 累積量 ···································· 108
BOV 冷却 ································ 299, 309
BOV 冷熱 ······················· 297, 309, 310, 321
BOV 冷熱＋外部冷熱の直列系統方式 ····· 304
BOV 冷熱利用 ································· 304
BOV を改質 ··································· 331
BWR interaction parameter ············· 160
BWR（Benedict-Webb-Rubin）式
 ·································· 14, 15, 159, 165
BWR 式の定数 ································ 165
BWR 式の定数計算 ··························· 165
BWR 式の定数項 ······························ 159
BWR の状態式 ··························· 337, 339

〔C〕
CFD ·· 2, 3, 57
Chain rule ···································· 336
Clapeyron 式 ··························· 157, 174
CO2 温度分布 ································· 289
CO2 の低温蒸気 ······························ 289
Colburn の式 ··································· 11
Condenser ···································· 317
Condenser の凝縮機能 ······················ 317
Condenser の必要長さ ······················ 318
contravarient velocity ······················ 25
Control volume ············ 30, 32, 36, 52, 53, 54, 56
Coolant ·· 301
COP21 ·· 1

〔D〕
Dark surface ································· 268
DC/AC 変換効率 ····························· 330
DC/AC 変換のインバータ ·················· 329
Drip pan ······································· 262

〔E〕
ECA（Emission Control Area）············ 1
Euler の陽解法 ································· 52
Expander ······································ 318
Extra BO ······································ 184
Extra CD ······································ 184

〔F〕
Fail safe insulation system ··············· 314
FC からの電力供給 ·························· 331
FC 内部で水素に改質 ······················· 331
FDM（差分法）······························· 24
Flash zone depth ······················ 249, 253
Forced BOV ·································· 172
Foundation Deck ······················ 278, 279
Fourier の法則 ·························· 6, 9, 277
FR（filling ratio）······················· 97, 194
Free slip 条件 ·································· 62

〔G〕
Global Static equibrium ··················· 131
GN2 温度分布 ··························· 307, 309
GN2 質量流速 ··························· 297, 308

GN2 循環用ファン ································· 294
GN2 循環量 ···························· 285, 288, 310
GN2 の冷却で回収 ······························· 321
GN2 流動層 ································ 292, 307
GN2 流量 ········ 285, 288, 292, 305, 308, 309, 310
GN2 流路 ···································· 308, 309
GTT ··· 4

〔H〕

H2/O2 燃焼ガスタービン ······················· 318
Helium-Brayton cycle ····························· 318
He ガス 2 段圧縮 ································· 319
He ガスによる再液化装置 ······················ 325
High duty gas compressor ···············215, 317
Horizontal（Hor） ································· 26
Horizontal ring ······································ 93
HorCyl ································ 23, 26, 27, 29, 56
HorSph ···························· 23, 26, 27, 35, 39, 56

〔I〕

IMO IGC Code ································ 259, 268
IMO 条件 ··· 2, 105
IMO での規則 ····································· 259
IMO の 2 次防壁 ··································· 261
IMO の条文 ··· 259
Inner bottom ······································· 262
Inter barrier space ······························· 241
International Certificate of Fitness ·············· 260
ISO ··· 267, 268

〔J〕

Jacobian ··············· 24, 25, 29, 35, 41, 45, 56, 139
Jakob の式 ·· 10
Johnson-Rubsin の式 ······························ 98
Joule-Thomson 弁 ·························· 297, 298
Jule-Thomson 効果 ······························· 298

〔K〕

k-ε2 方程式モデル ········ 17, 26, 132, 134, 290, 291
K value of component i in mixture ············· 157
K value: Vapor-liquid coefficient, Vapor-liquid distribution ratio, Equilibrium constant, Equilibrium phase distribution ratio, Vaporization equilibrium ratio, Distribution coefficient, Equilibrium vaporization constant ·············· 157

〔L〕

LatHld-2 ······························· 23, 26, 27, 40, 56
LatHld-3 ························· 23, 26, 27, 45, 56, 134, 150
Leak before failure ·························· 262, 315
Leaked gas detection ···················· 262, 315, 316
Leaked LNG through tank shell ················· 262

Lee-Erbar-Edmister 式 ··························· 163
LH2 BOV 再液化機 ······························· 320
LH2 SPB タンク ······························· 76, 84
LH2 球形タンク ················ 75, 84, 212, 213, 214
LH2 凝縮器 ··· 319
LH2 小型タンク ·························· 59, 60, 68, 187
LH2 積載時の発生蒸気量 ······················ 318
LH2 縦置き円筒タンク ······················ 76, 84
LH2 タンクシステム ······················ 312, 333
LH2 タンクに VIS 適用 ··························· 323
LH2 タンクのロールオーバー ················· 234
LH2 超断熱タンクの蓄圧 ······················ 189
LH2 の BOV 量 ···································· 322
LH2 の BOV を液化 ······························ 319
LH2 の特徴 ·· 312
LH2 の熱膨張係数 ······························· 332
LH2 の密度 ································· 183, 332
LH2 の流量 ·· 322
LH2 ハンドリングシステム ······················ 316
LH2 ポンプ ··· 325
LH2 輸送技術 ····································· 313
LH2 輸送船 ································ 312, 313
LH2 横置き円筒タンク ···················· 75, 84, 329
LNG SPB タンク ································ 74, 83
LNG、LH2 のタンク諸元 ······················ 186
LNG/GN2 熱交換器 ······························ 294
LNG 液組成 ································ 171, 172
LNG 液の平均臨界温度 ························ 164
LNG 液面の放射率 ······························· 123
LNG 大型タンク ················· 59, 60, 68, 82, 187
LNG および LH2 の物性値 ············ 59, 61, 177
LNG 球形タンク ······························ 69, 82
LNG 小型タンク ························· 59, 60, 186
LNG 小型タンク様式と要目 ············ 60, 187
LNG 自然蒸発時の液表面温度分布 ····· 79, 80
LNG 組成の変化 ································· 172
LNG 縦置き円筒タンク ···················· 73, 83
LNG タンク周囲区画の温度分布 ·············· 131
LNG タンクの計算要目 ························ 191
LNG に蓄えられた内部エネルギー ·············· 174
LNG 燃料船 ······················· 1, 5, 23, 171, 176, 332
LNG の物性 ······································· 156
LNG の平均温度変化 ··························· 174
LNG のメタン改質 ······························· 330
LNG の冷熱回収装置 ··························· 332
LNG の漏洩 ·· 90
LNG への侵入熱量 ·················· 87, 97, 100, 172
LNG への入熱量と蒸発速度 ············ 128, 130
LNG 本体による吸収熱 ························ 174
LNG 本体による放出熱 ························ 174
LNG 横置き円筒タンク ···················· 72, 83
LNG 漏洩ガス検知 ······························· 295

LNG を燃料とする船舶 ･･････････････････････ 176
Longitudinal volume ･･･････････････････ 144, 146
Low duty gas compressor ･････････････････ 215
low temperature radiation ･･････････････････ 266

〔M〕
MADT (minimum allowable design temperature)
 ･･ 260
McAdams の式 ･･････････････････････････････ 10
metrics ･････････････････････････ 24, 25, 29, 139
MGT および STT ･･････････････････････････ 332
Minimum damage secondaty barrier ･･････････ 315
MOSS 型球形タンク ･･････････････････････ 4, 176

〔N〕
Navier-Stokes 方程式 ･･･････････ 17, 217, 218, 221
NBO (Normal boil off) ･･･････････････ 58, 87, 177
NBO での蒸発速度 ････････････････････････ 246
NBO との連続性 ･････････････････････ 178, 179
Neumann の安定条件 ･･･････････ 52, 53, 54, 55, 188
Non-slip 条件 ･･････････････････････････････ 146

〔O〕
Orye ･････････････････････････････････････ 159
Ostrach の式 ･･････････････････････････････ 10
Oyre による BWR 定数 ････････････････････ 161

〔P〕
PAC ･･･････････････････ 176, 177, 178, 180, 188, 189
PEFC 発電システム ････････････････････････ 330
p-h 線図 ･･･････････････････････ 298, 301, 306, 325
Pressure build up ･･････････････････････････ 176
P-v 曲線 ･･････････････････････････････････ 12
P-v-T 関係 ･･･････････････････････････････ 14

〔Q〕
Quick diffusion detection system ･･････････ 315, 316

〔R〕
R-23 ･････････････････････････････ 305, 306, 309
R-23 循環量 ･････････････････････････ 307, 310
R-404A ･･････････････････････････ 305, 306, 307, 308
Raoult's Law ･････････････････････････････ 157
Redlich-Kwong 式 ･･････････････････････････ 163
reduced pressure ･･････････････････････････ 158
Reduced secondary barrier ･････････････ 262, 315
Reduced temperature ･･･････････････････････ 158

〔S〕
Secondary barrier ･･････････････････････････ 261
Ship/Shore の閉サイクル ････････････････････ 316
Ship/Shore の各独立サイクル ･･････････････････ 316
Small leak protection system ･････････････････ 262
SOFC ＋マイクロガスタービン＋水蒸気タービン
 ･･ 331
SOFC 発電システム ･････････････････････ 331, 332
Solar radiation ･･･････････････････････ 151, 266
SOR 法 (Successive over relaxation method)
 ･･･････････････････････････････････ 52, 53, 56
SPB タンク
 ･･････････････ 4, 22, 23, 26, 27, 50, 67, 110, 126, 127
SPH ･･････････････････････････････ 23, 27, 52
Splash barrier ･･････････････････････････ 314, 316
Spray shield ･････････････････････････････ 262
Stainless steel-304L ･････････････････････････ 280
Steam dump ･････････････････････････････ 297
Stefan-Boltzmann 定数 ･･････････････････ 119, 265
Stefan-Boltzmann の法則 ････････････････････ 11
Submerged pump ･･････････････････････････ 325
Sugoe-Lu 式 ･････････････････････････････ 163
SUS304L ･････････････････････････ 92, 278, 280
Systemized minimum secondary barrier ･･･････ 316

〔T〕
TBS (Triple thermal brake system) ･･･････････ 92
Thermally floating support structure ･････････ 282
Top support ･･････････････････････････････ 102
Transverse volume ･････････････････････ 144, 146
Type B ･･････････････････････････････････ 261

〔V〕
van der Waals ･････････････････････････ 13, 163
VerCyl ･･･････････････････････ 23, 26, 27, 35, 39, 56
VIS (Vapor Insulation System)
 ･･･････････････ 283, 287, 288, 308, 311, 315, 322
VIS 効果 ･････････････････････････････････ 288
VIS 効率 ･････････････････････････････････ 292
VIS 適用諸元 ･････････････････････････････ 292
VIS による断熱効果 ････････････････････････ 288
VIS の形で冷熱回収 ･････････････････････････ 321

〔W〕
Wien の変位則 ･･･････････････････････････ 116

和文索引

〔数字〕
1/7 乗則 ……………62, 146, 291
1 次差分 ……………………… 52
1 次前進差分 ……… 52, 56, 132
1 次防壁 ……………………… 262
2 元冷却冷媒 ………………… 307
2 元冷媒のフロン冷却装置 … 311
2 元冷媒冷却方式 …………… 305
2 次元円筒座標系 ………… 27, 28
2 次元直角座標系 ………… 27, 28
2 次精度風上差分 … 52, 56, 132
2 次中心差分 ……… 52, 56, 132
2 次防壁
　… 2, 3, 260, 261, 262, 314, 315
2 種液の一体化後の熱流動 … 221
2 種液の拡散と混合 ………… 220
2 種類の冷媒 ………………… 305
2 段階圧縮再液化システム
　……………………… 302, 303
2 段階圧縮 …………………… 301
2 段階液化 …………………… 303
2 平行平板 ……………… 96, 181
30 度の静的 Heel …………… 262
3 次元円筒座標系 ……………… 7
3 次元球座標系 ……………… 7, 28
3 次元直角空間 ……………… 50
3 次元直角座標系
　… 6, 22, 26, 27, 28, 29, 54, 144
3 垂直断面 …………………… 133
3 断面分割 …………………… 133
45 度の対角断面 …………… 133
4 種類のタンク様式 ………… 177
5085-O 材 …………………… 278
5 種の座標系 ………………… 17

〔あ〕
揚げ荷時間 …………………… 325
圧縮液 ………………………… 107
圧縮液の状態 ………………… 58
圧縮機吸引速度 ……… 185, 245
圧縮機吸入圧力 ……………… 241
圧縮機動力 …………………… 325
圧縮機の運転 ……… 174, 176, 303
圧縮機の運転制御 …………… 111
圧縮機の吸入量変化 ………… 107
圧縮機の必要動力
　……………………… 288, 300, 319

圧縮強度 ……………… 280, 282
圧力境界条件 ………………… 62
圧力項 ………………… 26, 29,
　31, 37, 43, 47, 52, 54, 55, 56
圧力勾配 ……………………… 32
圧力勾配による変化速度 …… 54
圧力差 ………………… 183, 242
圧力上昇および LH2 の温度上昇
　……………………… 320, 327
圧力上昇速度 ………………… 108
圧力値の変化率 ……………… 52
圧力と蒸発との関係 ………… 107
圧力逃し弁
　… 223, 227, 230, 233, 235, 238
圧力に関する 2 次差分式 …… 54
圧力の Poisson 方程式 … 26, 53,
　54, 55, 56, 62, 132, 146, 188
圧力-比容積の相平衡図 ……… 13
圧力分布 ………… 52, 53, 54, 55
圧力分布の平衡状態 ………… 132
圧力分布の平衡値 …………… 52
圧力平衡 ……… 52, 179, 182, 184
圧力平衡条件 ………………… 146
圧力平衡と蓄圧蒸発・凝縮 … 182
圧力変動をあらかじめ予測 … 176
圧力履歴の積分値 …………… 174
アピトン（クルイン）材 …… 279
アルミ合金、ステンレス鋼の
　熱伝導率 ………………… 92
安全弁 ………………… 176, 225
安全弁からの放出 …………… 223
安全弁最大容量 ……………… 225
安全弁の作動 ……… 217, 224, 233
安全弁の最大吐出量 ………… 219
安定条件 ………………… 55, 288
安定な温度成層 ……………… 131

〔い〕
異形のタンクおよびタンクカバー
　………………………… 150
異種貨物種 …………………… 220
異種部材間での連続条件 …… 278
異種分子間相互作用のパラメータ
　………………………… 159
異常 BOV …………………… 233
異常現象 ……………………… 217
異常蒸発 ……………… 224, 230

異常蒸発が終了 ……………… 223
異常に大きい BOV ………… 217
イタリアの LaSpezia ……… 216
一次エネルギー ……………… 312
一時的貯蔵機能 ……………… 261
一般ガス定数 ………………… 14
移動係数 …… 242, 244, 245, 246,
　247, 249, 251, 252, 256, 258
移動速度係数 ………………… 242
移動速度論 …………………… 242
緯度平面空間 ……………… 40, 45
緯度面 ……………… 26, 27, 44, 49
緯度面で境界 ………………… 26
緯度面を持つ自由空間 ……… 27
異方性材 ……………………… 280
移流項 ………………… 26, 29, 31,
　37, 42, 46, 53, 54, 55, 56, 132
移流項の風上差分 …………… 188

〔う〕
渦拡散係数 …… 17, 18, 52, 53, 61
渦動粘性係数
　……………… 132, 135, 144, 145
運動方程式 …………………… 32
運動量拡散係数 ……………… 18
運動量保存式 …… 17, 29, 34, 132

〔え〕
液位 …………………………… 60
液温度相当の飽和圧力 ……… 111
液温度の上昇 ……… 107, 213
液温度の上昇速度 …………… 235
液化 …………………… 12, 317
液化ガスの混合物 …………… 163
液化ガスの蒸発潜熱および液密度
　………………………… 167
液化効率 ……………………… 171
液化水素(LH2) ……………… 312
液化率 ………………… 298, 303
液全体の定常状態 …………… 188
液全体は気相部と平衡状態 … 163
液層 …………………………… 115
液層下部からの熱伝導 ……… 179
液相成分の組成変化 ………… 167
液層内での熱移動 …………… 185
液層内の移流熱 ……………… 108
液層のモデル化 ……………… 353

和文索引

液層表面温度から決まる蒸気圧力 …… 181
液層部 …… 58
液層への入熱 …… 58, 114, 215
液組成 …… 163, 168, 173
液体、気体および固体の存在領域 …… 107
液体窒素 …… 279
液体窒素浸漬部 …… 281
液体中の成分比 …… 156
液体と気体とが平衡状態 …… 107
液体内からも蒸発 …… 111
液体内で沸騰 …… 111
液体比重量 …… 313
液表層にスプレイ …… 214
液表層への高温液の移流 …… 179
液表面温度 …… 108
液表面近傍の高温成層 …… 179
液表面蒸発 …… 163
液膜厚さ …… 16
液面あるいはタンク壁面での凝縮 …… 189
液面で蒸気の凝縮（液化）…… 111
液面に伝達される熱量 …… 185
液面の温度上昇 …… 107
液面の波うちによる面積増加 …… 244
液面への放射熱影響 …… 189
液レベル変動 …… 97
エネルギー方程式 …… 18, 32
エネルギー保存式 …… 17, 29, 34
円座標系 …… 24
遠心式やターボ式の高速回転型 …… 313
遠心力 …… 18, 20, 21
塩水を用いた実験 …… 216
円柱座標系 …… 6, 135
円筒タンク …… 176
円筒ドーム …… 95
円盤フランジ …… 95

〔お〕
横隔壁 …… 148
横隔壁温度 …… 104, 155, 260
往復式やスクリュー式の容積型 …… 313
温水生産 …… 330
温暖化ガス …… 218
温度依存性 …… 159, 290
温度拡散係数 …… 18
温度境界条件 …… 7

温度境界層 …… 8, 9, 107
温度勾配 …… 276, 281
温度制御システム …… 260
温度成層 …… 77, 179, 212
温度低下速度 …… 252, 258
温度分布 …… 9, 53, 76, 85, 132, 146, 154, 280
温度分布が変化する速度境界層 …… 8
温度分布と熱流動解析 …… 131, 132
温度膨張係数 …… 59, 61, 221
温度躍層 …… 178
温風の強制循環 …… 106

〔か〕
加圧揚荷 …… 325
加圧揚荷時の壁面・液面凝縮 …… 326
加圧用 LH2 タンク …… 326
海水温度 …… 99, 103
海水レベル …… 103
解の安定条件 …… 146
外部からの熱侵入 …… 57
外部環境と LNG・LH2 との熱的な関係 …… 87
外部セルの圧力 …… 62
外部熱源から LNG、LH2 への熱流経路 …… 88
外部ファン …… 284
外部へ取り出す蒸気量 …… 108, 242
外部流体温度 …… 7
外部冷却機 …… 304, 305, 307, 309, 311
外部冷却方式 …… 308
外部冷却方式＋BOV冷熱方式の直列系統 …… 309
開放型 Drip pan …… 315
界面密度 …… 221, 223, 225
外力項 …… 26, 44, 54
化学ポテンシャル …… 14, 157
過緩和繰り返し法 …… 188
各液位での蒸発速度：定常時 …… 123
各液位での蒸発速度：非定常時 …… 122
各区画の温度 …… 88, 99, 104
拡散係数 …… 15, 316
拡散項 …… 26, 29, 32, 33, 37, 38, 43, 47, 53-56, 132
拡散項の中心差分 …… 188
拡散抵抗 …… 242

拡散に基づく変化速度 …… 54
拡散方程式 …… 217, 220
各成分単独の臨界値 …… 164
風上側の情報 …… 30, 37, 42, 46
風上差分 …… 31, 47, 146
ガス検知 …… 295, 316
ガス定数 …… 13, 157, 182
ガスによる放射熱の吸収 …… 127
下層液種の濃度 …… 221
下層液初期過冷却度 …… 223, 235
下層液の過熱度 …… 222, 224, 225, 239
下層液の過冷却度 …… 220
下層液の密度増加割合 …… 221
下層液の割合 …… 221
褐炭 …… 312
家庭用燃料電池 …… 330
過熱液 …… 217, 241, 244
過熱液として成長 …… 222
過熱液温度 …… 245, 246
加熱器 …… 155, 288, 332
加熱手段 …… 260
過熱蒸気 …… 16, 17
加熱垂直板 …… 9
過熱量の残存量 …… 223
カバーの断熱 …… 275, 276
壁法則 …… 291
貨物温度 …… 88, 99, 103, 261
貨物の温度変化 …… 174
貨物の微小漏洩を検知 …… 262
貨物の物性 …… 172
過冷却液 …… 179, 218, 241, 297
過冷却状態 …… 212, 216, 218, 222
過冷却層 …… 77, 78, 85
過冷却度 …… 79, 80
過冷却領域 …… 249
乾き度 …… 298
簡易計算 …… 284, 293
環境汚染物質 …… 312
完全ガス …… 163
完全閉鎖 …… 108, 188
貫流 …… 216
管類からの入熱量 …… 95

〔き〕
木―鋼の接合面温度 …… 94
気液界面 …… 108
気液界面での移動係数 …… 244
気液界面で液層に流入する熱量 …… 185
気液界面での温度差 …… 58
気液界面での質量移動量 …… 183

気液界面での蒸発
　‥‥‥‥57,58,186,188,219
気液界面での蒸発・凝縮‥‥‥181
気液界面での蒸発潜熱あるいは
　凝縮潜熱‥‥‥‥‥‥‥‥178
気液界面での熱授受
　‥‥‥‥‥‥‥‥59,81,184
気液界面での熱平衡‥‥‥‥243
気液界面での分子運動‥111,241
気液界面では凝縮‥‥‥‥‥107
気液界面の境膜‥‥‥‥‥‥242
気液混相流‥‥‥‥‥‥‥‥298
気液分離‥‥‥‥‥‥‥‥‥311
気液分離器‥‥‥‥‥‥‥‥298
気液平衡‥‥‥‥‥‥‥‥‥14
気液平衡係数
　‥‥‥‥‥‥157,165,166,167
気液平衡係数の収斂‥‥‥‥167
気液平衡条件‥‥‥‥‥‥‥157
気液平衡状態‥‥14,87,157,164
気液平衡定数‥‥‥‥‥165,167
気液平衡の計算手順‥‥‥‥163
気液平衡の条件‥‥‥‥‥‥14
気液平衡論‥‥‥‥‥‥157,172
機械効率‥‥‥300,303,307,320
危険濃度領域‥‥‥‥‥‥‥241
基準温度‥‥‥‥‥‥‥146,221
気層圧力＋液水頭‥‥‥‥‥111
気相圧力変化‥‥‥‥‥‥‥174
気層からの対流入熱‥‥‥‥108
気層からの熱伝達‥‥‥‥‥179
気相成分の組成修正‥‥‥‥166
気相組成‥‥‥163,166,167,173
気相とタンク壁の温度変化‥127
気相の圧力降下‥‥‥‥‥‥107
気相の温度分布‥‥‥‥‥‥121
気層部‥‥‥‥‥‥59,115,117
気層部タンク壁面からの熱放射
　‥‥‥‥‥‥‥‥‥‥‥‥179
気層部とタンク壁の計算モデル
　‥‥‥‥‥‥‥‥‥‥‥‥115
気層部における累積質量‥‥185
気層部の熱平衡‥‥‥‥179,180
気層部の流動‥‥‥‥‥‥‥114
気層部は質量集中系‥‥‥‥62
気層への入熱‥‥‥‥‥‥‥114
気体・液体の平衡‥‥‥‥2,157
気体の比熱‥‥‥‥‥‥‥‥313
気体法則‥‥‥‥‥‥‥178,181
気体法則から見た気層部の
　平衡状態‥‥‥‥‥‥‥‥182
気密のバリアー‥‥‥‥‥‥315

逆転現象‥‥‥‥‥‥‥‥‥220
吸引圧力‥‥‥‥‥‥‥107,112
球環座標系‥‥‥‥‥‥‥‥134
球形＋円筒形状のカバー‥‥150
球形3次元座標系‥‥‥‥23,27
球形タンク‥‥‥‥‥‥‥4,19,
　23,24,63,97,109,176,212
球形タンクスカート‥‥‥‥91
球形を延長したタンク‥‥‥150
球座標系‥‥‥‥‥‥‥6,24,52
球座標系での熱流動‥‥‥‥290
吸収率‥‥‥‥‥‥‥‥265,266
球体同士間での放射‥‥‥‥96
球と円筒との組み合わせ‥‥150
吸入温度‥‥‥‥‥‥‥‥‥303
境界形状‥‥‥‥‥‥‥‥23,28
境界条件‥‥‥‥‥‥‥‥7,16,
　52,61,64,118,127,129,146
境界層‥‥‥‥‥‥‥‥‥‥8
境界層外の流体‥‥‥‥‥‥8
境界層内の温度分布‥‥‥‥8
境界層内の速度分布‥‥‥‥9
境界層流‥‥‥‥‥‥‥‥‥57
境界適合座標系‥‥‥‥1,17,24
強化木材‥‥‥‥‥‥‥‥‥276
凝縮‥‥‥‥‥‥‥‥‥2,12,16
凝縮器‥‥‥‥‥‥‥‥‥‥299
凝縮係数‥‥‥‥‥‥‥‥‥242
凝縮熱‥‥‥‥‥‥‥‥‥‥16
凝縮熱伝達率‥‥‥‥‥‥‥317
凝縮熱平衡‥‥‥‥‥‥‥‥317
凝縮量‥‥‥‥‥‥‥‥‥‥326
強制押し込み流‥‥‥‥‥‥284
強制循環‥‥‥‥‥‥‥‥‥296
強制蒸発‥‥‥‥‥‥97,241,316
強制蒸発器方式‥‥‥‥‥‥326
強制対流‥‥‥‥‥‥‥8,11,98
強制対流熱伝達‥‥‥‥‥‥11
強制対流乱流液膜‥‥‥‥‥317
強制的な昇圧‥‥‥‥‥‥‥176
強制的な流動‥‥‥‥‥‥‥132
境膜‥‥‥‥‥‥‥‥‥‥‥242
境膜での移動速度‥‥‥‥‥242
境膜物質移動係数
　‥‥‥‥‥‥‥‥242,243,245
局所熱伝達率‥‥‥‥‥‥‥8
許容BOR‥‥‥‥‥‥‥‥‥260
緊急蒸発量‥‥‥‥‥‥‥‥218
金属物性‥‥‥‥‥‥‥‥‥313

〔く〕
空間容積2％‥‥‥‥‥‥‥59

空気侵入‥‥‥‥‥‥‥‥‥241
空気と海水の流体物性値‥‥98
空気分離装置‥‥‥‥‥‥‥332
区画温度の連立方程式‥‥‥90
区画間の鋼材温度‥‥‥‥‥91
区画に分割‥‥‥‥‥‥‥‥88
区画の熱平衡式‥‥‥‥‥‥91
区画の平均温度‥‥‥‥‥‥100
矩形タンク
　‥‥‥4,18,23,26,100,143,176
矩形タンク支持台‥‥‥‥‥94
グラスホフ数‥‥‥‥‥8,10,98
クラペイロンの式（Clapeyron's
　equation）‥‥‥‥‥‥‥‥13
クロードサイクル‥‥‥‥‥318

〔け〕
計画BOR値と実績値との
　比較検証‥‥‥‥‥‥‥‥172
計算空間‥‥‥‥‥‥‥‥24,25
計算モデル‥‥‥‥‥127,129,179
形状に適合した座標系‥‥‥132
形態係数‥‥‥‥‥‥12,119,128
経年変化‥‥‥‥‥‥‥‥‥143
系の平衡温度および圧力‥‥164
減圧速度‥‥‥‥‥‥‥‥‥243
減圧膨張‥‥‥‥‥‥‥‥‥297
顕熱移動‥‥‥‥‥‥‥‥‥184
顕熱供給‥‥‥‥‥‥‥‥‥248
顕熱変化‥‥‥‥‥‥‥‥‥107
顕熱冷却効果‥‥‥‥‥‥‥214

〔こ〕
高圧縮比‥‥‥‥‥‥‥‥‥306
高圧多段圧縮‥‥‥‥‥‥‥311
高位発熱量HMV‥‥‥‥‥330
高液位時のNBO‥‥‥‥‥114
高温液層の生成（Stratification）
　‥‥‥‥‥‥‥‥‥‥‥‥185
高温成層（Thermal stratification）
　‥‥‥‥‥‥‥‥177,218,235
高温成層破壊による圧力解消
　‥‥‥‥‥‥‥‥‥‥‥‥214
高温層が形成‥‥‥‥‥179,185
高温層厚さ‥‥‥‥‥‥‥‥213
高温ヘリウム吐出ガス‥‥‥325
航海日数15日後の気相、液相の
　組成‥‥‥‥‥‥‥‥‥‥168
航行中の物性変化および
　BOR変化‥‥‥‥‥‥‥170
高効率の熱機関媒体‥‥‥‥312
鋼材温度‥‥‥‥‥‥‥‥‥102

和文索引

鋼材種選定 …………………… 105
交差微分 ………………… 32,55
交差方向拡散項 ……………… 29
格子分割 ……………… 26,56,62
高真空 ………………… 241,242
高真空断熱 …………………… 313
高真空中における分子運動論
　　　　　　　　　…………… 111
構造材の断面を通しての入熱要素
　　　　　　　　　…………… 114
構造材のフィン効果 ………… 101
航走状態 ………………… 99,103
構造体表面の熱伝達率 ……… 154
高断熱機構 …………………… 259
高断熱機能 …………………… 316
高付加価値船 ………………… 312
高密度エネルギー …………… 318
向流 ……………………… 322,323
交流発電出力 ………………… 331
交流発電端効率 ……………… 331
交流変換後の送電端効率 …… 330
高レイノルズ数モデル ……… 291
コールドスポット
　　　……… 104,131,143,154,155
国際海域の船舶 ………… 105,260
黒色塗料 ……………………… 269
黒体の全放射能 ……………… 11
黒体面 …………………… 11,12
極低温蒸気 …………………… 319
固体 CO_2 ……………………… 289
固体高分子型 PEFC ………… 329
固体酸化物型 SOFC ………… 331
異なった性状の LNG ………… 216
コリオリの力
　　　………… 18,20,21,132,290
コルバーンのアナロジー則 … 243
混合液の蒸発潜熱 …………… 167
混合気体 ……………………… 163
混合則 …………………… 14,159
混合物 …………………… 14,156,160
混合物としての取り扱い …… 156
混合物の気液平衡 …………… 14

〔さ〕

サーマルブレーキ(Thermal brake) ……………… 92,281,282
サーマルブレーキ構造
　　　…………… 92,276,277,314
サーマルフローティング構造
　　　　　　　　　…………… 277
再液化 ……… 171,263,318,327,331
再液化機 ……………………… 260

再液化効率 …………………… 156
再液化サイクル ……………… 325
再液化システム ……………… 319
再液化装置 …………… 297,305,330
再液化の冷却サイクル ……… 318
再液化率
　　　……… 298,299,301,302,303
最高設計温度 ………………… 268
再循環 ………………………… 294
再生温度 ……………………… 305
再生可能エネルギー ………… 312
最大時間間隔 ………………… 188
最大時間幅 ……………… 53,55
最大蒸発量 …………… 263,314
最低設計温度 ………………… 260
材料の放射率 ……………… 96,181
座標変換式 …………………… 27
座標変換の Jacobian "J"
　　（関数行列式）………… 24
差分式への展開 ……… 52,56,188
差分スキーム ………………… 56
差分方程式への離散化 …… 65,67
左右弦および前後方向の対称性
　　　　　　　　　……… 89,132
サンシャイン計画 …………… 312
三重点 ………………………… 14
サンドイッチ状の 3 重構造 … 315
残余冷熱 ……………………… 311
残留気体の平均自由行程 …… 314

〔し〕

時間および場所平均値 ……… 321
時間間隔 ……………… 52,55,132,146
時間積分 ……………… 52,53,146,188
時間前進法（Time marching method）……… 63,132,188
時間的に収斂 ………………… 132
時間平均値 …………………… 18
軸対称 …………………… 26,52
軸対称 3 次元円筒座標系 …… 27
軸対称 3 次元直角座標系 …… 27
軸対称緯度軸座標系 …… 17,21,23
軸対称円柱座標系 …………… 28
軸対称回転体 ………………… 19,
　　35,38,39,45,49,63,67,150
軸対称球座標系 ……………… 28
軸対称水平軸座標系 …… 17,19,23
自己完結型 …………… 313,316
自己凝縮積荷 ………………… 316
自己形態係数 ………………… 12
自己冷却方式 ………………… 297
支持構造 ……………………… 259

支持構造部からの入熱 ……… 322
支持材 ………………………… 91
自然循環 ……………………… 296
自然昇圧 ……………………… 176
自然蒸発
　　　……… 2,57,177,241,243,327
自然蒸発再液化装置 ………… 318
自然蒸発時の蒸発速度(NBO)
　　　　　　　　　…………… 111
自然対流 ………… 8,9,10,11,296
自然対流境界層 ……………… 9
自然対流での温度境界層 …… 9
自然対流での速度境界層 …… 9
自然対流伝熱を条件 ………… 105
自然対流熱伝達 …………… 9,184
自然対流の場合 …………… 98,101
自然な蒸発状態(Normal Boil Off)
　　　　　　　　　…………… 87
実験による検証 ………… 278,289
実際気体 ……………………… 334
実際の BOR 計算手続き …… 173
実際の事故例 ………………… 216
実際の組成に対応した ……… 172
実成分 ………………………… 172
実成分での BOR ……………… 172
実船構造への応用 …………… 294
実船での数値計算例 ………… 97
実測 BOR の検証 ……………… 172
実測された BOR 値 …………… 175
質量移動 …………………… 181,184
質量集中系
　　　……… 58,59,62,114,180,189
質量濃度（密度）………… 15
質量平衡 …………………… 52,146
質量保存項 …………………… 29,45
質量保存式
　　　……… 17,34,36,53,132,146
質量流束 ……………………… 15
支配方程式 …………………… 116
射度の概念 …………………… 12
自由エンタルピー ………… 334,336
縦隔壁 ……………………… 148,149,260
重質化 ………………………… 220
修正グラスホフ数 …………… 8
修正レイリイ数 ……………… 8
自由な界面 …………………… 20,21
自由表面液体 ………………… 23
周辺構造の低温化 …………… 259
自由面（緯度面）…………… 26
重力 …………………………… 44
重力による自然対流 ………… 133
収斂条件 ……………………… 146

収斂度・・・・・・・・・・・・・・・・・・・・・・・ 55
シュミット数・・・・・・・・・・・・・・・・・ 243
循環GN2の流量・・・・・・・・・・・・・ 322
瞬時の検知・・・・・・・・・・・・・・・・・・ 315
純粋成分・・・・・・・・・・・・・・・・・・・・・ 14
純粋成分のフガシティ式・・・・・・ 334
純メタンの液密度および蒸気密度
・・・・・・・・・・・・・・・・・・・・・・・・・・・ 166
昇圧水素蒸気によって圧送・・・ 325
昇圧に伴う垂直方向温度分布
・・・・・・・・・・・・・・・・・・・・・・・・・・・ 212
昇温・・・・・・・・・・・・・・・・・・・・・ 57,107
昇華現象・・・・・・・・・・・・・・・・・・・・・ 14
蒸気(Vapor)・・・・・・・・・・・・ 12,107
蒸気圧曲線・・・・・ 13,107,174,182
蒸気圧力・・・・・・・・・・・・・・・・ 178,245
蒸気圧力上昇・・・・・・・・・・・・・・・・ 325
蒸気圧力との平衡関係・・・・・・・・ 178
蒸気圧力の近似式・・・・・・・・・・・・ 165
蒸気温度の時間変化・・・・・・・・・・ 181
蒸気取り出し量の制御・・・・・・・・ 106
蒸気の吸引量・・・・・・・・・・・・・・・・ 112
蒸気の放出・・・・・・・・・・・・・・・・・・ 233
上下液層の境界線位置・・・ 223,235
上下液相の初期密度差・・・・・・・・ 224
上下液密度差
・・・・・・・・・・・・・・・ 220,223,224,235
上甲板スペース・・・・・・・・・・・・・・ 146
上甲板直下・・・・・・・・・・・・・・ 147,148
上層液を貫通・・・・・・・・・・・・・・・・ 218
状態式・・・・・・・・・ 158,174,334,339
状態図・・・・・・・・・・・・・・・・・・・・・・ 107
状態変化・・・・・・・・・・・・・・・・・ 12,14
状態方程式・・・・・・・・・ 14,159,163
蒸発・・・・・・・・・・・・・・・・・・・・・・・・・ 12
蒸発・凝縮潜熱・・・・・・・・・・・・・・ 108
蒸発・凝縮速度・・・・・・・・・・ 108,184
蒸発BOVの冷熱回収・・・ 316,320
蒸発温度・・・・・・・・・・・・・・・・・・・・ 307
蒸発器(Vaporizer)・・・・・・・・・・ 332
蒸発気体・・・・・・・・・・・・・・・・・・・・ 107
蒸発器能力・・・・・・・・・・・・・・・・・・ 307
蒸発現象・・・・・・・・・・・・・・・・・・・・ 176
蒸発蒸気・・・・・・・・・・・・・・・・・ 2,263
蒸発蒸気による冷却効果・・・・・・ 260
蒸発蒸気の組成・・・・・・・・・・・・・・ 164
蒸発蒸気の取り出し量・・・・・・・・ 108
蒸発蒸気メイクアップ・・・・・・・・ 325
蒸発潜熱・・・・・・・・・・・・・・・ 13,16,58,
　　　　　　114,158,174,223,248,313
蒸発潜熱と外部入熱とが平衡状態
・・・・・・・・・・・・・・・・・・・・・・・・・・・ 106

蒸発潜熱による冷却
・・・・・・・・・・・・・・・・・ 58,244,269
蒸発促進・・・・・・・・・・・・・・・・・・・・ 241
蒸発速度・・・・・・・・・・・・・・・・・ 2,78,
　　　　　111,243,245,246,247,249
蒸発速度係数・・・・・・・・・・・・ 242,244
蒸発速度密度(表面積あたりの
　蒸発速度)・・・・・・・・・・・・・・・・・ 79
蒸発熱源・・・・・・・・・・・・・・・・・・・・ 325
蒸発物質の分圧・・・・・・・・・・・・・・ 242
蒸発ペーパーの組成・・・・・・・・・・ 163
蒸発密度・・・・・・・・・・・・・・・・・・・・・ 80
蒸発面積の増加・・・・・・・・・・・・・・ 242
蒸発抑制・・・・・・・・・・・・・・・・・・・・ 320
蒸発量・・・・・・・・ 163,223,242,245
蒸発累積量・・・・・・・・・・・・・・・・・・ 223
上半球の侵入熱量・・・・・・・・・・・・ 155
上半球の数値計算・・・・・・・・・・・・ 134
消費電力・・・・・・・・・・・・・・・・・・・・ 301
上半球部・・・・・・・・・・・・・・・・・・・・ 125
初期圧力上昇
・・・・・・・・・ 79,177,179,214,215
初期温度・・・・・・・・・・・・・・・・・・・・ 221
初期条件
・・・・・ 7,8,16,52,61,62,64,146
初期濃度・・・・・・・・・・・・・・・・・・・・ 220
初期濃度差・・・・・・・・・・・・・・・・・・ 216
初期密度差・・・・・・・・・・・・・・ 223,235
所要動力・・・・・・・・・・・・・ 298,301,
　　　　303,307,308,309,310,311
真空維持・・・・・・・・・・・・・・・・・・・・ 314
真空が切れた場合・・・・・・・・・・・・ 314
真空システム・・・・・・・・・・・・・・・・ 314
真空断熱・・・・・・・・・・・・・・・・・ 3,314
真空中の水の蒸発・・・・・・・・・・・・ 242
真空度・・・・・・・・・・・・・・・・・・・・・・ 314
真空のメイクアップ・・・・・・・・・・ 314
真空破壊・・・・・・・・・・・・・・・・ 315,316
真空ポンプ・・・・・・・・・・・・・・ 242,316
振動テスト・・・・・・・・・・・・・・・・・・ 261
侵入熱量・・・・・・・・・・・・・・・・ 104,273

〔す〕
水素エネルギー・・・・・・・・・・・・・・ 312
水素ガス検知・・・・・・・・・・・・・・・・ 316
水素ガスの拡散速度・・・・・・・・・・ 316
水素ガスの三重点・・・・・・・・・・・・ 319
水素ガスの蒸気圧曲線・・・・・・ 60,61
水素技術開発・・・・・・・・・・・・・・・・ 313
水素吸蔵合金・・・・・・・・・・・・・・・・ 318
水素サプライチェーン・・・・・・・・ 312
水素蒸気の凝縮現象・・・・・・・・・・ 326

水素タンクシステム・・・・・・ 312,313
水素の低位発熱量・・・・・・・・・・・・ 330
水素の特性・・・・・・・・・・・・・・・・・・ 312
垂直円筒タンク・・・・・・・・・・・・・・・ 28
垂直上方流速成分・・・・・・・・・・・・ 222
垂直すき間の壁面の熱伝達・・・・・ 10
垂直平板・・・・・・・・・・・・・・・・・・・・・ 9
垂直平板上の凝縮液膜・・・・・・・・・ 16
垂直方向温度分布・・・・・・・・・・・・・ 77
垂直方向に分割・・・・・・・・・・・・・・ 132
垂直方向の自然対流・・・・・・・・・・ 151
垂直流・・・・・・・・・・・・・・・・・・・・・・・ 77
垂直冷却面・・・・・・・・・・・・・・・・・・・ 16
水平円筒タンク・・・・・ 18,23,24,26
水平球形タンク・・・・・・・・・・・・・・・ 26
水平球体・・・・・・・・・・・・・・・・・・・・・ 39
水平自由表面・・・ 23,26,28,29,35
水平板上の自然対流・・・・・・・・・・・ 10
水平面・・・・・・・・・・・・・・・・ 10,26,27
水膜・・・・・・・・・・・・・・・・・・・・・・・・ 269
水力エネルギー・・・・・・・・・・・・・・ 312
数値計算のフロー・・・・・・・・・・・・ 190
スカート・・・・・・・・・・・・・・・・・・・・ 128
スカート外周面の中空円筒座標系
・・・・・・・・・・・・・・・・・・・・・・・・・・・ 135
スカートからの侵入熱・・・・ 92,130
スカート構造・・・・・・・・ 91,282,314
スカート構造の熱伝導方程式
・・・・・・・・・・・・・・・・・・・・・・・・・・・ 277
スカート支持材・・・・・・・・・・・・・・ 263
スカート断熱・・・・・・・・・・・・・・・・ 276
スカート伝熱試験体・・・・・・・・・・ 279
スカラー量・・・・・・・・・・・・・・・・・・・ 55
スティフナー影響・・・・・・・・ 101,102
スティフナーによる見かけの
　伝熱面積増加・・・・・・・・・・・・・ 101
ステンレス鋼
・・・・・・・・・・・・ 276,277,281,282
スリット状の空間・・・・・・・・・・・・ 284
スリット内の流れ・・・・・・・・・・・・ 286

〔せ〕
生産項・・・・・・・・・・・・・・・・・・・ 53,56
静止海水・・・・・・・・・・・・・・・・・・・・ 260
静止空気・・・・・・・・・・・・・・・・・・・・ 260
静止飽和蒸気・・・・・・・・・・・・・・・・・ 16
成分混合・・・・・・・・・・・・・・・・・・・・ 218
成分組成と物性・・・・・・・・・・・・・・ 172
成分比・・・・・・・・・・・・・・・・・・・・・・ 156
成分変化・・・・・・・・・・・・・・・・・・・・・ 97
積載時の密度差・・・・・・・・・・・・・・ 216
積層断熱・・・・・・・・・・・・・・・・・・・・ 314

積地における気液成分 ･･････ 169
赤道部の温度勾配 ･････････ 277
積極的な加熱 ･･･････････ 106
積極的な空気の流動 ･･･････ 155
設計温度 ･･･････････ 105, 260
設計最低温度 ･･･････････ 261
接合面の熱伝達率 ･･･････ 98, 101
絶対湿度 ･･･････････････ 155
設定条件下の値に換算 ･･･ 172, 175
設定条件での BOR 計算 ･････ 175
セル ･･････････････････ 62
旋回流 ････････････････ 288
船殻構造材のフィン効果 ････ 270
漸近解 ･････････････････ 52
前後方向の対称性 ･･････････ 89
船体横断面 ･････････････ 133
船体が静止状態 ･･････････ 105
全体系の平衡温度 ･･･････ 165
船体構造が2次防壁の機能 ･･･ 261
船体構造とタンクとの一体解析
　 ････････････････････ 87
船体構造の概略 ･･････････ 150
船体縦断面 ･････････････ 133
全体静的平衡（Global static equi-
　brium） ･････････････ 131
全体鳥瞰図 ･････････････ 133
船体動揺 ･･････････････ 97, 174
船体の運航状態 ･･･････････ 97
船体を防護 ･･････････････ 262
船内給電 ･･･････････････ 327
潜熱移動 ･･･････････････ 184
潜熱冷却 ･･･････････････ 252
全放射エネルギー ･･････････ 12

〔そ〕
総括物質移動係数 ･･････････ 16
総合平均熱貫流率 ･･･････････ 174
総合放射率 ･････ 96, 97, 181, 189
相互関係 ････････････････ 12
相変化 ･･･････････････ 13, 185
総放射伝熱量 ･････････････ 12
層流 ･････････････････ 8, 10
層流液膜 ･･･････････････ 318
層流境界層 ･････････････ 8
層流垂直面 ･･････････････ 10
総和関係 ････････････････ 12
ソーラーからの放射 ･･････ 264
ソーラーへの逆放射 ･････ 264
速度境界層 ･････････････ 107
速度ベクトル ･･･････････ 149
側面隔壁 ･･････････････ 146
組成比率 ･･････････････ 337

〔た〕
タービン吐出圧力 ･･･････ 319
ターボポンプ ･･･････････ 325
第1層断熱熱貫流率 ･･･ 322, 323
対角断面 ･････････ 151, 154
大気・海水の外界条件を変えた
　場合 ･･･････････････ 105
大気圧基準 ･････････････ 112
大気圧の異常低下 ･･･････ 112
大気圧変動 ･･･････････ 107, 174
大気温度 ･･････････････ 99, 103
大気変動（温度、圧力、海水）
　 ････････････････････ 97
大気放出 ･･･････････････ 297
対称条件 ･････････････ 50, 67
体積あたりの蒸発速度 ･････ 313
体積膨張率 ･････････ 216, 313
体積力（浮力） ･･･････ 29, 221
体積力対流凝縮 ･････････ 317
太陽放射
　 ････ 3, 263, 264, 265, 267, 276
太陽放射熱の実験 ･･･････ 269
大容量・高圧力の圧縮機 ････ 316
対流による熱流動 ･･･････ 177
対流熱伝達 ･･･････････ 114
対流方向の垂直方向長さ ･････ 98
楕円形タンク ･･････････ 18, 19
多成分系の平衡温度 ･･････ 164
多成分混合体 ･･････････ 156
多成分体 ･･･････ 14, 159, 163
多成分体の LNG ･･･････ 172
多成分体の気液平衡 ･･･････ 2
多成分体の状態方程式 ･････ 15
多成分体の熱流動 ･････････ 2
多成分のフガシティ式 ･････ 336
多層システム構造 ･･･････ 294
多段圧縮 ･････････････ 298
多段階液化 ･････････････ 301
多段階再液化装置 ･･･････ 301
多段カスケード冷却 ･･････ 305
多段の断熱圧縮機 ･･･････ 298
縦置き円柱タンク ･･･････ 67
縦置き円筒タンク ････ 4, 39, 110
多変数関数の偏微分の関係 ････ 24
ダルトンの法則 ･･･････ 163
タンク圧力 ･････････････ 107
タンク圧力 P の時間変化 ･･･ 108
タンク圧力異常上昇 ･･････ 224
タンク圧力降下 ･･･････ 233
タンク圧力上昇 ･･････････ 233
タンク圧力を飽和温度よりも
　低く維持 ･････････････ 111

タンク加圧用システム ･････ 326
タンクカバー ･････ 263, 264, 268
タンクカバー断熱 ･･･････ 263,
　269, 270, 272, 273, 275, 295
タンクカバーの外表面色 ･･･ 267
タンク系全体が熱的に平衡状態
　 ････････････････････ 57
タンク支持 ･････････････ 314
タンク支持構造
　 ･･･････ 91, 118, 276, 311
タンク支持材からの入熱 ････ 101
タンク赤道部支持材 ･･････ 114
タンク接合部 ･････････ 281
タンク全体での入熱量 ･･････ 97
タンク断熱 ･･･ 259, 269, 313, 315
タンク断熱熱貫流率 ･････ 108, 174
タンク断熱部を通しての伝熱
　 ････････････････････ 88
タンク頂部からの放射熱 ････ 108
タンク頂部での伝熱 ･･･････ 95
タンク底面支持材 ･･････ 114
タンク底面の支持構造 ･････ 143
タンクとの接合部 ･･･ 277, 281
タンク内圧の異常上昇 ･･･ 217
タンク内圧力 ･･･････････ 327
タンク内蓄圧
　 ････････ 318, 320, 327
タンク内での昇圧 ･･･ 176, 325
タンクの安全弁 ･･･････ 219
タンク壁からの放射熱
　 ･･ 96, 128, 129, 130, 181
タンク壁断面を通しての入熱
　 ････････････ 128, 130
タンク壁の温度分布
　 ･･･････ 114, 120, 121
タンク壁平面を通しての入熱
　 ･････････ 113, 128, 130
タンクへの侵入熱量 ･･･ 174, 293
タンクへの伝熱要素 ･･････ 88
タンクへの入熱量を制御 ････ 304
タンク面から気相への対流熱
　 ････････････････････ 58
タンクを閉鎖 ･････････ 2, 107
炭酸ガス ･･････････････ 14
単独の外部冷却方式 ･････ 310
断熱値 ････････････････ 59
断熱機能 ･･････････ 263, 304
断熱機能強化 ･････････ 321
断熱機能の分担 ･････････ 270
断熱機能の崩壊 ･･･････ 315
断熱機能を分解 ･･･････ 263
断熱欠陥 ･･･････････････ 155

和文索引

断熱効果……………………281, 296,307,308,309,311
断熱効果最大化………………311
断熱構造の性能を評価………175
断熱効率……………………300, 303,307,310,319,320
断熱材欠陥……………………131
断熱材の経年変化……………175
断熱材の配置…………………154
断熱材表面の温度………154,155
断熱材料から放出されるガス
……………………………314
断熱材料へのIMO要求事項
……………………………260
断熱性能………………………313
断熱設計………………………259
断熱全体へのIMO条文………260
断熱の欠陥部…………………154
断熱の役割と規則……………259
断熱配置の各種組み合わせ…273
断熱膨張………………………319

〔ち〕

蓄圧(Pressure accumulation)
…………………… 2,107,176
蓄圧開放後のBOVとタンク状態
……………………………215
蓄圧計算………………180,190
蓄圧現象………………………176
蓄圧後のLH2のBOV累積量
……………………………327
蓄圧後の圧力上昇……………320
蓄圧蒸発・凝縮………………184
蓄圧中に累積されるVH2量
……………………………327
蓄圧中の蒸発・凝縮速度……327
蓄圧を解放後…………………177
蓄熱分の消滅…………………224
窒素ガス(GN2)………156,305
窒素成分………………………172
中間冷却………………303,306,311
中心部での垂直下降流………86
長時間蓄圧………188,189,190
調節蒸発・凝縮………………108
超低温の液化ガスの流体現象
……………………………57
超低温の窒素ガス………290,321
超低温流体の挙動……………57
超臨界圧流体…………………297
超臨界圧領域…………………298
超臨界域………………………311
超臨界流体……………………298

直流発電効率…………………330
直角3次元座標系……17,22,23
直角座標系……………………6

〔つ〕

積み付け率……………………104

〔て〕

ディーゼル主機混焼…………318
低位発熱量LHV………………330
低液位時の蓄圧………………188
低液位の熱流動………………81
低温GN2………………………296
低温再生………………………305
低温蒸気の蒸発………………214
低温による結露………………143
低温放射………………………265
低気圧遭遇……………………241
低級炭化水素………………14,159
定常1次元熱伝導方程式……95
定常解………………………132,146
定常時の蒸発速度……………123
定常状態……………………63,68
定常熱伝導……………………6
低熱伝導の材料………………282
低熱伝導率………………92,277
低分子量のガス………………316
滴状凝縮………………………16
天空への逆放射………………264
電磁波長に対するメタンの透明性
……………………………81
伝導主体方式…………………179
伝導主体モデル………………353
伝導熱計算……………………186
伝熱3要素……………………311
伝熱面の代表寸法……………9
伝熱抑制構造…………………92
天然ガスとしての特性………156
転覆現象………………218,221
転覆流…………………………217

〔と〕

等エンタルピー変化……298,325
等エントロピー線……………306
等温変化………………………334
等価熱量変換…………………322
等間隔格子……………………63
同軸円筒の式…………………96
ドーム……………97,263,314
独立区画………………………100
独立した外部冷却方式………307
独立タンクType B……………261

トリプルコンバインドサイクル
……………………………331,332

〔な〕

内底板…………………………155
内部エネルギー………………58, 174,217,218,219,222,248

〔に〕

二次エネルギー………………312
二重構造で熱遮断……………277
二重底………………………146,148
ニューサンシャイン計画……312
ニュートン流体………………18

〔ぬ〕

ヌセルト数(Nusselt number, Nu)
…………………9,10,98,101
ヌセルトの水膜理論…………326

〔ね〕

熱応力緩和……………………277
熱交換器………………321,322
熱交内エンタルピー変化……322
熱交様式の向流と並流………323
熱サイクル沈降………………314
熱遮断効果……………281,282
熱的対称性……………………100
熱的な境界条件………………62
熱的な非定常状態……………172
熱伝達…………………………58
熱伝達との類似性……………243
熱伝達率……………………8,91
熱伝導…………………………6
熱伝導問題……………………26
熱の良導体……………………279
熱負荷…………………………179
熱平衡式………………265,268
熱平衡式と区画温度…………99
熱放射…………………………11
熱放射ロス……………………325
熱流遮断効果…………………277
熱流束抵抗値…………………321
熱流束の増加割合……………273
熱流束を指定…………………7
熱流体…………………………57
熱流体問題……………………26
熱流低減割合…………………308
熱流動
………17,57,58,107,131,186
熱流動継続方式………………179
熱流動の基礎式………………61

熱流動モデル……………… 353
熱流の連続条件……………… 8
熱ロスの最小化…………… 316
粘性消散項………………… 43
粘性底層部………………… 291
粘性発熱項………………… 18
燃料電池……… 3,318,327,329
燃料電池系統……………… 332
燃料電池車 FCV…………… 330
燃料電池の直流出力……… 330

〔の〕
濃度勾配…………………… 15
濃度勾配係数……………… 55
濃度の供給・消費………… 220

〔は〕
パーライト…………… 261,314
灰色体…………………… 11,12
灰色体閉空間……………… 12
排気システム……………… 314
ハイブリッド構造
……………… 277,282,315
破壊メカニズム…………… 316
発生項……… 29,34,43,47,52
発熱量……… 156,171,312,313
パネルヒーターによる
昇圧システム…………… 325
バラスト航時の BOV 処理… 326
パラフィン系低分子炭化水素
……………………………… 156
バリアーの圧力破壊……… 316
バルク液………………… 242,
243,248,252,253,254,258
バルク液蒸発……………… 248
バルク液の温度分布……… 244
バルク液の供給…………… 256
バルク液の上昇流………… 258
反変速度………………… 25,29,
30,31,36,37,46,53,56,139
半載などの低液位………… 87
半無限長の断熱管………… 95

〔ひ〕
非圧縮性の低速流の熱流動…… 17
ヒーターパネル………… 325,326
ヒートポンプ方式………… 325
光触媒……………………… 269
非凝縮ガス………………… 171
非金属材…………………… 277
微小2面間の放射熱……… 11
ピストン流………………… 284

非定常項…………… 52,56,132
非定常時の温度変化……… 280
非定常の熱伝導…………… 6
微分のチェーンルール…… 336
微分方程式の数値解法…… 56
比容積……………………… 13
表層液を冷却……………… 222
表面温度………………… 7,268
表面間の放射伝熱量……… 11
表面ごとの侵入熱量の計算… 154
表面張力影響……………… 216
表面での物資移動量……… 16
表面濃度…………………… 16

〔ふ〕
負圧時の強制蒸発………… 241
負圧蒸発…………………… 111
負圧蒸発特有の現象
…………………… 252,255
負圧蒸発による追加蒸発… 243
負圧における蒸発速度…… 242
負圧力と蒸発速度との関係… 242
負圧を作る要因…………… 112
ファンによる強制循環… 90,155
フィックの法則…………… 15
フィン効果
……… 67,143,265,270,275
フィン構造………………… 263
風量の全体的な保存則…… 89
フガシティ（fugacity）
…… 14,15,158,334,335,338
フガシティ計算…………… 166
フガシティ式………… 158,163
フガシティの表示……… 337,339
フガシティの平衡条件…… 166
複合構造……………… 101,276
複合体での支持構造……… 276
複合タンク形状…………… 24
複数層の空間……………… 294
副生水素…………………… 312
物質移動…… 2,15,16,246,258
物質流束…………………… 15
物体内の温度分布………… 8
物体の壁面温度…………… 8
沸騰撹拌…………………… 249
沸騰状態………………… 57,244
沸騰蒸発…………………… 253
沸騰領域…………………… 241
物理空間………………… 24,25
物理空間から計算空間への
座標変換………………… 24
物理空間座標系…………… 139

物理速度…………………… 31
物理的意味………………… 55
物理的解釈………………… 25
物理量の保存則…………… 26
不凍液媒体………………… 106
不等間隔法………………… 52
部分液化率………………… 311
部分再液化………………… 3,
283,297,298,300,304,311
部分再液化システム
……………… 297,298,299,301
部分積載時… 2,81,113,114,176
部分蓄圧………… 107,108,177
部分蓄圧で BOR を吸収…… 108
部分防壁 Partial secondary barrier…………………… 262
フラッシュ液……………… 253
フラッシュ液温度………… 245
フラッシュ蒸発………… 241,
242,246,248,252,253
フラッシュ蒸発層……… 243,244
フラッシュ蒸発速度
……… 247,249,251,254,256
フラッシュ蒸発量………… 244
フラッシュ蒸発領域……… 254
フラッシュ層
……… 248,251,254,256,258
プラントの熱効率………… 156
プラントル数………… 10,98,243
浮力………………………… 107
浮力と重力………………… 57
プロフィル法(積分法)…… 9,11
フロン系…………………… 305
フロン冷媒の組み合わせ… 305
雰囲気温度………………… 154
分散化……………………… 312
分子運動論…………… 241,242
分子拡散………………… 217,220
分子熱伝導率……………… 18
分子粘性係数……………… 18
分子物性値………………… 61
噴射液防壁………………… 316
分子量……………………… 313
粉体材料…………………… 261
粉末シールド効果………… 314

〔へ〕
平均蒸発潜熱……………… 167
平均ヌセルト数…………… 11
平均熱伝達率…………… 8,17
平均臨界圧力……………… 164
閉空間系の放射伝熱……… 12

平衡温度……………158, 166, 167
平衡温度の第0次近似値……165
平衡係数 Ki………………166
平衡状態……………………163
平衡モデル…………………243
閉鎖2面間の自然対流………11
閉鎖区画内の放射伝熱モデル…96
閉鎖区画の対流熱伝達………10
閉鎖時液面での物質移動……177
並流…………………………322
並流型………………………354
並列組み合わせ……………304
ペーパー断熱
　　………3, 283, 284, 295, 304
壁面温度………………………16
壁面から液面への放射熱…58, 95
壁面上昇流………………77, 86
ヘリウムガス流量…………325
ヘリウムの p-h 線図………318
偏流…………………………288

〔ほ〕
ボイル・シャールの気体法則
　　………………………182
ボイルオフ BOV……………58
放射エネルギー最大値………116
放射伝熱…………………12, 181
放射度…………………119, 128
放射熱…………114, 118, 178
放射熱吸収スペクトル………117
放射熱交換………………184, 185
放射熱全体の平衡式…………128
放射熱に対して透明…………115
放射熱の交換…………………58
放射熱流束………………11, 119
放射熱を遮断…………………314
放射能…………………………11
放射の完全透過体……………11
放射率………………11, 119, 265
防撓材によるフィン効果……99
膨張…………………………107
膨張機での仕事量……………319
膨張機による動力回収………320
膨張タービン……………319, 325
膨張弁……………………298, 325
膨張冷却……………………319
防撓材………………………270, 275
防撓材断熱……………………274, 275
防撓材の間隔…………………274, 275
防撓材の伝熱モデル化………270
飽和圧力………………13, 158
飽和液線………………………13

飽和温度………………16, 107
飽和蒸気………………………16
飽和蒸気圧……………………242
飽和蒸気線………………12, 107
飽和蒸気領域……………298, 301
ホールド温度……124, 273, 276
ホールド空間…………………50
補機類の電力消費……………330
保存式…………………………29
保存性…………………………17
保存則…………………………17
本船内の電力需要への対応…332
ポンプ駆動による発熱………214

〔ま〕
膜状凝縮………………16, 317
満載・自然蒸発時のタンク内
　　…………………………57
満載時…………………113, 176
満載時の LNG・LH2 の
　　自然蒸発率………………87

〔み〕
見掛けの BOR を低減………311
水スプレー……………………269
水による外部冷却……………319
水の電気分解…………………312
密度差…………………………221
密度成層………………………216
密度成層が崩壊………………221
密度接近………………………218
密度の解………………………165
密度の逆転………………224, 230
密度変化……………………17, 218

〔む〕
無限長断面………………29, 40
無限長の2次元………………65

〔め〕
メインテナンスの簡易化……311
メタノール……………………312
メタンガス……………………312
メタンガスの蒸気圧曲線…60, 61
メタンガスの放射熱吸収率…115
メタンガスへの放射熱影響…81
メチルシクロヘキサン………312
メトリックス…………………56
面積力…………………………29
面対称緯度軸座標系…17, 20, 23
面対称水平軸座標系…17, 18, 23
メンブレンタンク………4, 50, 241

〔も〕
木構造と鋼構造………………101
木材……………………277, 278
モル流束………………………15
モル分率………………………159

〔や〕
夜間の天空放射………………268

〔ゆ〕
有機ハイドライド……………312
有限差分法……………………63
有効天空温度…………………268

〔よ〕
陽解法……54, 55, 56, 63, 146, 188
揚貨手段………………………325
横置き円筒タンク
　　………………4, 65, 109, 150
余剰蓄熱…………227, 230, 233

〔ら〕
ラウールの法則………………163
螺旋状のガイド………………288
ランキン度……………………160
乱流………………………8, 10
乱流液膜………………………317
乱流エネルギー………………26
乱流エネルギー消散率発生…29
乱流エネルギー消散率分布…53
乱流エネルギー消散率方程式
　　……………………53, 132
乱流エネルギー消散率保存式
　　………………17, 29, 34
乱流エネルギー発生…………29
乱流エネルギー分布…………53
乱流エネルギー方程式…53, 132
乱流エネルギー保存式
　　………………17, 29, 34
乱流解析………………………18
乱流境界層……………………8, 11
乱流平板………………………11
乱流モデル……………………132

〔り〕
陸上タンク……………………5
陸上へ搬送する蒸気…………317
離散化……………………52, 56
離散化式………………………2, 52
理想気体………13, 14, 157, 334
理想気体の法則………………15

理想系(理想溶液および完全ガス)
　……………………………… 163
理想溶液…………………… 163
流速境界条件………………… 62
流速分布………………… 132, 154
流速ベクトル…………… 124, 146
流体運動……………………… 17
流体界面……………………… 27
流体の温度分布……………… 8
流体の昇温と膨張…………… 57
流体の体積膨張率…………… 9
流体の定圧比熱……………… 9
流体の動粘性係数…………… 9
流体の粘性係数……………… 9
流動………………………… 77
流動にともなう移流熱……… 58
流量配分…………………… 301
流量分配器………………… 288
流路分配器………………… 284
理論吐出温度……………… 319
臨界圧……………………… 13
臨界温度………………… 13, 301
臨界状態…………………… 158

臨界点……………………… 298
リンデサイクル…………… 318

〔る〕
ルイスの関係式…………… 243
累積蓄積される蒸気量…… 111

〔れ〕
冷却器……………………… 299
冷却による収縮……………… 57
冷熱回収……… 3, 283, 313, 332
レイノルズ数………………… 98
冷媒流量…………………… 306
レイリイ数…………… 8, 10, 98
連続条件……………………… 54

〔ろ〕
漏洩LNGによる顕熱………… 90
漏洩LNGによる蒸発潜熱…… 90
漏洩貨物………………… 260, 262
漏洩水素…………………… 315
漏洩速度…………………… 316
漏洩の検知………………… 316

ロールオーバー………… 216, 217
ロールオーバー経過中……… 219
ロールオーバー現象……… 2, 174
ロールオーバー終了…… 219, 224
ロールオーバー消滅後… 219, 224
ロールオーバーの異常蒸発… 225
ロールオーバーの開始時間… 235
ロールオーバー発生後のモデル
　……………………………… 243
ロールオーバー発生時直後… 218
ロールオーバー発生時点…… 221
ロールオーバー発生直前
　………………………… 218, 222
ロールオーバー発生と消滅の時間
　……………………………… 224
ロールオーバー発生に伴う蒸発量
　……………………………… 222
ロールオーバー発生の引き金
　……………………………… 221
ロールオーバー発生前
　………………………… 235, 243, 249
露点………………………… 155

著者略歴

古林　義弘　こばやし　よしひろ
- 1965：九州大学工学部造船学科卒業
- 1965：三菱重工業(株)入社、長崎造船所
  　　　一般商船設計
  　　　LNG 船、LH2 船の研究開発設計
- 1987：工学博士（九州大学）
- 1990：熊本工業大学（現：崇城大学）
  　　　工学部構造工学科講師
- 1993：同宇宙システム工学科教授
  　　　CO_2 深海貯留、LH2 システム、メタンハイドレイト、
  　　　宇宙往還機空力加熱の研究
  　　　西部造船会技術研究会機能システム部会長
- 2004：退職、コモテクノ創立
  　　　エネルギー関連機器、水素エネルギーの研究開発

現在に至る

LNG・LH2 のタンクシステム
―物理モデルと CFD による熱流動解析―　定価はカバーに表示してあります。

平成 28 年 12 月 8 日　初版発行

著　者　古林　義弘
発行者　小川　典子
印　刷　亜細亜印刷株式会社
製　本　株式会社難波製本

発行所　㈱成山堂書店

〒160-0012　東京都新宿区南元町 4 番 51　成山堂ビル
TEL：03(3357)5861　　FAX：03(3357)5867
URL　http://www.seizando.co.jp
落丁・乱丁本はお取り換えいたしますので、小社営業チーム宛にお送りください。

©2016　Yoshihiro Kobayashi
Printed in Japan　　ISBN978-4-425-71561-9

成山堂書店発行　造船関係図書案内

和英英和船舶用語辞典	東京商船大学船舶用語辞典編集委員会　編	B6・608頁・5000円
造船技術の進展－世界を制した専用船－	吉識恒夫　著	B5・326頁・9400円
新訂 船と海のQ&A	上野喜一郎　著	A5・248頁・3000円
海洋構造力学の基礎	吉田宏一郎　著	A5・352頁・6600円
商船設計の基礎知識【改訂版】	造船テキスト研究会著	A5・392頁・5600円
船体と海洋構造物の運動学	元良誠三　監修	A5・376頁・6400円
氷海工学－砕氷船・海洋構造物設計・氷海環境問題－	野澤和男　著	A5・464頁・4600円
造船技術と生産システム	奥本泰久　著	A5・250頁・4400円
英和版 新船体構造イラスト集	恵美洋彦　著/作画	B5・264頁・6000円
海洋構造物－その設計と建設－	関田欣治　著	A5・162頁・2200円
超大型浮体構造物の構造設計	(社)日本造船学会海洋工学委員会構造部会編	A5・304頁・4400円
流体力学と流体抵抗の理論	鈴木和夫　著	B5・248頁・4400円
海洋底掘削の基礎と応用	(社)日本船舶海洋工学会海洋工学委員会構造部会編	A5・202頁・2800円
SFアニメで学ぶ船と海－深海から宇宙まで－	鈴木和夫 著/逢沢瑠菜 協力	A5・156頁・2400円
船舶で躍進する新高張力鋼－TMCP鋼の実用展開－	北田博重・福井努共著	A5・306頁・4600円
船舶海洋工学シリーズ① 船舶算法と復原性	日本船舶海洋工学会　監修	B5・184頁・3600円
船舶海洋工学シリーズ② 船体抵抗と推進	日本船舶海洋工学会　監修	B5・224頁・4000円
船舶海洋工学シリーズ③ 船体運動 操縦性能編	日本船舶海洋工学会　監修	B5・168頁・3400円
船舶海洋工学シリーズ④ 船体運動 耐航性能編	日本船舶海洋工学会　監修	B5・320頁・4800円
船舶海洋工学シリーズ⑤ 船体運動 耐航性能初級編	日本船舶海洋工学会　監修	B5・280頁・4600円
船舶海洋工学シリーズ⑥ 船体構造 構造編	日本船舶海洋工学会　監修	B5・192頁・3600円
船舶海洋工学シリーズ⑦ 船体構造 強度編	日本船舶海洋工学会　監修	B5・242頁・4200円
船舶海洋工学シリーズ⑧ 船体構造 振動編	日本船舶海洋工学会　監修	B5・288頁・4600円
船舶海洋工学シリーズ⑨ 造船工作法	日本船舶海洋工学会　監修	B5・248頁・4200円
船舶海洋工学シリーズ⑩ 船体艤装工学	日本船舶海洋工学会　監修	B5・240頁・4200円
船舶海洋工学シリーズ⑪ 船舶性能設計	日本船舶海洋工学会　監修	B5・290頁・4600円
船舶海洋工学シリーズ⑫ 海洋構造物	日本船舶海洋工学会　監修	B5・178頁・3700円

最新総合図書目録無料進呈　　　　　　　　　※定価は本体価格(税別)